Helmut A. Müller (Hg.) in Verbindung mit Hans Jörg Fahr
Wie gewiss ist unser Wissen? Alles nur eine Mode der Zeit?

Helmut A. Müller (Hg.)
in Verbindung mit Hans Jörg Fahr

Wie gewiss ist unser Wissen? Alles nur eine Mode der Zeit?

Frank & Timme
Verlag für wissenschaftliche Literatur

ISBN 978-3-86596-429-8

Herstellung durch das atelier eilenberger, Taucha bei Leipzig.
Printed in Germany.
Gedruckt auf säurefreiem, alterungsbeständigem Papier.

www.frank-timme.de

Inhalt

Vorwort

Wie gewiss ist unser Wissen?

Jeder blickt heutzutage, zumeist sogar mit Hochachtung, auf das Tun in den Wissenschaften mit der Erwartung, dass sich dort ein steter und monotoner Prozess der Annäherung an das Wahre in der Natur vollzieht. Aber was ist eigentlich das Wahre in der Natur? Ist nicht alles viel eher das „vom Menschen für wahr Gehaltene“? Allenthalben glaubt man doch, dass man mit den kommenden Jahren immer besser Bescheid wissen wird. Die Wissenschaft bringt eben immer mehr Licht ins Dunkel der Natur!

Wissenschaften arbeiten aber gar nicht immer auf diese einsinnige Weise. Denn sie bestehen eben nicht nur im fortgesetzten Sammeln von unersetzbaren Richtigkeiten, die an Zahl ständig zunehmen. An vielen Beispielen in der Geschichte zeigt sich, dass der Weg der Wissenssuche nicht wie ein Weg zum absoluten Gipfel ist. Die Wissensentwicklung ist oft nicht geradwegig und sie führt auch nicht systematisch zur Vermehrung von Gewusstem. Es gibt vielmehr Neuanfänge solcher Wissenswege oder aufgegebene Wege. Hin und wieder geht die Wissenschaft verschlungene Wege. Sie kommt über neue, ungelöste Rätsel zurück zu längst verworfenen Wahrheiten; Altes wird wiederentdeckt und neu interpretiert. So ist der Raum weder euklidisch noch eine Riemannsche Mannigfaltigkeit; er ist viel eher als punktuelle Information angelegt, wie das die griechischen Atomisten schon von der Materie behauptet hatten. Aristotelische Vorstellungen vom leeren Raum dienen heute als Basis des Verständnisses für die moderne Vakuumtheorie. Und Kants kosmogonische Vorstellungen von der Entstehung des Sonnensystems sind heute moderner als jene Vorstellungen, die ein Jahrhundert danach von Astronomen wie Jeans, Jeffreys und Lyttleton propagiert wurden.

Es war nun unsere Absicht, mit dieser Vortragsreihe im Evangelischen Bildungszentrum Hospitalhof Stuttgart genau diesen normalerweise übersehenen

Umstand genauer zu beleuchten. Wir wollten an vielen konkreten Einzelbeispielen aufzeigen lassen, dass Wissenschaften nicht immer streng nach dem Permanenzprinzip vorgehen, indem sie zu neuen Lösungen kommen und dabei die alten in Kraft lassen. Manchmal ergibt sich im Zuge des sogenannten Fortschrittes ein rigoroser Bruch mit den Perspektiven, die zum Vorwissen geführt haben. Mit den Neuerungen werden angestammte Lösungen plötzlich verworfen, es werden neue Konzepte zur Naturbeschreibung geboren, die wie ein ganz neues Suchraster dienen, unter dem man ab jetzt neue Naturphänomene einfangen können wird.

Für *Reinhard Brandt* ist interessant, dass nicht alle Generationen gleichermaßen über Vergangenheit und Zukunft gedacht haben. Der Imperativ „Lasst uns in die Zukunft schreiten!“, ist für unsere Zeit ein völlig selbstverständliches Gebot. Dagegen stand früheren Generationen viel mehr die Vergangenheit als Leitidee vor Augen. Für den Babylonier liegt die Vergangenheit als das Goldene Zeitalter vor ihm, wohingegen das Zukünftige in seinem Rücken liegt. Paulus sagt, in Gott lägen alle Schätze der Weisheit verborgen. Und Platon spricht davon, dass neue Erkenntnis nichts anderes als Rückerinnerung an das Reich der Ideen ist. Heute aber wird allgemein geglaubt, dass wir sehen müssen, wohin wir gehen und was auf uns zukommt, damit wir den nächsten Schritt tun und überleben können. Uns orientiert also das Zukünftige, das wir jedoch bemerkenswerterweise gar nicht kennen.

Die Frage der Zufälligkeit oder Kontingenz im Geschehen führt in der Regel an die Grenze zwischen Theologie und Naturwissenschaft. Vielfach sieht man auch in der Kontingenz des Geschehens als dem Anderen der Vernunft die Voraussetzung für die Möglichkeit von Religion überhaupt. Nach Aristoteles ist etwas kontingent, wenn es zum einen möglich ist, zum anderen aber nicht notwendig ist, wie etwa Katastrophen, Krankheiten, Glück oder Leistungserfolge. Im Artikel von *Kurt Wuchterl* werden die naturgesetzlichen, die ontologischen und die epistemischen Perspektiven der Kontingenz hinterfragt, und es wird versucht, die Grenzen zwischen Wissenschaft und Religionsphilosophie zu beleuchten.

Armin G. Wildfeuer betont, dass die Frage heute längst nicht nur sein kann „Was ist der Mensch?“, sondern auch immer mehr „Ab wann ist der Mensch ein

Mensch?“ Die Antwort auf diese Frage hat enorme Konsequenzen für die Erlaubtheit oder Verbotenheit von Stammzellforschung, Klonierung, Präimplantationsdiagnostik, In-vitro-Fertilisation, Gentherapie etc. und kreist ganz wesentlich um den Punkt der generellen Schutzwürdigkeit des Menschen als Person. Personalität kommt dem Menschen dabei zu, insofern er ein sittliches Subjekt darstellt, das laut allgemeinster Auffassung als Ganzes eine Unantastbarkeit und Würdezuschreibung erfahren sollte. Wo bei dieser Sondierung der Problematik jedoch die Personalität des Menschen anfängt, ob schon im Mutterleib oder erst nach der Geburt oder einer entsprechenden Reifung, das ist heiß diskutiert und soll in diesem Beitrag erörtert werden.

Ist der Mensch nun ein Produkt der Evolution im Sinne Darwinscher Abstammungslehre oder doch eher ein Beweis für das „Intelligent Design“ , das an ihm gewirkt haben muss, fragt *Ulrich Lüke*? Die Genesistexte der Bibel geben darüber keinen klaren Aufschluss. Mit Jacques Monod lässt sich streiten, ob der Mensch eher ein Produkt des Zufalls oder ein Geschöpf mit Notwendigkeit darstellt, wobei immer klar sein muss, dass schwer zu sagen ist, was eigentlich Zufall ist. Ein Ereignis sieht wie Zufall aus, wenn es durch Menschen an einer Weltstelle zustande kommt, die alle einzeln eine Verursachung haben, sich dort einzufinden, ohne dass es eine gemeinsame Verursachung dafür gibt. Eine zufällige Zahlenfolge lässt sich durch nichts als durch sich selbst darstellen, und trotzdem ist die Zufälligkeit dieser Folge nicht Zufall, sondern basiert auf einem festen Algorithmus. Es bleibt also unklar, ob, was nach Design aussieht, deswegen auch einen Designer haben muss.

Auch an dem, was sehr selten auftritt, lässt sich studieren, was für die allgemeine Phänomenalität Gültigkeit hat. *Christoph Klein* beschreibt, dass Patienten mit fast unbekannten, weil selten auftretenden Erkrankungen, stark benachteiligt sind, was ihre medizinische Versorgung anbelangt. Nach einer Odyssee durch die ärztlichen Praxen fehlen häufig die Medikamente für eine adäquate Therapie, wenn die exotische Erkrankung überhaupt richtig erkannt wurde. Das Schicksal dieser Singulärpatienten steht im Schatten der öffentlichen Aufmerksamkeit. Im Zuge der Weiterentwicklung der genomischen Medizin könnten sie aber auch als Erste von Behandlungsmethoden profitieren, die auf die individuellen genetischen Signaturen jedes Menschen Rücksicht nimmt.

Dem Kurator und Kunstvermittler *Jean-Christophe Ammann* geht es um die zurückliegenden Bemühungen vereinheitlichter Ideologien, die nicht immer zu einem Gewinn für die Menschheit geführt haben. Weltkommunismus sowie rassenideologischer Nationalsozialismus haben beispielhaft gezeigt, dass krampfhafte Vereinheitlichungsbemühungen zu Weltkatastrophen führen können. Auch die gesuchte Weltformel ist noch nicht gefunden; aber man kann jetzt schon fragen, ob sie denn überhaupt erstrebenswert ist. Eine zentrale These Ammanns ist die Atomisierung der Kunstszene. Wo früher die Avantgarde den (vermeintlich) richtigen Weg vorgab, ist die Übersicht heute längst verloren gegangen. Wo es früher klare Richtungen gab, gibt es heute nur mehr Einzelpositionen von Künstlern, die ihr eigenes Universum erleben und bespielen.

Ist es wohl sinnvoll, nach grundsätzlich unlösbaren Problemen zu fragen? Nicht vielleicht, um sie zu lösen. Wohl aber, um ihre generelle Unlösbarkeit zu beweisen, betont *Bernulf Kanitscheider*. Die Wissenschaftsgeschichte der zurückliegenden Jahrhunderte zeigt, dass man immer sogenannte grundsätzlich unlösbare Probleme von solchen hat unterscheiden wollen, für die es nur derzeit noch keine Lösung gibt. Unter erstere Probleme rechnete noch 1872 der Physiologe Emil du Bois-Reymond das Problem der menschlichen Willensfreiheit. Inzwischen aber ist dies eher zu einem Problem der zweiten Art geworden, für das man schon in naher Zukunft im Rahmen eines psycho-physischen Parallelismus eine Lösung zu haben glaubt. Heute gibt es einen enormen Wissensoptimismus, der davon ausgeht, dass es keine Rätsel gibt! Wenn sich eine Frage nur überhaupt stellen lässt, so kann sie auch beantwortet werden.

Mathematiker sagen, Mathematik sei schön. Nichtmathematiker finden sie eher langweilig. Sie ist ein Amalgam aus wunderbarer Gewissheit, Nützlichkeit, aber auch aus Schönheit und sogar Leidenschaft. Um das filigrane Gedankengebäude in mathematischen Deduktionen bewundern zu können, bedarf es aber einer gewissen Schulung. Dann zeigt sich, dass intellektuell empfundene Schönheit nicht weniger intensiv wirkt als sinnlich erfahrene Schönheit, meint *Christian Hesse*. Die Ästhetik der Mathematik steigt aus der Kunst der Deduktion und der Kombination bei logischen Schlüssen auf, und sie wirkt sich für den menschlichen Geist als ungemein bereichernd aus. Mathematik hat oft etwas mit der Realität zu tun. Während für Probleme der Realität oft keine Lösungen gefunden werden, will die Mathematik jedoch wissen, ob es überhaupt Lösungen solcher Probleme geben kann.

Während man früher hinter dem Wirken in der Natur den Willen der Götter, oder später den Willen des einen Gottes zu sehen beliebte, hat die Naturwissenschaft schon früh nach naturnäheren, genuin materie-eigenen, subjektlosen Konzepten zum Verständnis dynamischer Geschehnisse in der Natur gesucht. Der Artikel von *Hans Peter Nilles* beschreibt die Entwicklung des Konzepts der Kräfte, unter denen man in der modernen Physik vier Grundtypen unterscheidet, die elektroschwache, die starke, die elektromagnetische und die gravitative Kraft. Über die Natur dieser Fundamentalkräfte ist inzwischen viel nachgedacht worden. Manche Theorien wurden wieder verworfen und durch neue ersetzt, am dunkelsten bleibt die Gravitation.

Alle Welt lebt in der Meinung, was man unter der Trägheit von Objekten versteht, sei vollkommen klar. Dem ist jedoch erstaunlicherweise nicht so, wie *Hans Jörg Fahr* in seinem Beitrag zeigt. Gemeinhin soll Trägheit den Widerstand von massehaften Objekten bei Veränderung ihrer Geschwindigkeit bezeichnen. Aber woher weiß das Objekt, wie viel Widerstand es zu leisten hat? Für Isaac Newton war alles ganz einfach, für Ernst Mach dagegen war dies alles sehr schwer zu begreifen. Wie der Artikel zeigt, ist Masse und Trägheit von Objekten dieser Welt von der gesamten Weltkonstellation her bestimmt, was den Schluss zulässt, dass zum Beispiel die Protonenmasse keine elementar festgelegte Größe ist, sondern in ihrem Wert den gesamten Kosmos reflektiert.

Sonne und Mond sind himmlische Antagonisten. Die Wärme und das Licht der Sonne sind für das Leben auf der Erde unabdingbar. So wurde sie als Gottheit verehrt und bestimmte vermeintlich Leben und Schicksal der Menschen. Der Mond wechselt sein Gesicht im Rhythmus eines Monats und drückt eine beunruhigende Nichtpermanenz und Unstetigkeit am Himmel aus, schreibt *Wilhelm Kley*. Andererseits stellt er aber gerade über seine Zyklen ein Symbol der Fruchtbarkeit dar. Er ist deshalb auch zu einem oft gewählten Gegenstand der

Kunst geworden. Je reicher die Erkenntnisse werden, an welche Bedingungen unser menschliches Leben geknüpft ist, umso klarer wird in heutiger Zeit, dass es ohne den Mond gar nicht gehen würde. Und dennoch wissen wir bis heute immer noch nicht gewiss, welchem kosmogonischen Umstand wir den Mond auf Erden zu verdanken haben.

Vor einigen Jahrzehnten, als die ersten Beobachtungen dieser Art gemacht wurden, mussten Leute, die davon berichteten, Ufos (Undetected Flying Objects) gesichtet zu haben, damit rechnen, für Spinner gehalten zu werden. Dabei ist die Breite des Erscheinungsfeldes, in dem diese mysteriösen Flugobjekte auftreten, enorm. Schon aus wissenschaftsethischen Gründen sollte man sich, *sine ira et studio*, rein wissenschaftlich mit diesem Phänomen auseinandersetzen. Der Artikel von *Auguste Meessen* zeigt auf, dass alle Berichte über Ufos sich auf einige immer wieder auftretende, gemeinsame Erscheinungen reduzieren lassen, für die er versucht, physikalisch vernünftige Erklärungen zu finden. Tatsächlich gibt es, wie hier gezeigt wird, hervorragende Möglichkeiten mithilfe der modernen Magneto-Plasma-Physik, viele Ufo-Eigenschaften zu erklären.

Die Mathematik regelt alles, was wir an der Natur verstehen können. Alles andere, was nicht von mathematischer Relevanz ist, wie etwa alle sinnlichen Eindrücke, die die Welt uns vermittelt, können wir nicht verstehen. Deswegen beginnt auch der zweite Beitrag von *Hans Jörg Fahr* mit der pythagoräischen Feststellung, alles sei Zahl, was heißen soll, dass alles, was der Verstand an ideellen oder realen Gegebenheiten erfassen kann, sich in mathematische Formen kleiden lassen muss. Die heutige Wissenschaft erfährt diese pythagoräische Weisheit in ganz neuer Tiefe, in dem sie simulierte und visualisierte Welten im Computer erscheinen lassen kann, die dem Verstand als optimaler Ersatz für die reale Welt der Geschehnisse und Weltgegebenheiten dienen.

Walter Greiner stellt fest, dass auch hinter komplexen Naturerscheinungen äußerst einfache, harmonische und mathematisch prägnant formulierte Gesetze stehen. Für ihn ist klar: Hier war ein Schöpfer am Werk. Um ihn zu erkennen, müssen die Menschen nur genau hinsehen, seine Zeichen begreifen, sich ihm forschend annähern. Greiner entwickelte eine eigene Theorie, die Pseudokomplexe Allgemeine Relativitätstheorie, in der das Phänomen der Schwarzen Löcher nicht mehr existiert, denn Gott hat nach seiner Auffassung die Welt nicht so erschaffen, dass er sich selbst aus einigen Bereichen ausschließt. Also darf es solche Singularitäten nicht geben.

Am Ende bleibt die Erkenntnis, dass keine Erkenntnis für die Ewigkeit ist. Unser Wissen ist stets nur im Rahmen des derzeitigen Wissens gewiss. Wenn dieser Wissensrahmen jedoch durch unpassend Neues aufgebrochen wird, so mag alles Vorherige damit ungewiss werden. Gewiss ist aber unser Dank an die Autoren für die Bereitstellung ihrer Beiträge, an die Evangelische Gesamtkirchengemeinde Stuttgart für die Förderung des Buchprojekts, an Karin Timme für die Aufnahme des Bandes in das Verlagsprogramm von Frank & Timme, an Anne Roller-Salm für die Organisation der Vorträge und an Michael Reuter für die Bearbeitung der Manuskripte.

Stuttgart/Bonn, im Mai 2012 Helmut A. Müller und Hans J. Fahr

Reinhard Brandt

Die Zeitenwende der Neuzeit

„Step into future now!" In die Zukunft schreiten? Wer kann das, und wie, und seit wann? Wir taten und tun es immer, oder nie. Aber können auch unsere ständigen Begleiter, die Haustiere, die Pferde und Hunde, oder auch die Spatzen („Fly into future now!") zusammen mit uns in die Zukunft schreiten und fliegen? Oder wir ja, sie nicht?

Sind wir uns dieses Schreitens bewusst? Merken es andere und machen uns darauf aufmerksam? Modellieren wir die Zeit für uns so, dass sie für uns zukunftsfähig und dann wie eine Eisfläche beschreitbar wird?

Wir können mit einiger Sicherheit sagen, dass der Imperativ „Step into future now!" vor unserer Gegenwart, oder vielleicht vor 1900, noch nicht formuliert wurde. Heute nehmen wir keinen Anstoß daran, auf einem Plakat zu lesen „Step into future now!", obwohl die geringste Überlegung uns zeigt, welche surreale Zumutung in den Worten liegt. Am einfachsten ist wohl das Zugeständnis, dass unsere Weltanschauung sich geändert hat und es zu unserer heutigen Weltanschauung irgendwie passt, aufgefordert zu werden, in die Zukunft zu schreiten. Dieser bestimmten Weltanschauung gilt im Folgenden unser Interesse. Es wird die Vorstellung entwickelt, dass die Menschen vor der Neuzeit im Wesentlichen ihre kollektive Orientierung in der Vergangenheit fanden und dass es eine fundamentale Wende gab und gibt, die uns stattdessen in die Zukunft, oder genauer, vor allem in die Zukunft blicken lässt. Die Zukunft hat sich in der kollektiven Imagination konsolidiert, auf sie richtet sich in vielen Lebensgebieten der Fokus unserer Aufmerksamkeit.

Nicht die Zeit wendet sich, sondern wir modernen Menschen wenden uns auf diese Weise gewissermaßen in der gleichgerichteten und gegen unsere Geschichte gleichgültigen Zeit. Wir merken schon, wie schwierig es ist, sich sprachlich im liquiden Element der Zeit zu orientieren. Wir machen unvermeidlich Anleihen bei der Raumvorstellung und sprechen metaphorisch, uneigentlich, über das eigentlich Gemeinte.

Wir beobachten im Folgenden die Zeitenwende auf drei Gebieten: der Herrschaft in der Gesellschaft, der Produktionsform und der Kunst. Über die Aktualität der Zukunft ist viel geschrieben und getagt („Zukunftsgipfel") worden. Wenn ich richtig sehe, sind die Beobachtungen aber nicht unter dem Begriff der einen großen Zeitenwende zusammengefasst und in der vorgeschlagenen Weise spezifiziert worden. Der Gewinn der Untersuchung liegt u.a. darin, dass Phänomene, die wir sonst getrennt wahrnehmen, unter dem gemeinsamen Nenner der geänderten Zeit-Weltanschauung als verwandte Erscheinungen sichtbar werden und so die Welt und unser Leben in ihr in diesem Zipfel begreifbarer werden.

Herrschaft

Stefan Maul schreibt in seinem Beitrag „Altorientalische Schöpfungsmythen", dass nach dem einschlägigen Vokabular „[...] für einen Babylonier die Vergangenheit vor ihm, ihm ‚im Angesicht' daliegt, wohingegen das Kommende, Zukünftige das ist, was er als hinter sich, in seinem ‚Rücken' liegend betrachtet. In der Gedankenwelt unserer eigenen modernen Gesellschaft wird jedoch das Umgekehrte als selbstverständlich hingenommen. Fest glauben wir, dass unser Blick nach vorn gerichtet ist, wenn wir ‚in die Zukunft schauen'. Und kein Zweifel erschüttert unsere Überzeugung, dass die Vergangenheit in unserem Rücken, also hinter uns liegt. Während wir,der Zukunft zugewandt' auf der Zeitachse nach vorne schreiten, bewegten sich die Mesopotamier zwar ebenso wie wir auf dieser Achse in die Zukunft fort, ihr Blick war dabei jedoch in die Vergangenheit gerichtet. Sie bewegten sich gewissermaßen mit dem ‚Rücken' nach vorn, rückwärts gehend, in die Zukunft. Ohne das hier gewählte Bild überstrapazieren zu wollen, liegt es nahe, daraus zu folgern, dass das ‚Augenmerk' der mesopotamischen Kultur in die Vergangenheit und damit letztlich auf den Urpunkt allen Seins gerichtet ist. – In der Tat ist das Interesse der mesopotamischen Kultur an der eigenen Vergangenheit allgegenwärtig."[1]

Nun wird man bezweifeln, dass die Aufmerksamkeit des Individuums bei den Babyloniern nicht wie in der Gegenwart und der gesamten Zwischengeschichte und wie bei den übrigen Primaten auf die Informationen gerichtet ist, die der optische Fernsinn, der nach vorne gerichtet ist, uns übermittelt. Wir müssen sehen, wohin wir gehen und was jetzt oder gleich auf uns zukommt, sonst können wir nicht überleben. Der Sehsinn und Körperbau bestimmt, wo vorne und hinten ist. Solange es Menschen gibt, so müssen wir annehmen, gibt es für sie die zwei Zeitreihen des „vergangen – gegenwärtig – künftig" und „früher – später – zugleich". Wir verstehen das Künftige als die Zeit, in die wir hineingehen. Wohin wir gehen, ist unausweichlich die Zukunft. Aber die Beobachtung Mauls trifft offensichtlich auf das Kollektiv der Babylonier zu, auf die kulturellen Institutionen, die sich nach der Vergangenheit richten. Die religiösen und politischen Vorstellungen sind orientiert an der Autorität des gemeinsamen heroischen und göttlichen Beginns. In dieser Autorität findet das Volk seine Identität, zu ihm wendet es sich in allen wichtigen Fragen der politischen Herrschaft und der Auseinandersetzung mit der Natur zurück.

Eine Vergewisserung der Orientierung an der Vergangenheit bietet die Genealogie, der Stammbaum der Herrscher, der in mythischen Vorzeiten verwurzelt ist und bis in die Gegenwart reicht. Ob in der griechischen oder orientalischen Kultur, die Literatur vergewissert sich der uralten Herkunft der Herrscher, sie legitimieren ihre Ansprüche in der Abstammung von früheren, besonderen Ahnen. Ein Beispiel aus dem späteren Vorderen Orient: „Die Safawiden beanspruchten, vom siebten Imam Musa al-Kazim („der Selbstbeherrschte", gest. 799) und damit in direkter Linie vom Propheten Mohammed abzustammen. Dieser Anspruch ist nicht zweifelsfrei zu beweisen, doch immerhin behaupten schon die ältesten erhaltenen Quellen zur Vorgeschichte der Safawiden, sie seien Angehörige der alidischen Familie. Auf jeden Fall wurde diese Herkunft der Safawiden für wahr gehalten und verlieh ihnen ein hohes religiöses Prestige, das es ihnen erlaubte, als einzige Vertreter des verborgenen zwölften Imams aufzutreten."[2]

1 MAUL, Schöpfungsmythen, 43-44.
2 GRONKE, Geschichte, 73–74.

Und: „Knowledge Goes Back to the First Sage.“[3] Wir wissen: In Gott liegen „verborgen alle Schätze der Weisheit und der Erkenntnis.“ (Paulus an die Kolosser 2,3) Platon: Alle neue Erkenntnis kann nichts anderes sein als Erinnerung, Anamnese.

Um die Dignität von Jesus Christus nachzuweisen, beginnt das Matthäus-Evangelium mit einer Filiation durch die Geschlechter. „Dies ist das Buch von der Geburt Jesu Christi, der da ist ein Sohn Davids, des Sohnes Abrahams. Abraham zeugte Isaak [...]. Jakob zeugte Joseph, den Mann Marias, von welcher ist geboren Jesus, der da heißt Christus. Alle Glieder von Abraham bis auf David sind vierzehn Glieder. Von David bis auf die babylonische Gefangenschaft sind vierzehn Glieder. Von der babylonischen Gefangenschaft bis auf Christus sind vierzehn Glieder.“

Die Genealogie im dritten Kapitel des Lukas-Evangeliums führt die Geschlechterlinie von Jesus über viele Glieder zurück auf Enos, „der war ein Sohn Seths, der war ein Sohn Adams, der war Gottes.“

Die bewundernswerte Arbeit „Mimesis“ von Erich Auerbach hat vor Augen geführt, dass in der Bibel einfache Menschen beachtet werden. Aber Auerbach übersieht, dass der harte Kern der biblischen Geschichte in der Tradition der Herrscherhäuser und ihrer Genealogien besteht, Stammbäume ohne Unterbrechung, immer die ausgewählten Wenigen der jüdischen Geschichte. Um das Christentum zu verstehen, muss man beachten, dass sich auch Joseph und Maria und damit Jesus um ihre aristokratische Herkunft bemühen. Keine beliebige Familie im Land der Juden, sondern, wie die Christen singen, aus *Jesse Stamm*. Jesus hat eine eminent aristokratische Herkunft.

Die Innovation von Christus, seine Abwendung vom Alten Bund und Hinwendung zum Neuen, geschieht auf diesem Hintergrund der Gewissheit im „Alten Testament“. Es gibt zögerliche Vorwegnahmen der Aufmerksamkeitsverkehrung im „Alten Testament“ selbst, sie führen jedoch nicht zum Bewusstsein einer Zeitenwende. Als das Reich Juda zerstört wurde, kam es in Gruppen jüdischer, nach Babylonien umgesiedelter Schreiber zu einer Kehre vom Anfang auf die Zukunft hin. Das einschlägige Dokument stellt die sogenannte Deutero-

3 NASR, Persia, II, 174.

jesajanische Sammlung (Jesaia 40–55*9) dar. In Jesaia 43,18–19 lässt einer dieser anonymen Leviten Jahwe dem Volk zurufen: „Denkt nicht an das Alte und achtet nicht auf das Frühere: Denn siehe, ich will ein Neues machen; jetzt soll es aufwachsen, und ihr werdet erfahren, dass ich Wege in der Wüste mache und Wasserströme in der Einöde.“ Die Stimme ruft zur Wende auf, aber sie kann die grundsätzliche Dominanz des Vergangenen nicht ändern.

Diese Bindung an die Vergangenheit gilt für die mythische Phase der Bewusstseinsbildung allgemein. Die Gegenwart des Volks wird aufgefasst als ein Nachspiel und eine nicht endende Wiederkehr der Urszenen, in denen die Götter das Naturgeschehen gestalteten oder erlitten. Das gemeinsame Heil und Unheil hängt an dem längst Geschehenen, das auf diese Weise präsent ist, in Ritualen, Feiern, in eingewöhnten Formen des Verhaltens im Krieg und Frieden. Gut und Böse haben hier ihren Ursprung und ihre Wirklichkeit.

In der jüdischen Tradition wurde diese Orientierung an der Vergangenheit wenigstens einmal durchbrochen. Hiermit wird eine Zeitenwende angedeutet. Aber gibt es eine Wende aus der Vergangenheit in die Zukunft, oder näher: aus der Orientierung an der Vergangenheit zu einer Zukunftsorientierung?

Die vierte Ekloge Vergils feiert die Geburt des Kindes und des Anbruchs eines neuen *ordo*. Aber was wird geschehen? „iam redit et virgo, redeunt Saturnia regna“ (Vers 6): Der Anfang kehrt zurück, das Goldene Zeitalter – etwas Neues hat diese alte antike Welt nicht vor sich.

Mit einiger Großzügigkeit kann man sagen, dass Herrschaft in der Antike und im feudalen Europa aus der Vergangenheit legitimiert wurde, seien dies nun Filiationen mächtiger Geschlechter oder in einer Nebenlinie die früheren Verträge, in denen sich ein Volk vereinigte und einer bestimmten Familie oder Gruppe unterwarf. „Als Adam grub und Eva spann, wo war denn da der Edelmann?“ Auch die Freiheit von der Adelsherrschaft wird nicht als gegenwärtige Forderung der Vernunft ausgesprochen, sondern aus einem ersten Anfang abgeleitet. Auch die Freiheit bedarf einer Legitimation in der Frühzeit.

Die spektakulärste Abwendung der Menschen aus der Verfügungsmacht der Vergangenheit ist die Französische Revolution. „Solange die Sonne am Firmamente steht und die Planeten um sie herumkreisen, war das nicht gesehen worden, dass der Mensch sich auf den Kopf, d. i. auf den Gedanken stellt und die Wirklichkeit nach diesem erbaut."[4]

Es ist ein Doppelereignis, 1776 in Massachusetts und Virginia mit der Bill of Rights und 1789 in Paris, bei dem sich eine Nation oder ein künftiges Staatsvolk selbst eine Verfassung geben, die nicht einen früheren Zustand wieder herstellen will, sondern eine neue Grundlage für die künftigen drei Gewalten, die Gesetzgebung, Exekutive und Judikative, entwirft. Während die vorhergehenden Revolutionen in England, in der Schweiz,[5] in den Niederlanden die *libertates veteres* gegen die unrechtmäßige Herrschaft von Despoten wieder erwecken und so ihre Legitimation aus der Vergangenheit holen, berufen sich die Ideen von 1776 und 1789 auf keine vergangenen Institutionen und Autoritäten und wagen die Ausfahrt in die Zukunft nach eigenen Vorstellungen. Die Deklarationen verkünden also keine Überlieferungen, sondern entwerfen ein Projekt zum gemeinsamen Handeln.

Die Verfassung, die sich auf keine überkommene Autorität mehr beruft, sondern ganz der Zukunft geweiht ist, entsteht in Amerika aus Not. Die Kolonien des neuen Erdteils, die sich von der Herrschaft der Alten Welt befreit hatten, konnten sich nicht gut wieder auf die alte Heimat als Autorität zurückbeziehen, sie konnten sich auch nicht auf große Väter der Eingeborenen berufen. Ihnen blieb nichts übrig, als sich eine Verfassung ohne Vergangenheit auszudenken. Paris tat dann dasselbe. Hätte man dies ohne das heimliche Vorbild gewagt? Wie immer, in der Sache ist die Verfassung aus reiner Vernunft genau der Geisteszeit angepasst. Rousseau und Kant hätten es nicht anders gemacht.

Die „Déclaration des droits de l'homme et des citoyens" vom 17. Juni 1789 ist nur auf die Natur des Menschen bezogen, es wird keine gemeinsame Vergangenheit und kein Gott angeführt. Robespierre 1792: „Postérité naissante, c'est à toi de croître et d'amener les jours de la prospérité et du bonheur."[6]

In der Antike wird nicht auf die Zukunft gesetzt, sondern umgekehrt das Vergangene verteidigt. In Platons „Nomoi", den späten „Gesetzen", wird jeder, der eine Änderung der Verfassung vorschlägt, kurzerhand umgebracht. Dass es Gründe in einer sich ändernden Welt für Änderungen gibt, kann nur meinen, wer

4 HEGEL, Geschichte, 4. Teil, 3. Abschnitt, 3. Kapitel.
5 WÜRGLER, Unruhen.
6 HERDING, Zeichensysteme, 516.

das Wesen der Verfassung nicht erfasst hat, sie ist göttlich wie die unveränderbare Kreisform der Sternenbewegung. Der Beginn der Neuzeit führte zu einer Entzauberung der Natur – die Wende um 1789 entzaubert die Vergangenheit. Jetzt und fortan: Alle Macht der Zukunft!

In der traditionalen Gesellschaft ist die Macht des *pater familias* nach unseren heutigen Vorstellungen wie die eines absolutistischen Herrschers. Er entscheidet, ob ein Neugeborenes in die Familie aufgenommen wird. In Frankreich konnte der Vater die Kinder gänzlich enterben, hatte also ein vorzügliches Mittel, den Gehorsam zu erzwingen. Er konnte gegen seine Söhne eine *lettre de cachet* ohne Gerichtsverfahren beim König erwirken. Mit der Freisetzung des Marktes und der Möglichkeit, selbst ein Vermögen in der Produktion und im Handel zu erwerben, verschwand diese Vätermacht. Bei Kant ist die gesellschaftliche Grundlage für die aktive Staatsbürgerschaft schon die Selbstständigkeit als Marktteilnehmer, weiter zurück wird nicht gefragt.[7] Es ist weder das *jus sanguinis* noch das *jus soli*, sondern die effiziente Teilnahme am Markt- oder Staatsgeschehen.

Die Kantische Rechtsphilosophie vollzieht an wenigstens zwei Stellen eine Futurisierung. Einmal ist der Weg von der ersten Besitzergreifung bis hin zur Friedensidee die Evolution vom bloß provisorischen zum wirklichen, peremtorischen Recht. Der provisorische Besitz am Boden ist dadurch gekennzeichnet, dass alle ihre Zustimmung geben müssten, weil die einseitige Besitzergreifung ihre Freiheit einschränkt, dies aber rechtmäßig nur durch Einstimmung geschehen kann. Diese wiederum kann nur dann vorliegen, wenn der gesamte Erdboden mit der Einstimmung aller verteilt ist, erst dann wird idealiter aus dem provisorischen ein peremtorischer Besitz. Man sieht, dass aus der Präsumtion der Zukunft für die Gegenwart ein Recht erwächst. Diese Figur gilt auch für das öffentliche Recht. Jeder Zustand in seiner Evolution wird legitimiert durch die Maßnahmen der Verrechtlichung, die auf seiner Grundlage möglich und notwendig sind. Die Legitimation jedes *status quo* liegt nicht wie in der Tradition in der Vergangenheit, sondern in der Zukunft – sie wird dem, der keine Unterbrechung des Rechtskontinuums durch Widerstand anzettelt, recht geben.

Eine gleiche Wendestruktur findet sich in Kants Interpretation der Französi-

---

7 KANT, VI, 314–315.

schen Revolution, und zwar im Hinblick auf die Konstitution der Nationalversammlung 1789, die sich am 9. Juli zur „Verfassunggebenden Versammlung" erklärte. Mit der Zusammenrufung des Nationalkonvents durch Ludwig XVI. habe, so Kant, das Volk die gesetzgebende Gewalt, und damit auch die Regierung, „in die Hände bekommen" und sei damit im Besitz des unveräußerlichen Gesamtwillens des Volkes gewesen. Einen Vertrag, nach erledigtem Geschäft die Zügel wieder in die Hände des Monarchen zu legen, habe es nicht geben können.[8] Eine andere, historisch gesicherte Auffassung lautet dagegen, dass die Mitglieder der Nationalversammlung ein Mandat hatten für eine auf die Beratung des Königs beschränkte Amtstätigkeit. Unter dem Ancien Régime war die Nation ein Zusammenschluss von Körperschaften, Gemeinden und Gerichtsbezirken, die Abgeordneten waren traditionell nur Unterhändler beim Monarchen. Unter der Führung von Sieyès und Mirabeau erklärte sich der Dritte Stand dagegen rechtswidrig zur Nationalversammlung, die ihrerseits beanspruchte, allein fähig zu sein „d'interpréter et de présenter la volonté générale". Dies ist ein revolutionärer Akt in des Wortes wahrster Bedeutung, denn er stürzt die Grundlagen des französischen Staatsrechts um, lange vor dem Fall der Bastille, der Abschaffung der Privilegien und der Erklärung der Menschenrechte. Kant folgt Mirabeau und Sieyès und beteiligt sich an der Verschleierung des Verrats, durch den sich der Dritte Stand als Nationalversammlung konstituierte und damit das Faktum eliminierte, dass alle Abgeordneten nur ein jeweils spezifiziertes imperatives Mandat hatten.

Die Struktur der Interpretation ist deutlich: Es wird das Recht der Abgeordneten aus ihrer historischen Verankerung in der Verfassung herausgedreht und freigesetzt für eine natur- oder vernunftrechtliche Urversammlung, in deren Präsenz das Recht des sie repräsentierenden Königs aufgehoben wird. So steht es bei Rousseau: „A l'instant que le Peuple est légitimement assemblé en corps Souverain [wie von Sieyès und Kant unterstellt wird], toute jurisdiction du Gouvernement cesse, la puissance éxécutive est suspendue, et la personne du dernier Citoyen est aussi sacrée et inviolable que celle du premier Magistrat, parce qu'où

8 KANT, VI, 341, 9–342, 13.

se trouve le Représenté, il n'y a plus de Représentant."[9] Die Urversammlung hat keine Vergangenheit, sondern nur ihre Gegenwart für die Zukunft, die ganz in ihren Händen liegt.

Es fällt auf, wie wenig in der Antike, im Mittelalter und der frühen Neuzeit auf Freiheit insistiert wurde, während die Freiheit mit der Aufklärung und der Französischen Revolution an Platz eins der Desideratenliste rückte – bis heute. Freiheit ist wesentlich auf die Zukunft bezogen, die Vergangenheit ist allemal schon bestimmt und erledigt.

Produktion

Blicken wir zuerst in die antike Literatur und lassen uns belehren, wie die Autoren wirtschaftliche Angelegenheiten wahrnehmen. Als erstes Beispiel soll eine Passage aus dem Roman des Petronius dienen, aus dem eine Episode, das Gastmahl des Trimalchio, erhalten ist. Trimalchio ist ein reicher Freigelassener, seine Frau ist die frühere Prostituierte Fortunata.

„Trimalchio hat Grundstücke, so weit die Falken fliegen, unzählige Millionen. Im Keller von seinem Portier liegt mehr Geld, als andere Leute überhaupt im Vermögen haben. Und das Sklavenpersonal! [...] Und glauben Sie nicht, dass der irgendetwas zu kaufen braucht; alles ist seine eigene Produktion: Wolle, Wachs, Pfeffer [...] er hatte nicht genug eigene Produktion an guter Wolle; da hat er sich Widder aus Tarent gekauft [...] Sie sehen, wie viel Kissen hier herumliegen [...], da können Sie sehen, was für ein glücklicher Mann das ist."[10]

Kein Gedanke daran, dass das viele Geld in die Produktion von Waren investiert werden könnte, es dient nur dem privaten Nutzen und Luxus, und der Luxus kommt und geht, die bewegende Kraft ist das Glück, die rätselhafte Fortuna. Die literarische Behandlung erfolgt in der sich immer wiederholenden Moralistik, die den exzessiven Luxus an der Kargheit des *mos maiorum* misst und verurteilt, und im niederen Genus der Anekdoten und der Komik verbleibt. Nie kommt es zur Kritik der Gesellschaft, nie wird über Möglichkeiten nachgedacht, die Zustände zu ändern.

---

9 ROUSSEAU, Oeuvres, III, 430.
10 AUERBACH, Mimesis, 29.

„Hier aber stoßen wir auf eine grundsätzliche und sehr schwierige Frage. Wenn die antike Literatur das alltägliche Leben nicht ernsthaft, nicht problematisch und nicht in seinem geschichtlichen Hintergrund, sondern nur im niederen Stil, komisch oder allenthalben idyllisch, geschichtslos und statisch darzustellen vermochte, so liegt darin nicht nur eine Grenze ihres Geschichtsbewusstseins."[11]

Ob das Abstraktum des Geschichtsbewusstseins weiterhilft? Was ist das genau? Auerbach führt einen weiteren Text aus Tacitus an, in dem eine Soldatenmeuterei in den pannonischen Legionen geschildert wird, höchst plastisch und lebendig, aber ohne jede Analyse der wirtschaftlichen Hintergründe. Ein moderner Historiker „[...] hätte bei dieser Gelegenheit [...] eine sachlich-objektive, dokumentierte Untersuchung der Besoldungs- und Versorgungsverhältnisse gegeben, beziehungsweise auf eine solche, die anderswo in seinem oder in dem Werk eines Fachgenossen sich findet, verwiesen; er hätte im Anschluss daran die Berechtigung der Forderungen diskutiert, einen Rückblick auf die frühere und einen Ausblick auf die spätere Politik der Regierung auf diesem Gebiet gegeben und so fort. Das alles tut Tacitus nicht, [...]."[12] Trimalchio akkumuliert Reichtümer, die sich nach kurzer Zeit wieder verlieren, er ist kein Unternehmer, er gründet keine Firma mit einer eigenen, sich stabilisierenden Identität. Es werden keine Fehler wahrgenommen und keine Techniken der Verbesserung entwickelt.

Die gesellschaftlichen Verhältnisse, so wird man vermuten dürfen, sind für Petronius und Tacitus, gemessen an unseren Vorstellungen, ausweglos erstarrt, die Akteure handeln nicht in eine Zukunft hinein, die sie in verschiedenen Formen gestalten können. Wir beenden diesen Blick in die antike Selbstwahrnehmung mit einem Vergleich der Betrachtung Roms durch Martial (40–104 n.Chr.) und des revolutionären Paris durch Sébastien Mercier (1740–1814). Martial schildert das düstere Rom des ersten nachchristlichen Jahrhunderts. Kein Gedanke an eine mögliche Verbesserung, keine urbanistische Überlegung, kein Vergleich mit anderen Städten und der Bewältigung der städtischen Probleme. Martial geißelt die unerträglichen Lebensbedingungen, aber für ihn gibt es keine Alternative. Es ist dies die Situation, in der die Jenseitsreligion des Christentums zum Massenphänomen wurde.

---

11 Ebd., 37.
12 Ebd., 39.

Anders das Parisbild von Mercier. Er hatte 1771 seine Schrift „Das Jahr 2440" veröffentlicht und das Fenster zur Zukunft aufgestoßen, die erste genau datierte Utopie, ein Rendezvous mit der Zukunft. Darin wurden die Abschaffung von Adel und Privilegien, die Aufhebung des Absolutismus, die Besteuerung der Reichen und die Gleichheit aller vor dem Gesetz gefordert. Paris kann zur modernen Großstadt werden, es liegt an den Bürgern. Aus der Stagnation ist hier eine Dynamik der Änderung geworden. Die Schubkraft liegt nicht im Glauben, auf den man im spätantiken, dem Orient zugeneigten Rom verfiel, sondern in der Ökonomie, die zurzeit von Mercier aus der feudalen Monopolwirtschaft zum bürgerlichen Kapitalismus mutiert war oder mutierte.

Uns interessiert die Zeitform des Kapitalismus. Das Kapital ist Geld, das nicht dem Tausch von Waren und dem sofortigen Konsum dient und nicht dem künftigen Profit durch Zinsen (Aristoteles), sondern es ist eine gezielte Investition in einen privaten Fonds, der einen Teil der Produktion organisiert und daraus einen künftigen Profit verspricht. Es ist als solches gleichgültig gegenüber der speziellen Art der Produktion, sondern zielt nur auf einen sicheren und möglichst hohen Gewinn. In dieser seiner Funktion entfaltet das Kapital eine die Produktion rücksichtslos stimulierende Energie. Es dreht die traditionale Agrar- und Zunftwirtschaft allmählich aus ihrer Orientierung an den jeweiligen Üblichkeiten um in eine Antizipation und Berechnung künftiger Erfolge. Statt nur vorhandene Bedürfnisse zu befriedigen, weckt oder kreiert die kapitalistische Produktion die Bedürfnisse durch Reklame. Die Reklame wird zu einem Feld, in dem sich Ökonomie und Kultur im engeren Sinn überschneiden.

Um die Neubestimmung der Produktion unter den Impulsen des Kapitalismus zu betrachten, genügt die Lektüre des Stichworts *épingle* in der „Encyclopédie"[13], und die Analyse von Adam Smith im „Wealth of Nations" (1776). Mit der industriellen Revolution, die sich von England über den Kontinent ausbreitete, gerät die Ökonomie in eine sich beschleunigende Bewegung. Wurde der Reichtum der Nation zuvor nach den in der *camera* des Fürsten angehäuften Schätzen gemessen, die die Kameralistik berechnete, ist es jetzt die Produktivkraft einer Nation und die Zirkulation der Waren, die den Reichtum ausmacht.

13 DIDEROT/LE ROND D'ALEMBERT, Encyclopédie, 711–715.

Thomas Hobbes hatte mit einem ersten Versuch die Vorstellung des Blutkreislaufs von William Harvey auf die Ökonomie übertragen.[14] In der Aufklärung war die Vorstellung einer ökonomischen Bewegung dominant geworden. Damit parallel läuft die Futurisierung der Ökonomie.

Die Zunftorganisation des Handwerks und der Agrikultur deckte den Bedarf nach dem bisherigen relativ statischen Konsum, nur deswegen kann die Produktion quantitativ ungefähr festgelegt werden. Mit den technischen Erleichterungen, den besseren Straßen und Fahrzeugen wird die Produktion entfesselt und kann sich zum Konkurrenzkapitalismus entwickeln. Damit entscheidet über die Produktionsmenge nicht mehr der bisherige, sondern der künftige Bedarf , der durch geeignete Strategien erweiterbar ist. Die Antizipation künftiger Gewinne und ihre Deklaration als einen schon vorhandenen Reichtum führt Mephisto in Goethes *Faust* vor. Die Ersetzung des aufgehäuften Goldes in der Schatzkammer des Fürsten durch die noch nicht gefundenen Schätze, die erst durch künftige Arbeit zutage gefördert werden, ist das Finanzvorhaben, das Goethe interessierte, ein Vorhaben, bei dem sich die Blickrichtung von den vergangenen Mühen und den vorhandenen Produkten abwendet und auf die Prognose zielt.

Mit dem Wandel der Kameralistik zur modernen Nationalökonomie und dem entsprechenden realen Verhalten der Akteure ist folgendes Phänomen verbunden: Bereits im antiken Rom und bis in die neunziger Jahre des 18. Jahrhunderts gab es in den europäischen Ländern Luxusgesetze, begleitet von der Moralistik und dem Appell an den einfachen Lebenswandel der Ahnen, die hier wieder einmal als Vorbild fungieren. Warum wurden diese Gesetzte Anfang des 19. Jahrhunderts abgeschafft? Eine plausible Erklärung könnte sein, dass die Gewinne, die man bis zu unserer Zeitenwende machte, in die Schaustellung des Reichtums investiert wurden. Diese Schaustellung wiederum konnte nur abträglich sein für den sozialen Zusammenhalt der Kommunen, daher die Versuche der Regierungen, den Luxus per Gesetz einzudämmen. Erst als es in Europa durchgängig üblich wurde, das überschüssige Geld in die Produktion zu reinvestieren, erledigte sich das Problem von selbst. Während sich vorher die Potentaten gegen alle offiziellen Verlautbarungen, den Luxus einzuschränken, selbst in allem

14 HOBBES, Leviathan, 170–176.

Glanz und Schmuck zeigen und sich in der sichtbaren Pracht der Gewänder zu überbieten suchen, verzichten die Mächtigen und Reichen nach 1800 auf die Schaustellung in Prunkgewändern. Die neue allgemeine Losung zielt auf die Arbeit als den Ursprung der Wohlfahrt, akzeptiert wird nur noch der Anzug, in dem man von der Arbeit kommt und sogleich die Arbeit fortsetzen kann. Kein Maler könnte noch die Herrscher und Heiligen, Maria und Joseph darstellen in exquisiten Luxusroben – es ist der aufgestaute Reichtum einer vorkapitalistischen Ökonomie, den die Maler in ihrer Kunst dargestellt hatten.

Zur Zeitenwende in der Ökonomie gehört die Ablösung der ursprünglichen Naturalwirtschaft und der antiken und mittelalterlichen Geldwirtschaft durch die Fruchtbarmachung der Zukunft im Kreditwesen. Aristoteles teilt in der Ökonomik seiner „Politik" die Wirtschaft in die Naturalien- und die Geldwirtschaft ein; bei der Letzteren wird Geld gegen Waren und umgekehrt getauscht und daraus von den Kaufleuten Gewinn gezogen. Dass man aber durch Geld allein, nämlich die Zinsen, Geld gewinnt, hält er für unnatürlich.[15] Die christliche Kirche folgte dem Zinsverbot bis zum Ende des Mittelalters, danach kam es zu Lockerungen. Der sich herausbildende Kapitalismus ist ohne ein systematisches Kreditwesen nicht möglich, entsprechend ist der Zinsgewinn nicht mehr verfemt und wird nicht mehr den öffentlich diskreditierten Juden überlassen. Der Kredit öffnet die Gegenwart für die Zukunft und legt sie darauf fest, so produktiv zu werden, dass die Schulden zurückgezahlt werden und die Tätigkeit zu einem Gewinn führt. Es scheint kein Zufall zu sein, das dieses Hinausschreiten in die Zukunft erst mit dem Ende des Mittelalters habituell wird und der Kredit die neue Form der Produktion wie etwas Natürliches begleitet. Aristoteles war davor zurückgeschreckt, und zwar nicht nur vor dem übertriebenen Wucher, sondern dem Gewinn durch Kreditvergabe generell – eine „fundamentalistische Einstellung", wie Eckart Schütrumpf urteilt.[16]

Reklame

Im Marxschen „Kapital" wird noch nicht davon gesprochen, dass die kapitalistische Produktionsform auch den Absatz durch Reklame zubereitet. Mit Reklame

15 ARISTOTELES, Politik A, 1258b7–8 (para physin).
16 Ebd., I, 353.

schafft sie Bedürfnisse und befriedigt sie zielgenau. Die Reklame ist kein Balzgesang, wie die Natur ihn in ihrer rührenden Nähe vorsieht, sondern ein ausgefeiltes Produkt, an dem jetzt auch eine hochkarätige Neurologie teilhat. „Neuromarketing“ ist zum Wirtschaftszweig geworden. Das Kapital finanziert das Studium des Käuferverhaltens, um mit der psychologischen Konditionierung durch die Reklame die Kaufverläufe zu determinieren und den Verkauf bestimmter Produkte zu erhöhen. Hier sieht man besonders gut die futuristische Zeitschleife, von der Marx sich noch nichts träumen ließ. Sie ist verbunden mit der Destruktion natürlicher Vorgaben als solcher; es werden keine natürlichen Anlagen in ihrem Sinne fortentwickelt (Aristoteles), sondern umfunktioniert zu einem markt- und machtkonformen Resultat. Die Frage ist, wie der Kunde süchtig wird, ohne es zu merken. Die Ressourcen für die Produktion liefern die Bewohner der Drittländer, bei Aristoteles noch ganz naiv nach ihrer stammelnden Artikulation der ungewohnten griechischen Sprache *barbaroi* genannt.

Die Idee und Praxis der Reklame ist der Welt bis ins 19. Jahrhundert fremd. Sie tritt an die Stelle des Ruhmes und der Ehre, die die Geschichte vor der Zeitenwende beherrschten. Die homerischen Epen dienen dem Ruhm der Helden vor Troja, an ihm orientieren sich die späteren Griechen (zum Leidwesen Platons). Don Quijote nimmt noch Teil an der Heroenwelt, wenn auch in der Verdrehung zur Karikatur. Wirklicher Ruhm und Ehre verschwinden, schon die eintönige Landschaft von La Mancha ist durch das Profitstreben der reicheren Spanier entstanden, denn die Schafswolle erzielte Höchstpreise auf dem europäischen Markt. Die Monokultur war an die Stelle der vielfältigen spanischen Landwirtschaft getreten, die für die naheliegenden Dörfer und Städte sorgte.

Der gegenwärtige Wert des Kapitals liegt in der Erwartung des Gewinns. Auf diese Verkünftigung hat sich die kapitalistische Wirtschaft eingelassen und ist bis heute konkurrenzlos im Erzeugen von Reichtum und Armut. „Angesichts der hierarchischen Anordnung der Finanzmärkte reflektieren die Preise vielmehr jeweils die Erwartung zukünftiger Preisentwicklungen. Mit fortschreitender Futurisierung der Märkte steigt somit die Interpretations- und Wissensabhängigkeit ihrer Effizienz. Das heißt neben der Information (Heraklit Pressen; Cicero Korn) avanciert das Wissen zur kritischen Ressource riskanter Entscheidungen.“[17]

Kultur

Um den Bruch der Moderne mit der traditionalen, natur- und vergangenheitsorientierten Kultur zu dokumentieren, wenden wir uns den Manifesten der Futuristen zu. Der Futurismus in Italien um 1908 und die folgenden Jahre dient uns als Zeuge und Symptom des Wechsels aus einer aufgestauten, unzeitgemäßen Vergangenheitsmacht hin zur offenen Zukunft. Er macht diese Drehung der Menschen zum Programm und kann uns wichtige Gedanken liefern, mit denen die Thesen der Ausführungen untermauert werden sollen.

Der Futurismus thematisiert in seinem Programm und vollzieht emphatisch die Zeitenwende mit der Änderung der Blickrichtung aus der Vergangenheit in die Zukunft. Das Gründungsmanifest des Futurismus stammt von Filippo Tommaso Marinetti und lag Ende 1908 fertig vor. Marinetti war nicht ganz originell, er wird von der Publikation des katalanischen Schriftstellers Gabriel Alomar „El Futurismo“ aus dem Jahr 1903 gehört haben.

Für die Futuristen lastet die Vergangenheit wie ein Albtraum auf dem gegenwärtigen Leben, und es bedarf der gewaltsamsten Mittel, die Zeitgenossen aufzuwecken, sie von den Hirngespinsten und Mumien zu befreien und ihren Blick in die Zukunft zu lenken. Die Futuristen sind „[...] inspiriert von dem gebieterischen Wunsch nach Kampf und Erneuerung um Erneuerung um jeden Preis, der jenem Gefühl der Sättigung, der Müdigkeit und der Mutlosigkeit entspringt, das heutzutage jeden bedrückt, der gebildet genug ist, um zu merken, dass die Literatur – besonders in Italien – elendig als Sklavin der Vergangenheit und tausender, unerträglich gewordener Traditionen und Konventionen dahinschmachtet, dass sie blind, taub und stumm bleibt vor den herrlichen Schauspielen, die der unaufhörliche Feuereifer des heutigen Lebens dem Künstler darbietet.“[18]

Das Alte als solches soll zerstört werden mit allen zur Verfügung stehenden Mitteln, Futurismus ist, kurzgefasst, Hass auf die Vergangenheit. An die Stelle des

---

17 WILLKE, Wissensmanagement, 219.

18 Nach BAUMGARTH, Futurismus, 31. Der Text wurde am 4.2.1909 in einem Rundbrief der Zeitschrift „Poesia“ veröffentlicht.

Bisherigen tritt der leidenschaftliche Sinn „für die freie und ungezügelte Inspiration, die Auflehnung gegen die Tyrannei der Sentimentalität, die Leidenschaft für die Gefahr [...]“. Neben verrückte ikonoklastische Aufrufe treten nüchterne Analysen, die den Blick auf ein Generationsproblem lenken. „Man tötet einen jungen und starken Dichter, indem man ihm die papierne Mumie eines großen, vor 500 Jahren gestorbenen Dichters entgegenschleudert. Die Verleger werfen die Manuskripte eines hungernden Genies in den Papierkorb, um ihr Geld für den Neudruck der Meisterwerke vergangener Epochen zu verschwenden. Die Milliardäre vergeuden schwindelerregende Summen beim Kauf von Sachen, deren einziger Wert darin besteht, von der Zeit zerfressen und abgenutzt zu sein.“ Und dann in Bausch und Bogen alle Akademien und Universitäten, Museen und Bibliotheken, alle Nachahmung, allen Formalismus verbannen und verbrennen. Man muss auch hierin eine wahrhaft futuristische Aktion sehen. Marinetti provoziert das potentielle Publikum durch extravagante Thesen. Für den erstrebten Erfolg ist es gleichgültig, ob die Besucher aus Sympathie oder Gegnerschaft kommen, die Reklame hat in beiden Fällen zur Wirkung geführt, dass die Menge der Interessenten ihrerseits die Presse interessiert und von dem Ereignis berichtet. So setzt die Rhetorik des Futurismus die Marktmaschine in Gang, wie es sich Marinetti wünscht. Er setzt mit seiner Strategie der self-fulfilling prophecy auf die Zukunft und besetzt sie. Die Reklame ist die optische und akustische Antizipation des Konsums durch den Produzenten mit dem Ziel der Steigerung der Produktmenge – es wird ein ganz neues Feld der angewandten Kunst geboren, das seinerseits die Künste inspirieren wird. In der Antike und im Mittelalter und der beginnenden Neuzeit gab es keine Hinwendung zur Zukunft in der Imagination des Verzehrs, der der Einbildungskraft ausgebreitet wird.

Futuristische Malerei sucht die Grenze der Gegenständlichkeit zu überschreiten und die Gemütszustände des Künstlers darzustellen. „Die futuristischen Maler werden nicht mehr die Natur und die menschlichen Formen auf die Leinwand bannen, sondern sie werden Vibrationen und die Geschwindigkeit der Formen zeichnen: nicht den Gegenstand also, sondern den Rhythmus des in Bewegung befindlichen Gegenstandes. Die Farben und die Formen müssen sich also allein ausdrücken, ohne auf die objektive Darstellung zurückzugreifen, und müssen im

Maler Formzustände und Farbzustände erzeugen.“[19]

So wenig wie die Tradition der Kultur und die Gegebenheiten natürlicher und künstlicher Gegenstände können moralische Normen den Futurismus in seinen Projekten einhegen oder leiten. Das Ziel ist die Verwirklichung einer schrankenlosen Vitalität. Der Futurismus realisiert sich in Manifesten, wohl ohne geistigen Kontakt mit dem „Kommunistischen Manifest“ von 1848, jedoch in gleicher Rhetorik eines Zukunftsprojektes nicht einer Gemeinde oder eines Stadtteils, sondern der Menschheit, beide mit der Opposition gegen alles Gegenwärtige. Marx sieht die bevorstehende Revolution als logische Konsequenz der bisherigen Geschichte, Marinetti als Gegenmaßnahme gegen eine empörende gegenwärtige Stagnations-Kultur. Marx will die Ergebnisse der Klassengeschichte in der Verkehrung aneignen, Marinetti redet von gänzlicher Negation und Zerstörung. Aufhebung dort im Sinn der Rettung in eine neue Wirklichkeit, Aufhebung hier im Sinn des Ausradierens. Es geht in beiden Varianten um alles. Marinetti kann sein Programm natürlich nicht durchhalten. Es soll hier nur auf zwei Gebiete der Rettung der Geschichte hingewiesen werden. In der Ästhetik liefert die klassische Antike weiterhin die Normen: Ein Fiat-Rennwagen ist schön – wie die Nike von Samothrake. Die verpönte Vergangenheit bleibt die Marke, an der sich der Geschmack orientiert. Das zweite Gebiet ist wichtiger. Marinetti übernimmt das Pathos der italienischen Nationalgeschichte und ihrer Steigerung zur Selbstbestätigung im Krieg. Der Krieg, der mit dem Kerngedanken des Futurismus nichts zu tun hat, entzündet in diabolischer Freude die Einbildungskraft des Künders. Er tritt ganz in den Dienst der Nation und wird zum Aufpeitscher des mörderischen Geschehens, ein Passatist der dunkelsten Seite, die der Nationalismus zu bieten hat. Hier kommt es zu pathologischen Deformationen, in denen sich die Futuristen als Opfer des Historismus zeigen: Marinetti wird zunehmend zum italienischen Patrioten und hat so eine Phalanx von Feinden, die es zu zerstören gilt. Der Krieg wird zur einzigen Hygiene der Welt erklärt, und mit Jubel der erste Abwurf von Bomben über Häusern in Libyen gefeiert. Diese Seite des Futurismus hat mit seiner Befreiungsidee vom Historismus nichts zu tun, son-

19 Ebd., 70–71. Zur Publikation dieses Textes von Umberto Boccioni durch Marinetti 1912 vgl. ebd., 71, Anm. 115.

dern setzt ihn gerade fort. Von der Idee her hätten sich die Futuristen auch als Pazifisten darstellen können. Gerade ihr internationales Auftreten mit den beiden Schwerpunkten Paris und Mailand hätte sie dazu anregen können, gegen den Nationalismus zu votieren. Hier war der feine und reiche Bürger Marinetti vorhersagbar blind.

Die künstlerische Qualität besonders des literarischen Futurismus wird meist negativ beurteilt, unbestritten jedoch bleibt die *pars destruens* der Bewegung, die laute Polemik gegen den Passatismus. „È evidentemente una forma anarcoide, un movimento non di avanguardia, come volle credersi, ma di retroguardia, tale da liquidare il vecchio, ma senza dare inizio al nuovo; è una negazione del passatismo, chiude catastroficamente il romanticismo, non esprime una nuova tesi, ma esaspera fino all'assurdo alcune esigenza nascoste del decadentismo europeo."[20] Dies wird unzweideutig festgeschrieben: Der Futurismus steht gegen den Passatismus und schafft allen Künstlern, die sich von der Zensur durch überholte Maßstäbe emanzipieren möchten, ein Forum. Zum ersten Mal spricht man von politischen Bewegungen *tout court*, seien sie faschistisch oder kommunistisch inspiriert.

Diese Antizipationen einer neuen Zukunft und die Bewegung durch Maschinen zerstören eine Zeitvorstellung, die neben der christlichen dominant war: die zyklische mit der Vorstellung der naturhaften Wiederkehr des immer Gleichen. In der zyklischen Natur ist es förderlich, sich nach dem zu richten, was schon einmal da war, also an der Vergangenheit. In der Konzeption eines linearen Fortschritts imitiert man nicht das schon Dagewesene, sondern macht etwas Neues. In die Sphäre der statischen Reproduktion von Ackerbau und Handwerk dringt die Technik des Überbietens. Wie in Situationen des Kampfes (und nicht des Pflügens) muss das vermutliche Manöver des Gegners vorausgesehen und dann überboten werden. Die Produktion und Distribution müssen ihre Taktik und ihre Strategie entwickeln, um überleben zu können.

Der Begriff des Historismus ist nicht eindeutig festgelegt. Er kann bedeuten, dass der Mensch ein durchgängig geschichtlich geprägtes Wesen ist und dass die ihn und seine Kultur betreffenden Fragen nur durch geschichtliches Erkennen o-

---

20 RUSSO, Compendio.

der Verstehen zugänglich werden. Diese Lehre vertreten in Italien mit besonderer Wirksamkeit Giambattista Vico und Benedetto Croce. Im 19. Jahrhundert kommt es daneben in der Kulturgeschichte zu einem Stau geschichtlicher Reminiszenzen, den die Kritiker als eine Übermacht der Geschichte über die Gegenwart denunzieren. In Deutschland wendet sich besonders Nietzsche gegen diesen Historismus und den mit ihm häufig verbundenen Eklektizismus. In Italien sind die ersten Rebellen gegen die Vorherrschaft des Vergangenen die Futuristen. Sie taufen ihre Gegner *passatisti*. Uns interessiert diese zweite Form des Historismus. Bezieht man ihn auf die Zeitenwende der Französischen Revolution, so besagt die Diagnose, dass die Kultur sich im Gegensatz zur Ökonomie weigert, die Wende zu vollziehen. In Dichtung, Malerei und Baukunst werden keine zeitgemäßen neuen Formen entwickelt, sondern historische Vorlagen kopiert. Besonders sichtbar ist diese Anhäufung früherer Stile in der eklektischen Bauweise der Zeit. Kataloge bieten Häuser in der Manier von Renaissancepalästen, gotischen Rathäusern oder antiken Tempeln an, je nach Gusto. Die führenden Bildungsanstalten füllen die Unterrichtspläne mit antikem oder altgermanischem Stoff an. Das Resultat ist das emsige Ansammeln von Fakten der Geschichte. Die Ideale in der Moral und anderen Ausdrucksformen stammen häufig von Plutarch und Seneca.

In der Politik werden die alten Herrschaftsverhältnisse restauriert. Die Restauration des 19. Jahrhunderts ist nicht identisch mit dem, was sie vorzutäuschen versucht: die Kontinuität einer memorialen Kultur, die ihre Legitimität aus der Vergangenheit ableitet. In der Malerei stagniert der Akademismus. Der Historienmaler Wilhelm von Kaulbach sagt: „Geschichte müssen wir malen, Geschichte ist die Religion unserer Zeit, Geschichte allein ist zeitgemäß.“ In der Dichtung kommt es zu einer Blüte historischer Romane und Gedichte, es wird jedoch vorwiegend die Gegenwart ausgeblendet oder nur durch die ungeeignete Optik der Vergangenheit gesehen.

In der Ideen- oder Systemgeschichte der Philosophie ist vom Futurismus nicht die Rede, und umgekehrt gibt es unter den unzähligen Manifesten und Zeitschriften, die der Malerei und Keramik, dem Radio und dem Kino usw. gewidmet sind, kein Manifest der Philosophie. Es ist jedoch beachtlich, dass sich Marinetti in seinem Bemühen um eine existentielle Realität gegen die bisherige

Auffassung von Raum und Zeit wendet: „Zeit und Raum sind gestern gestorben", hieß es in „Gründung und Manifest des Futurismus" und dann 1912 in „Le Monopole du Pape": „Temps! Espace! Seules divinités qui maitrisez le monde! Je me révolte contre vous!" Nun wird man diese Revolte wie so vieles in der Zukunftsreklame als verrückt wegtun, aber die Affinität von Raum und Zeit zum Papst ist dann doch wie ein Wetterleuchten am Horizont. In der europäischen Geistesgeschichte ist der Raum häufig in die Nähe Gottes gestellt worden, „In ihm leben, weben und sind wir", das gilt sowohl von Gott im „Neuen Testament" wie auch vom Raum, und Kant hat seine Raum- und Zeitargumente in der „Transzendentalen Ästhetik" auf der Grundlage von Gottesbeweisen geführt. Er beginnt mit der zugestandenen Gegebenheit von Orten und Ereignissen und gewinnt dann *den* Raum und *die* Zeit nicht analytisch nach dem Satz vom Widerspruch, sondern synthetisch mit dem Satz vom Grunde: Hier liegt der Grund auch für Marinetti, widerspruchsfrei zum Raum-Zeit-Atheisten und Materialisten zu werden.

Nach dem Ende des Futurismus werden Denkfiguren, die er anregte, in die Alltagskultur integriert und auf diesem und anderen Wegen der *clash of times* vermieden. Die amerikanische Kultur, die weder einen ausgesprochenen Historismus kannte noch den Futurismus übernahm, sorgte für eine ausgeglichene Rotation von Vergangenheit und Antizipation in der Kultur, während die Produktion und Distribution sich der Ausbeutung der Zukunft verschrieben.

Ein gutes Beispiel sind die Museen. Die Geschichte wird in Ausstellungen aufgehängt, und zwar genauso, wie es möglichst vielen Betrachtern einleuchtet. Die Gesichtspunkte werden der Psychologie der Zuschauer entnommen, so wird ein Heiligenbild derart in Szene gesetzt, dass es möglichst intensiv stupore oder Neugier oder auch Andacht erweckt, aber nur vorgestellte Andacht, denn niemand hat noch einen Museumsbesucher gesehen, der sich vor dem Bild der Madonna bekreuzigt oder gar vor ihm kniet und betet. In einer spezifisch arrangierten Form hat die vergangene Kunst und Kultur eine hohe Anziehung, die Museen und Ausstellungen sind gut besucht und häufig überfüllt. Aber immer wird das Vergangene in der Perspektive gezeigt, die die Aussteller für günstig halten, und selbst wenn alles an seinem alten Ort in alter Weise steht, geschieht dies mit Erlaubnis irgendeiner neueren Behörde, wie alle wissen. Der Tourist kommt und lässt sich an den Sehenswürdigkeiten im Omnibus vorbeitragen, „See Europa from an armchair!" Wir beugen, wie Hegel sagt, das Knie doch nicht mehr. Wir erfahren es in jedem Museum, in dem das Alte nach unserem Gutdünken aufgestellt ist, die Madonna etwa neben einem Picasso, weil der Kontrast besonders reizvoll ist. Wir sind frei in der Verfügung über die Vergangenheit. Wir können eine der verschiedenen Glaubensrichtungen für uns wählen und für verbindlich erklären, bis wir uns vielleicht doch eines Besseren besinnen. Die dänischen Mohammed-Karikaturen demonstrieren diese moderne Verfügungsgewalt, die Empörung über sie ist dagegen das Dokument eines unaufgeklärten Glaubens aus der Mentalität, wie sie vor der Zeitenwende der Zeit entsprach.

Die große Bewegungskunst, die durch die Zeitenwende freigesetzt wird, ist das *kinema*. In ihm können beliebige Abläufe der Geschichte wirklich oder fiktiv für beliebige Wiederholungen aufbewahrt werden und dem nun mehr an einem festen Ort im Sessel sitzenden Betrachter präsentiert werden. Die Vergangenheit hat ihr Einzigkeitsmonopol verloren und lässt sich optisch und akustisch herbeizitieren, ohne noch da zu sein. Für den Film gerät jeder gegenwärtige Augenblick zur Verfügungsmasse seiner Zukunft.

Literatur

ARISTOTELES, *Politik*, übers. und erläutert von Eckart Schütrumpf, Darmstadt,1991.

AUERBACH, E., *Mimesis*. Dargestellte Wirklichkeit in der abendländischen Literatur, Bern, 1994.

BAUMGARTH, C., Geschichte des *Futurismus*, Reinbek bei Hamburg, 1966.

CHIELLINO, C., Die Futurismusdebatte. Zur Bestimmung des futuristischen Einflusses in Deutschland, Frankfurt am Main/Bern/Las Vegas, 1978.

EHRENREICH, B., Smile or Die. How positive thinking fooled America & the world, London, 2009.

DIDEROT, D./LE ROND D'ALEMBERT, B., *Encyclopédie*, ou Dictionnaire raisonné des sciences, des arts et des métiers, Band XII, Paris, 1777.

FLASCH, K., Was ist die Zeit? Augustinus von Hippo. Das XI. Buch der Confessiones. Historisch-philosophische Studie, Frankfurt am Main, 1993.

GRONKE, M., *Geschichte* Irans. Von der Islamisierung bis zur Gegenwart, München, 2006.

HALÉVI, R., Die politische Doppelgesichtigkeit der „Verfassungsrevolution" des Jahres 1789, in: Reichardt, R./Schmitt, E. (Hg.), Die Französische Revolution als Bruch des gesellschaftlichen Bewußtseins, München, 1988, 75–94.

HEGEL, G.W.F., Werke Band 12: Vorlesungen über die Philosophie der *Geschichte*, Frankfurt, 1986.

HERDING, K., Visuelle *Zeichensysteme* in der Graphik der Französischen Revolution, in: Reichardt, R./Schmitt, E. (Hg.), Die Französische Revolution als Bruch des gesellschaftlichen Bewußtseins, München, 1988, 513–552.

HOBBES, T., *Leviathan* (1651), Cambridge, 2003.

HÖLSCHER, L., Die Entdeckung der Zukunft, Frankfurt am Main, 1999.

JEISMANN, M./WESTHEIDER.R., Wofür stirbt der Bürger? in: Koselleck,R./Jeismann, M. (Hg.), Der politische Totenkult. Kriegerdenkmäler in der Moderne, München, 1994, 23–50.

KAISER, O., Vom offenbaren und verborgenen Gott, Berlin, 2008.

KANT, I., Ausgabe der Preußischen Akademie der Wissenschaften, Berlin, 1900 ff.

LANDES, D.S., Der entfesselte Prometheus. Technologischer Wandel und industrielle Entwicklung in Westeuropa von 1750 bis zur Gegenwart, Köln, 1973.

LEPENIES, W., Das Ende der Naturgeschichte, Frankfurt am Main, 1978.

LUTZ-BACHMANN, M./BOHMANN, J. (Hg.), Frieden durch Recht. Kants Friedensidee und das Problem einer neuen Weltordnung, Frankfurt am Main, 1996.

MAUL, S., Altorientalische *Schöpfungsmythen*, in: Brandt, R./Schmidt, S. (Hg.), Mythos und Mythologie, Berlin, 2004, 43–54.

–, Zukunftswissen. Überlegungen zur Bedeutung der Divination im Alten Orient, in: Jahrbuch der Akademie der Wissenschaften zu Göttingen, 2009, 149–160.

NASR, S.H./MEHDI A. (Hrsg.), An Anthology of Philosophy in *Persia*, London/New York, 2008.

RITTER, H., Die teure Zeitgenossenschaft, in: Frankfurter Allgemeine Zeitung vom 13. November 2010, Z1–2.

ROHBECK, J., Naturgeschichte und Geschichte der Menschheit. Georg Forsters Geschichtsphilosophie im Kontext der europäischen Aufklärung, in: Garber, J./van Hoorn, T. (Hg.), Natur – Mensch – Kultur. Georg Forster im Wissenschaftsfeld seiner Zeit, Hannover, 2006, 13–28.

ROUSSEAU, J.-J., *Oeuvres* complètes, Paris, 1959.

RUSSO, L., *Compendio* storico della Letteratura italiana, Firenze/Messina, 1962.

SEIBT, F., Die Begründung Europas. Ein Zwischenbericht über die letzten tausend Jahre, Bonn, 2005.

WILLKE, H., Systemisches *Wissensmanagement*, Stuttgart, 2001.

WÜRGLER, A., *Unruhen* und Öffentlichkeit. Städtische und ländliche Protestbewegungen im 18. Jahrhundert, Tübingen, 1995.

Kurt Wuchterl

Kontingenz als religionsphilosophischer Schlüsselbegriff zur Klärung von Grenzen zwischen Naturwissenschaft und Religion

Einleitung

Der Begriff der Kontingenz, der gelegentlich im Zusammenhang mit Zufall, Unverfügbarkeit, Chaos und Ordnungsbrüchen verwendet wird, spielte bislang in der allgemeinen philosophischen Diskussion kaum eine Rolle; er war weitgehend auf theologische Fragestellungen eingeschränkt. Auch nachdem Luhmann und Lübbe diesem Begriff in der *Religionsphilosophie* (RP) ihre Aufmerksamkeit schenkten, blieb dessen Stellung wegen der Vieldeutigkeit des Begriffs auch dort weiterhin marginal und ohne großen Einfluss. Da ein *präzisierter* Kontingenzbegriff wesentlich zur Klärung des heute so häufig diskutierten Verhältnisses von Naturwissenschaft und Religion beitragen kann, wird hier das Konzept einer RP vorgestellt, das die *Kontingenz* als einen Schlüsselbegriff verwendet und in dem Buch *Kontingenz oder das Andere der Vernunft*[1] ausführlich dargestellt wird. Wenn man RP als allgemeine Bezeichnung für *philosophische Reflexionen über Religion* auffasst, dann hat man einen sehr weiten Begriff vor sich, und die Inhalte einer solchen RP hängen dann entscheidend davon ab, was man unter Religion und Philosophie versteht. Wie weit dann das Feld der angesprochenen Probleme ist, kann man z.B. in der sehr nützlichen Nachschrift einer Vorlesung über Religionsphilosophie von Prof. Kreiner im Internet nachlesen.[2]

---

1 WUCHTERL, Kontingenz.

2 http://www.vaticarsten.de/theologie/relphil_funda/Religionsphilosophie%20Script%20anke.pdf [Stand 09.05.2012].

Da hier aber keine allgemeine Wesensbestimmung der RP[3] beabsichtigt wird, beschränken wir uns auf einen speziellen Aspekt. Die folgenden Überlegungen gehen von einem präzisierten Kontingenzbegriff aus und deuten Religionsphilosophie vorwiegend als Ergebnis von Reflexionen über den Umgang des Menschen mit Kontingenzerfahrungen. Die Gliederung der folgenden Ausführungen umfasst deshalb zwei Teile: die Präzisierung des Kontingenzbegriffs und die Formen des Umgangs mit der Kontingenz.

Die verschiedenen Weisen des Umgangs mit Kontingenzen verdeutlichen nicht nur die Grenze zwischen Religion und Naturwissenschaft, sondern auch die Grenzen der philosophischen Vernunft zu jenen beiden Instanzen. Diese Grenzen sind als Voraussetzung der Möglichkeit von Religion von entscheidender Bedeutung. Mit Religion und Philosophie sind die zwei Ordnungsgaranten angesprochen, die in der Vergangenheit Orientierungshilfen angeboten haben, deren Glaubwürdigkeit in der Gegenwart jedoch gelitten hat und die heute durch die Ansprüche der Naturwissenschaften ersetzt zu werden scheinen. Die Naturwissenschaft tritt immer häufiger als neue universelle Orientierungsmacht in Erscheinung. Orientierungshilfen ergeben sich aus der *Geltung* von Ordnungen; ihr *Versagen* weist auf Ordnungs*brüche* hin. Damit sind wir beim angesprochenen Kontingenzbegriff angelangt, dessen Präzisierung im ersten Abschnitt erfolgen soll.

1. Präzisierung des Kontingenzbegriffs

Unsere allgemeine Definition knüpft an einen Vorschlag von Aristoteles an und lautet: Eine Aussage ist genau dann *kontingent*, wenn sie *möglich* und zugleich *nicht notwendig* ist. Wir sprechen im Folgenden auch von kontingenten *Sachverhalten*, *Ereignissen*, *Handlungen* und *Begriffen*, wenn sich zu diesen jeweils kontingente *Aussagen* im soeben definierten Sinn angeben lassen. Kontingenz

3 Historisch gesehen war „RP“ ursprünglich eine Bezeichnung für die in der Aufklärung des 18. Jahrhunderts erstarkte Religions*kritik*. Diese Kritik hat sich heute mit dem zunehmenden Desinteresse an Religion und der damit verbundenen Vernachlässigung der RP als philosophische Disziplin in andere Bereiche verflüchtigt. Zurzeit überbieten sich in der vielfältigen und oft recht scharfen Religionskritik Soziologen, Psychologen, Psychoanalytiker, Künstler und neuerdings Evolutionstheoretiker, Hirnforscher und Naturwissenschaftler.

im Allgemeinen betrifft also, vereinfacht gesagt, faktisch vorliegende und damit mögliche Phänomene, deren Notwendigkeit zunächst nicht eingesehen werden kann. Dazu gehören Zufälligkeiten wie unsere gesellschaftliche Stellung, ebenso Krankheit und Schicksalsschläge, aber auch Glück und Gesundheit usw., also alles, das nicht selbstverständlich zu sein scheint und weitgehend unverfügbar ist. Hierzu ein einfaches Beispiel. Menschen wird schon bei der Geburt die Staatsbürgerschaft zuerkannt. Also könnte man sagen, die Aussage „Jürgen Habermas ist ein Deutscher" ist eine kontingente Aussage. Wären die Eltern vor seiner Geburt in ein anderes Land ausgewandert und hätten dort die Staatsbürgerschaft erhalten, wäre er, je nach den dortigen Gesetzen, möglicherweise nicht als Deutscher geboren worden. Aber hier kann man sofort einwenden, dass er aufgrund von Naturgesetzen und von getroffenen Entscheidungen der Eltern doch *notwendig* Deutscher sei.

Dieses einfache Beispiel zeigt, dass der Kontingenzbegriff von dem durch bestimmte Ordnungen mitgedachten Notwendigkeitsbegriff abhängt. Wir unterscheiden daher im Folgenden drei wichtige Fälle, die in unserem Zusammenhang von Bedeutung sind: die analytische, die naturgesetzliche und die ontologische Notwendigkeit.

- Die *analytische* Notwendigkeit betrifft die logisch wahren Sätze, ferner die mathematischen Theoreme, sowie die aufgrund ihrer Bedeutung wahren Sätze, wie z.B. „Alle Schimmel sind weiß". Die Negation führt auf die uns interessierende Kontingenz: Aussagen, die *nicht* analytisch notwendig sind, heißen *analytisch kontingent*. Beispiel: „Die Lichtgeschwindigkeit beträgt ca. 300.000 km/sec.", weil die Aussage kein logisches oder mathematisches Theorem ist und die Größe der Geschwindigkeit nicht aus der Bedeutung des Begriffs abgeleitet werden kann.
- Die *naturgesetzliche* Notwendigkeit einer Aussage liegt vor, wenn deren Negation den Naturgesetzen widerspricht. Das setzt voraus, dass in dem betrachteten Diskussionszusammenhang die Naturgesetze als notwendig anerkannt werden. Dies ist nicht selbstverständlich. So behauptet etwa Wittgenstein: „Der Glaube an den Kausalnexus ist der *Aberglaube*."[4] Auch andere Philoso-

4 WITTGENSTEIN, Tractatus, 5, 1361.

phen bezweifeln die Existenz von *notwendigen* Naturgesetzen, weil nur *faktische* Regelmäßigkeiten, aber keine Notwendigkeiten beobachtet werden können.[5] Beispiele für naturgesetzlich *notwendige* Aussagen sind trivialerweise die Naturgesetze, deren Negation auf die naturgesetzliche Kontingenz führt. Ein Beispiel für eine naturgesetzlich *kontingente* Aussage: „Wenn es blitzt, dann donnert es." – denn es gibt elektrische Entladungen, die keinen Donner bewirken (siehe Neonröhre).

- Zur *ontologischen* Notwendigkeit führt uns die Diskussion anthropischer Prinzipien, wonach unsere bekannten Naturgesetze entscheidend von einer erstaunlichen Feinabstimmung der Naturkonstanten abhängen. Die uns bekannten Naturgesetze sagen aber nichts darüber aus, warum sie gerade die betreffenden Werte haben. Es könnte also weitere ontologische Bedingungen geben, die notwendigerweise gerade die vorliegenden Werte erklären. Die wichtigsten Beispiele stammen aus dem Bereich menschlicher Handlungen und kultureller Phänomene, die nicht ohne Weiteres naturgesetzlich erklärt werden können. Wir können also analog zum vorigen Fall definieren: Die *ontologische* Notwendigkeit einer Aussage liegt vor, wenn sie aus einer wie auch immer strukturierten Ontologie folgt und damit ihre Negation jeder ontologischen Ordnung widerspricht. Beispiel: „Eine Intention zielt stets auf ein Etwas". Diese Struktur lässt sich sicherlich nicht innerhalb einer physikalistischen (also naturgesetzlichen) Ontologie beschreiben, ist aber – obwohl naturgesetzlich kontingent – *ontologisch* notwendig. Nun wieder zur Negation: Aussagen, die *nicht* ontologisch notwendig sind, heißen *ontologisch kontingent*. Für diese kann also kein hinreichender Grund für die Existenz und das Sosein des Betrachteten gefunden werden.

Ob es so etwas überhaupt gibt, soll hier noch offen bleiben und ist der eigentliche Gegenstand unserer weiteren Überlegungen. In der Einleitung wurde darauf hingewiesen, dass die RP vor allem als Ergebnis von Reflexionen über das *Verhalten des Menschen* zur Kontingenz charakterisiert werden kann. Das heißt, wir müssen im Zusammenhang mit der Betrachtung von Ontologien den bisherigen

5 Bei HUME, Verstand, Abt.II. heißt es beispielsweise: Der „Fortschritt der Gedanken von der Ursache zur Wirkung geht nicht von der Vernunft aus, sondern beruht gänzlich auf Gewohnheit und Erfahrung".

theoretischen Standpunkt durch eine *epistemische Perspektive* ersetzen. Denn zur ontologischen Struktur unserer „Welt" gehören nicht nur die Bedingungen für die raumzeitlichen Gegenstände der Naturwissenschaften, sondern auch die Bedingungen der Gedanken und Handlungen der Menschen, ferner der gesellschaftlichen und kulturellen Beziehungen, der geschichtlichen Ereignisfolgen usw. Sofern es hier ebenfalls Regelmäßigkeiten gibt, die in der menschlichen Lebenswelt sinnstiftend sind und Ordnungen ermöglichen – man denke etwa an intentionale Prozesse oder an naheliegende Zwecksetzungen – werden in diesen Fällen von den *einzelnen Individuen* auch in praktischen Zusammenhängen Notwendigkeiten entdeckt oder auch nur vermutet.

Mit diesen Überlegungen erfolgt *ein entscheidender Perspektivenwechsel*, in dem auch personale Aspekte und existentielle Erfahrungen von Individuen einbezogen werden. Genau wegen dieses personalen Aspekts eignet sich der Kontingenzbegriff zur Beschreibung gerade von *religiösen* Phänomenen, die stets existenzielle Bezüge aufweisen. Kontingenzen zu erkennen und sie als abstrakte Möglichkeiten zu reflektieren ist Eines, sie als existenzielle Herausforderungen anzusehen, ein Anderes. Der Blick auf die existenziell belangvollen Fälle führt uns zu folgender Definition des Begriffs einer *religionsphilosophischen* Kontingenz, die subjektbezogen ist und den bereits eingeführten allgemeinen Kontingenzbegriff voraussetzt und spezifiziert.

„Definition der religionsphilosophischen Kontingenz: Eine *persönliche Überzeugung* ist genau dann *religionsphilosophisch kontingent*,

- wenn der in der Überzeugung angesprochene Sachverhalt als ontologisch kontingent beurteilt wird;
- wenn ferner jener Sachverhalt allen Versuchen widersteht, durch menschliche Handlungen diese Nicht-Notwendigkeit zu beseitigen;
- wenn der Sachverhalt von einem existenziellen Interesse begleitet wird; und schließlich
- wenn dieser einen reflexiven Impuls auslöst, sich mit dem kontingenten Phänomen argumentativ auseinanderzusetzen."[6]

---

6 WUCHTERL, Kontingenz, 35–36.

Diese Definition enthält keine Vorwegentscheidung in dem Sinne, dass nicht auch Religionsskeptiker mit dieser Definition arbeiten könnten. Religionsphilosophen sind häufig zugleich auch religions*kritisch*. Es handelt sich demnach nur um eine notwendige Bedingung für jeden vernünftigen religionsphilosophischen Diskurs, der über die Bedeutung von „religiös" erst Klarheit schaffen soll.

Betrachten wir der Reihe nach die einzelnen Merkmale: Das *erste* Merkmal verweist auf den epistemischen Aspekt, durch den sich unser Kontingenzbegriff wesentlich von den meisten gängigen Konzepten in der Theologie, Geschichtsbetrachtung, Soziologie oder Hermeneutik unterscheidet. Das *zweite* Merkmal handelt von Kontingenzen, die nicht durch menschliche Handlungen beseitigt, also nicht in Handlungssinn verwandelt werden können und von Lübbe als „absolut" bezeichnet werden.[7] Hier misslingt der naheliegende Versuch, die kontingenten Sachverhalte durch praktische Handlungen doch noch in eine Ordnung zu bringen. Die kontingente Staatszugehörigkeit einer bestimmten Person beispielsweise lässt sich durch eigenen Entschluss ändern, ist also *nicht* absolut kontingent. Dagegen sind das Auftreten einer genetisch bedingten Krankheit bei einem Patienten oder die Geburt eines reflektierenden Menschen absolut kontingent. Das *dritte* Merkmal betrifft die absoluten und ontologisch kontingenten Fälle, die vom urteilenden Einzelindividuum als *existenziell* belangvoll angesehen werden. Das *letzte* Merkmal schließlich grenzt den Kreis der Adressaten ein, nämlich vor allem auf diejenigen, die wissenschaftliche und philosophische Aussagen gegen religiöse Überzeugungen argumentativ ins Feld führen, also nicht von vornherein den Diskurs ablehnen.

Wie schon erwähnt, unterscheidet sich wegen des epistemischen Bezugs unser Kontingenzbegriff wesentlich von den meisten gängigen Konzeptionen in Theologie, Geschichtsbetrachtung, Soziologie oder Hermeneutik. Dies wird vor allem auch im folgenden zweiten Teil deutlich, der den Umgang mit Kontingenzerfahrungen betrifft. In dem genannten Buch werden diese Unterschiede ausführlich analysiert.[8] In der *Theologie* steht die These im Vordergrund, dass allein Gott notwendig und alles Erschaffene dagegen kontingent sei, weil der

---

7 LÜBBE, Religion, 156 und 167.
8 WUCHTERL, Kontingenz, 4. Abgrenzungen.

allmächtige, gütige und gerechte Schöpfergott auch anders gehandelt haben könnte. Nach Blumenberg bringt der Kontingenzbegriff daher nur „die ontische Verfassung einer aus dem Nichts geschaffenen und zum Vergehen bestimmten, nur durch den göttlichen Willen im Sein gehaltenen Welt zum Ausdruck“.[9] Auch der sog. diachrone Kontingenzbegriff, der in der *Geschichtsbetrachtung* häufig verwendet wird, ist viel zu weit, wenn dieser von allen Veränderungen in der Zeit ausgeht. Denn dann sind ebenfalls alle Naturdinge kontingent, und der Begriff verliert seinen Sinn. In der *Soziologie* gelingt es den Theoretikern (insbesondere Luhmann[10]) nicht, in den systemtheoretischen Überlegungen zur Kontingenz den existentiellen Aspekt adäquat zu würdigen. Die *Hermeneutik* schließlich knüpft als geschichtsbewusste Disziplin an die verschiedensten Verwendungsweisen an, die der Begriff in der Tradition aufzuweisen hat. Die Untersuchungen reichen von metaphysischen Spekulationen zum theologischen Kontingenzbegriff über handlungstheoretische Ausführungen zur praktischen Vernunft, bis hin zur Charakterisierung situativ geprägter Lebenswelten. Es ist ja in der Tat schwierig, etwas zu finden, das nicht auch anders sein könnte. Einzelheiten findet man besonders im Sammelband Kontingenz von Odo Marquard und Gerhart von Graevenitz.[11]

2. Formen des Umgangs mit Kontingenz

Kontingenzen können erfahren und danach beseitigt, also *bewältigt* werden; *oder* sie können erfahren und nach vergeblichen Bewältigungsversuchen schließlich als solche *anerkannt* werden. Im zweiten Fall stellt sich die Frage nach dem *Anderen der Vernunft*. Wird dieses Andere als Chiffre des Religiösen interpretiert, handelt es sich um eine Kontingenz*begegnung,* beim Agnostiker dagegen bleibt es hier bei der bloßen Anerkennung von Kontingenzen ohne weitere Festlegungen. Wir werden uns daher im Folgenden ausführlicher mit zwei Fällen befassen: Kontingenzerfahrung und Kontingenzbewältigung sowie Kontin-

9 BLUMENBERG, Kontingenz, Spalte 1793.
10 Wichtig ist vor allem LUHMANN, Religion.
11 Speziell zur theologischen Kontingenz siehe DALFERTH/STOELLGER, Vernunft und EVERS, Gott.

genzanerkennung und Kontingenzbegegnung. Man beachte: Kontingenz*begegnung* heißt nicht Begegnung der *Kontingenz*, sondern Begegnung des *ganz Anderen* aufgrund einer anerkannten Kontingenzerfahrung.

2.1 Kontingenzerfahrung und Kontingenzbewältigung

Wenn Kontingenz etwas mit Ordnungsbrüchen zu tun hat, dann bedeuten Kontingenz*bewältigungen* Überbrückungsversuche solcher Unstetigkeitsstellen. Diese gelingen zum Teil in der wissenschaftlichen und alltäglichen Praxis und zum Teil in der philosophischen Reflexion, werden aber jeweils bei der Erfassung des Ganzen und bei speziellen Themen (insbesondere bei den Emergenzen) problematisch. Der Umgang mit dem Ganzen und jenen Spezialfällen bestimmt als Grenzerfahrung das menschliche Grundverhältnis zum *Anderen der Vernunft* und insbesondere zu religiösen Phänomenen.

2.1.1 Kontingenzbewältigungen in der Naturwissenschaft

Viele religionskritische Einwände berufen sich auf naturwissenschaftliche Forschungsergebnisse. Dabei übersieht man häufig, dass solchen Kritiken von ganz andersartigen Gründen bestimmt sind. Denn die massivsten Vorwürfe gegen die Religion sind praktischer, insbesondere *moralischer* und *gesellschaftlicher* Natur. Weil jedoch auch die Grundlagen von Moral und Gesellschaft von den Wissenschaften angegriffen werden, erhalten naturgesetzliche Kontingenzbewältigungen ein besonderes Gewicht.

Nach den bisherigen Festlegungen kann man die naturwissenschaftlichen Erkenntnisprozesse so deuten, dass in ihnen Kontingenzen beseitigt oder bewältigt werden. Denn in ihnen werden unverstandene und gelegentlich auch beunruhigende Ereignisse mithilfe allgemein anerkannter Naturgesetze erklärt und in das von einer bewährten Theorie bestimmte Ordnungsgefüge einbezogen. Man denke etwa an die Angst vor einem Blitz. Mit anderen Worten: Der naturwissenschaftliche Erkenntnisfortschritt kann als legitime Form der Kontingenzbewältigung betrachtet werden, weil in diesem Prozess durch die Einfügung bisher unverstandener Phänomene in ein allgemein anerkanntes Ordnungsgefüge diese einen notwendigen Charakter erhalten.

Die meisten Menschen haben allerdings nur eine vage Vorstellung davon, was wissenschaftlich abgesichert ist und als bewährte Theorie gilt. Trotzdem glauben sie, sich auch ohne Kenntnis wissenschaftstheoretischer Feinheiten im Namen der Naturwissenschaft von der Religion distanzieren zu können. Sie sind im Allgemeinen mit bestimmten Standardbeispielen zufrieden, die für das Ganze der Wissenschaft stehen und für das Urteil über die Religion insgesamt ausreichen. Schon die Geltung des Kausalgesetzes beseitigt die meisten Kontingenzen und widerlegt für viele Menschen bereits die Möglichkeit von Religion. So kommen sie schließlich zu der Überzeugung, dass *alle* Kontingenzen durch Einordnung der betreffenden Phänomene in ein wissenschaftliches Ordnungskonzept bewältigt werden können und es prinzipiell nur naturgesetzliche Notwendigkeiten geben kann, also religionsphilosophische Kontingenzen gar nicht existieren.

Der Fachmann dagegen hat einen Überblick über weite Teile des Ganzen und weiß, wie schwierig es ist, das Ganze in den Griff zu bekommen. Er geht von Standardmodellen der Wissenschaft aus, das heißt, von einem Ensemble von Erkenntnissen, die innerhalb einer etablierten Forschergemeinschaft anerkannt werden. Für unsere Überlegungen sind vor allem diejenigen Modelle von Bedeutung, die sich bisher immer bewährten und deshalb den Status einer wissenschaftlichen Theorie erhielten. Solche Theorien setzen gewisse Prämissen voraus, die nicht selbstverständlich sind. Mit dem Fortschritt der Wissenschaften wurden diese Modelle immer unanschaulicher; man denke etwa an die Relativitätstheorie (RT) und die Quantentheorie (QT), die zurzeit universellsten Theorien der Physik. Außerdem lassen sich einige fundamentale Theorieelemente ganz verschieden interpretieren. Alle diese Tatsachen und vor allem die zahlreichen Prämissen, die der naturwissenschaftlichen Praxis zugrunde liegen und den Fachleuten wenigstens zum Teil bewusst sind, sollten diese vor zu weitgehenden und voreiligen Berufungen auf wissenschaftliche Erkenntnisse bewahren, wenn es um Reflexionen zu religiösen Fragen geht. Der kritische Fachmann wird dem gegenüber auch den zwar bewährten, aber eben trotzdem hypothetischen Standardmodellen nur einen provisorischen Charakter zuschreiben. Daher kann er die Augen dafür offen halten, dass es auch andere Möglichkeiten der Wirklichkeitsbeschreibung geben könnte, die von anderen Prämissen ausgehen. Allerdings ist die Versuchung groß, die bewährten wissenschaftlichen Vorgehensweisen zu verallgemeinern und dabei der weitverbreiteten Religionskritik zuzustimmen. Denn dieser verallgemeinernde Akt der Extrapolation wird in wissenschaftlichen Einzelfragen immer wieder angewandt. Vieles beginnt mit so genannten induktiven Schlüssen, in denen von einigen beobachteten Einzelfällen auf das Allgemeine extrapoliert wird, speziell also auch eventuell auf prinzipiell nicht zugängliche Phänomene, wie sie etwa bei den Emergenzen vorliegen.

Solche weitreichende Extrapolationen führen schließlich zur Aufstellung eines universellen Prinzips, zur sogenannten *Selbstorganisation der Natur*. Es handelt sich hier also um eine erste Form der Verfügung über das Ganze. Obwohl in der Physik stets ihr *hypothetischer Charakter* betont wird, verstehen sowohl viele Laien als auch zahlreiche Fachvertreter die Physik als *Fundamentalwissenschaft,* das heißt als eine Instanz, die eine Übertragung ihrer Methoden und Erkenntnisse auf *alle* denkbaren Phänomene rechtfertigt. Die Annahme einer *Selbstorganisation der Natur* soll diese Extrapolation des wissenschaftlichen Vorgehens auf alle Phänomene rechtfertigen. Die Beschäftigung mit dem vorgegebenen *Einzelnen* wird zur Verfügung über das *Ganze*. Aus der allgemein anerkannten Kontingenzbewältigung der wissenschaftlichen Praxis wird eine problematische Zurückweisung jeglicher Anerkennung von Kontingenzen außerhalb des wissenschaftlichen Zuständigkeitsbereichs.

Selbstorganisation der Natur bedeutet, dass *alles*, was ist und geschieht, durch die in der Natur wirkenden Gesetzlichkeiten erklärt werden kann. Man spricht auch von der *naturgesetzlichen* Abgeschlossenheit der Welt.[12] Die hier zugrunde liegende universelle naturgesetzliche Determination betrifft ebenso das Naturwesen Mensch mit seinen vielfältigen kulturellen Leistungen als auch noch nicht erkundete Gesetzmäßigkeiten. Die Legitimation bezieht das Prinzip also aus der Extrapolation aller bisher vollzogenen naturgesetzlichen Kontingenzbewältigungen. Aber letztlich beruht diese Legitimation auf einem Willkürakt, sie ist eine

12 Die *kausale* Abgeschlossenheit ist eine stärkere Forderung, weil sie z.B. die indeterministische Interpretation der QT ausschließt.

dogmatische Kontingenzbewältigung. Denn der Anspruch geht über das hinaus, was in der Forschergemeinschaft als allgemeingültig anerkannt ist. Die Charakterisierung der Selbstorganisation als *dogmatisch* wird gelegentlich Assoziationen zum abwertenden Gebrauch des Wortes im religionskritischen Disput hervorrufen. Wir verwenden das Wort hier aber – ähnlich wie Kant – nur im methodologischen Sinn, nämlich als Hinweis auf das Fehlen einer Kritik des eigenen Vermögens. Hier kann nicht ausführlich auf die zahlreichen damit zusammenhängenden Probleme eingegangen werden, zu denen das Dogma einer Selbstorganisation der Natur führt. Problematisch ist vor allem die damit verbundene extreme Annahme der *Quantifizierung* und *Mathematisierung* der gesamten Welt. Außerdem ist man sich weitgehend darüber im Klaren, dass man gerade heute kein allgemein anerkanntes wissenschaftliches Weltbild annehmen kann, das die Erklärung der verschiedenen Emergenzen, wie etwa die des Bewusstseins, bereitstellen könnte. Ferner ist das Prinzip der Selbstorganisation nicht falsifizierbar und damit kritikimmun im üblichen Sinn; denn da prinzipiell alles erklärbar sein muss, kann es gar keine Gegenbeispiele geben. Kurzum, die Selbstorganisation stellt so letztlich einen Blankoscheck für alle zukünftigen wissenschaftlichen Begründungsverpflichtungen dar und verleiht als Prinzip des gesamten Seins den Naturgesetzen einen metaphysischen Status, der wissenschaftlich nicht mehr gerechtfertigt werden kann. Die wissenschaftliche Vernunft überschreitet hier eindeutig ihre Grenzen. Die dogmatische Kontingenzbewältigung wird durch verdeckte ontologische Prinzipien vollzogen, innerhalb derer die Selbstorganisation infrage gestellt werden kann; das bedeutet aber, dass sie selbst kontingent ist.

2.1.2 Kontingenzbewältigungen in der Philosophie

Wer heute der Religion aufgrund naturwissenschaftlicher Erkenntnisse das Existenzrecht bestreitet, überschreitet die Grenzen der wissenschaftlichen Vernunft. Mit der Option für die Selbstorganisation der Natur entscheidet er sich für ein unreflektiertes *ontologisches* Prinzip. Eigentlich müsste er wegen der Vielfalt der denkbaren Welten mit variablen Ontologien eine *ontologische* Kontingenzbewältigung vollziehen, das heißt vernünftige philosophische Gründe für die Auswahl angeben. Aber hier ergibt sich sofort eine große Schwierigkeit. *Naturgesetzliche* Kontingenzbewältigungen werden durch den allgemeinen Konsens einer Scientific Community realisiert. Dagegen ist es hoffnungslos, auch in der *Philosophie* mit ihrer Vielzahl verwirrender Meinungen eine Forschergemeinschaft finden zu wollen, welche die Legitimation für die Bewältigung *ontologischer* Kontingenzen bereitstellen könnte. Also ist die selbstsichere Berufung auf eine allgemeingültige metaphysische Instanz, als welche sich die Selbstorganisation entpuppt hat, im philosophischen Diskurs wenig überzeugend und im Zeitalter des „Abschieds vom Prinzipiellen“[13] nur noch selten zu finden. Hier kann man höchstens davon sprechen, dass in bestimmten philosophischen Kontexten innerhalb gewisser Schulbildungen partielle *Quasi-Bewältigungen* erfolgen, sofern man die Prämissen der Argumentation offenlegt. So berufen sich beispielsweise Heidegger-Schüler auf dessen Schriften und Gedanken auf ähnlicher Weise, wie Naturwissenschaftler sich auf ihre Theorien und Theologen auf die Bibel beziehen.

Die ordnungsstiftenden Gründe, auf die sich solche Quasi-Bewältigungen beziehen, sind in der Philosophie vielfältig und erhalten nicht im Entferntesten das Gewicht von Naturgesetzen. Für die weiteren Überlegungen ist vor allem die folgende Beobachtung von Bedeutung, die uns zur zweiten Form einer Verfügung über das Ganze führt. In Analogie zur dogmatischen Festlegung auf die Selbstorganisation im naturwissenschaftlichen Bereich wird auch innerhalb des philosophischen Diskurses eine Kontingenzbewältigung vollzogen, indem man sich prinzipiell und allgemein auf die *Autonomie der Vernunft* beruft. Argumente zur Religionskritik, die sich auf die naturwissenschaftliche Forschung in toto beziehen, legitimieren sich nun *philosophisch* durch den Bezug auf die autonome Vernunft. An die Stelle der Selbstorganisation tritt durch eine analoge Dogmatisierung die These von der totalen ontologischen Kontingenzbewältigung, die religiöse Phänomene ausschließt.

Obwohl der philosophische Laie solche Quasi-Bewältigungen nur bruchstückhaft zu realisieren vermag, setzt er doch – ebenso wie mancher Fachphilosoph – auf diese Omnipotenz der Vernunft. Dabei bezieht sich hier der Vernunftbegriff auf alle möglichen Ausprägungen von Rationalität bis hin zur

13 Siehe MARQUARD/GRAEVENITZ, Kontingenz.

okkasionellen oder singulären Rationalität, die ihre Legitimation aus der spezifischen Situation bezieht und sich damit gerade jenseits des Prinzips vom hinreichenden Grund stellt, also doch ontologisch kontingent ist. Der Religionskritiker ist überzeugt, dass religiöse Argumente vor dem Tribunal der Vernunft nicht bestehen können. Doch die Willkür in der Auswahl des betreffenden Rationalitätsbegriffs lässt schnell Zweifel an einer durchgehenden philosophischen Kontingenzbewältigung aufkommen. Denn bei einer näheren Betrachtung philosophischer Standpunkte lösen sich alle vermeintlichen Sicherheiten auf. Es lässt sich nicht einmal andeutungsweise ein Ersatz für den Konsens der naturwissenschaftlichen Forschergemeinschaft finden, der die Kritik an der Religion durch Berufung auf sichere philosophische Reflexionen rechtfertigen könnte. Erst diese Qualifizierung des Festhaltens an der autonomen Vernunft als eine *illegitime* Extrapolation philosophischer Argumentationen auf das Ganze, also die behauptete totale ontologische Kontingenzbewältigung als Willkürakt, macht Kontingenz*anerkennungen* und Kontingenz*begegnungen* als alternative Verhaltensweisen verständlich.

2.2 Kontingenzanerkennungen und Kontingenzbegegnungen

Damit sind wir bei unserem zentralen Anliegen angelangt. Kontingenzerfahrungen werden im negativen Falle eines persönlichen Betroffenseins vom Wunsch begleitet, diese so schnell wie möglich zu beseitigen, oder – im positiven Fall – ihre erfreulichen Auswirkungen möglichst lange zu genießen. In all diesen Situationen verspüren wir das Unheimliche und Drohende, aber bisweilen auch die Großartigkeit oder das Beglückende des Unverfügbaren. Nach dem ersten Erschrecken oder glückvollen Erstaunen setzt die Suche nach Möglichkeiten der Vermeidung des Übels oder nach der Verlängerung der Gunst der Stunde ein. Wer sich bei diesem Aufspüren der Ursachen und Gründe zu sehr auf naturwissenschaftliche Erklärungen verlässt, stößt sehr schnell an Grenzen; das Gleiche gilt für philosophische Überlegungen, weil hier alle Legitimationsinstanzen bruchstückhaft bleiben. Sie führen schließlich nach der Distanzierung vom dogmatischen Charakter der Selbstorganisation und der Vernunftautonomie zur Notwendigkeit der *Kontingenzanerkennung*.

Die aufgezeigte mögliche Distanzierung vom dogmatischen Charakter der Selbstorganisation und der Vernunftautonomie bedeutet Kontingenz*anerkennung*. Damit wird eine *Grenze* der Vernunft oder das *Andere* der Vernunft gedacht. Agnostiker und Skeptiker werden zum Beispiel angesichts der Endlichkeit des Menschen diese Ohnmacht der Vernunft akzeptieren, ohne die andere Möglichkeit ernst zu nehmen, nämlich dass jenes Andere nicht Nichts sein könnte, das heißt, dass an der Grenze ein *ganz Anderes* begegnet werden könnte. In der Kontingenz*begegnung* wird darüber hinaus dieses *ganz Andere* als Chiffre des Religiösen verstanden, in der sich eine Begegnung ereignet, die sich aller menschlichen Einsicht und Verfügbarkeit entzieht.

Skeptiker und Agnostiker werden hier vehement Einspruch erheben. Doch die bloße Anerkennung im Bannkreis der Skepsis hat ihre Tücken. Wenn eigene Eingriffsmöglichkeiten fehlen, scheint das schlichte Hinnehmen des Zugefallenen zwar naheliegend zu sein, aber der Hinweis auf diesen stoischen Akt der Anerkennung ist nur für die Normalität und für Glücksfälle leicht ausgesprochen, hinterlässt aber einen spürbaren Stachel im Falle existentieller Nöte – man ist schlechthin verzweifelt. Der Versuch, sich mit Kontingenzen im Leben zufriedenzugeben und sich ohne Ausblick auf das Andere der Vernunft trotzdem orientierend einzurichten – also die Verzweiflung in den Griff zu bekommen –, bedarf zudem letztlich wieder der Berufung auf die Vernunft, hier allerdings auf eine latente Vernunft in pragmatischer oder rhetorischer Verhüllung. Dies alles heißt, der Legitimationsversuch endet entweder in der Dogmatik der verborgenen autonomen Vernunft und nimmt die vorgebliche Anerkennung zurück, oder aber er beharrt auf einem radikalen skeptisch-agnostischen *Schweigen*. Damit verzichtet man aber nicht nur auf die sprachliche Artikulation, sondern man liefert sich zugleich einer Prinzipienlosigkeit des sprachfreien Handelns aus, das heißt, man endet in der Erstarrung und damit in der Selbstaufgabe. Pure Kontingenz*anerkennung* hebt sich auf, weil sie auf latente Vernunftgründe baut und damit die Anerkennung im Namen der Vernunft zurücknimmt. So bleibt als einzige Alternative zur Berufung auf die autonome Vernunft nur noch die Kontingenz*begegnung*, das heißt die Überzeugung, dass jenseits der Vernunft ein „Anderes" wirkt. In der verbleibenden Kontingenz*begegnung* wird im Anderen der Vernunft eine Wirklichkeit erhofft, für die der Terminus des *Religiösen* üblich ist.

Man beachte, dass hier noch nicht von der *Religion*, sondern vom Oberbegriff des *Religiösen* die Rede ist. Religiöses setzt stets die Anerkennung eines sich selbst enthüllenden Anderen der Vernunft voraus, also eine Kontingenz*begegnung*. Und hier muss eine ganz entscheidende Voraussetzung berücksichtigt werden: Im Bereich des Religiösen stehen alle Reflexionen, Aussagen und Handlungsanweisungen unter einem *ontischen Vorbehalt*. In diesem soll jeweils das Bewusstsein des Sprechens vom Unsagbaren in Erinnerung gebracht werden.

Das Prädikat „ontisch" drückt im Gegensatz zu „ontologisch" aus, dass das Andere weder ontologisch beschreibbar noch durch das Prinzip des zureichenden Grundes gestützt ist, und trotzdem – wegen der erhofften Wirklichkeit desselben – auf uns Einfluss nimmt. Mit dem ontischen Vorbehalt wird demnach jede religionsphilosophische Kontingenz*bewältigung* ausgeschlossen. Ein ontologisch strukturiertes Anderes liefe letztlich auf eine Banalisierung jenes ganz Anderen hinaus. Mit diesem Vorbehalt erfolgt zugleich eine Distanzierung von der Gleichsetzung des Religiösen mit dem Transzendenten, Jenseitigen oder Transempirischen im Sinne einer Verortung. Ebenso wäre es falsch, Notwendigkeit und Kontingenz in unserer Verwendungsweise mit der Immanenz bzw. Transzendenz zu identifizieren, um z.B. die theologische These zu kritisieren, dass Notwendigkeit und Kontingenz mit Gott und Geschaffenem korrelieren. Dies liefe auf den Vorwurf hinaus, in dem vorliegenden Ansatz sei keine *Transzendenz in der Immanenz* möglich. Dass das Gegenteil der Fall ist, zeigen die häufigen Hinweise im genannten Buch auf das Existentielle, auf die Möglichkeit unreduzierbarer Emergenzen und auf die Denkbarkeit einer creatio continua. Dies verdeutlicht, dass die Kontingenzerfahrungen eben wegen des ontischen Vorbehalts genau die von uns erlebte Welt und nicht irgendein Jenseitiges betreffen.

Nach diesen Überlegungen stellt sich nun die Frage, wie sich die *Religionen* von diesem *Allgemein-Religiösen* der Kontingenzbegegnung unterscheiden und diese inhaltlich charakterisiert werden können. Es geht also um Religion und Kontingenzbegegnung. Entscheidend ist nun: Religionen realisieren sich stets in einer Gemeinschaft. Genauer gesagt sind Religionen historische Kristallisationspunkte innerhalb bereits vorhandener Sinngefüge größerer Gemeinschaften. Sie entstehen nicht aus dem Nichts, sondern ihre Begründer bewirken radikale Umdeutungen und innovative Erweiterungen von bereits vorhandenen Strukturvorgaben. Mehr oder weniger identifizierbare charismatische Begründer bewirken durch die Kraft Ihrer persönlichen Überzeugungen vom „ganz Anderen" eine Intensivierung des existenziellen Interesses und der personalen Beziehung zwischen „Prophet" und Hörer. Entscheidend ist hier, ob sich dabei neue Verhaltensformen, feste Rituale und effektive Institutionalisierungen von Rollen einstellen. Dies wird umso wahrscheinlicher, je intensiver die Identifizierung mit dem verkündeten Vorbild gelingt, in welchem charakteristische Verhaltensweisen zu jenem Anderen vorgelebt und intellektuell verteidigt werden.

Der historische Ursprung der neuen Lebensformen ermöglicht die Vermittlung individueller Verkündigungen und damit die Entstehung einer Gefolgschaft. Die kontinuierliche Weitergabe der Überzeugungen und eventuell auch gemeinsames Erdulden von Verfolgungen erlauben die Identifikation als Religionsgemeinschaft. Diese Einbettung in ein gemeinsames Sinngefüge bedingt eine Verantwortung des Einzelnen gegenüber den anderen Mitgliedern. Deshalb bietet sich die Liebe zum Nächsten als Grundmetapher für die durch die Begegnung des ganz Anderen mitgedachte Zuwendung an. In jeder Artikulation des ontischen Vorbehalts kann dabei aus dem Nächsten auch der mehr oder weniger Ferne werden, das heißt, die Kontingenzbegegnung kann sich als Hoffnung auf Humanität offenbaren und zum universellen Leitfaden des Handelns werden. Erleuchtete isolierte Einzelgänger dagegen, die durchaus relevante Kontingenzbegegnungen erfahren, also auch als „religiöse" Menschen bezeichnet werden können, werden schnell vergessen, wenn sie keine Möglichkeit haben, vor anderen von ihrer personalen Erfahrung Zeugnis zu geben. Religionen sind demnach Gemeinschaftsphänomene, in denen eine „geoffenbarte Wahrheit" Anlass und Anleitung zu gemeinsamen Handlungs- und Orientierungsweisen wird.

Geschichten und Parabeln, Bilder und Symbole, Metaphern und Analogien, Riten, Gesten und Körperhaltungen, Ordnungshierarchien und Abgrenzungen sorgen zunächst für Stabilität, die später aber auch zur Routine erstarren kann und die entsprechende Religion unter Umständen unglaubwürdig werden lässt. Damit erweist sich Religion als eine Kultur der Kontingenz*begegnung* und das in ihr Begegnete „ganz Andere“ als ein Ort möglicher Wahrheit, der existenziell personale Sicherheit und wegen des ontischen Vorbehalts potenziell universelle Toleranz in der Gemeinschaft bewirkt.

„Fassen wir kurz die bisherigen Überlegungen zur Charakterisierung des Religiösen im Allgemeinen und der Religion im Besonderen zusammen: [...]

- Kontingenz*begegnung* bedeutet die Anerkennung des sich selbst enthüllenden Anderen der Vernunft. Die unter dem ontischen Vorbehalt artikulierten Inhalte dieser Selbstgabe des Anderen sind Manifestationen des *Religiösen.*
- Religiöses enthält Momente der Unverfügbarkeit, die aber von sprachlichen Akten (Metaphern, Gleichnissen, Parabeln u.ä.) und zudem häufig von bestimmten konkreten Handlungsvollzügen (Gesten, Riten, Kommunikation) der Menschen begleitet sind, um vermittelbar und für andere nachvollziehbar zu werden. Wichtige Realisierungen erfolgen in historischen Religionen und speziellen Vernunftkonzepten. ...
- *Religion* ist *eine* Manifestationsform des Religiösen, allerdings die wichtigste, weil mit ihr die meisten Menschen konfrontiert werden und von ihr die stärksten gemeinschaftlichen Wirkungen ausgehen.“[14]

Unser Weg zur Kontingenzanerkennung und -begegnung ist ein Weg der Destruktion, nämlich der Zurückweisung der Ideen der Selbstorganisation der Natur und der Selbstermächtigung der autonomen Vernunft. Diesen Weg sind auch zahlreiche Philosophen gegangen. Denn das häufige Sprechen vom Unsagbaren innerhalb der Philosophie zeugt eben von solchen latenten Kontingenzbegegnungen. Im genannten Buch, Abschnitt 10, wird versucht, dies am Beispiel Heideggers, Wittgensteins und mehrerer Vertreter der Postmoderne im Einzelnen ausführlich nachzuweisen. Sowohl bei Heidegger als auch bei Wittgenstein lassen sich zahlreiche schwer verständliche Aussagen aus der Perspektive einer Kontingenzbegegnung neu interpretieren. Für beide sind Grenzerfahrungen und die Problematik des Unsagbaren selbstverständlich; beide suchen Wege, die damit zusammenhängende Not der Vermittlung des Selbsterfahrenen zu überwin-

14 Vgl. WUCHTERL, Kontingenz, 166–167.

den. Ihre metaphorischen Antworten verwenden Ausdrücke wie das Eigentliche, die Lichtung des Seins oder das sich als Sinn Zeigende. Wie auch immer dieses Ziel bezeichnet wird, es handelt sich stets um das Unsagbare, um den „Bruch des kohärenten Diskurses", wie es Lévinas formuliert hat.

Diese offene Einstellung ist bei anderen Denkern nicht immer gegeben. Schon bei Heidegger lassen sich Tendenzen beobachten, sich selbst als Prophet eines allgemeinen Seinsgeschehens zu verstehen, in dessen Zukunft - von ihm vermittelt - eine neue Welt erscheint. Damit verbunden ist die Versuchung, die eigene Metaphernwahl (bezüglich des „Seyns" oder der Geschichtlichkeit) zu verabsolutieren, das heißt, wieder die autonome Vernunft in der Kreativität des Philosophen zu bemühen, ohne dies einzugestehen; dies alles geschieht, um nicht einer engstirnigen Religiosität verdächtigt zu werden. Diese Tendenz wird in der nachfolgenden Zeit, also in der Postmoderne noch verstärkt. Sie wächst proportional zum Niedergang traditioneller Glaubensvorstellungen und proportional zur universalen Kritik säkularer Ordnungsprinzipien.

Hier einige im Buch ausführlich behandelte Themen: Zum *Sprechen vom Unsagbaren in der Postmoderne* wird Bezug genommen auf Lyotard, Vattimo, Derrida (mit Habermas-Kritik), Blumenberg, Caracciolo (10.3). Zur *Metapherntheorie stehen* die Untersuchungen vor allem von Derrida und Blumenberg im Mittelpunkt (11.1) und zur *Negativen Theologie*, in der Vorbehalte systematisch mit Hilfe von Negationen wirksam werden, erfolgt eine Beschränkung auf Thomas Schärtl und Gunter Zimmermann, weil diese die im Allgemeinen wenig beachtete analytische Philosophie heranziehen (11.2).

All diese Überlegungen zu Grenzziehungen und Möglichkeiten des Sprechens vom Unsagbaren enthalten natürlich viel Zündstoff und bereiten bei dem einen oder anderen ein mehrfaches Unbehagen. Einmal stehen die Optionen einer Verabsolutierung der Wissenschaften und der Vernunft weiter als Möglichkeiten im Raum. Sofern die Überzeugung von deren Unhintergehbarkeit als *tolerantes Bekenntnis*, und nicht als fundamentalistische Herausforderung verstanden wird, ist dies zu respektieren. Das schließt den Versuch nicht aus, für diese Fälle Widersprüche aufzuzeigen und auf die Missachtung existentieller Anliegen zu verweisen. Der andere Punkt, der Unbehagen erzeugen mag, ist die Befürchtung, dass durch die Radikalität der im ontischen Vorbehalt ausgesprochenen Rücknahme die Substanz von Religion und Theologie bedroht ist. Einigen reichen die positiven Aspekte in einer bloßen Möglichkeit der Kontingenzbegegnung nicht aus und diese schrecken deshalb vor der Reichweite des ontischen Vorbehalts zurück. Nicht wenige dürften um die Diskursivität der Theologie bangen und fundamentale Affirmationen einfordern. Besonders die Sympathie des vorliegenden Konzepts für die radikale negative Theologie könnte Ausgangspunkt einer Kritik sein. Man wird fragen, ob nicht wenigstens bestimmte Kernaussagen vom ontischen Vorbehalt ausgenommen werden müssen, wie etwa die Überzeugung von Gott als ens perfectissimum oder die Qualifizierung Gottes als Ursprung des Universums. Aber unsere Überlegungen erfolgen im Rahmen der Religionsphilosophie, die – im Gegensatz zur Theologie – von keinem historisch bedingten Glaubensinhalt aus argumentiert. Alle Inhalte im Kontext der Kontingenzbegegnung sind nur im ontischen Vorbehalt hintergehbare *erhoffte* Möglichkeiten. Das bedeutet für die Praxis aber keineswegs, schon in der *Einübung* in die religiöse Lebensform die genannten Vorbehalte und die negative Theologie (etwa in der Kindererziehung) in den Vordergrund zu rücken. Ganz abgesehen von der Schwierigkeit, die Negationen richtig zu interpretieren, ist die für das Kleinkind so notwendige Geborgenheit in einer „ersten Naivität" (Paul Ricoeur) voller anthropomorpher Symbolgestalten, die als solche von Kindern nicht durchschaut werden können. Mit der prinzipiellen Vermeidung solcher Sprachformen z.B. in Gebeten verbaut man an entscheidenden Stellen den Zugang zum kindlichen Erlebnis von Sicherheit. Es bedarf daher einer einfühlsamen Religionspädagogik, um die Entmythologisierung nicht allein bei der Fragwürdigkeit der Welt enden zu lassen, und es geht darum – auch nach dem mythischen Reden –, im Glauben noch von Vertrauen sprechen zu können.

Auch die Sorge um die Diskursivität der Theologie ist unbegründet. Theologie bezieht sich im Gegensatz zur Philosophie auf eine geschichtliche und damit empirische Ausgangsbasis, nämlich auf spezifische Schriften und Traditionen, an denen sich ihre diskursive Kompetenz bewähren kann. Der Theologe, der sich seiner Prämissen bewusst ist und bei deren Explikation die Notwendigkeit des ontischen Vorbehalts nicht aus den Augen verliert, kann auf diesen Voraussetzungen seinen rationalen Diskurs aufbauen, der sich nur wenig von der Struktur im praktischen, insbesondere ethischen Gespräch unterscheiden wird.

Diese relativ kurze Vorstellung eines neuen, auf dem Kontingenzbegriff aufbauenden religionsphilosophischen Konzepts wirft viele Fragen auf und bedarf sicher vieler weiterer Differenzierungen. Sie hat ihre Absicht erreicht, wenn sie in dem speziellen Thema der Grenzziehung zwischen Philosophie, Naturwissenschaft und Religion einen Klärungsvorschlag verdeutlichen und damit Anregungen für eine weiterführende Diskussion zur Möglichkeit einer religiösen Vernunft bewirken konnte.

Literatur

BLUMENBERG, H., *Kontingenz*, in: Religion in Geschichte und Gegenwart, Bd. 3, Tübingen, 1959.

DALFERTH, I./STOELLGER, P. (Hg.), *Vernunft*, Kontingenz, Gott, Tübingen, 2000.

EVERS, D., *Gott* und mögliche Welten, Tübingen, 2006.

HUME, D., Eine Untersuchung über den menschlichen *Verstand* (1751), Leipzig, 1902.

LÜBBE, H., *Religion* nach der Aufklärung, Graz/Wien/Köln, 1986.

LUHMANN, N., Funktion der *Religion*, Frankfurt am Main, 1977.

MARQUARD, O./VON GRAEVENITZ, G. (Hg.), *Kontingenz*, München, 1998.

WITTGENSTEIN, L., Tractatus logico-philosophicus, Frankfurt am Main, 1984.

WUCHTERL, K., *Kontingenz* oder das Andere der Vernunft, Stuttgart, 2011.

Armin G. Wildfeuer

Ab wann ist der Mensch ein Mensch?

Das Problem der Schutzwürdigkeit menschlichen Lebens von Anfang an

1. Präzisierung der Fragestellung und das Problem der Schutzwürdigkeit menschlichen Lebens

Eine unstrittige, jedermann überzeugende und konsensuell akzeptierte, weil auf einem „gewissen Wissen" basierende Antwort auf die Frage: „Ab wann ist der Mensch ein Mensch?" scheint nicht in Sicht zu sein. Dieser Eindruck verfestigt sich, nicht nur wenn man die öffentlichen Debatten, sondern auch wenn man die diesbezüglichen (bio-) ethischen Diskurse der letzten Jahre und Jahrzehnte zur Kenntnis nimmt, die um die Erlaubtheit oder Verbotenheit embryonaler Stammzellenforschung, die Klonierung, die Verwertung von Embryonen zu Forschungszwecken, die Präimplantationsdiagnostik (PID), die Selektion von Embryonen, die In-vitro-Fertilisation, die Gentherapie und – schon immer – den Schwangerschaftsabbruch geführt werden.[1] Strittig ist dabei insbesondere, ob menschliches Leben bereits in der vorgeburtlichen Phase, ggf. sogar vom Zeitpunkt der Verschmelzung von Ei und Samenzelle an, schützenswert ist, mithin ihm eine generelle Schutzwürdigkeit zugesprochen werden kann, die wir dem geborenen Menschen fraglos zugestehen und die sich im weltweit anerkannten Ethos der Menschenrechte manifestiert, dessen basales Kernverbot das Tötungsverbot menschlichen Lebens darstellt.[2] Hinter der Frage „Ab wann ist der Mensch ein Mensch?", verbirgt sich also bei genauerem Hinsehen die Frage, ob

1 Zum aktuellen Stand der bioethischen Debatte siehe die hilfreichen Sachstands- und Literaturberichte, Dossiers und Informationen des DRZE – Deutsches Referenzzentrum für Ethik in den Biowissenschaften (www.drze.de).

2 Vgl. dazu WILDFEUER, Gebot.

es moralisch erlaubt ist, vorgeburtliches menschliches Leben nicht nur zur manipulativen Disposition zu stellen, sondern letztlich gar zu töten. Es handelt sich also tatsächlich um eine Frage um Leben und Tod.[3]

Die Frage: „Ab wann ist der Mensch ein Mensch?“ scheint auf den ersten Blick trivial zu sein. Ihre Spitze gewinnt sie erst, wenn man die äquivoke Verwendung des Begriffs „Mensch“ in den Blick nimmt, der in der Frageformulierung zweimal, aber semantisch in je unterschiedlicher Bedeutung begegnet. Beide Bedeutungen auseinanderzuhalten ist wichtig, weil ja gerade deren Relation strittig zu sein scheint. Zum einen ist mit „Mensch“ das menschliche Lebewesen als ein in der Sinnenwelt begegnendes Naturwesen gemeint, das innerhalb der biologischen Taxonomie den höheren Säugetieren aus der Ordnung der Primaten zugerechnet wird und dort zur Familie der Menschenaffen (Hominidae, heute: Homininae) gehört.[4] „Mensch“ in diesem biologisch-taxonomischen Sinn ist eines der vielen biologischen Vorkommnisse in der Vielfalt existierender Lebewesen, die mit je unterschiedlichen morphologischen Besonderheiten ausgestattet sind und deren phylo- und ontogenetische Entwicklung empirisch erforschbar ist. Eine besondere Schutzwürdigkeit des Menschen im Vergleich zu anderen Lebewesen lässt sich aus biologisch-taxonomischen Fakten alleine nicht begründen, weil sich präskriptiv-normative Wertungen wie die, dass etwas in besonderer Weise schutzwürdig ist, generell nicht einfach aus deskriptiven Feststellungen ableiten lassen.[5]

„Mensch“ ist in der Frage „Ab wann ist der Mensch ein *Mensch*?“ aber noch in einem zweiten, gerade nicht der biologischen Taxonomie entlehnten, sondern genuin moralisch-präskriptiven Sinn gebraucht, nämlich im Sinne von „Person“. Mit dem Begriff der Person wird die über rein biologische Fakten hinausgehende basale und nicht bloß kontingente Eigentümlichkeit des Menschseins ge-

3 Vgl. dazu LEIST, Leben.

4 Vgl. zur Ausdifferenzierung des Begriffs „Mensch“: THIES, Mensch.

5 Zur Problematik des sog. Sein-Sollens-Fehlschlusses, demzufolge nicht von einem Sein auf ein Sollen geschlossen werden kann bzw. nicht von einer Menge rein deskriptiver Aussagen ohne Weiteres auf normative oder präskriptive Aussagen logisch geschlossen werden kann, siehe VON KUTSCHERA, Beweise und VON KUTSCHERA, Gesetz. Zur Diskussion, ob sich Wertbegriffe auf naturwissenschaftliche Begriffe reduzieren lassen, (sog. „naturalistischer Fehlschluss“) siehe neuerdings FRITZ, Fehlschluss.

kennzeichnet, der Anlage nach sittliches Subjekt zu sein.[6] Erst das Personsein begründet mithin den besonderen moralischen Status des Menschen, wie er sich im Gedanken der Menschenwürde niederschlägt,[7] und darauf bezogen seine Schutzwürdigkeit. Denn dem Menschen wird Personsein zugeschrieben, weil er der Anlage nach ein *individuelles sittliches Subjekt* („moral agent"), mithin ein Wesen ist, dem seiner Natur nach grundsätzlich und unabhängig vom aktuellen Vollzug das *Vermögen* bzw. die *Befähigung* zukommt, sich in Freiheit durch Vernunft zum Handeln zu bestimmen, das daher zu sich selbst sowie zu seiner Mit- und Umwelt in ein bewusstes, durch Selbstbewusstheit, Sozialität und Kulturalität mitgeprägtes Verhältnis treten, Verantwortung und Pflichten zurechenbar übernehmen, Zwecke und Interessen verfolgen sowie sein Leben im Bewusstsein seiner Vergangenheit und seiner Zukunft entwurfsoffen zu einem einmaligen, durch Zeitlichkeit und Geschichtlichkeit geprägten unverwechselbaren Schicksal gestalten kann. Aufgrund dieser Eigentümlichkeit des Personseins folgt unsere moralische Grundintuition der Einsicht, dass sich der Umgang mit Dingen, die einen verrechenbaren Sachwert, einen „Preis", haben, wesentlich vom Handeln mit und an Personen unterscheiden muss, deren „Würde" unbedingt zu achten ist.[8] Personen sind daher in den Bereich wechselseitiger Anerkennung einzubeziehen, mithin Teil unserer Moralgemeinschaft. Sie haben Anspruch auf Achtung ihrer Würde, die Beachtung des daraus abgeleiteten Rechts auf Leben sowie auf die Unverletzlichkeit ihrer personalen wie auch ihrer leiblichen Integrität. Denn da mir der anzuerkennende Andere primär in seiner Leibhaftigkeit ansichtig wird und ich mir seines Subjektseins nie gewiss sein kann, zwischen beidem aber eine ursprüngliche Einheit besteht, muss bei der praktischen Zuschreibung des Personprädikats zwischen dem *Zuschreibungsgrund* und dem *Zuschreibungskriterium* unterschieden werden. Dabei ist das sittliche

---

6 Zum Personbegriff und seiner Geschichte vgl. FUHRMANN, Person; KONERSMANN, Person; STURMA, Philosophie; WILDFEUER, Person; STURMA, Philosophiegeschichte; STURMA, Person.

7 Zum Zusammenhang der Begriffe „Menschenwürde" und „Person" siehe BAUMGARTNER, Menschenwürde; WILDFEUER, Menschenwürde.

Zum Würdeargument im Kontext der Bioethik siehe BARANZKE, Würde; BRAUN, Menschenwürde; HONNEFELDER, Person; KNOEPFFLER, Menschenwürde; KRESS, Menschenwürde; LOHNER: Personalität; SCHWARTLÄNDER, Menschenwürde; SPAEMANN, Menschenwürde.

8 Vgl. KANT, Metaphysik, 435.

Subjektsein Zuschreibungsgrund von Personalität, das Menschsein das Zuschreibungskriterium von Personalität, zumal das sittliche Subjekt nicht anders existiert als in Form eines leibhaften menschlichen Individuums, das durch eine ursprüngliche Einheit von Leib und Ich ausgezeichnet ist. Personen sind daher in allen Phasen ihrer Existenz Teil unserer Moralgemeinschaft, ja konstituieren sie allererst.

Der Status des Menschen als Person, mithin als sittliches Subjekt, ist gleichzeitig auch der Kern des im Menschenrechtsethos deklarierten Würdeschutzes und macht seine weltweite Plausibilität einsichtig. Der im Menschenrechtsethos garantierte Schutz des menschlichen Lebens umfasst mit Blick auf seine Begründung und seine Ausdehnung dabei grundsätzlich zwei Momente: (1.) Er leitet sich her aus der Unantastbarkeit der Würde des Menschen, wobei die Würdezuschreibung damit begründet wird, dass der Mensch Person ist. (2.) Zugleich wird diese dem Menschen zukommende Würde und das davon abgeleitete gleiche Recht auf Leben, Freiheit und Sicherheit ausnahmslos allen Menschen zugesprochen – ohne Ansehen der Rasse, des Geschlechts, der Religion, des Verdienstes, des Alters und des Entwicklungsstandes. Denn dass jemandem der Schutz der Würde der Person zukommt, soll mithin von nichts anderem abhängig sein als dem Umstand, Individuum der Spezies zu sein. Mensch zu sein, ist mithin das Kriterium der Zuschreibung von Personalität. Mit anderen Worten: Während das sittliche Subjektsein Zuschreibungsgrund von Personalität ist, ist Zuschreibungskriterium das Menschsein, weil das sittliche Subjekt nicht anders existiert als in Form eines leibhaften menschlichen Individuums, das durch eine ursprüngliche Einheit von Leib und Ich ausgezeichnet ist. Insofern muss der Schutz, der Personen gilt, auch die Integrität von Leib und Leben einschließen. Das Leben ist nicht das ranghöchste, wohl aber das fundamentale Gut. Jemanden als Person zu bezeichnen heißt daher ihn als einen solchen zu identifizieren, dessen Anspruch auf Integrität von Leib und Leben unbedingt oder zumindest unabdingbar zu respektieren ist. Es macht das Proprium des Menschenrechtsgedankens aus, beide Momente, das Vermögen des verantwortlichen Subjektseins (‚Personprinzip‘) und die Zugehörigkeit zur Spezies (‚Naturprinzip‘), als eine unlösliche Einheit zu betrachten. Von dem inneren Zusammenhang der beiden Prinzipien hängt die Plausibilität des Menschenrechtsgedankens insgesamt ab.

„Person" zu sein, so können wir nun zusammenfassen, ist sowohl Grund der Würdezuschreibung des Menschen wie ebenso Grund seiner besonderen Schutzwürdigkeit. Auf dem Hintergrund der Unterscheidung der Begriffe „Mensch" und „Person" lässt sich jetzt auch die Eingangsfrage präziser fassen und so erst einer differenzierten Beantwortung zugänglich machen. Sie muss korrekt formuliert lauten: „Ab wann ist der *Mensch* eine schützenswerte *Person*?"

Die Begriffe „Mensch" und „Person", deren Verhältnis hier infrage steht, sind zweifelsohne Allgemeinbegriffe. Wie alle Allgemeinbegriffe haben sie einen jeweils bestimmten Inhalt (man spricht von der „Intension" eines Begriffs). Dieser Inhalt des Begriffs macht seine Bedeutung aus, er gibt die unter ihn gefassten Eigenschaften und Bestimmungen an, mithin das, was mit dem Begriff gemeint ist und ausgesagt werden soll. Begriffe haben aber immer auch eine bestimmte *Reichweite* (man spricht von der „Extension" eines Begriffs), d.h. sie beziehen sich auf eine bestimmte Anzahl von Referenzobjekten, die unter den Begriff fallen und Träger von dessen Bedeutung sind.

Dass die Begriffe „Mensch" und „Person" unterscheidbar sind, weil sie einen je eigentümlichen Inhalt, eine je eigene Bedeutung haben, das leuchtet unmittelbar ein. Wie steht es aber um ihre Reichweite? Sind die Reichweiten beider Begriffe deckungsgleich, sodass alle Menschen auch Personen sind und alle Personen Menschen? Oder gibt es Menschen, denen das Personsein nicht zukommt – wie es umgekehrt evtl. auch Personen geben könnte, denen das Menschsein nicht zugesprochen werden kann? (Letzteres trifft etwa klassischerweise im trinitätstheologischen Kontext auf die Bestimmung der drei göttlichen Personen zu – ein Fall, der aber hier außer Acht bleiben kann.) Es gibt grundsätzlich zwei mögliche Antworten auf die Frage nach der Identität der Referenzobjekte der von ihrer Bedeutung her zu unterscheidenden Begriffe „Mensch" und „Person", wobei die Differenz der beiden Antworten wesentlich etwas mit der je unterschiedlichen inhaltlichen Bestimmung des Begriffs „Person" zu tun hat, dessen Geschichte komplex verwoben und dessen inhaltliche Bestimmung insbesondere seit den Debatten der 80er Jahre des 20. Jahrhunderts um den Beginn menschlichen Lebens hoch umstritten ist.[9]

Eine erste Antwort lautet: Die Reichweite der Begriffe Mensch und Person ist gleich. Beide Begriffe sind koextensiv, sodass eine Äquivalenz der Reichweiten beider Begriffe besteht und die Einheit von Mensch- und Personsein behauptet werden muss. Alle Menschen sind demnach in allen Phasen ihrer Existenz Personen. Es hat sich eingebürgert, diese Behauptung, die freilich noch einer eingehenden Prüfung bedarf, als *Äquivalenzthese* zu bezeichnen. Folgt man ihr, dann ist der Mensch von Anfang an Person, mithin auch der Embryo von Anfang an ab der Verschmelzung von Ei- und Samenzelle schützenswert. Denn Personsein ist nicht eine akzidentelle Eigenschaft, die zusätzlich zum Menschsein auf einer bestimmten Entwicklungsstufe hinzuerworben wird, sondern eine Näherbestimmung des Menschseins selbst.[10] Der Grund für die unbedingte Schutzwürdigkeit des menschlichen Lebens liegt zudem nicht in der bloßen Zugehörigkeit des Menschen zu einer bestimmten biologischen Spezies, sondern in der Tatsache, dass es zum Wesen eines Mitglieds dieser Spezies gehört, von Anfang an der Anlage nach sittliches Subjekt, mithin Person zu sein. Da aber das leibliche Leben für den Menschen als leib-seelisches Wesen die Bedingung dafür ist, sittliches Subjekt sein zu können, dürfen auch Leib und Leben nicht angetastet werden, soll die Würde der Person, d.h. des sittlichen Subjekts, gewahrt werden. Die unbedingte Schutzwürdigkeit der Person überträgt sich mithin auch auf das leibliche Leben der Person. Demnach ist der Mensch als schutzwürdige Person von Anfang an zu betrachten. Für die Äquivalenzthese steht das Personsein und damit auch die besondere Schutzwürdigkeit bereits des Embryos außer Frage, weil alle Menschen in allen Phasen ihrer Entwicklung auch als Personen zu betrachten sind.

Eine zweite Antwort auf die Frage, ob die Begriffe Mensch und Person die gleiche Reichweite und die gleichen Referenzobjekte haben, vertritt – wie nicht anders zu erwarten - die gegenteilige Behauptung und wird als sog. Inäquiva-

9 Zum Streit um den Personbegriff siehe BIRNBACHER, Dilemma; HONNEFELDER, Streit; SIEP, Ethik; SPAEMANN, Personen; WILDFEUER, Mensch. Zum Zusammenhang von Personbegriff, Menschenwürde und der Frage nach der Schutzwürdigkeit vorgeburtlichen menschlichen Lebens siehe den Überblick bei WILDFEUER, Lebensbeginn; ferner BAUMGARTNER, Menschenwürde sowie BREUER, Person.

10 SPAEMANN, Personen. Siehe auch SPEAMANN, Menschen.

lenzthese verhandelt. Sie versucht argumentativ den Nachweis zu führen, dass die Begriffe „Mensch“ und „Person“ eine unterschiedliche Reichweite, mithin auch unterschiedliche Referenzobjekte haben, sodass es Menschen gibt, die noch nicht oder nicht mehr Personen sind, weil sie noch nicht oder nicht mehr über die Eigenschaften verfügen, die für Personen kennzeichnend sind. Schreibt man dem Menschen Personalität aber nur dann zu, wenn er über bestimmte Eigenschaften wie etwa *Selbstbewusstsein*, *Selbstverfügung* und *Zukunftsbezug* verfügt, dann bezieht sich die Schutzwürdigkeit des Menschen nicht eo ipso auch auf das leibliche Leben in jeder seiner Phasen. Menschsein und Personsein fallen mithin auseinander, sodass die Existenz von Menschen vorstellbar ist, die in einer bestimmten Phase ihrer Ontogenese keine Personen sind. Dies könnte beispielsweise auf Embryonen zutreffen, aber auch auf Föten vielleicht sogar bis zur Geburt oder auch noch für Kleinkinder in den ersten Phasen ihrer extrauterinen Existenz. Denn dass zumindest ein Embryo diese Eigenschaften aktuell nicht hat, scheint offensichtlich zu sein. Infrage steht mit dieser Position freilich dann auch die Kontinuität der biologisch-ontogenetischen Entwicklung des Menschen insgesamt. Der Mensch, so das Resümee dieser Denkrichtung, ist mithin nicht von Anfang an Person, er entwickelt sich bestenfalls dazu. Konsequenterweise wird von Vertretern der Inäquivalenzthese nach solchen Zäsuren in dieser Entwicklung gesucht, die mit Blick auf den Beginn der Zuschreibung von Personalität von Bedeutung sein könnten. Für die Vertreter der Inäquivalenzthese ist die Zuschreibung von Personalität gegenüber dem Embryo mithin grundsätzlich problematisch.

Um nach diesen grundsätzlichen Klärungen die Fragen nach dem moralischen Status des ungeborenen Lebens einer Beantwortung näherzubringen, müssen wir uns nach einem Rückblick auf die historische Behandlung des Problems (siehe Absatz 2) im Folgenden insbesondere dem Problem der Einheit der ontogenetischen Entwicklung sowie der Bestimmung des Personbegriffs zuwenden. Insbesondere unter Einbeziehung neuerer philosophischer Debatten sind dabei drei Fragen in den Blick nehmen: *Erstens* die nach der Einheit von Person- und Menschsein und der Ausdehnung des Schutzes menschlichen Lebens: Wie eng hängt das Personsein mit dem organischen Substrat, der biophysischen Natur des Menschen, zusammen (siehe Absatz 3)? *Zweitens* müssen wir die Frage erörtern, ob es moralisch relevante Zäsuren in der ontogenetischen Entwicklung des Menschen gibt (siehe Absatz 4). Und *drittens* müssen wir die mehr oder weniger bekannten Argumente prüfen, die sich anführen lassen, um die Kontinuität der Entwicklung der menschlichen Person und die Einheit von Mensch- und Personsein von Anfang an plausibel zu machen (Potentialitätsargument, Kontinuitätsargument, Identitätsargument) (siehe Absatz 5).

2. Die historische Ausgangssituation: Aristoteles – John Locke – Immanuel Kant

Dass die Einheit von Person- und Menschsein grundsätzlich problematisch ist, das lässt sich durch einen Blick in die philosophiegeschichtliche Behandlung des Problems zeigen.

Für die aristotelisch-mittelalterliche Tradition steht die Einheit von Person und Mensch, menschlichem Handlungssubjekt und menschlichem Lebewesen außer Frage, weil Seele und Leib das eine Lebewesen als eine in Raum und Zeit sich durchhaltende Entität, eine Substanz, bilden. Leben ist für Aristoteles (384322 v.Chr.) Selbstorganisation und Selbsttätigkeit aus einer Mitte heraus, die sich einem Prinzip verdankt, das er bei allen Lebewesen Seele nennt.[11] Das Leben beginnt daher, folgt man der aristotelischen *Sukzessivbeseelungstheorie*, erst mit der Beseelung. Auf dem Hintergrund der aristotelischen Seelenlehre und der antik-mittelalterlichen Biologie entwickelt sich im Ausgang von Aristoteles Vorstellung, wonach der Mensch in einer phasenhaften Entwicklung der frühen Ontogenese die Stadien einer vegetativen, einer sensitiven und einer rationalen Seele ausbildet, wobei in diesem Prozess der höhere Seelenteil jeweils die Funktion des niedrigeren mit übernimmt. Der Embryo durchschreitet dabei im Übergang zum

11 Jedes Lebewesen besitzt in der ihm eigenen Seele das Prinzip seiner Form und seiner Bewegung. Die Seele ist „die erste Wirklichkeit eines organischen physischen Körpers" (De anima II 2, 412b 4f.). Der lebendige Körper hat seine Wirklichkeit nur durch die Seele: Lebendige Dinge besitzen ihr Sein in Form von Leben (vgl. ebd. 415b). Seele und Leib verhalten sich zueinander wie Form und Materie und bilden zusammen das eine Lebewesen als eine in Raum und Zeit sich durchhaltende Entität, d.h. als eine Ousia oder eine Substanz, wobei die Substanzvorstellung nicht an einem statischen Zustand, sondern an der Einheit des Lebewesens orientiert ist.

Fötus das Stadium der Pflanze und dann das des Tieres. Erst die Entstehung des rationalen Seelenteils macht den Menschen zu dem, was er seinem Wesen nach ist: ein mit Vernunft und Freiheit ausgezeichnetes Lebewesen. Der Mensch durchläuft mithin am Beginn seiner Existenz in einer phasenhaften Entwicklung die Stadien dieser drei Seelen.[12] Ausgehend von Aristoteles wurde insbesondere die Herkunft der Seele diskutiert. Dabei setzte sich gegen die Annahme eines platonischen *Präexistentialismus* (Existenz der Seele vor der Einsenkung in den Leib) wie auch gegen den *Generatianismus* (Entstehung der Seele im Zeugungsakt der Eltern) und den *Traduzianismus* (Übertragung der Seele mit dem Samen vom Vater auf das Kind) die Lehre des *Kreatianismus* durch, wonach die Geistseele unmittelbar von Gott geschaffen war und in den von den Eltern gezeugten Leib eingesenkt wird.[13] Erst der Augenblick der Erschaffung und Einsenkung der Geistseele durch Gott (am 40. Tag bei männlichen, am 80. Tag bei weiblichen Embryonen) galt dann als Beginn des spezifisch menschlichen Lebens.

Mit Blick auf den vorgeburtlichen Lebensschutz resultiert daraus freilich ein abgestuftes Lebensrecht, gleichsam eine Art Fristenlösung, die bis in die Neuzeit hinein weitgehend unangefochten blieb. Und obgleich man seit dem 19. Jahrhundert auch in der katholischen Theologie einhellig der Meinung war, dass die bereits von Albertus Magnus (ca. 1200–1280) vertretene Simultanbeseelung der Einheit und Kontinuität des sich entwickelnden Lebens besser gerecht wird, wurde in Auseinandersetzung mit der inzwischen weiterentwickelten Humanbiologie (H. André, A. Müller, B. Steiner, H. Woltereck), dem biogenetischen Grundgesetz sowie dem Vitalismus die Theorie der Sukzessivbeseelung in der ersten Hälfte des 20. Jahrhunderts von neuscholastisch-substanzmetaphysisch orientierten Autoren wie Kardinal Mercier, A.D. Sertillanges, B.H. Merkelbach, A. Niedermayer erneut eindringlich diskutiert. Die Probleme der Sukzessivbeseelungstheorie lassen sich nach Karl Rahner theologisch nur durch die Annahme eines „sich selbst überbietenden Werdens" (Hominisation)[14] vermeiden, der gemäß die Dy-

12 Vgl. Aristoteles, De gen. animalium 735a, 736b, 740a, 741b, 743a, 744b, 762a.

13 Vgl. etwa Thomas von Aquin, *Sth.* I q. 118, 1 ad 4. 2 ad 2; I q.76, 3 ad 3; I q. 115 2 ad 3; II-II q 64, 8 ad 2; dazu FORD, Conception, 39–43.

14 Siehe RAHNER, Hominisation, sowie RAHNER, Schriften, 171–184.

namik der göttlichen Ursächlichkeit den zäsurlosen Werdevorgang als Ganzes kontinuierlich mitträgt, ohne in Konkurrenz zu den leiblichen Eltern zu treten.

In bewusster Abkehr vom aristotelisch-mittelalterlichen Substanzdenken war die Vorstellung einer Sukzessivbeseelung jedoch bereits seit dem 17. Jahrhundert weitgehend obsolet geworden. So geht der *Präformismus* (G.D. Aromatari, N. Hartsoeker, A. van Leeuwenhoek, G. W. Leibniz) davon aus, dass Zeugung und Entwicklung im Wesentlichen als zäsurloses Wachstum des im Keim bereits fertig angelegten und im Detail physisch vorgestalteten Organismus zu betrachten sind. Weil der Präformismus für den Ursprung der Organismen keine hinreichende Erklärung zur Verfügung stellt und nicht zuletzt aufgrund der verbesserten mikroskopischen Erkenntnismöglichkeiten wird er bereits frühzeitig von der Theorie des *Epigenismus* (W. Harvey, C. F. Wolff, J. F. Blumenbach) abgelöst, demzufolge bei der embryonalen Entwicklung eine wirkliche Neubildung von Teilen stattfindet, und zwar an einem ursprünglich ungegliederten Keim. Angenommen werden damit jedoch wieder Entwicklungsstadien, die sich auch als moralisch relevante Zäsuren im Sinne eines abgestuften Lebensrechtes deuten lassen. Dies trifft auch noch für die modernen Varianten dieser Position zu, nach denen sich der embryonalbiologische Prozess trotz seiner gleichbleibenden Kodierung durch die genetischen Informationen über verschiedene Stufen von einer zunächst offenen artspezifischen über die einengende individualspezifische (Nidation) bis zur endgültigen personenspezifischen Prägung entwickelt. Bereits die Biologie des 19. Jahrhunderts hat beide Theorien verworfen. Dennoch war die Diskussion um Sukzessivbeseelung/Epigenismus und Simultanbeseelung/Präformismus v.a. im theologischen Raum bis in die jüngste Zeit nicht beendet.

Obgleich sich aus der Sicht der modernen Embryologie der mit der Vereinigung von Ei- und Samenzelle beginnende Prozess der Individuation und Ontogenese als ein kontinuierliches, ohne Zäsuren verlaufendes Geschehen erweist[15], bleibt jedoch aus philosophischer Perspektive die Frage nach einer möglichen moralisch relevanten Zäsur in dieser Entwicklung dann ein Problem, wenn – wie in der neueren Diskussion um den Personbegriff und in der Tradition der von John Locke (1632–1704) vollzogenen Ablösung des Personbegriffs vom aristo-

15 Vgl. RAGER, Beginn, 23–122.

telischen Substanzdenken und dessen Reduktion auf psychische Identität und Kontinuität - Mensch- und Personsein nicht als koextensiv betrachtet werden. Denn durch die radikale Transformation der Person zur ichhaften Subjektivität wird sowohl die leib-seelische Einheit als auch die diachrone Identität und der Selbstand der Person zum Problem. Zu einer Trennung zwischen Personsein und Menschsein kommt es bereits durch die mit John Locke im 17. Jahrhundert einsetzende Reduktion der Person auf das Selbstbewusstsein: Die Person erscheint nun als das Selbst, das durch die Einheit des Bewusstseins konstituiert ist.[16] Personalität kann dabei nur dem zugeschrieben werden, der empirisch belegbar über die dafür notwendigen Eigenschaften wie Erinnerungsvermögen, Bewusstsein, oder Vernunft verfügt.[17] Die Konsequenzen aus diesem Personbegriff stehen freilich, wie Locke selbst bemerkt, in Widerspruch zu unseren *sittlichen Intuitionen*: Denn dass auch unmündige und nichtzurechnungsfähige Menschen in ihrem Anspruch auf Leben geschützt werden müssen, steht für Locke außer Frage.[18] Da der von ihm umschriebene Personbegriff diesen Schutz nicht zu begründen vermag, weil diese Menschen über das Personalität allererst konstituierendes Identitätsbewusstsein gar nicht verfügen können, mithin die für das Vorliegen von Personalität vorauszusetzenden Eigenschaften fehlen, bleibt ihm nur, schöpfungstheologische Argumente hierfür anzuführen. Sie sind – so Locke – zu schützen, weil sie Eigentum ihres Schöpfers sind.[19] Gleiches müsste dann auch für Embryonen, Komatöse, Demente usw. gelten. Eine solche genuin theologische Begründung muss freilich in dem Augenblick problematisch – und damit für die Betroffenen gefährlich – werden, in dem die Prämissen der theologischen Begründung nicht mehr geteilt werden, wie das – wie wir im Folgenden sehen werden - in der aktuellen, vor allem angelsächsischen Diskussion seit den 80er Jahren des 20. Jahrhunderts der Fall ist.

Übrigens weicht die Position Immanuel Kants (1724–1804) von diesem nur knapp skizzierten Mainstream der empiristischen Philosophie signifikant ab. Nach Kant müssen moralische *Persönlichkeit und menschliche Natur*, „homo

16 Vgl. dazu SIEP, Personbegriff.
17 Definition von Person nach John Locke.
18 Vgl. LOCKE, Treatises, II, §66.
19 Vgl. LOCKE, Essay, IV, 4, 12ff.

noumenon" und „homo phaenomenon", als ein unlöslicher Zusammenhang gedacht werden. Er erachtet es daher nur als konsequent, auch den noch nicht zum Gebrauch der Vernunft gekommenen Menschen Personalität und damit Schutzwürdigkeit zuzuschreiben. Kant kann sogar soweit gehen, der 1794 erlassenen Bestimmung des Allgemeinen Preußischen Landrechts, wonach die „Rechte der Menschheit" auch „noch ungeborenen Kindern schon von der Zeit ihrer Empfängnis an" (§ 10 I, I) gebühren, in seiner „Metaphysik der Sitten" eine philosophische Begründung zu verleihen[20] und es für „eine in praktischer Hinsicht ganz richtige und auch notwendige Idee [zu halten], den Akt der Zeugung als einen solchen anzusehen, wodurch wir eine Person ohne ihre Einwilligung auf die Welt gesetzt und eigenmächtig in sie herübergebracht haben"[21]. Folgt man Kants Ethik, dann besitzen bereits menschliche Embryonen vom ersten Augenblick ihrer Existenz an einen personalen und moralischen Status, weil es kein Argument geben kann, mit dem sich die menschenwürdige Behandlung einem von Menschen gezeugten Wesen vorenthalten ließe.[22] Personsein und menschliche Natur müssen mithin nach Kant als umfangsgleich betrachtet werden. Diese Einsicht wird in den Diskussionen der Gegenwartsphilosophie, die über weite Strecken mehr dem Lockeschen Weg einer Trennung von Person und Mensch folgt, [23] in Zweifel gezogen. Dies mag u.a. damit zusammenhängen, dass der Rekurs auf die Menschenwürde in der angelsächsischen Ethik keine Tradition hat und auch wegen der vermeintlich problematischen Implikationen des Be-

---

20 „Denn da das Erzeugte eine Person ist, und es unmöglich ist, sich von der Erzeugung eines mit Freiheit begabten Wesens durch eine physische Operation einen Begriff zu machen: so ist es eine in praktischer Hinsicht ganz richtige und auch notwendige Idee, den Akt der Zeugung als einen solchen anzusehen, wodurch wir eine Person ohne ihre Einwilligung auf die Welt gesetzt und eigenmächtig in sie herüber gebracht haben; für welche Tat auf den Eltern nun auch eine Verbindlichkeit haftet, sie, so viel in ihren Kräften ist, mit diesem ihrem Zustande zufrieden zu machen. - Sie können ihr Kind nicht gleichsam als ihr Gemächsel (den ein solches kann kein mit Freiheit begabtes Wesen sein) und als ihr Eigentum zerstören oder es auch nur dem Zufall überlassen, weil an ihm nicht bloß ein Weltwesen, sondern auch ein Weltbürger in einen Zustand herüber gezogen, der ihnen nun auch nach Rechtsbegriffen nicht gleichgültig sein kann." (KANT, Sitten, 280f.)

21 Ebd.

22 Vgl. dazu BAUMANN, Kant.

23 Zur Problematik der Verwendung dieses Typs von Personbegriff in der angewandten Ethik siehe SIEP, Ethik und mit Blick auf die Konsequenzen für das Problem des Schwangerschaftsabbruchs den hervorragenden Überblick bei BAUM, Bannkreise.

griffs der Anspruch auf Lebensschutz allein an den Personstatus gebunden wird.[24]

3. Das Problem der Einheit von Person- und Menschsein

Vor allem im Kontext aktueller bioethischer Fragestellungen (Abtreibung, Euthanasie, Todeskriterium etc.) wird seit den 80er Jahren des 20. Jahrhunderts die Frage nach dem durch den Personstatus gewährten Lebensschutz (Recht auf Leben) mit der nach den Bedingungen und Kriterien des Personseins verbunden. Denn versteht man Person im moralischen Sinn als Träger sowohl von Rechten als auch von Pflichten, dann erscheint es für einen bestimmten, insbesondere in der Tradition Lockes stehenden Kreis von Denkern, einleuchtend, dass es bestimmter Eigenschaften wie etwa Selbstbewusstsein, Selbstverfügung, der Wille zum Überleben, bestimmte Interessen oder generell die Fähigkeit zum Zukunftsbezug bedarf, um Person in diesem Sinn zu sein. Nur Personen aber, so die Vertreter dieser Position, haben Anspruch auf Respektierung ihrer Autonomie. Nur ihnen gegenüber gilt Gerechtigkeit. Verfügen Menschen nicht über solche personqualifizierenden Eigenschaften, dann gebührt ihnen nur jener Schutz, den ganz generell betrachtet empfindende und deshalb leidensfähige Wesen, also auch Tiere, beanspruchen können. Die hier bloß in nuce skizzierte Theorie eines qualitativen Personenbegriffs hat, wie sich bei einigen wichtigen und wirkmächtigen Vertretern dieser Position zeigen lässt, tatsächlich weitreichende Folgen für die Schutzwürdigkeit des Menschen, seiner verschiedenen Lebensphasen und –zustände, insbesondere gibt sie eine Antwort auf die Frage, ab wann der Mensch schützenswert ist.

Mit rigorosen Konsequenzen hat M. Tooley diesen aktualistischen Personbegriff in die Bioethik eingeführt. Er benennt als Rechtsgrund für die Mög-

24 Die unterschiedlichen Personkonzepte lassen sich je nachdem, ob allen oder nur bestimmten, durch personqualifizierende Eigenschaften ausgezeichnete Menschen Personsein zugesprochen wird, als „reduktionistische“ vs. „nichtreduktionistische“ (HONNEFELDER, Streit), „empiristische“ vs. „ontologische“ (CORRADINI, Regel) Konzepte, oder als „Äquivalenz-Doktrin“ vs. „Nichtäquivalenz-Doktrin“ (BIRNBACHER, Dilemma, 9f.) oder „Exklusionstheorien“ und „Inklusionstheorien“ (KIPKE, Mensch, 11) unterschieden.

lichkeit der Personzuschreibung die „Bedingung des Selbstbewusstseins“[25], mit der Folge, dass nur dasjenige Wesen als Person angesprochen werden kann, das über „einen Begriff des Selbst als eines fortdauernden Subjekts von Erfahrungen und anderen mentalen Zuständen verfügt, sowie glaubt, dass es selbst eine solche fortdauernde Entität darstellt“[26] Personen müssen über die Fähigkeit zu wünschen, und über Lebensinteresse verfügen können.[27] Da das Tötungsverbot nur angewandt werden könne gegenüber Personen mit Lebenswunsch, und da Lebewesen ohne Selbstbewusstsein keinen Lebenswunsch haben, schade man solchen Wesen nicht, wenn man sie töte. Tooley lässt daher ein graduelles Lebensrecht erst zehn bis zwölf Wochen nach der Geburt gelten, das darüber hinaus ebenso graduell auch wieder verwirkt werden könne.

Ähnlich legte bereits in den frühen 70er Jahren des 20. Jahrhunderts Joseph Fletcher[28] ein „tentatives Profil des Menschen“ vor, das einen großen Einfluss auf die bioethische Diskussion ausübte. Fletcher unternimmt es, positive und negative „Indikatoren“ für ein durchschnittliches Profil des Menschen zu sammeln. Als positive Kriterien des Personseins benennt er: ein Mindestmaß an Intelligenz, Selbstbewusstsein und Selbstkontrolle, einen Sinn für Zeit, und zwar sowohl hinsichtlich der Zukunft als auch der Vergangenheit, die Fähigkeit, sich auf andere zu beziehen, um sie besorgt zu sein und mit ihnen zu kommunizieren, Selbststeuerung und Neugier, die Fähigkeit, zu lernen und sich zu ändern, ein Gleichgewicht von Rationalität und Gefühl, individuelle Eigenart und cerebrale Verarbeitungskapazität. Diese distinktiven Merkmale, die ein summarisches anthropologisches Profil ergeben, werden zu „exklusiven“ Gesichtspunkten im Vergleich zu jenen Gattungsmitgliedern, die diesem Profil nicht entsprechen. Sie führen notwendig zu selektiven Gesichtspunkten des Ausschlusses von Menschen aus dem Kreis derer, denen Würde und damit Schutzwürdigkeit zugesprochen werden kann. „‚Exklusive‘ Annäherungen an die Person führen zu ‚selektiven‘ Gesichtspunkten.“[29]

25 Siehe TOOLEY, Kindstötung. Vgl. auch TOOLEY, Abortion.
26 Tooley, Kindstötung, 164.
27 Ebd., 165–170.
28 FLETCHER, Indicators, 1–4.
29 WILS, Euthanasie, 278.

Nach dem amerikanischen Bioethiker Hugo Tristram Engelhardt jr. sind Personen „in the strict sense" nur solche Wesen, „who are the constituens of the moral community. Only persons are concerned about moral arguments and can be convinced by them. The very notion of a moral community presumes a community of entities that are self-conscious, rational, free of choose, and in possession of a sense of moral concern."[30] Weisen menschliche Wesen diese Eigenschaften noch nicht oder nicht mehr auf, ist aber deren „soziale Rolle", wie etwa bei Kindern, sobald sie über elementare Formen sozialer Kommunikation verfügen,[31] gegeben, dann führt dies dazu, dass Menschen häufig betrachtet werden „as if they were persons strictly, even though they are not". Solche Wesen sind aufgrund dieses „utilitaristischen Konstruktes" („primarily a utilitarian construct"[32]) dann als „social persons" anzusprechen. Dies kann jedoch nicht verhindern, dass die Grenzziehung zum bloß biologisch-menschlichen Leben wie auch die Behandlung von „social persons" als „persons" immer ein bewusster Akt willkürlicher Setzung („arbitrary") bleibt. Wenn aber die soziale Rolle lediglich durch ein wandelbares Bezugssystem gesellschaftlicher Zuträglichkeiten definiert ist, dann, so ist zu folgern, unterliegt auch die Zuschreibung von sozialer Personalität etwa gegenüber Behinderten einem nicht unerheblichen und geschichtlich bedingten Wandel. Sind menschliche Wesen jedoch nicht als „social persons" anzusprechen, wie etwa Säuglinge, dann verfügen sie über keinen qualifizierten moralischen Status.[33] Der Umgang mit ihnen, wie auch mit Embryonen und Föten, ist letztlich eine Frage von Eigentumsrechten: Moralische Pflichten bestehen im Wesentlichen nur gegenüber den Besitzern, in der Regel also gegenüber den Eltern[34] die als Eigentümer beispielsweise das Recht haben, ihre Embryonen an andere zu verkaufen.

---

30 ENGELHARDT, Bioethics, 105; vgl. ENGELHARDT, Medicine.

31 „The shift is made on the basis that the infant is a human and is able to engage in an minimum of social interaction. With regard to the latter point, severely anencephalic infants may not qualify for the role *person* just as brain-dead adults would fail to qualify; both lack the ability to engage in minimal social interaction." (ENGELHARDT, Bioethics, 105.)

32 Ebd. 98.

33 Ebd. 117ff. und 228–236.

34 Ebd. 129, 219, 237.

Prüft man den Vorschlag Engelhardts auf seine Triftigkeit, so vermögen sowohl das Kriterium der Auswahl der Personen im sozialen Sinn als auch die Begründung ihrer Schutzwürdigkeit kaum zu überzeugen. Entweder liegt den Eltern an den unmündigen Kindern, weil sie im oben genannten Sinn potentielle Personen sind, dann bedarf es nicht einer durch einen besonderen Rechtsakt übertragenen Schutzwürdigkeit. Oder aber die Schutzwürdigkeit hängt von zufälligen Wertschätzungen ab, dann aber schließt sie einen Gebrauch als bloßes Mittel nicht aus. Zudem leuchtet es wenig ein, warum ein Neugeborenes eine größere Wertschätzung finden sollte als ein Ungeborenes. Die von Engelhardt angenommene Schutzwürdigkeit von Personen im sozialen Sinn setzt sich daher dem Verdacht aus, sie folge Kriterien, die weniger an unseren sittlichen Intuitionen als an mehr oder weniger zufälligen emotionalen Vorlieben und Nützlichkeitserwägungen orientiert sind.

Der moderne Präferenzutilitarismus, wie ihn Peter Singer[35] vertritt, versucht die Mängel des klassischen Utilitarismus[36] dadurch zu beheben, dass er auf utili-

---

35 Siehe SINGER, Ethik. Ferner SINGER, Animals, sowie SINGER, Güterabwägung.

36 Geht man wie der von Jeremy Bentham (1748–1832) und John St. Mill (1806–1873) entwickelte klassische Utilitarismus davon aus, Handlungen von ihren Folgen her (Konsequenzenprinzip) zu beurteilen und diese Folgen ausschließlich von ihrer Nützlichkeit her (Utilitätsprinzip) zu bemessen, die sie für eine möglichst große Zahl von Menschen haben (Sozialprinzip), dann hat diese Deutung ohne Zweifel den Vorzug, bei der Begründung der Moral von einem sehr eindeutigen Phänomen, nämlich dem unbezweifelbaren Eigeninteresse des Menschen auszugehen und sich auf die ethische Forderung nach Unparteilichkeit zu beschränken, d.h. auf die Forderung, gleichen Interessen gleiches Gewicht zuzuordnen, sie also einer Verallgemeinerung einfacher Art (Transsubjektivitätsprinzip) zu unterwerfen. Doch ist damit zugleich der gravierende Nachteil verbunden, zwei andere elementare und unabweisbare sittliche Intentionen nicht angemessen aufnehmen zu können, nämlich die Forderung, jedem Einzelnen das Seine zu geben (Prinzip der distributiven Gerechtigkeit), sowie der Anspruch, seine individuelle Selbstbestimmung zu respektieren (Prinzip der Selbstzwecklichkeit des Einzelnen). Deutlich wird dies am elementaren Verbot der Tötung von Menschen. Die Gründe, derentwegen die Tötung von Personen verwerflich ist, sind – so stellt J. Bentham seinem Ansatz folgend fest (vgl. BENTHAM, Morals, ch. XVII) – keine anderen als die, die auch gegen das Töten anderer empfindungsfähiger Wesen sprechen, nämlich die, die generell gegen Handlungen sprechen, die mehr Leid als Lust, mehr Lasten als Nutzen zur Folge haben. Wenn aber der Gesamtnutzen einer Handlung – wie Kutschera (VON KUTSCHERA, Ethik, 138.) formuliert – „das einzige Gerechtigkeitskriterium ist, [dann gibt es] keine unverletzlichen individuellen Rechte. Selbst die elementarsten Menschenrechte wie das Recht auf Leben, Gesundheit und Freiheit können um eines höheren Gesamtnutzens willen verletzt werden." (vgl.

taristischer Basis zur Begründung des generellen Tötungsverbots einen Personbegriff einführt mit dem Ziel, ein nicht-willkürliches Kriterium zu etablieren, anhand dessen sich die Schutzwürdigkeit von Leben – unabhängig von biologischen Gattungs- und Speziesgrenzen – bestimmen lässt.[37] Dieses die Schutzwürdigkeit unterschiedlicher Lebewesen konstituierende Kriterium ist nach Singer das der je unterschiedlichen Zuschreibbarkeit von Bewusstsein, wobei sich drei Kategorien des Lebendigen mit je unterschiedlichem Lebenswert erheben lassen: Nicht-Bewusstes, bewusstes und selbstbewusstes Leben. Nicht-Bewusstes, etwa pflanzliches Leben, das weder über Empfindungs- und Erlebnisfähigkeit, noch über einen bewussten Willen oder Interessen verfügt, hat keinen Wert an sich. Empfindungsfähige Lebewesen, die bewusst und fähig sind, Lust und Schmerz zu erfahren, verfügen bereits über einen Wert, den es zu achten gilt. Der höchste Lebensschutz kommt jedoch nur Leben zu, sobald und solange es über bestimmte Eigenschaften und Fähigkeiten wie Selbstbewusstsein und Rationalität verfügt, die es als ‚Person' qualifizieren. ‚Personen' haben nicht nur ein Interesse an der Vermeidung von Leiden bzw. der Linderung von physischer Schmerzempfindung, sondern verfügen darüber hinaus über zusätzliche moralisch signifikante Fähigkeiten und Eigenschaften wie die, Wünsche zu äußern und mithin Präferenzen zu haben. Diese Eigenschaften setzen die Möglichkeit voraus, über Selbstbewusstsein, Selbstkontrolle, Sinn für Zukunft und Vergangenheit, Kommunikationsfähigkeit, Neugier, Autonomie und Entscheidungsfähigkeit zu verfügen. Aufgrund dieses graduellen Wertkonzepts, worin sich Stufen von Bewusstsein mit Stufen von Werthaftigkeit verbinden,[38] ist Singer der Überzeugung, eine willkürliche, da bloß an der biologischen Speziesgrenze *homo sapiens* Maß nehmende Zuschreibung von Schutzwürdigkeit vermieden zu haben. Die Konsequenz ist freilich, dass es menschliche Wesen wie Embryonen,

---

auch HARMAN, Moral, 184ff.) Zu Recht wird daher am klassischen Utilitarismus das Fehlen einer „Idee der Humanität" (O. Höffe) kritisiert.

37 SINGER, Ethik, 115–146. Zur Diskussion der präferenzutilitaristischen Position Singers im Kontext der Bioethik vgl. BOLOZ/HÖVER, Bioethik.

38 „Je höher entwickelt das bewusste Leben eines Wesens, je größer der Grad von Selbstbewußtsein und Rationalität und je umfassender der Bereich möglicher Erfahrung, um so mehr würde man diese Art des Lebens vorziehen, wenn man zwischen ihm und einem Wesen auf einer niedrigeren Bewusstseinsstufe zu wählen hätte." (SINGER, Ethik, 144)

Imbezile und irreversibel Komatöse gibt, die nicht Personen sind, weil sie über die dafür nötigen Eigenschaften nicht verfügen, so wie es umgekehrt in Form von bestimmten Affenspezies und eventuell auch Delphinen, Walen oder Schweinen Lebewesen gibt, die als Personen zu betrachten sind, weil sie – wenigstens in einem weiten Sinn – die genannten Eigenschaften besitzen, obwohl sie keine menschlichen Wesen sind. „Wenn der Fötus nicht denselben Anspruch auf Leben wie eine Person hat“, so stellt Singer fest, „dann hat ihn das Neugeborene offensichtlich auch nicht, und das Leben eines Neugeborenen hat für dieses weniger Wert als das Leben eines Schweins, eines Hundes oder eines Schimpansen für das nichtmenschliche Tier.“[39] Dass dennoch Kindstötungen nur in Ausnahmefällen erlaubt sein sollen, hat nach Singer seinen Grund allein in den zu befürchtenden „Wirkungen der Infantizids auf andere“[40] Und was Embryonen betrifft, so haben sie aufgrund des Mangels der genannten Eigenschaften überhaupt keinen Wert an sich (intrinsic value)[41] und sind deshalb auch in ihren Interessen – wie beispielsweise dem, keinen Schmerz zu empfinden, – nicht mehr oder weniger zu respektieren als andere ähnlich empfindungsfähige Wesen auch.

Unterzieht man Singers Position der Kritik, so spricht gegen sie – von den generellen Einwänden gegen eine utilitaristische Grundlegung der Ethik einmal abgesehen – der gleiche Einwand, der auch schon gegen Engelhardts Position angeführt wurde: dass sie nämlich die sittlichen Intuitionen nicht angemessen aufzunehmen vermag, wie sie – etwa in Bezug auf den Lebensschutz von Neugeborenen – im Menschenrechtsgedanken und in der Mehrzahl der diesbezüglichen rechtsstaatlichen Regelungen zum Ausdruck kommen. Singers Lösung ist aber – wie schon die John Lockes – auch von ihren internen Voraussetzungen her problematisch. Wie schon *Michael Tooley*[42] festgestellt hat, droht jeder Versuch, das Tötungsverbot mit der Fähigkeit eines Lebewesens zu langfristigen Wünschen und Interessen zu begründen, an der kontraintuitiven Annahme zu scheitern, dass dann schlafende, vorübergehend bewusstlose, zeitweilig emotional Verwirrte oder in ihren Wünschen Indoktrinierte nicht vom generellen Tö-

39 Ebd., 219.
40 Ebd., 224.
41 Ebd., 197f.
42 SINGER, Ethik, 121ff.

tungsverbot geschützt sind. Diese absurde Konsequenz ist – so Tooley – nur vermeidbar, wenn die von Singer und anderen angeführten Eigenschaften mit der Annahme einer *diachronen Identität* verbunden werden. Es muss eine in der Zeit fortdauernde identifizierbare Größe geben, der die genannten Eigenschaften in ihrem Wechsel zukommen. Denn nur Subjekte, die über die Zeit hinweg identifizierbar sind, mithin eine diachrone Identität haben, können Interessen haben, die nicht an den Augenblick gebunden sind und die deshalb nach dem utilitaristischen Ansatz ein Tötungsverbot rechtfertigen.

Neben den aufgezeigten qualitativen Personbegriffen gibt es eine Vielzahl ähnlich strukturierter Versuche, den Personbegriff zu definieren. So wollen den Schwierigkeiten des Personbegriffs andere Philosophen mit einer kontraktualistischen Methode begegnen. Danach werden moralische Regeln so eingeführt und begründet, dass sie real oder ideal in einer Gemeinschaft von Akteuren gelten bzw. in dieser Gemeinschaft eine Mehrheit finden. Föten jedoch können nicht an Abstimmungen teilnehmen; folglich sind sie schon durch die Wahl der Begründungsmethode aus dem Bereich der Moral ausgeschlossen, will man nicht indirekte Konstruktionen (Stellvertreter/Quasiteilnehmer) bemühen (so etwa die Argumentation bei J. Narveson[43]). Auch wenn – wie bei D. Parfit[44] – die Einheit der Person in der Kontinuität psychischer Zustände verortet wird, so ist einem menschlichen Wesen der Personstatus abzusprechen, wenn diese Kontinuität nicht mehr oder nur in geringem Maß besteht. Ist das Subjekt nichts anderes als das neuronale Substrat wie bei M. Lockwood[45] und H. M. Sass[46], so kann das Personsein erst mit dem Hirnleben beginnen. J. Feinberg[47] führt Bewusstsein, Besitz eines Selbstkonzepts, Selbstwahrnehmung, Fähigkeit zu Gefühl, Vernunft und Verstehen ebenso wie Fähigkeit zu Zukunftsplanung, plangemäßem Handeln und der Empfindung von Lust und Schmerz an. Berechtigt aber wie bei J. Feinberg nur der aktuelle Besitz der relevanten „Common-sense-Kriterien" dazu, von „Personen" zu sprechen, so greift dieses „actual-

43 NARVESON, Defense.
44 PARFIT, Reasons. Siehe auch PARFIT, Rechte.
45 LOCKWOOD, Warnock. Dazu auch LOCKWOOD, Life.
46 SASS, Hirntod.
47 FEINBERG, Personhood.

possession-criterion" bei Kindern erst während des zweiten Lebensjahres und führt zudem zum Problem, dass Menschen, die Personen sind, zumindest zeitweilig, etwa bei reversiblem Bewusstseinsverlust, den Personstatus verlieren. Für die englische Bioethikerin Mary Anne Warren[48] setzt Personalität Bewusstsein und Schmerzempfindung, Überlegungs- und Problemlösungskompetenz, selbstmotivierter Aktivität, Kommunikationsfähigkeit und der Ausbildung des Bewusstseins, Individuum der Spezies zu sein, voraus, Eigenschaften, die dem vorgeburtlichen menschlichen Leben nicht zugeschrieben werden können.

All diesen Konzeptionen von Personsein, die mehr oder weniger stark fortwirken, ist gemeinsam, dass auf dem Hintergrund der Unterscheidung von Personsein und Menschsein nur ersteren ein Anspruch auf Respektierung ihrer Autonomie und damit Würde und Schutz zukommt; für alle übrigen Menschen gilt, dass ihnen jener Schutz gebührt, der ganz generell betrachtet empfindende und deshalb leidensfähige Wesen beanspruchen können. Denn wird das Personsein, wie es sich in all diesen Positionen dokumentiert, solchermaßen an den aktuellen Besitz der genannten Eigenschaften geknüpft, ist als Konsequenz nicht jeder Mensch und nicht jeder in jeder Phase seines menschlichen Lebens Person, hat mithin auch keinen Anspruch auf den Schutz, der nur Personen gilt. Menschliches Leben und Personsein treten mithin auseinander – ganz im Sinne der Inäquivalenzthese.

4. Das Problem der moralisch relevanten Zäsuren

Gibt es – wie die Positionen, die qualitativ-aktualistische Personbegriffe vertreten, unterstellen müssen, – tatsächlich so etwas wie moralisch relevante Zäsuren in dieser Entwicklung? Oder anders gewendet: Wie steht es um die diachrone Identität menschlicher Lebewesen sowie die Einheit der ontogenetischen Entwicklung des Menschen?

In der Vergangenheit wurde, wie wir gesehen haben, die Frage nach der Einheit der ontogenetischen Entwicklung des Menschen bzw. die nach den moralisch relevanten Zäsuren in dieser Entwicklung unterschiedlich beantwortet: in

48 WARREN, Abortion.

der aristotelisch-mittelalterlichen Tradition durch die Theorie der Sukzessivbeseelung. Sie wurde in der Neuzeit abgelöst durch Theorien, die sich auf die Begriffe der Präformation und der Epigenese stützen. Während der *Präformismus* davon ausgeht, dass Zeugung und Entwicklung im Wesentlichen als zäsurloses Wachstum des im Keim bereits fertig angelegten und im Detail physisch vorgestalteten Organismus zu betrachten sind, besteht die Theorie des *Epigenismus* darauf, dass bei der embryonalen Entwicklung eine wirkliche Neubildung von Teilen stattfindet, und zwar an einem ursprünglich ungegliederten Keim.

In der modernen Embryologie wird die Ansicht präferiert, dass die Positionen des Präformismus und des Epigenismus wenig geeignet sind, das Geschehen der Ontogenese adäquat zu deuten. Vielmehr ist aus der Sicht der modernen Embryologie der mit der Vereinigung von Ei- und Samenzelle beginnende Entwicklungsprozess ein kontinuierliches Geschehen, in dessen Verlauf keine Zäsuren erkennbar sind.[49] Aus philosophischer Perspektive jedoch bleibt die Frage nach einer möglichen Zäsur in dieser Entwicklung dann ein Problem, wenn – wie in der modernen Diskussion um den Personbegriff – Menschsein und Personsein nicht als koextensiv betrachtet werden. Von Vertretern der Inäquivalenzthese muss dann notwendig geklärt werden, ab wann, d.h. nach welcher Zäsur der Mensch als Person betrachtet werden kann. Geprüft werden muss hierfür, ob sich die Existenz einer solchen biologisch fixierbaren Zäsur in der ontogenetischen Entwicklung plausibel behaupten lässt, die auch moralisch für die Zuschreibung von Personalität relevant ist und ab der das bloße Menschsein sich in Personsein wandelt.

Drei Kandidaten für eine solche Zäsur werden in der neueren bioethischen Debatte diskutiert und gilt es kritisch auf ihre Plausibilität hin zu prüfen: 1. die Geburt, 2. die Nidation und 3. der Abschluss der Individuation unter Ausschluss der Bildung monozygoter Mehrlinge.

4.1 Die Geburt – eine Zäsur?

Mit Verweis auf den Status der Person als vollgültiges Rechtssubjekt wird von Denkern wie Norbert Hoerster, Hugo Tristram Engelhardt, Ernst Tugendhat,

49 Vgl. zum embryologischen Befund RAGER, Beginn, 23–122.

Jürgen Habermas oder Volker Gerhardt die Geburt als diejenige Zäsur ins Blickfeld gerückt, die als Beginn des Personseins zu verstehen sei. Doch gibt es gewichtige Einwände gegen diese Position. Denn grundsätzlich kann ein rechtlicher Anspruch nicht eo ipso einen moralischen Anspruch begründen, sondern höchstens Indiz für das Vorliegen eines moralischen Anspruchs sein. Es bleibt also nur, in der Geburt selbst ein Faktum zu sehen, das die Qualität des menschlichen Wesens verändert.

Nach Norbert Hoerster[50] besteht dieses Faktum darin, dass von der Geburt ab nur mit Schwierigkeiten innerhalb der Entwicklung des Kindes zum Erwachsenen Zäsuren anzugeben wären, die die eindeutige Annahme der aktuellen Eigenschaften einer Person rechtfertigten. Da das Faktum der Geburt selbst eindeutig ist, liegt es in dem Interesse, das die lebenden Menschen an der Aufrechterhaltung des Tötungsverbots haben, der Rechtssicherheit wegen alle geborenen Menschen in das Tötungsverbot einzubeziehen, auch wenn Personsein im aktuellen Sinn nicht vorliegt.

Nach H.T. Engelhardt jr.[51] besteht in der Linie seiner bereits dargestellten Position erst ab der Geburt ein Interesse anderer Personen daran, Kinder als Personen anzuerkennen, auch wenn sie es im eigentlichen Sinn nicht sind. Die Einbeziehung von Kleinkindern in das Tötungsverbot ist mithin ein verliehener, nicht ein anzuerkennender Anspruch auf Leben. Freilich ist kritisch zu fragen, warum dieser Anspruch dem Menschen ab der Geburt zugesprochen werden sollte und nicht schon vorher, zumal wenn der Zeitpunkt der Geburt inzwischen weitgehend in der Hand des Menschen liegt? Wäre die Geburt tatsächlich der gegebene Zeitpunkt, müsste es, wie auch Hoerster einräumt, paradoxerweise im Lebensinteresse des Nasciturus liegen, den Gefahren bringenden Zustand der Schwangerschaft so rasch wie möglich gegen den lebenssichernden Zustand des Geborenseins zu vertauschen.

Auch nach Ernst Tugendhat[52] macht erst die Geburt den Menschen zum Objekt einer moralischen Verpflichtung, weil moralische Ansprüche sich auf die

---

50 HOERSTER, Religionskritik, 19. Siehe auch HOERSTER, Leibesfrucht, 172ff.; HOERSTER, Personen, sowie HOERSTER, Leben.

51 Siehe Anm. 31.

52 TUGENDHAT, Ethik, 192–196.

Gemeinschaft kooperierender Subjekte beziehen und mit der Geburt ein so vorher noch nicht vorhandener Kommunikationsprozess einsetzt, der Kleinstkinder zu „sich allmählich entwickelnden Subjekte(n) der moralischen Gemeinschaft"[53] und damit zu Objekten moralischer Verpflichtungen wie des Tötungsverbots werden lässt. Dem entspricht nach Tugendhat die Tatsache, dass die bewusste Identität jeder erwachsenen Person bis zur Geburt zurückreicht („Damals begann mein Leben"[54]) und es seit ihrer Geburt ihr Interesse ist, nicht getötet zu werden. Auch Jürgen Habermas[55] vertritt einen ähnlichen Ansatz: „Was den Organismus erst mit der Geburt zu einer Person im vollen Sinne des Wortes macht, ist der gesellschaftlich individuierende Akt der Aufnahme in den öffentlichen Interaktionszusammenhang einer intersubjektiv geteilten Lebenswelt. [...] Keineswegs ist das genetisch individuierte Wesen im Mutterleib, als Exemplar einer Fortpflanzungsgemeinschaft, immer schon Person. Erst in der Öffentlichkeit einer Sprachgemeinschaft bildet sich das Naturwesen zugleich zum Individuum und zur vernunftbegabten Person."[56] Ohne Zweifel, so ließe sich freilich einwenden, ist die Fähigkeit, sich zu einem Subjekt der moralischen Gemeinschaft zu entwickeln, der entscheidende Grund für die Anerkennung der Schutzwürdigkeit, doch ist es angesichts der Arbitrarität, die dem Zeitpunkt der Geburt inzwischen zukommt, wenig überzeugend, mit ihm diese Entwicklung beginnen zu lassen, zumal wenn sie mit einem höchst vagen Kriterium der Kommunikationsfähigkeit verbunden wird, das – ließe es sich exakt fassen – den Lebensschutz wiederum von einer bestimmten Disposition und nicht vom Menschsein abhängig machte.

Anders argumentiert der Berliner Philosoph Volker Gerhard.[57] Gegenüber der vorgeburtlichen Phase des Werdens gelangt der Mensch durch die Geburt ins Dasein, das er als sein eigenes anzunehmen hat. Der Moment der Individuation ist der Moment der Durchtrennung der Nabelschnur, mit der die Notwendigkeit der eigenen Nahrungsaufnahme, der eigenen Atmung und der stimmlichen Äu-

53 Ebd., 194.
54 Ebd., 195.
55 HABERMAS, Zukunft.
56 Ebd., 64.
57 Ebd., 41.

ßerung gegeben ist. Neben dem neuen Verhältnis zu seiner Leiblichkeit entsteht für das Neugeborene mit der Geburt auch ein neues Verhältnis zu der Gemeinschaft der Mitmenschen, durch das es ein rechtsfähiger Erdenbürger wird. Mit dem Kriterium der Selbständigkeit versucht Gerhard ein zentrales Problem der Position von Tugendhat zu vermeiden, nämlich die mit der verbalen Kommunikationsfähigkeit auf eine bestimmte Disposition abstellende Schutzzuweisung; in der Tat kommt eine durch das Verlassen des Mutterleibes und der Abnabelung definierte Selbst- und Eigenständigkeit allen Geborenen zu. Es stellt sich aber die Frage, ob die mit diesen unbezweifelbaren Vorgängen verbundenen Intuitionen die Beweislast dafür zu tragen vermögen, dass der mit der Geburt eingeräumte Personstatus nicht auch beim Ungeborenen bereits vorliegt. Geht man davon aus, dass es der Selbstvollzug ist, der ein Individuum konstituiert, dann wären es nur bestimmte qualifizierte Vollzüge, für die beim Ungeborenen alle Anlagen vorhanden sind und die durch die moderne Geburtshilfe zudem jederzeit durch die Einleitung der Geburt induziert werden können, die dem ansonsten selbsttätigen Ungeborenen zum Individuum fehlten. Mit dieser Kenntnis kann eine Intuition nicht überzeugen, die die Schutzwürdigkeit des Menschen an die Geburt bindet. Überdies ist die Allgemeingültigkeit einer solche Intuition auch zu bezweifeln angesichts der heute bei annähernd jeder Schwangerschaft durchgeführten sonographischen Bildgebung, durch die das Ungeborene zumindest für die Eltern und Geschwister weit vor seiner Geburt ein selbsttätiges und eigenständiges Dasein und eine Teilhabe an der Familiengemeinschaft gewinnt. Hinzu kommen die Möglichkeiten, den Foetus in utero als Patienten medikamentös oder durch Operation zu behandeln.

4.2 Nidation als Zäsur?

Solche Argumente, die gegen eine durch die Geburt markierte Zäsur sprechen, lassen sich indes nicht in Bezug auf die Implantation des Keimes in die Schleimhaut der Gebärmutter (Nidation) anführen. Denn mit der Nidation, so wird argumentiert[58] liege eine externe Bedingung vor, ohne die eine weitere

58 EKD, Geist.

Entwicklung des Embryos schlechterdings nicht möglich ist. Das Erreichen der Nidation, sei es entweder aufgefasst als intrinsische Leistung des Embryos oder als Akzeptanz des Embryos durch die Mutter, stelle daher nicht zuletzt vor dem Hintergrund eines sehr hohen Anteils menschlicher Embryonen, die natürlicherweise nicht zur Nidation gelangen, eine entscheidende Zäsur in der Entwicklung des Embryos dar.

Zweifelsohne, so wäre zu entgegnen, stellt die Nidation in biologischer Hinsicht eine notwendige Entwicklungsbedingung für den Embryo dar. Allerdings bestehen Bedingungen von ähnlicher Tragweite sowohl vor als auch nach der Nidation, etwa bei der Gastrulation des Keimes oder der Ausbildung des Blutkreislaufs oder der Hirnstrukturen. Die Nidation ist daher weder als alleine entscheidend für die Embryonalentwicklung anzusehen, noch unterscheidet sie sich von anderen notwendigen Entwicklungsvorgängen qualitativ hinreichend. Die bloße Tatsache, dass ein bestimmter Embryo zur Nidation gelangt oder auch dass die Mehrzahl menschlicher Embryonen natürlicherweise nicht zur Nidation gelangt, stellt als solches kein normatives Argument dar. Auch das im Zusammenhang mit der medikamentösen Nidationshemmung angeführte Argument, das die Nidation aufgrund der Akzeptanz des Embryos durch die Mutter als entscheidende Zäsur wertet, macht indes den Status der Person nicht mehr vom Faktum des menschlichen Lebewesens, sondern von der interpersonalen Anerkennung durch andere Menschen abhängig. Mithin scheint auch das Nidationsargument zur Bestimmung einer moralisch relevanten Zäsur in der ontogenetischen Entwicklung nicht zu greifen.

4.3 Individuation als Zäsur?

Wenn, wie eingangs ausgeführt, aber das leibhafte Individuum das Kriterium für die Zuschreibung des Prädikats einer Person bzw. einer potentiellen Person ist, dann ist eine weitere Antwort auf die Frage nach einer moralisch relevanten Zäsur möglich, dass nämlich der Embryo so lange nicht als Individuum[59] bezeich-

59 Individualität umfasst – wie Thomas von Aquin (Sth I 29,4) im Anschluss an Aristoteles feststellt – zwei Momente: das Ungeteiltsein in sich (indivisum esse in se) und das Geteiltsein von allem anderen (divisum esse ab omni alio). Das Geteiltsein von allem ande-

net werden kann, als die Möglichkeit der Bildung monozygoter Mehrlinge besteht.[60] Erst mit dem Abschluss der Bildung des Primitivstreifens in der Embryonalentwicklung, mit dem die Möglichkeit der Mehrlingsbildung verloren geht, ist diesem Argument zufolge von einer Person auszugehen. Auf welche Voraussetzungen aber stützt sich dieses Argument?[61]

Wenn der frühe Embryo nicht als ein Individuum anzusehen ist, dann macht diese Auffassung verschiedene Voraussetzungen, die problematisch sind:
Zum einen müssen die totipotenten Blastomere eines Embryos als separate Entitäten aufgefasst werden. Abgesehen davon, dass der Zustand des Dividendum keineswegs der Zustand einer Nicht-Individualität sein muss, ist demgegenüber einzuwenden, dass die Möglichkeit der Zwillingsbildung in der Entwicklungsbiologie nicht so interpretiert wird, als bestünde der frühe Embryo aus totipotenten Zellen, die sich unabhängig voneinander entwickeln und lediglich von der Zona pellucida zusammengehalten werden. Wäre der Embryo demgegenüber nicht bereits ab dem Stadium der Zygote als ein einheitliches, sich selbst organisierendes System anzusehen, müssten im weitaus häufigeren Falle einer unterbleibenden Mehrlingsbildung entweder Kräfte für das Zusammentreten der verschiedenen totipotenten Entitäten zu einem einzigen Individuum angenommen werden, die obskur bleiben müssen, oder jeder erwachsene Mensch müsste als ein aus verschiedenen Entitäten bestehender chimärer Organismus aufgefasst werden.

Das Argument setzt zweitens voraus, dass eine Zwillingsbildung immer im Modus der Teilung einer Entität in zwei substantiell neue Entitäten geschieht.

---

ren meint die numerische Einzigartigkeit, das Ungeteiltsein in sich die innere Einheit, die zwar Teile kennt, jedoch nicht Teile, die – wie im Fall einer bloßen Ansammlung – ihrerseits selbständige Individuen sind. Individualität kommt den verschiedenen Arten der Dinge in unterschiedlicher analoger Weise zu. Ein höher organisiertes lebendiges Individuum, wie es der Mensch ist, besitzt seine Individualität als Einheit eines aus seinem eigenen Zentrum heraus lebenden, sich aktiv selbst bewahrenden und entwickelnden Organismus, der durch den vollen Lebenszyklus und den damit verbundenen Wandel hindurch seine Existenz und Identität bewahrt. Es ist das Individuum in diesem Sinn, von dem wir mit Bezug auf den konkreten Menschen sagen, dass es das Subjekt seiner Vollzüge ist, bestimmte Eigenschaften hat, geboren wird und stirbt.

60 So etwa der katholische Moraltheologe F. Böckle. Siehe BÖCKLE, Lebensbeginn, 36–59, besonders 43.

61 Zur folgenden Diskussion siehe auch BAUMGARTNER, Menschenwürde, Abs. 4.3 Individuation und Zwillingsbildung: Die Frage nach der Ausdehnung der Schutzwürdigkeit des Embryo.

Einzuwenden dagegen wäre aber zum einen, dass kein Zustand angebbar ist, in dem die Zygote nicht ein Individuum wäre, und zum anderen, dass die Mehrlingsbildung auch deutbar ist als das Fortbestehen der Ursprungsentität und dem sich Absprossen einer eigenständigen Entität. Wie immer man aber in dieser Situation mit offensichtlich mehreren theoretischen Deutungsmöglichkeiten verfährt, praktisch hat keine der aus den beiden Zwillingsembryos hervorgegangenen Personen die geringsten Zweifel, sich ex post als gezeugt von den Eltern und in ununterbrochener Kontinuität seiner Entwicklung auf den Zeugungsakt zurückgehend zu betrachten. Aus dem retrospektiven Blickwinkel der erwachsenen Zwillinge setzt daher beider Identität mit dem Zeitpunkt der Zeugung des „Ursprungsembryos" ein. Auch seitens der naturwissenschaftlichen Befunde kann kein Zweifel daran bestehen, dass jedes erwachsene menschliche Individuum, und so auch jeder menschliche Zwilling, in ununterbrochener diachroner Identität bis auf die Zygote zurückgeht und die Vereinigung von Ei und Samenzelle das signifikante Ereignis ist, das ein neues menschliches Lebewesen hervorgehen lässt. Auch die bei jedem der Zwillinge bestehende Identität des individuellen Genoms von der Zygote bis zum erwachsenen Menschen spricht von biologischer Seite her gegen einen Bruch in ihrer Identität im frühen Embryonalstadium.

Eine dritte problematische Voraussetzung des Arguments besteht in der Annahme, dass jeder Zygote und jedem frühen Embryo aufgrund der Totipotenz der Blastomeren die Möglichkeit zur Mehrlingsbildung inhäriert. Welche biologischen Mechanismen jedoch die Zwillingsbildung bewirken und ob ein autonomes Teilungsvermögen tatsächlich jeder Frucht zukommt, ist nicht bekannt. Aber auch wenn man zugestehen würde, dass jeder Embryo das Vermögen zur Teilung besitzt, inhäriert dem Argument das logische Problem, dass das bloße Vermögen, ohne seine Realisierung in Form einer stattgehabten Zwillingsbildung, keineswegs die kontinuierliche Individualität des Embryos von der Zygote an ausschließt. Eine solche Auffassung müsste voraussetzen, dass auch Embryonen, die sich de facto nicht teilen, keine Identität mit ihrer Zygote besitzen, was kaum einzusehen ist.

5. Das Problem der Kontinuität der ontogenetischen Entwicklung

Die Schwierigkeiten, die sich aus der Inäquivalenzthese von Person- und Menschsein ergeben, sind, wie sich zeigt, erheblich. Eine moralisch relevante Zäsur in der ontogenetischen Entwicklung, die es rechtfertigen würde, den Schutz des vorgeburtlichen menschlichen Lebens einzuschränken, lässt sich argumentativ nicht plausibilisieren. Freilich ergibt sich daraus noch nicht zwingend die Einsicht, dass die denkerischen Probleme der Äquivalenzthese geringer sind. Dass alle Menschen in allen Phasen ihrer Existenz auch schutzwürdige Personen sind, wie überhaupt Entwicklung ab der Verschmelzung von Ei- und Samenzelle eine kontinuierlich-zäsurlose ist, versucht die Philosophie traditionell mit drei Argumenten zu untermauern: mit dem Potentialitätsargument, dem Kontinuitätsargument und dem Identitätsargument. Sie alle versuchen nachzuweisen, dass, weil dem erwachsenen Menschen Würde zukommt, auch der Embryo unter den Würdeanspruch fallen muss. Denn Embryonen besitzen das Potential zum erwachsenen Menschen (Potentialitätsargument[62]), sie entwickeln sich kontinuierlich in diachroner Identität zum erwachsenen Menschen (Kontinuitätsargument) und sie sind als menschliche Lebewesen mit dem Subjekt, dem Würde zukommt, ihrer Natur nach identisch (Identitätsargument). Wie immer in der Philosophie, habe alle drei Argumente Plausibilitäten und Implausibilitäten und sind abhängig von basaleren philosophischen Grundstandpunkten, deren eigene Plausibilität auf sie

---

62 Die mittelalterliche Philosophie unterscheidet im Anschluss an Aristoteles zwischen der potentia obiectiva, d.h. der bloßen oder logischen Möglichkeit, die dann besteht, wenn etwas oder eine begriffliche Verbindung in sich ohne Widerspruch denkbar ist, und der potentia subiectiva, wie sie nur einem Ding eignet, das, wie ein Lebewesen, bereits existiert und als solches das reale Vermögen besitzt, bestimmte Eigenschaften oder Tätigkeiten zu entwickeln. Im gleichen Sinn unterscheiden Descartes und Leibniz im Anschluss an Suarez zwischen formeller und realer Potentialität. Im Englischen könnte man in diesem Sinn auf die Unterscheidung von „ability" und „capability" verweisen. Das Potentialitätsargument im Rahmen der Frage nach dem Beginn des Personseins besagt, dass auch dasjenige menschliche Wesen, das die eine Person kennzeichnenden Eigenschaften nicht aktuell besitzt, als eine solche anzusehen ist, insofern es die (subjektive oder reale) Potentialität besitzt, diese Eigenschaften zu entwickeln.

ausstrahlt.[63] Mit dem Kontinuitätsargument wollen wir uns etwas näher beschäftigen, nicht zuletzt, weil es dem Verfasser als das plausibelste erscheint.

Mit Blick auf die Frage nach der Kontinuität der Entwicklung in der menschlichen Ontogenese und die Konstitution der diachronen Identität wurden bereits zwei Positionen zur Sprache gebracht. Die eine Position schließt an die These des reduzierten Personbegriffs empiristischer oder bewusstseinsphilosophischer Provenienz in Locke'scher Tradition an und behauptet: Die diachrone Identität, nach der sich die Schutzwürdigkeit des Menschen als Person bemisst, stellt sich dar als eine durch die Erinnerung konstituierte psychische Verbundenheit der mentalen Zustände und Phasen der Person. Im Gegensatz dazu muss, so die andere Position, die mit der Tradition einen an Sprachverwendung und Handlungsverständnis orientierten Personbegriff vertritt, die diachrone Identität der Person aufgrund der Einheit von Leib und Ich als Dauer der Existenz des leibhaften Individuums verstanden werden, dem das Vermögen zukommt, die für Personen charakteristischen Vollzüge auszubilden. Beide Weisen der Identität stehen, so besagt das Kontinuitätsargument[64] in einem inneren Zusammenhang und dieser Zusammenhang zeigt sich in der Weise, in der wir uns rück- und vorblickend als mit uns selbst identisch erfahren bzw. uns selbst Identität zuschreiben.

Dies lässt sich anhand der im Bewusstsein vollzogenen Konstitution der eigenen Identität im Verlaufe des eigenen Lebens zeigen. Das durch Rückblick und Vorblick konstituierte Bewusstsein der eigenen Identität wie die Übertragung dieser Konstitutionsleistung auch auf die Mitmenschen im Verlaufe des zeitlichen Lebens ist begleitet von der Frage einer anfangssetzenden Ursache wie der nach dem notwendig eintretenden Ende des eigenen Lebens. Denn dass der Einzelne nicht immer war – und auch nicht immer sein wird –, gehört zu den selbstverständlichen Erfahrungen und ist intuitiv plausibel. Ebenso plausibel ergibt sich, dass die den Menschen faktisch interessierende Frage nach der eigenen Herkunft auf einen räumlich-zeitlichen Ursprung bzw. eine entsprechende Ursache der eigenen Existenz zielt. Es ist, wie oben gezeigt wurde, wenig plausibel, diesen die eigene Existenz begründenden Ursprung alleine mit der raum-zeitlich

63 Eine ausführliche Diskussion dieser Argumente findet sich bei DAMSCHEN/SCHÖNECKER, Status.
64 Siehe dazu BAUMGARTNER, Anfang.

fixierbaren Geburt beginnen zu lassen. Denn selbst ohne medizinisch-naturwissenschaftliche Detailkenntnisse kommt hier die Frage nach dem eigenen Ursprung bzw. der eigenen Herkunft für das natürliche Bewusstsein noch nicht an ihr Ende. Sie überspringt die Geburt in eine pränatale Vergangenheit, die sie jederzeit als Ursprungsgeschehen versteht. Dem korrespondiert, dass die Geburt als Nahtstelle zwischen pränatalem und postnatalem Leben lediglich die mehr oder weniger peripheren Umweltbedingungen verändert. Existenz- und Identitätsbegründend ist sie nicht. Sie bedingt ebenso wenig eine auch nur irgendwie geartete substantielle Veränderung dessen, was pränatal als Nasciturus bezeichnet wird. Stellt die Geburt aber selbst keinen qualitativen Sprung in dieser Kontinuität dar, so zeigt sich an der Frage nach der eigenen Herkunft, dass die Kontinuität der eigenen Identität jeweils zurückprojiziert wird bis zu dem Zeitpunkt, da tatsächlich ein qualitativer Sprung, der gleichzeitig Ursprung der eigenen Existenz ist, unterstellt werden muss. Die Frage nach dem Anfang der eigenen Existenz und damit den Beginn der eigenen Identität kann folglich allein durch den Hinweis auf die Eltern, wissenschaftlich gesprochen auf die Vereinigung von Gameten, eine befriedigende Antwort finden. Selbst wenn die Eltern nicht feststehen, ist es doch unbezweifelbar, dass der Ursprung der eigenen Existenz eine Ursache haben muss, die menschlich ist und die vor der je eigenen Geburt liegt. Ebendeshalb wird auch die Personalität in das Ursprungsgeschehen zurückprojiziert: „Ich bin gezeugt worden!" Dieses Selbstverständnis der eigenen Herkunft wird intuitiv plausibel auf alle übertragen, die zu sich „Ich" sagen.

Elementares Faktum dieser Selbstzuschreibung von Identität ist das Wissen darum, dass unsere diachrone Identität nicht nur eine bestimmte zeitliche Erstreckung besitzt, sondern darüber hinaus selbst zeitlich im Bewusstsein konstituiert ist. Sie verdankt sich einem uns selbst entzogenen, von anderen gesetzten Anfang und besitzt eine Dauer, die nur begrenzt in unserer Hand ist. Die so beschriebene Konstitutivität diachroner Identität, die sich aus dem Selbstverständnis eines mit Selbstbewusstsein ausgestatteten Individuums herleitet, lässt sich aber auch noch in folgender Weise explizieren. Auch das Wissen um den eigenen Tod, so hat die philosophische Tradition von ihren frühen Anfängen an gewusst, stellt den Menschen anders als die ihm artverwandten Tiere vor die Frage nach dem Ganzen seines Lebens.[65] Die Überlebenssorge impliziert notwendig die Identitätssorge; denn zum menschlichen Handeln gehört das praktische Selbstverhältnis.[66] Die das Handeln leitende, vom Interesse am gelingenden Leben bestimmte Frage ‚Wer will ich sein?' kann nicht ohne die Frage beantwortet werden, woher ich komme. Denn nur im Rückbezug auf den nicht selbst gesetzten Anfang kann ich eine Antwort auf die Frage erwarten, wer ich bin oder wer ich sein will. Das Interesse an unserer qualitativen Identität setzt also das Interesse an unserer numerischen, zeitlich sich erstreckenden Identität voraus. Deshalb gehört es zu unserem praktischen Selbstverhältnis und Selbstverständnis, unsere Identität auf deren zeitlichen Anfang zurück zu beziehen und als eine Einheit zu begreifen. Wenn wir im Rahmen unserer praktischen Selbstbeschreibungen sagen „Ich wurde dann und dann geboren", oder „Ich wurde von X und Y als meinen leiblichen Eltern gezeugt", identifizieren wir auch diejenigen zeitlichen Phasen unserer leiblichen Vergangenheit, die unserem Bewusstsein entzogen sind und bleiben, als die unseren und schreiben sie dem eigenen Ich als Phasen von dessen Dauer zu.

Ist diese Auslegung der eigenen Selbstidentifikation triftig, dann leuchtet es nicht ein, die Identitätssorge nur auf die Zeit bis zur eigenen Geburt zu beziehen und das berechtigte Interesse des erwachsenen und seiner selbst bewussten Menschen daran, nicht getötet worden zu sein, – wie Tugendhat – nur auf die eigene Vergangenheit bis zum Zeitpunkt der Geburt zu beschränken. Wenn ich nicht – sofern ich überhaupt leben will – wollen kann, dass man mich in den Stadien meiner postnatalen Existenz getötet hätte, in denen ich meiner selbst noch nicht bewusst war, dann kann ich auch nicht wollen, in den pränatalen Stadien meiner Existenz getötet worden zu sein.

6. Schutzwürdigkeit von Anfang an? Eine tutioristische Schlussüberlegung

Es scheint plausibel, Personen, die immer als ursprüngliche Einheit von Leib und Ich aufgefasst werden müssen, eine diachrone Identität zuzuschreiben und

65 Siehe HEIDEGGER, Sein.
66 Siehe TUGENDHAT, Selbstbewußtsein.

deren ontogenetische Entwicklung als zäsurloses Geschehen ab der Verschmelzung von Ei- und Samenzelle aufzufassen. Selbst im argumentativen Zweifelsfall ist es ratsam dem Personverständnis zu folgen, wie wir es im Bereich unserer praktischen Selbst- und Fremdzuschreibungen unterstellen. In diesem Sinn ist jedes menschliche Individuum in der oben charakterisierten ursprünglichen lebendigen Einheit und der vollen Erstreckung seiner diachronen Identität als Person zu bezeichnen. Auch der ungeborene Mensch muss in moralisch-praktischer Hinsicht von Anfang an als Person betrachtet werden und ist daher in seinem Lebensanspruch zu respektieren.

Der moralische Status des Embryos ist dabei am Embryo selbst empirisch nicht festzustellen. Aufgabe der Philosophie, insbesondere der Ethik ist es, in der Bestimmung des moralischen Status die Frage zu prüfen, inwieweit der jedem geborenen Menschen zukommende Schutz auch dem Ungeborenen zukommt. Es wurde versucht, einen Teil der Argumente pro und contra argumentativ zu prüfen. Wenn bei dieser Prüfung Unsicherheiten und Fragen verbleiben, mithin letzte argumentative Sicherheit nicht erreicht werden kann, dann gilt es, dem ethischen Metaargument des tutioristischen Weges – oder des „benefit of the doubt argument“, wie es in der modernen Ethik Verwendung findet, – zu folgen. Nach dieser ethischen Position bzw. Regel ist man verpflichtet, im Zweifelsfall der jeweils strengeren Meinung zu folgen. Gemeint ist, dass bei einem nicht behebbaren Zweifel in der moralischen Bewertung einer Handlung dem Prinzip zu folgen ist, dass man sich bei Gefahr einer Handlung so zu verhalten hat, als ob die Gefahr vorläge. Denn eine Tat zu begehen und sich der Gefahr auszusetzen, sie zu begehen, ist moralisch gleich zu bewerten („idem est in moralibus facere et exponere se periculo faciendi“). „So hat der Jäger auf der Pirsch, der bei einer Bewegung im Buschwerk nicht sicher ist, ob sich dahinter Mensch oder Tier verbirgt, den Schuß zu unterlassen. Unterstellt man die Triftigkeit dieser Regel und geht davon aus, daß auch die Deutung, die das Leben des Embryo bis zur Entstehung des Primitivstreifens als ein präpersonales Stadium versteht, dieses Leben als ein fundamentales, weil die Entwicklung zur Person bedingendes Gut betrachtet, dann muß der genannten Regel und dem für fundamentale Güter wie die Intergrität von Leib und Leben geltenden Verbot willkürlich eingrenzender Definitionen gefolgt und der tutioristische Weg gewählt werden, [...] den Embryo wie eine Person zu behandeln."[67]

Dass heißt mit Blick auf den Embryo: Weil bei seiner Tötung oder Schädigung nicht mit Sicherheit ausgeschlossen werden kann, dass wir mit und an ihm eine Person töten oder schädigen, die Anspruch auf Schutz genießt, dann ist so zu handeln, als ob der Embryo tatsächlich eine Person wäre. Unterstellt man die Triftigkeit dieser tutioristischen Regel, dann muss auch dann, wenn die Frage nach dem Beginn des individuellen menschlichen Lebens noch nicht als endgültig geklärt angesehen werden sollte, der Embryo wie eine Person behandelt werden. Die Antwort des Göttinger Humanembryologe Erich Blechschmidt auf die Frage „Ab wann ist der Mensch ein Mensch?" mag dieses Vorgehen stützen, wenn er feststellt: „Der Mensch entwickelt sich nicht zum Menschen, sondern als Mensch. Er wird nicht Mensch, sondern ist Mensch ... in jeder Phase seiner Entwicklung, von der Befruchtung an."[68]

Literatur

BAUM, H., *Bannkreise* des Tötens. Zur Kritik des utilitaristischen Standpunkts zum Schwangerschaftsabbruch, Sankt Augustin, 1995.

BAUMGARTNER, H.M., Am *Anfang* des menschlichen Lebens steht nicht der Mensch, in: Marquard, O./ Staudinger, Hj. (Hg.), Anfang und Ende des menschlichen Lebens. Medizinethische Probleme, Paderborn 1987, 40–43.

–, u.a., *Menschenwürde* und Lebensschutz: Philosophische Aspekte, in: Rager, G. (Hg.), Beginn, Personalität und Würde des Menschen (= Reihe Grenzfragen, Bd. 23), 3., vollst. neu bearb. Ausg., Freiburg i. Br./München, 2009, 333–444.

BAUMANNS, P., *Kant* und die Bioethik, Würzburg, 2004.

BARANZKE, H., *Würde* der Kreatur? Die Idee der Würde im Horizont der Bioethik, Würzburg, 2002.

BENTHAM, J., An Introduction to the Principles of *Morals* and Legislation [Ausgabe: Burns J.H./Hart, H.L.A. (Hg.), London 1970], London, 1789.

67 BAUMGARTNER, Menschenwürde, 440.
68 BLECHSCHMIDT, Individualität.

BIRNBACHER, D., Das *Dilemma* des Personbegriffs, in: Strasser, P./Starz, E. (Hg.), Personsein aus bioethischer Sicht (Archiv für Rechts- und Sozialphilosophie, Beiheft 73), Stuttgart, 1997, 9–25.

BLECHSCHMIDT, E., Die Erhaltung der *Individualität*. Bd. 14, Weilheim/Bierbronnen, 2000.

BÖCKLE, F., Probleme um den Lebensbeginn. Medizinisch-ethische Aspekte, in: Handbuch der christlichen Ethik, Band 2, Freiburg/Basel/Wien/Gütersloh, 1978.

BOLOZ, W./HÖVER, G., Utilitarismus in der *Bioethik*. Seine Voraussetzungen und seine Folgen am Beispiel der Anschauungen von Peter Singer, Münster, 2002.

BRAUN, K., *Menschenwürde* und Biomedizin zum philosophischen Diskurs der Bioethik, Frankfurt am Main, 2000.

BREUER, C., *Person* von Anfang an. Der Mensch aus der Retorte und die Frage nach dem Beginn des menschlichen Lebens, Paderborn, [2]1999.

CORRADINI, A., Goldene *Regel*, Abtreibung und Pflichten gegenüber möglichen Individuen, in: Zeitschrift für philosophische Forschung 48, 1994, 21–42.

DAMSCHEN, G./SCHÖNECKER, D. (Hg.), Der moralische *Status* menschlicher Embryonen. Pro und contra Spezies-, Kontinuums-, Identitäts- und Potentialitätsargument, Berlin, 2002.

KIRCHENAMT DER EKD (Hg.), Im Geist der Liebe mit dem Leben umgehen. Argumentationshilfe für aktuelle medizin- und bioethische Fragen, Hannover, 2002.

ENGELHARDT, H.T. jr., Foundations of *Bioethics*, New York/Oxford, 1986.

–, *Medicine* and the Concept of Person, in: Beauchamp T.L./ Walters, L. (Hg.), Contemporary Issues in Bioethics, Belmont 1982, 94–101.

FEINBERG, J., The Problem of *Personhood*, in: Beauchamp T. L./Walters, L. (Hg.), Contemporary Issues in Bioethics, Belmont, 1982, 108–116.

FLETCHER, J. *Indicators* of Humanhood: A Tentative Profile of Man, in: Hastings Center Report 2, 1972.

FORD, N.M., When did I begin? *Conception* of the human individual in history, philosophy and science, Cambridge, 1991.

FRITZ, A., Der naturalistische Fehlschluss. Das Ende eines Knock-Out-Arguments, Freiburg/Schweiz, 2009.

FUHRMANN, M., *Person*, in: Ritter, J./Gründer, K. (Hg.), Historisches Wörterbuch der Philosophie, , Bd. 7, Basel/Darmstadt, 1998, 269–338.

HABERMAS, J., Die *Zukunft* der menschlichen Natur. Auf dem Weg zu einer liberalen Eugenik?, Frankfurt am Main, 2001.

HARMAN, G., Das Wesen der *Moral*. Eine Einführung in die Ethik, Frankfurt am Main, 1981.

HEIDEGGER, M., *Sein* und Zeit, Tübingen, [6]1949.

HOERSTER, N., Kindstötung und das Lebensrecht von *Personen*, in: Analyse & Kritik 2 (1990), 226–244.

–, Neugeborene und das Recht auf *Leben*, Frankfurt, 1995.

–, Ein Lebensrecht für die menschliche *Leibesfrucht*?, in: Juristische Schulung 29, 1989.

–, *Religionskritik*, Stuttgart, 1984.

HONNEFELDER, L., *Person* und Menschenwürde: Zum Verhältnis von Metaphysik und Ethik bei der Begründung sittlicher Werte, in: Pöldinger W./Wagner,W. (Hg.), Ethik in der Psychiatrie, Berlin, 1999, 22–39.

–, Der *Streit* um die Person in der Ethik, in: Philosophisches Jahrbuch 100, 1993, 246–265.

HUBER, W., Der gemachte *Mensch*. Christlicher Glaube und Biotechnik, Berlin, 2002.

KANT, I., Grundlegung zur *Metaphysik* der Sitten, Akademie-Ausgabe Bd. 4., Berlin, 1900ff.

–, Metaphysik der *Sitten*, Akademie-Ausgabe, Bd. 6, Berlin, 1900ff.

KIPKE, R., *Mensch* und Person. Der Begriff der Person in der Bioethik und die Frage nach dem Lebensrecht aller Menschen (= Berliner Arbeiten zur Erziehungs- und Kulturwissenschaft, Bd. 8), Berlin, 2001.

KNOEPFFLER, N., *Menschenwürde* und medizinethische Konfliktfälle, Stuttgart, 2000.

KONERSMANN, R., *Person,* Ein bedeutungsgeschichtliches Panorama, in: Internationale Zeitschrift für Philosophie 2 (1993), 199–227.

KÖRTNER U. H. J. (Hg.), *Streitfall* Biomedizin. Urteilsfindung in christlicher Verantwortung, Göttingen, 2003.

KRESS, H., *Menschenwürde*, Medizin und Bioethik heutige Fragen medizinischer und ökologischer Ethik, Münster, 2000.

LEIST, A., Um *Leben* und Tod, Frankfurt, 1992.

LOCKE, J., An *Essay* concerning human understanding. Über den menschlichen Verstand, Hamburg, 1981.

–, Two *treatises* of government. Zwei Abhandlungen über die Regierung, Frankfurt a.M., 1967.

LOCKWOOD, M., Der *Warnock*-Bericht: eine philosophische Kritik, in: Leist, A. (Hg.), Um Leben und Tod, Frankfurt am Main, 1990, 235–265.

–, When does a *life* begin?, in: Lockwood, M., (Hg.), Moral Dilemmas in Modern Medicine, Oxford/New York, 1985.

LOHNER, A., *Personalität* und Menschenwürde: Eine theologische Auseinandersetzung mit den Thesen der ‚neuen Bioethiker', Regensburg, 2000.

NARVESON, P., A Contractarian *Defense* of the Liberal View on Abortion and of the Wrongness of Infanticide, in: Value and Moral Standing. Bowling Green Studies in Applied Philosophy 8, 1986, 76–89.

PARFIT, D., *Reasons* and Persons, Oxford, [4]1989.

–, *Rechte*, Interessen und mögliche Menschen, in: Leist, A. (Hg.), Um Leben und Tod, Frankfurt am Main, 1990, 384–394.

RAGER, G. (Hg.), *Beginn*, Personalität und Würde des Menschen (= Reihe Grenzfragen, Bd. 23), 3. vollst. neu bearb. Ausg., Freiburg i. Br./München, 2009.

RAHNER, K., Die *Hominisation* als theologische Frage, in: Overhage, P./Rahner, K. (Hg.), Das Problem der Hominisation. Über den Ursprung des Menschen (= Quaestiones disputatae 12/13), Freiburg i. Br./Basel/Wien 1961, 13–90.

–, *Schriften* zur Theologie, Bd. VI, Zürich, ²1968.

SASS H.-M., *Hirntod* und Hirnleben, in: Sass, H.-M., Medizin und Ethik, Stuttgart, 1989, 160–183.

SCHWARTLÄNDER, J., *Menschenwürde*/Personwürde, in: Korff, W. u. a. (Hg.), Lexikon der Bioethik, Gütersloh, Bd. 2, 1998, 683–688.

SIEP, L., Personbegriff und angewandte *Ethik*, in: Gethmann, C.F./Oesterreich, P.L. (Hg.), Person und Sinnerfahrung. Philosophische Grundlagen und interdisziplinäre Perspektiven, Darmstadt 1993, 33–44.

–, *Personbegriff* und praktische Philosophie bei Locke, Kant und Hegel, in: Siep, L. (Hg.), Praktische Philosophie im deutschen Idealismus, Frankfurt am Main, 81–115.

SINGER, P., Praktische *Ethik*, Stuttgart, 1994.

–, All *Animals* are Equal, in: Regan, T./Singer, P. (Hg.), Animal Rights and Human Obligations, New Jersey, 1978.

–, Schwangerschaftsabbruch und ethische *Güterabwägung*, in: Sass, H.-M. (Hg.), Medizin und Ethik, Stuttgart, 1989, 139–159.

SPAEMANN, R., Über den Begriff der *Menschenwürde*, in: ders. (Hg.), Das Natürliche und das Vernünftige. Aufsätze zur Anthropologie, München/Zürich, 1987, 77–106.

SPAEMANN, R., *Personen*. Versuche über den Unterschied zwischen ‚etwas' und ‚jemand', Stuttgart, ³2007.

–, Sind alle *Menschen* Personen?, in: Löw, R. (Hg.), Bioethik philosophisch-theologische Beiträge zu einem brisanten Thema, Köln, 1990.

STURMA, D., *Philosophie* der Person. Die Selbstverhältnisse von Subjektivität und Moralität, Paderborn, 1997.

–, Person. *Philosophiegeschichte* – Theoretische Philosophie – Praktische Philosophie, Paderborn, 2001.

–, *Person*, in: Kolmer, P./Wildfeuer, A.G., (Hg.), Neues Handbuch philosophischer Grundbegriffe, Bd. 2, Freiburg i. Br., 2011, 1728–1738.

Thies, C., *Mensch*, in: P. Kolmer, P./Wildfeuer, A.G., (Hg.), Neues Handbuch philosophischer Grundbegriffe, Bd. 2, Freiburg i. Br., 2011, 1515–1526.

TOOLEY, M., Abtreibung und *Kindstötung*, in: Leist, A. (Hg.), Um Leben und Tod. Moralische Probleme bei Abtreibung, künstlicher Befruchtung, Euthanasie und Selbstmord, Frankfurt am Main, 1990.

–, *Abortion* and infanticide, Oxford, ²1985.

TUGENDHAT, E., Vorlesungen über *Ethik*, Frankfurt am Main,1994.

–, *Selbstbewußtsein* und Selbstbestimmung. Sprachanalytische Interpretationen, Frankfurt am Main, 1979.

VON KUTSCHERA, F., Formale *Beweise* zur Begründung von Normen, in: von Kutschera, F., Einführung in die Logik der Normen, Werte und Entscheidungen, Freiburg, 1973, 66–72.

–, Grundlagen der *Ethik*, Berlin/New York, 1982.

–, Das Hume'sche *Gesetz*, in: Grazer philosophische Studien 4, 1977, 1–14.

WARREN, M. A., On the moral and legal status of *abortion*, in: The Monist 57 (1973), 43–61.

WILDFEUER A.G:, *Menschenwürde* – Leerformel oder unverzichtbarer Gedanke?, in: Nicht, M. und Wildfeuer, A. G. (Hg.), Person – Menschenwürde – Menschenrechte im Disput, Münster, 2002, 19–116.

–, *Person*, Personalität. Philosophisch, in: Kasper, W. (Hg.), Lexikon für Theologie un Kirche, Bd. 8, Freiburg i. Br. [3]1999, 42–46.

–, ‚Person' und ‚*Mensch*'. Anmerkungen zu einer folgenreichen Unterscheidung in der aktuellen Diskussion um Leben und Tod, in: Schockenhoff, E. u.a (Hg.), Medizinische Ethik im Wandel. Grundlagen – Konkretionen – Perspektiven, Ostfildern, 2005, 86–96.

–, Das fünfte *Gebot*: "Du sollst nicht morden!" Das biblische Tötungsverbot und die besonde re Schutzwürdigkeit menschlichen Lebens im Ethos der Menschenrechte, in: Jünemann E./Theisen H. (Hg.), Zehn Gebote für Europa. Der Dekalog und die europäische Wertegemeinschaft, Erkelenz, 2009, 113–134.

–, *Lebensbeginn*, ethisch, in: Korff, W. u.a. (Hg.), Lexikon der Bioethik, Bd. 2, Gütersloh, 1998, 541–544.

WILS, J.-P., *Euthanasie*. Eine sozial-ethische Reflexion, in: Wils, J.-P./ Mieth, D. (Hg.), Ethik ohne Chance? Erkundungen im technologischen Zeitalter, [2]1991, Tübingen, 247–292.

Ulrich Lüke

Der Mensch – planlos zufällig oder zufallsreich geplant?

Anthropologie jenseits von Evolutionismus und Kreationismus

1. Neue Schützengräben auf alten Schlachtfeldern?

Im Buch Genesis, dem ersten in der Heilige Schrift der Juden und Christen, stößt man direkt nebeneinander auf zwei völlig divergente Schöpfungstexte: den Schöpfungshymnus, das sogenannte „Siebentagewerk" der Priesterschrift (Gen 1, 1–2, 4a) und den Schöpfungsmythos, die sogenannte „Adam und Eva-Erzählung" des Jahwisten (Gen 2, 4b ff). Beide Texte sind ganz gewiss keine Weltentstehungsberichte über einen kosmos- bzw. naturgeschichtlich realen Vorgang. Wenn man das zur Verstehensvoraussetzung erhöbe, käme man zwangsläufig zu dem Ergebnis: Die beiden Erzählungen sind miteinander völlig unvereinbar.[1]

Überdies müsste man den biblischen Autoren unterstellen, dass ihnen diese eklatanten „Widersprüche" zwischen zwei unmittelbar nebeneinanderstehenden und häufig rezitierten Texten nicht aufgefallen seien. Da sie aber wohl von einer Vereinbarkeit dieser Erzählungen ausgingen, darf unterstellt werden, dass sie noch einen anderen als nur den naturgeschichtlichen Interpretationshorizont im Blick hatten. In biblizistisch-fundamentalistischen Kreisen werden hingegen heute die beiden klar getrennten Texte nicht nur zu einem einzigen fusioniert, sondern auch noch als archaische Naturkunde und damit als Scheinalternative zur naturwissenschaftlichen Rationalität präsentiert und offeriert. Hier bricht ein Scheinkonflikt auf, der eine seiner Ursachen in hermeneutischer Ahnungslosigkeit oder gar Fahrlässigkeit hat, die mit ernsthafter theologischer Reflexion nicht zu vereinbaren ist.

1 Näheres vgl. LÜKE, Säugetier, 66ff.

Die beiden Genesistexte sind aber – weder jeder für sich, noch gemeinsam – eben keine primitive Naturkunde darüber, wie es zum Menschen kam, sondern eine tiefsinnige Urkunde darüber, was es mit dem Menschen auf sich hat.

Der hermeneutischen Ahnungslosigkeit oder Fahrlässigkeit aufseiten der biblizistischen Fundamentalisten entsprechen auf der anderen Seite Vorstellungen, die glauben, aus biologischen Fakten – und das angeblich ohne Gültigkeitseinbußen – eine evolutionistische Weltanschauung ableiten zu können.

Jacques Monod hatte wichtige biologische Entdeckungen im Bereich der Genregulation gemacht. Er hatte aus den Zufällen der Mutation des Genotyps und den Notwendigkeiten der Selektion am Phänotyp in seinem damals zum Kultbuch avancierten Werk „Zufall und Notwendigkeit" folgende Quintessenz für die Deutung menschlicher Existenz gezogen: „Wenn er diese Botschaft in seiner vollen Bedeutung aufnimmt, dann muss der Mensch endlich aus seinem tausendjährigen Traum erwachen und seine totale Verlassenheit, seine radikale Fremdheit erkennen. Er weiß nun, dass er seinen Platz wie ein Zigeuner am Rand des Universums hat, das für seine Musik taub ist und gleichgültig gegen seine Hoffnungen, Leiden oder Verbrechen."[2]

Gegen die eine Gruppe ist festzuhalten: Eine ernst zu nehmende Schöpfungstheologie ist nicht identisch mit den divergenten Schöpfungserzählungen der Bibel und nicht ohne hermeneutische Nachdenklichkeit und Sachkenntnis zu haben. Sie kann erst nach Vorleistung einer gründlichen Textanalyse und der Erstellung einer adäquaten Deutung ernsthaft beginnen.

Gegen die andere Gruppe, die sich derzeit teils wie ein atheistischer Stoßtrupp gruppiert, ist zumindest dieser Verdacht zu formulieren: Biologen, die – sei es aus molekular-, evolutions- oder neurobiologischen Erwägungen – zu umfassenden anthropologischen oder gar Welterklärungen ausholen, sind vermutlich der Versuchung „hin zum reduktionistischen Metaphysiker" erlegen, wie Hans Jonas es so treffend genannt hat.[3]

Darunter leidet die Qualität des Diskurses, die zwischen biblisch gegründeter Schöpfungstheologie und biologisch begründeter Evolutionstheorie seit mehr als

---

2 MONOD, Zufall, 151.
3 JONAS, Prinzip, 138.

einem halben Jahrhundert üblich ist. So wird von Neuem der irrige Eindruck erweckt, Schöpfungstheologie und Evolutionstheorie seien prinzipiell unvereinbare konträre Theorien über die Welt. Dem kritischen Betrachter drängt sich ein Eindruck wie beim Stabhochsprung auf: Die Latte liegt beim eigentlich angesagten Niveau von sechs Metern. Aber beide konkurrierenden Athleten, sowohl der im Biblizisten- als auch der im Evolutionistendress springen mit unterschiedlicher Technik bei vier Metern darunter her. Und beide meinen, sie hätten nicht gerissen.

Woher rührt der sich hier abzeichnende Konflikt zwischen Kreation und Evolution? Die Einen, so scheint es, haben die Evolutionstheorie zu einer säkularen Metaphysik aufgeblasen, ohne es selber zu merken oder ohne sich etwas anmerken zu lassen oder ohne es andere merken lassen zu wollen. Die Anderen haben die Evolutionstheorie wegen der Unwiederholbarkeit von Evolution zu einer bloßen Hypothese herabgestuft, um sie zu bagatellisieren, einzuebnen und, vermeintlich um Gottes Willen, in ihrer Erklärungskraft zu entschärfen.

Es kann kein Zweifel sein: Die Evolutionstheorie ist eine der am besten begründeten Theorien, die sich nicht nur auf biologische (paläontologische, anatomische, morphologische etc.) sondern auch auf biochemische, physikalisch-chemische und physikalisch-kosmologische Argumente, Beobachtungen und Rückschlüsse stützen kann.

Den aus den USA auch mit viel Werbegeld nach Europa drängenden Kreationismus als Diskurspartner zu reanimieren, ist intellektuell unredlich, und zwar aus biologischer wie aus theologischer Perspektive. Er negiert nicht nur eine mehr als einhundertjährige hermeneutische Diskussion, sondern unterläuft sowohl die biologisch-naturwissenschaftlichen, als auch die exegetischen Standards, wie sie vom II. Vatikanum und zuletzt von der Päpstlichen Bibelkommission von 1993 vorgetragen wurden.[4]

Kardinal Christoph Schönborn aus Wien hatte sich vor einigen Jahren in den USA, in dezidierter Weise und mit großem Medieninteresse bedacht, gegen Grundannahmen des Neodarwinismus ausgesprochen, und damit, wie es man-

4 Dogmatische Konstitution „Dei Verbum" des II. Vatikanums und „Die Interpretation der Bibel in der Kirche" vom 23.04.1993.

chen scheint, Öl ins neu aufglimmende Feuer gegossen.[5] Seine kurz darauf in den Katechesen im Wiener Stephansdom zurechtgerückten Äußerungen deuteten damals auf einen diffusen biologischen Kenntnisstand hin. Einige Biologen hatten fern theologischer und kirchenpolitischer Sachkenntnis daraufhin angenommen, irgendwelche mächtigen vatikanischen Meinungs- und Kirchenführer versuchten wie zu Zeiten der vorletzten Jahrhundertwende einen neuen antievolutionstheoretischen Schulterschluss. Die Annahme dieser Biologen, eine offizielle römisch abgesegnete Schöpfungstheologie könne sich mit exegetisch unerleuchteten oder minderbelichteten Kreationisten gemeinmachen und deren Positionen vertreten, verweist auf einen diffusen theologischen Kenntnisstand. Denn diese Annahme impliziert, führende Vertreter der Kirche seien bereit, die grundlegenden exegetischen Erkenntnisse zur priesterschriftlichen und zur jahwistischen Schöpfungserzählung über Bord zu werfen. Für den Schulterschluss mit dem amerikanisierten Kreationismus bedürfte es also zweier intellektueller Offenbarungseide oder zweier kognitiver Insolvenzerklärungen, und zwar sowohl auf dem Terrain der (Evolutions-)Biologie als auch auf dem Terrain der (Bibel-)Theologie.

2. Der Problem-Begriff „Intelligent Design"

In der mehr als hundertjährigen amerikanischen Debatte um Evolution und Schöpfung respektive Kreation taucht seit einigen Jahren der Begriff „Intelligent Design" auf. Design kann im Deutschen bedeuten: Muster, Entwurf, Konstruktion, Anlage, Gestaltung, Formgebung, Plan und Absicht.[6] Genau dieser schillernde Begriff aus dem Wortschatz der amerikanischen Kreationisten taucht allerdings in den evolutionskritischen Äußerungen von Kardinal Schönborn wieder auf. Das gab zu der Vermutung Anlass, hier solle die Evolutionismus-Kreationismus-Debatte neu entfacht werden.

5 Vgl. New York Times und International Herold Tribune vom 07.07.2005.
6 Vgl. z.B. PONS COLLINS, Großwörterbuch .

2.1 Von der Notwendigkeit des Designers

Der Begriff „Intelligent Design“ steht im begründeten Verdacht, nur ein sich wissenschaftlich gebendes begriffliches „Evolutionsprodukt“ des Kreationismus zu sein, hinter dem seine biblizistische Abstammung verborgen werden soll. Im US-Bundesstaat Kansas ist das bereits gelungen: Der Begriff hat den Weg in den Biologieunterricht der staatlichen Schulen geschafft. Nur in den Vereinigten Staaten kommt es alle paar Jahrzehnte (1925, 1968, 1987 und 2005) wegen des Status kreationistischer Theorien sogar zu gerichtlichen Klärungsversuchen. Angesichts der auch im Bereich der Biologie herausragenden naturwissenschaftlichen Leistungen wird die auch durch Einsprachigkeit bedingte hermeneutische Ahnungslosigkeit vieler US-Amerikaner im zur Mehrsprachigkeit genötigten Europa nur mit erstauntem Kopfschütteln quittiert.

Michael Behe, Professor für Biochemie an der Lehigh University, hat neuerdings mit seinem Bestseller „Darwins Black Box“ und mit seinem Schullehrbuch „Of Pandas and People“ Aufsehen erregt. In letzterem behauptet er, ohne kleinschrittige Mutationen grundsätzlich zu bestreiten, dass die verschiedenen Lebensformen abrupt mit Hilfe eines Trägers von Intelligenz entstanden seien und zwar schon mit ausgeprägten Merkmalen.[7] Die kleinschrittigen Mutationen seien je für sich nicht selektionsprämiert. Schließlich gebe es Formen von irreduzibler Komplexität, die ihren selektiv erprobten evolutiven Mehrwert erstmalig auf einem außerordentlich hohen Niveau präsentierten und deren denkbare Teilkomponenten und mögliche Vorfertigungsstufen für sich noch keinerlei evolutiven Vorteil besäßen. Dieser erst auf einem hohen Komplexitätsniveau gegebene Vorteil müsse in einem genialen Entwurf begründet und könne nicht durch zufälliges Herumprobieren und in je für sich zielloser Kleinschrittigkeit erreicht worden sein, bei der die für selektive Prozesse irrelevanten kleinschrittigen Vor- und Nachteile eher zu einem Nullsummenspiel gerieten, als das evolutiv höhere selektionsprämierte Niveau zu erreichen. Wie bei einer Mausefalle, für deren Funktionieren nicht eine einzige Komponente (gespannter Schlagbügel, Halteverbindung zum Köderbrettchen, Köder etc.) fehlen dürfe, wenn die von ihr er-

---

7 Vgl. KLEINE-BROCKHOFF, Darwin.

wartete Leistung erbracht werden solle, so sei es z.B. auch bei der ungleich komplexeren Bakteriengeißel, für deren Bau und Funktion nicht auf ein einziges Protein verzichtet werden könne.

Der Mathematiker William S. Dembski rechnet zur Assistenz dieser Überlegungen vor, dass die spezifische Komplexität selbst einfacher biologischer Strukturen einen derart hohen Informationsgehalt besäße, dass die 4,55 Mrd. Jahre währende Welt – und wohl auch die 13,8 Mrd. Jahre währende Kosmosgeschichte – um Zehnerpotenzen zu kurz seien, als dass sich dieser Informationsgehalt aus purem Zufall hätte einstellen können. Es werden starke Bilder benutzt: Eher werde ein Tornado, der über einem riesigen Schrottplatz voller Einzelteile wüte, eine flugfähige intakte Boeing zustande bringen als der blanke Zufall einen flugfähigen Vogel. All das deute auf ein Design hin, und wo ein derart komplexes Design vorliege, da müsse, wie auch immer man ihn sich vorzustellen habe, ein intelligenter Designer im Spiel sein. Dieser und nicht das Design an sich sei der Träger der Intelligenz, die sich nur im Design widerspiegle. Diese Debatte ist kein rein amerikanisches Problem, sondern zeigt auch im deutschen Sprachraum Auswirkungen, z.B. in dem Werk „Evolution. Ein kritisches Lehrbuch" von Junker und Scherer, das im Jahre 2002 immerhin mit dem deutschen Schulbuchpreis ausgezeichnet worden ist.[8] Die gedanklichen Schritte der Vertreter des Intelligent Design sind:

- Der für sich genommen unstrittige Nachweis von hochkomplexer Zweckmäßigkeit in Organen oder Organismen.
- Der Ausschluss aller bisher bekannten Ursachen für deren Entstehung. Dabei wird der Zufall wahrscheinlichkeitstheoretisch ausgeschlossen.
- Der Analogieschluss vom höchst zweckmäßigen Design auf einen Designer, wobei die nähere Kennzeichnung des Wer und Wie offen bleibt.[9]

Muss aber alles, was ein Design aufweist, auf einen Designer verweisen? Eine Autokarosserie hat ein Design und (mindestens) einen Designer. Der vom ablaufenden Wasser hinterlassene Strand, das ausgewaschene Flusstal, die vom Wind gestylte Wüstenlandschaft haben ein Design, aber zumindest keinen unmittelbar

8 JUNKER/SCHERER, Evolution.
9 Vgl. auch KUMMER, Evolution, 36.

zuständigen Designer. Die Übersetzungsmöglichkeiten des Begriffs Design decken wie dargelegt ein Spektrum von teleonomischen bis zu teleologischen Konzepten ab.[10] Setzt man das vierteilige aristotelische Ursachenschema voraus, dann weisen die teleonomischen Konzepte eine Zuständigkeit für die causa materialis und die causa efficiens, also für die Material- und die Wirkursache auf. Teleologische Konzepte scheinen eher auf die causa formalis und die causa finalis, also auf die Form- und der Zweckursache zugeschnitten zu sein. Die modernere Evolutions- und Entwicklungsbiologie hat allerdings über die Entschlüsselung des genetischen Codes und die damit verbundene Proteinbiosynthese auch ein Verständnis für die causa formalis entwickelt und ist weiterhin dabei, das zu perfektionieren. Mit einem letzten Zwecksetzer, mit einer causa finalis allerdings oder gar einer die aristotelischen Ursachen verursachenden, alles grundlegenden Urursache oder einer causa prima et generalis, wie sie z. B. Seneca kennt, „pflegt sie keinen Umgang“. Gelegentlich bestreitet sie sogar in Überschätzung ihrer auf Empirie bezogenen Möglichkeiten rundweg deren Möglichkeit.

Wie aus den Wellenstrukturen des Strandes oder der Windstrukturen der Sanddünen ersichtlich, ist es ohne Frage ein intellektueller Kurzschluss, aus dem Vorliegen eines Designs auch auf das Vorhandensein eines Designers schließen zu wollen. Aber so einfach argumentieren die Vertreter des Intelligent Design nicht, denn bei ihnen wird zusätzlich ein Wahrscheinlichkeitsargument ins Spiel gebracht: Je komplexer die zu beurteilende organismische Struktur ist, umso weniger wahrscheinlich ist die Annahme einer zielblind agierenden mechanischen oder chemischen Ursache.

2.2 Von der Überflüssigkeit des Designers

Aber auch der Nachweis einer Überflüssigkeit des Designers, also die argumentative Gegenposition zum modernen Kreationismus, mit der manche Biologen wie Dawkins und Philosophen wie Kanitscheider oder Dennett aufwarten, ist keineswegs überzeugender. Daniel Dennett etwa antwortet auf die Frage, ob der Tod Gottes eine Konsequenz aus Darwins Lehre sei: „Eindeutig. Dass es in der

10 Zum Thema Teleonomie und Teleologie vgl. LÜKE, Erkenntnistheorie, 76–91 u. 149–165.

Welt Design gibt, war immer das stärkste Argument für die Existenz Gottes – und Darwin hat dem den Boden entzogen.“[11]

Mit erstaunlicher intellektueller Oberflächlichkeit wird hier aus der durch Darwin, aber mehr noch aus der nach Darwin vermittelten Kenntnis einiger Evolutionsmechanismen zwingend auf das Nichtvorhandensein eines Designers geschlossen. Mit der Kenntnis der Existenz von Mechanismen, die ohne ersichtlichen Designer ein Design zur Folge haben, lässt sich der Schluss auf die generelle Nichtexistenz eines Designers keineswegs logisch zwingend belegen. Es lässt sich allenfalls wahrscheinlicher machen, dass er nicht in Töpfer- oder Uhrmachermanier direkt auf sein Werkstück einwirkt. Ein mittelbares, z.B. durch die Evolutionsmechanismen oder, noch weiter, ein durch die Naturgesetze vermitteltes Wirken, ist damit keineswegs ausschließbar. Ein Täter, der nicht, vielleicht sogar nie, auf frischer Tat ertappt wird, kann sehr wohl existent sein.

Die kesse Formulierung Dennetts, „Gott [...] passt auf keine Stellenausschreibung“ [12], ist, offenbar, ohne dass ihr Autor es bemerkt hätte, recht zweischneidig. Immerhin gibt es die Menschen, die auf keine Stellenausschreibung passen, in Zeiten horrender Arbeitslosigkeit zu Hunderttausenden. Ihre Nichtexistenz ist durch die Nichtexistenz der für sie adäquaten Stellen, gottlob, nicht erwiesen. Könnte es sein, dass, wenn Gott auf keine Stellenausschreibung passt, einfach nur keine Stellenausschreibung auf Gott passt? In diesem Sinne könnte man sagen, dass sich Gott prinzipiell den funktionalistischen Einordnungs- und den empiristischen Verdinglichungsversuchen entzieht, sich in keinem Partialkontext ergibt oder aufgibt. Dann müsste man mit Bonhoeffer sagen, einen Gott, den es – in diesem dinghaft endlichen Sinne – gibt, gibt’s nicht?

Eine indirekte Art von naturwissenschaftlichem Weg zu Gott, auch wenn dieser selbst nie als naturwissenschaftliches Objekt auftaucht, wäre dennoch denkbar. Dieser naturwissenschaftliche Weg zu Gott lässt sich mit einem Bild aus der Fischerei verdeutlichen: Die für das Netz gewählte Maschengröße, die Tauchtiefe und die Netzbreite, der Fangort und die Fangzeit definieren die Art des Fangs. Naturwissenschaftliche Methodologie – und darin liegt sowohl ihre Größe wie

---

11 DENNETT, Süßigkeit für den Geist.
12 Ebd. 149.

auch ihre Grenze – verbleibt im Bereich der klugen, gegebenenfalls raffinierten Variation von Fangzeit, Fangort und Fangtechnik. Mit keiner denkbaren Variation von Fangort, Fangzeit und Fangtechnik fischt man das Meer als solches, aber mit jeder sinnvollen Variation fischt man etwas, das tauglich ist zum Hinweis auf eben dieses Meer. Fisch, Fischer und Fischfang verweisen auf das Meer als Bedingung ihrer Möglichkeit.

Aber dann wäre immer noch zu sagen, dass die Naturwissenschaft, indem sie ihren Objekten Raum, Zeit und Maß, also Endlichkeit zuordnet, implizit und zumindest im Modus der Frage den stets bleibenden umgreifenden Horizont alles endlich Erreichten mit thematisiert. Das zumindest entgeht den Verfechtern der These von der Überflüssigkeit Gottes.

3. Der Schlüsselbegriff Zufall

Kardinal Schönborn hatte in seinen Ausführungen nicht mit Polemik gespart: „Die Evolution im Sinne einer gemeinsamen Abstammung (aller Lebewesen) kann wahr sein, die Evolution im neodarwinistischen Sinn – ein zielloser, ungeplanter Vorgang zufälliger Veränderung und natürlicher Selektion – ist es nicht. Jedes Denksystem, das die überwältigende Evidenz für einen Plan in der Biologie leugnet oder wegzuerklären versucht, ist Ideologie, nicht Wissenschaft.“[13]

Aus den bereits vorgestellten Übersetzungsmöglichkeiten von „Design“ wählt die deutsche Fassung der Aussagen SCHÖNBORNS den Begriff Plan und legt damit eindeutig den Schluss auf einen Planer, einen Geist, einen Schöpfer nahe. Polemisiert wird gegen den Neodarwinismus und speziell gegen dessen Zufallsbegriff. Inzwischen hat Kardinal Schönborn klargestellt, dass er nicht die Absicht hatte, sich auf die Seite der Kreationisten zu schlagen und jedwede Evolutionstheorie zu verwerfen.[14] Nicht die Evolution an sich ist das, wogegen sich Schönborns Ausführungen richten, sondern die Annahme ihrer völligen Zufälligkeit, Ungeplant-

---

13 Der Artikel von Christoph Kardinal Schönborn erschien am 7. Juli 2005 in der New York Times und der International Herold Tribune. Mark Ryland, der Vizepräsident des Discovery Institut, dem Think Tank der Bewegung um das Intelligent Design, hatte den Kardinal zur Abfassung dieses Artikels animiert. Vgl. LAUBICHLER, Glaube.

14 Vgl. SCHÖNBORN, Ziel.

heit und Ziellosigkeit, die er offenbar mit seinem Glauben an einen personalen Schöpfergott und dessen Heilsplan nicht zu vereinbaren vermag.

Aber was heißt Zufälligkeit, was heißt Zufall? Wenn man den Zufall mittels eines mathematischen Algorithmus generiert, ist er nur das Ergebnis eines Rechenexempels, also eines ggf. komplizierten Vorgangs deterministischer Art. Dann verwandelt sich der Zufall unter der Hand zur nicht oder nur noch nicht durchschauten Kausalität. Als zufällig wird z.B. eine Zahlenfolge angesehen, die durch keinen kürzeren Code ausgedrückt werden kann als durch ihre komplette Wiedergabe. Das ist etwa bei der reellen transzendenten Zahl π, der ludolphschen Zahl oder Kreiszahl 3,141 592 653 589 793... der Fall, die das konstante Verhältnis von Kreisumfang (2πr) zum Durchmesser (2r) angibt. Inzwischen wurde die Zahl π bis auf 1,241 Billionen Stellen hinter dem Komma berechnet. Und man ist auf keine Periode gestoßen und also mit ihr noch an kein Ende gekommen.

Diese zufällige Zahlenfolge ist gleichwohl das Ergebnis der mathematischen Notwendigkeit, die sich aus der ihr zugrunde liegenden Division (Kreisumfang zu Durchmesser) ergibt, und ist selbstredend einem mathematisch-geometrisch beschreibbaren Ziel dienstbar zu machen. Die Zufälligkeit dieser Zahlenfolge lässt keinen Schluss auf die Plan- und Ziellosigkeit der Prozesse zu, in denen sie eine Rolle spielt.

3.1 Zwei Typen von Zufall

In einem Punkte sind sich Kardinal Schönborn und seine Gegner einig in der Unterstellung einer Unvereinbarkeit von Zufallsannahme und Gottesglaube. Schönborn liefert keine Klärung für den Zufallsbegriff, verwendet ihn aber eindeutig pejorativ. Er setzt stillschweigend voraus, der Zufall sei das Gegenteil von Plan und Ziel, also mit beidem und mit einem planenden und auf etwas hinzielenden Gott unvereinbar. Aber auch auf der weltanschaulich anderen Seite geben zahllose Werke der neueren Evolutionstheorie ebensowenig eine philosophisch belastbare Begriffsklärung für den Zufall, halten aber gleichwohl daran fest, dass dieser mit Plan und Ziel unvereinbar ist.[15]

15 Ähnlich ist es auch mit den neuesten Werken des Altmeisters der Evolutionstheorie, Ernst

Gerhard Vollmer liefert mit seiner Unterscheidung zweier Zufallsbegriffe eine wichtige Hilfe zur Klärung. Er spricht vom „subjektiven Zufall", wenn eindeutige Ursachen zwar gegeben, aber angesichts ihrer Vielfalt nicht bis ins Letzte analysierbar sind.[16] Diesem kausalanalytisch im Prinzip rekonstruierbaren subjektiven Zufallsbegriff, und das ist der in der Biologie gängige, stellt er den präziseren objektiven Zufallsbegriff gegenüber. Er versteht darunter den nach quantentheoretischen Vorstellungen unverursachten Zufallsbegriff der Physik.[17] In diesem Fall ist eine physikalische Kausalitätsrecherche nicht nur aus wissenschaftspragmatischen, sondern offenbar aus grundsätzlichen Erwägungen nicht möglich.

Ein Beispiel zum subjektiven Zufall: Wenn sich ohne vorherige Verabredung morgen zehn mir gut bekannte, einander aber völlig fremde Menschen gleichzeitig mit mir im Kölner Dom unter dem Richter-Fenster träfen, um dort Goethes Farbenlehre zu lesen, könnte man, sofern wirklich keinerlei verdeckte wechselseitige Kenntnisnahme vorläge, von einem hochgradigen Zufall mit geradezu astronomischer Unwahrscheinlichkeit reden. Aber jeder dieser Leser hätte benennbare Gründe und Ursachen für diese gleichzeitige, im Vorhinein nicht prognostizierbare und nur aus pragmatischen Gründen zufällig genannte Koinzidenz. Der Eine wäre aus Kunst- und Literaturbeflissenheit dort, um eine Beziehung zwischen dem Richter-Fenster und Goethes Farbentheorie zu entdecken. Der andere wäre zu just dieser Zeit an diesem Ort, weil er hier Ruhe zum Lesen und die Kenntnis dieser Lektüre gleich im Germanistikseminar nötig hat. Der Dritte wäre hier, weil er den Anschlusszug verpasst und in der Bahnhofsbuchhandlung wegen des berühmten Autors dies Buch aufgegabelt hat, mit dem er sich nun in Bahnhofsnähe die Zeit vertreibt etc. Dieser auf vielfältige empirische Weise aufzufindende Begriff von Zufall ist eindeutig ein subjektiver Zufall, denn er beschreibt im Letzten eher die prognostische oder rekonstruktive Unfähigkeit des menschlichen Experimentators und nicht den in Rede stehenden Sachverhalt an sich.

Experimentell belegen Biologen das spontane und ungerichtete Auftreten von Mutationen mit dem Fluktuationstest von Delbrück und Luria (1943), mit dem Spreading-Experiment von Newcombe (1952) und der Replika-Plattierungs-

---

Mayr. Vgl. z.B. MAYR, Biologie.

16 VOLLMER, Zufall, 509f.

17 Ebd.

technik durch Lederberg (1952). Von dieser experimentellen Basis aus wird dann die Zufälligkeit der Mutationen behauptet, streng genommen aber wird nur belegt, dass die Mutation nicht zielgerichtet, sondern aufs Geratewohl erfolgt.[18]

Nun treten aber bestimmte zumeist aberrante Merkmalskombinationen, die sogenannten Hotspots, bei den Mutationen gehäuft auf. Diese klare Abweichung von einer Zufallsverteilung deutet wohl darauf hin, dass zumindest nicht von einer absoluten Zufälligkeit gesprochen werden kann, sondern allenfalls von einer, die irgendeinem Reglementierungsmodus unterliegt.

Michael Drieschner schlägt deshalb vor, den Zufallsbegriff nicht im Sinne einer Erklärungslosigkeit, sondern im Sinne einer Unidirektionalität ihrer Verursachungskette zu interpretieren: „Der Vorgang der Mutation kann durchaus naturwissenschaftlich vollständig beschreibbar sein. […] Im Sinne der Evolutionstheorie sind diese Vorgänge trotzdem ‚zufällig', denn sie sind unabhängig davon, welche Wirkung sie evtl. auf die Lebensfähigkeit ihres Organismus haben. Das ist das sog. ‚zentrale Dogma' der synthetischen Theorie. Es besagt, dass die Wirkung des Vererbungsmechanismus nur in eine Richtung geht: Veränderungen am Genotyp bewirken eindeutig bestimmte Veränderungen am Phänotyp, Veränderungen des Phänotyps oder der Umwelt können aber keine zugeordneten Veränderungen am Genotyp bewirken."[19] Man fragt sich allerdings, warum dann missverständlich und nebulös von Zufall und nicht evolutionstheoretisch klar und eindeutig von Unidirektionalität der Verursachungskette die Rede ist.

Der evolutionsbiologische Zufall resultiert, folgt man Ernst Mayr, aus folgenden Faktorenbündeln:

- Der Mutation an einem oder mehreren Genloci,
- dem Crossing over,
- der Chromosomenverteilung bei der Reduktionsteilung,
- dem Schicksal der Gameten, einschließlich der Partnerkombination und der Gametenkombination und
- dem Schicksal der Zygote.[20]

---

18 Vgl. HAGEMANN, Genetik, 107f.
19 DRIESCHNER, Zufall, 48f.
20 MAYR, Evolution, 18.

Angesichts dieses Bündels von unüberschaubaren Faktoren von Zufall zu sprechen, ist nur pragmatisch gerechtfertigt und kann nur den subjektiven Zufall meinen. Unter diesem Gesichtspunkt ist jedes Kind, insofern es aus derartigen Prozessen entstanden ist, ein bloßes Zufallsprodukt und gleichwohl kann es trotz aller unvoraussagbaren Originalität liebevoll intendiert und das ersehnte Ziel des Zeugungsaktes sein. Aus der Tatsache einer prognostischen und rekonstruktiven Unfähigkeit aber schließen zu wollen, alles vergangene Geschehen und alles zukünftige Geschehen sei absolut zufällig, setzt voraus, dass man weiß, was Zufall ist.

Ähnlich wie seinerzeit Monod behaupten auch heute einige Biologen, der gesamte biologische Prozess sei wegen seiner Zufälligkeit eben auch ziellos.[21] Just damit setzen sie aber trotz der Inkonsistenz ihres Zufallsbegriffs einen quasigöttlichen Überblick über den Gesamtprozess voraus, den sie „in drei Teufels Namen“ ja gerade vermeiden wollen. Die Selbstzuschreibung eines solchen Wissens ist nicht nur biologisch, sondern auch theologisch anmaßend.

Die Vertreter des Intelligent Design sagen, vereinfacht gesprochen: „Wir wissen nicht, wie es gegangen ist, und darum muss es eine schöpferische Intelligenz bzw. Gott gewesen sein.“[22] Aber die Position, die den subjektiven Zufall als unhintergehbar hinnimmt, kommt mit genau entgegengesetzter Absicht dieser Position gefährlich nahe: „Wir wissen nicht genau, wie es gegangen ist, also muss es der Zufall (und kann es keine schöpferische Intelligenz und kein Gott) gewesen sein“. Beide Positionen, die atheistisch naturalistische und die theistisch hypernaturalistische, sind, insofern sie weitgehend unbegründete weltanschauliche Implikate enthalten, zu bequeme Verbuchungsposten.

Wie steht es nun um die Alternative Gott oder Zufall? Wenn der Zufall ein kausalanalytisch rekonstruierbarer, empirisch fassbarer Sachverhalt sein sollte, könnte der doch nicht deshalb bestritten werden, weil er zur Annahme eines alles planenden Gottes nicht passt. Die das je Andere ausschließende Alternative „Gott oder Zufall“ ist dann keine Glaubensfrage mehr, wenn Zufall eine Tatsache ist.

Oder aber Gott und Zufall sind im Letzten keine einander wechselseitig ausschließenden Alternativen. Von theologischer Seite wäre nämlich, sicher auch

21 Vgl. WUKETITS, Evolution.
22 KUMMER, Evolution, 39.

im Sinne Schönborns, festzuhalten, dass ein Gott – vorgestellt als „Herr des Himmels und der Erde“ – Herr auch über den Zufall und nicht dessen nur gleichrangige Alternative zu sein hätte. Das hieße, es spricht nichts dagegen, den dann allerdings seiner metaphysischen Aura zu entkleidenden und näher zu klassifizierenden Zufall ggf. als Tatsache zu konstatieren, ihn aber als geschöpfliche Wirklichkeit zu qualifizieren und nicht als Alternative zu Gott. An den Notnagel eines schlecht geklärten Zufallsbegriffs sollte man weder in Gottes noch in Drei-Teufels-Namen ein gewichtiges Weltbild anzuhängen versuchen.

3.2 Zufall als Beleg für Plan- und Ziellosigkeit?

Die Feststellung, dass der objektive quantenphysikalische oder der subjektive evolutionsbiologische Zufall ein Antrieb für den evolutiven Prozess ist, führt überdies nicht zwangsläufig zur Annahme einer Ziellosigkeit. Sehr allgemein formuliert kann man sagen: Gen-, Chromosom- und Genomduplikationen verdoppeln das mutative Experimentierfeld, wobei der von der Mutation nicht betroffene Teil die „alten Hausaufgaben weiter erledigt“ und der betroffene Teil mit Neuem weiter experimentiert. Auch wenn es sich beim Phänomen Mutation natürlich nicht um einen bewusstseinsbegleiteten Prozess handelt, so kann doch der biologische Zufall formal als ein subjektloser Modus der Zielsuche interpretiert werden. Ein Ziel ist dann prinzipiell möglich, wenn auch vielleicht erst ex post als solches konstatierbar. Auch die gegenteilige Annahme, alles habe ein Ziel, impliziert nicht zwangsläufig die Existenz eines Zielsetzers. Umgekehrt stellt auch die Annahme einer Ziellosigkeit keineswegs die Nichtexistenz eines Zielsetzers sicher; denn dieser könnte schlicht die Realisierung des Ziels verabsäumt haben.

Die von Franz Wuketits häufiger vorgetragene Argumentation, dass die Evolution kein Ziel habe, erkenne man an den zahllosen abgebrochenen Ästen an ihrem Stammbaum, ist logisch substanzlos. Einmal vorausgesetzt, dass das Bild vom Stammbaum noch einen akzeptablen Erklärungswert hat, wäre festzuhalten: Alle Äste an einem Baum, und zwar auch die abgebrochenen, haben bzw. hatten ein mit Phototropismus zu beschreibendes Ziel. Sie streben zur Verbesserung der Photosyntheserate alle zum Licht. Dass sie es oft nicht erreichen, mag ursächlich für ihr Abbrechen sein. Das Abbrechen widerlegt aber nicht die im Begriff Phototropismus umschriebene Zielausrichtung. Es ist wohl ein Merkmal von Leben zumindest in seinen evolvierteren Stufen, irgendetwas, und zwar in der Regel nicht ichbewusstseinsbegleitet, intendieren zu können.

Selbstverständlich kann ein Mensch das Erreichen eines Zuges am Bahnhof als Ziel gehabt haben, auch wenn er ihn durch sein Zuspätkommen verpasst oder durch Verlaufen nicht einmal den Bahnhof erreicht. Das Misslingen eines Vorhabens ist kein Beleg für die Nichtexistenz eines Ziels. Und wenn der zu spät gekommene potentielle Bahnfahrer auf eben diesem Bahnsteig die Frau seines Lebens trifft, so lässt sich sogar festhalten, dass auch das Nichterreichen von Zielen zielbildend wirksam sein kann. Auf die sich in Bezug auf nicht (ich-)bewusstseinsbegleitete Prozesse anschließende Frage, wer denn im Singular oder Plural das Subjekt dieses Zielsetzens und Zielhabens sein sollte oder könnte, gibt die Biologie natürlich keine Antwort.

Man könnte auch den objektiven quantenphysikalischen Zufall als einen zumindest prima facie subjektlosen zielgerichteten Prozess deuten. Wenn Uran zu Blei zerfällt, ist der Modus des Zerfalls einzelner Uranatome zufallsgesteuert. Auch die Dauer des Vorgangs, gemessen als Halbwertszeit und das Ziel, nämlich Blei, sind für diesen Prozess recht präzis angebbar. Das Junktim von Zufälligkeit und Ziellosigkeit ist also keineswegs zwingend. Ein im Vorhinein das Ziel setzende Subjekt ist dabei nicht erforderlich oder zumindest naturwissenschaftlich nicht erkennbar.

Aber vielleicht sollte man aus Gründen größerer terminologischer Klarheit lieber vom Ergebnis eines physikalischen, chemischen, biologischen Prozesses reden, soweit man kein veranlassendes Subjekt dingfest machen kann. Philosophisch kommt man aber nicht umhin, in Rechnung zu stellen, dass Subjekte sich der Ergebnisse von subjektlosen Prozessen bedienen, um Ziele zu verfolgen, die aus den Prozessen selber nicht ersichtlich sind.

Auch das Lottospielen kann, obschon es ganz vom subjektiven Zufall abhängt, sehr wohl als zielgerichteter Versuch interpretiert werden, mit kleinem Einsatz zum Millionär zu werden. Und wenn Millionen von Lottospielern Woche für Woche keinen Cent gewinnen, also das Ziel nicht erreichen, kann daraus nicht geschlossen werden, es läge kein Ziel, sprich keine Bereicherungsabsicht vor. Die finanziell ergebnislosen Lottotipps sind überdies die Bedingung der Möglichkeit finanziell ergebnisreicher Lottotipps. Der objektive wie der subjektive Zufall können demnach sehr wohl der Modus einer Zielsuche und Zielfindung sein.[23] Dass man einem Prozess ein Ergebnis zuschreiben kann, schließt keineswegs aus, dass dieses selbst ein Ziel oder Zwischenziel ist.

Ganz gleich, ob man sich zur Seite der Zufalls- oder der Notwendigkeitsgläubigen schlägt, immer ergibt sich ein Deutungsbedarf: Die Missionare der „totalen Notwendigkeit" könnten diese deuten als göttliche Fügung oder als blindes Verhängnis. Und die Missionare der „völligen Zufälligkeit" könnten diese auch deuten als irrelevanten oder gottgelenkten Zufall. Vermutlich wird das weitere Nachdenken über die wohl nur scheinbar so eindeutige Alternative von totaler Notwendigkeit einerseits und völliger Zufälligkeit andererseits als fließenden Übergang zwischen beiden die Wahrscheinlichkeit bzw. einen Wahrscheinlichkeitsgradienten ausmachen. Das wusste schon Leibniz. Und auch hier bleibt letztlich eine Deutungsmöglichkeit oder ein Deutungsbedarf.

4. Von der Planlosigkeit über den Trend zum Plan?

Auch wenn sie keinen Planer in Rechnung stellen, haben Biologen kein Problem damit, von Plänen zu sprechen. Sie sprechen z.B. vom Bauplan der Vertebraten oder vom Entwicklungsplan der Mollusken oder von einem ex post in der Phylogenese des Equiden zu erkennenden Plan. Die Annahme einer Planlosigkeit liegt ihnen so gesehen fern.

4.1 Pläne in der Biologie

Selbst wenn Biologen von einem präformierten Plan sprechen, etwa von dem im Erbgut, dann haben sie auch dafür keinen Planer vorgesehen. Der etwa in der Ontogenese umgesetzte Plan ist das Ergebnis eines subjektlosen Mutations-Selektions-Prozesses in der Phylogenese, durch den das für den Plan relevante

23 Vgl. auch MUTSCHLER, Schöpfungsglaube, 316ff.

molekular codierte Datenmaterial angelandet wird. Die Differenz besteht also nicht in der Annahme eines Plans, sondern in der Annahme eines präformierenden Planers, d.h. in der Behauptung der absoluten Subjektlosigkeit evolutiver Prozesse. Aber sind die Evolutionsprozesse wirklich absolut subjektlos? Zwar kann das biologische Individuum sein Genom nicht planmäßig und selbststeuernd verändern, wohl aber kann es sich bestimmten positiv oder negativ selektierenden Milieus (Temperatur, Feuchtigkeit, Licht etc.) entziehen oder zuwenden. Das Lebewesen kann also durch sein Verhalten die zweite Steuerungsgröße, den Einfluss der Sektion auf seine individuelle Existenz, beeinflussen. Das heißt, die für zahllose Arten nachweisbar vorhandene Intentionalität muss in die Überlegungen zum Thema Plan eingehen.

Aus dem Vorhandensein eines Plans auf einen Planer zu schließen, ist nicht zwingend. Aber angesichts eines naturwissenschaftlich beschreibbaren Plans einen vielleicht nur naturwissenschaftlich nicht oder prinzipiell nicht greifbaren Planer auszuschließen, ist ebenso wenig zwingend. Ein solcher Schluss wäre nicht einmal dann zwingend, wenn man voraussetzt, ausschließlich naturwissenschaftlich fassbare Entitäten seien real existent und die Menge der naturwissenschaftlich fassbaren und der real existenten Entitäten sei identisch. Schließlich ist die starke und permanente Ausweitung des naturwissenschaftlich Fassbaren ein Indiz dafür, dass wir zu keinem Zeitpunkt das naturwissenschaftlich Sagbare auch nur annähernd vollständig präsent hätten.

Nun gibt es Pläne, die mit ihrer Erstausfertigung nicht endgültig fertiggestellt sind, sondern in einen permanenten, rekursiven Überprüfungs- und Optimierungsprozess überführt werden. Ein solcher Plan ist erst dann fertig, wenn auch das Geplante selbst fertig ist.[24] Aber was kann man beim weltanschaulich unvoreingenommenen Blick auf die Evolution erkennen? Man kann, man muss wohl Trends erkennen, z.B. den von geringerer zu höherer Komplexität. Das heißt nicht, dass alle Arten, Gattungen, Familien, Ordnungen, Klassen und Stämme permanent diesen Trend zur Komplexifikation erkennen lassen; es gibt schließlich noch immer Einzeller und wird sie wohl immer geben. Das heißt aber wohl, dass

24 Durch solche baubegleitende Planung soll auch das berühmte Aachener Klinikum entstanden sein, von dem böse Zungen behaupten, man sehe ihm das auch an.

der Trend zur Komplexifikation – einschließlich seines unbestrittenen vielfältigen Scheiterns – aufs Ganze gesehen nicht von der Hand zu weisen ist. Es gab eben nicht immer Vielzeller. Dass dieser Trend in den unendlich erscheinenden Weiten unserer Erdgeschichte nicht bekannt war, ist nicht verwunderlich. Wem auch sollte er erkennbar sein? Eben dieser „trendige" Komplexifikationsprozess ist aber im flüchtigen Aufblitzen unserer Kulturgeschichte durch die Komplexifikation der Gehirne, eben diesen Gehirnbesitzern erkennbar geworden. Wir hätten es also mit einem Plan zu tun, der dem Träger dieses Plans erst durch dessen Realisierung bewusst werden konnte, bewusst geworden ist. Oder bildlich gesprochen: Der Weg über ein tief verschneites Feld entsteht da, wo sich die mehr oder weniger zufällig gesetzten Anfangsspuren verdichten. Aus einem Trend zur Durchquerung entsteht der Weg der Durchquerung, von dem man nicht im Vorhinein, wohl aber im Nachhinein einen Plan machen, in dem man einen Plan erkennen kann. Wie der Weg durchaus kontingent beim Gehen entsteht, so der Plan des Lebens beim (Über-)Leben, und der ist ex post erkennbar.

4.2 Pläne und das Bewusstsein von Plänen

Leben sei selbst ein erkenntnisgewinnender Prozess, Leben sei Lernen, hatten die Vertreter evolutionärer Erkenntnistheorie immer wieder festgestellt.[25] Kein Vogel hat über die Gesetze der Aerodynamik nachgedacht, nachdenken können, als er sich via Mutation und Selektion an den Lebensraum Luft anpasste. Aber wir Menschen können die Gesetze der Aerodynamik aus seinem Körperbau und Verhalten ablesen. Kein Fisch hat über die Gesetze der Hydrodynamik nachgedacht, nachdenken können, als er sich via Mutation und Selektion an die Verhältnisse im Lebensraum Wasser anpasste. Aber wir Menschen können sie aus seinem Körperbau und Verhalten ablesen. Ohne dass die Klassen der Fische oder Vögel es gewusst hätten oder wüssten, haben sie planvoll einen Bauplan von derartiger Präzision akkumuliert, dass aus ihm eben diese Gesetze für den Menschen herleitbar sind. Ob die Vögel und Fische im Verlauf ihrer Phylogenese je die Einsicht in den mit ihnen nahezu präzis realisierten Plan gewinnen, ist zu-

---

25 Vgl. LORENZ, Rückseite; RIEDL, Biologie.

mindest fraglich. Erkennbar ist jedenfalls, dass die Perfektionierung eines Trends zum ex post erkennbaren Plan völlig unabhängig vom Bewusstseinsstand des Lebewesens ist, das diesen Weg realisiert.

Menschen können beim Rückblick auf ihre individuelle Ontogenese Pläne herauslesen oder hineinlesen. Ob sie auch für ihre Phylogenese also ex post und retrognostisch auf einen Plan und ein zukünftiges Ziel hin extrapolieren können, lasse ich einmal offen. Nur einen solchen Gesamtplan mit waghalsiger Prognostik im Vorhinein zu behaupten oder auch mit einer ähnlich waghalsigen Prognostik im Vorhinein zu bestreiten, das erscheint eher vermessen als angemessen. Man kann einerseits schließlich nicht mit der voreiligen Weihnachtsbescherung einer nassforsch behaupteten Plan- und Zielangabe der Gesamtevolution in die Adventszeit einer intellektuell redlichen Suche danach einfallen.

Man kann aber auch, wie dargelegt, andererseits aus der Einsicht in einige wenige Evolutionsmechanismen, z.B. aus dem subjektiven Zufall, keineswegs auf die Plan- und Ziellosigkeit des Gesamtunternehmens Evolution schließen. Und man kann schon ganz und gar nicht als ein armseliger Teilnehmer an dieser Gesamtevolution mit dem ungeklärten Zufallsbegriff fuchtelnd einen Planer oder Designer zwingend ausschließen. Als zeitweiliger und extrem kurzzeitiger (manchmal kurzweiliger) Teilnehmer an einer auf Zukunft hin offenen Evolution, deren Ende wir also per definitionem nicht überblicken, können wir uns ein abschließendes Urteil über die Geplantheit oder Ungeplantheit dieses Prozesses eben nicht anmaßen. Wir können bestenfalls datengestützte Vermutungen äußern und theistische oder atheistische oder agnostische Glaubensbekenntnisse formulieren.

Vielleicht erscheint sie ein wenig gewagt, gleichwohl will ich die folgende Frage nachschieben: Wie gerät der Mensch an (s)einen Gott? Ob auch die Tatsache, dass es keine menschliche Kultur auf dieser Erde gibt, die nicht durch Artefakte und Verhaltensweisen für sich die Dimension des Religiösen erschlossen hätte, ein Hinweis auf diese umfassendere Realität ist? Nur wir Menschen, blind wie die Vögel für die Aerodynamik und blind wie die Fische für die Hydrodynamik, können noch nicht wahrnehmen, was in der Evolution religiös in uns und mit uns vorgeht und uns existentiell angeht? [26] Vielleicht – sit venia verbo –

26 Näheres zu dieser Frage in LÜKE, Religiosität.

zieht der liebe Gott ja, wenn er inkognito bleiben möchte, den grauen Kittel an, den wir Menschen Zufall nennen.

5. Die Offenheit von Evolution und Evolutionstheorie

Die Evolution als im ersten Ursprung unevaluierbarer, außerordentlich komplexer und ergebnisoffener Prozess und die Evolutionstheorie als unabgeschlossene Theorie erlauben Vermutungen, aber keine mit Naturwissenschaftsanspruch auftretenden Aussagen darüber, ob das entwickelte oder sich entwickelnde Design mit oder ohne Designer entstand.

5.1 Entwicklungsstadien des Darwinismus

Im der eingangs erwähnten Zeitungskolumne sagt Kardinal Schönborn: „Jedes Denksystem, das die überwältigende Evidenz für einen Plan in der Biologie leugnet oder wegzuerklären versucht, ist Ideologie, nicht Wissenschaft." Und dabei hat er insbesondere den Neodarwinismus vor Augen. Die in diesem Pressebeitrag notwendigerweise dürftigen Ausführungen Schönborns und die z.T. heftigen Reaktionen darauf vermitteln den Eindruck, dass hier wohl mit Kanonen auf Spatzen geschossen wird.[27] Ist das die Symptomatik eines gekränkten Unfehlbarkeitsanspruchs, diesmal aufseiten der Evolutionstheorie?

Einer der Beschwerdeführer, der Theoretische Biologe Manfred Laubichler von der Arizona State University, bezeichnet den Neodarwinismus als „ein historisch überholtes Stadium der Evolutionstheorie".[28] Wenn das so ist, dann hieße das, hier schießt ein in biologischer Hinsicht aktuell nicht ganz orientierter

---

27 Im Wiener Standard sprachen die austro-amerikanischen Professoren Laubichler (Theoretischer Biologe an der Arizona State University), Müller (Theoretischer Biologe an der Universität Wien), Fontana (Systembiologe an der Havard University) und Wagner (Evolutionsbiologe an der Yale University) von „himmelschreiender Arroganz" und charakterisierten Schönborn als „jemand, der es gewöhnt ist, vatikanische Intrigen zu spinnen" und der „nicht nur die Evolutionstheorie sondern die gesamte Naturwissenschaft diskreditieren" ja sogar „die Wissenschaft an sich nicht nur als marginal sondern als grundsätzlich teuflisch [...] stigmatisieren" wolle. Online unter http://derstandard.at/2110039/Pro--Kontra-Diskussionswuerdige-Kritik-oder-fundamentalistische-Provokation?seite=7 [Stand 21.05.2012]

28 LAUBICHLER, Glaube.

kirchlicher Würdenträger auf einen Pappkameraden aus der Vergangenheit, auf den Neodarwinismus, und eine durchaus nennenswerte Gruppe von Fachbiologen der Gegenwart reagiert, wie wenn es ihren besten Freund getroffen hätte und singt: „Ich hatt' einen Kameraden". Allein das Faktum, dass von einem Neodarwinismus, einer Frankfurter Evolutionstheorie, von der Systemtheorie der Evolution oder von einer Synthetischen Theorie gesprochen wird und nicht mehr von einem Darwinismus, dokumentiert die Novellierungs- und Präzisierungsbedürftigkeit der Evolutionstheorie, die, soweit ich sehe, in der Biologie völlig unbestritten ist. Darwin selber war in manchen seiner biologischen Positionen nachweisbar ein Lamarckist und kein Darwinist.

Es ist eine Tatsache, dass dem Darwinismus wie dem Neodarwinismus und der Synthetischen Theorie wie den soziobiologischen Einlassungen zum Thema Evolution zahlreiche Häutungen nachzuweisen sind und dass sie, wie ich behaupte, bis heute nicht im Verpuppungsstadium sind, geschweige denn die endgültige Imago erreicht haben. Dass die Evolution wie auch die naturwissenschaftliche Theorie über sie, definitiv unfertig ist, ist kein Problem! Diese Offenheit, die nicht Regellosigkeit oder Beliebigkeit bedeutet, ist eine Stärke und kein Manko der Evolutionstheorie. Selbstimmunisierungsversuche, wie sie bei manchen Biologen zu beobachten sind, sind daher auf dem notwendigen Weg einer perfekteren Ausarbeitung der Evolutionstheorie kontraproduktiv. Die Vertreter der Synthetischen Theorie der Evolution könnten umgekehrt die Frage stellen, ob die biologisch begründungslos vorgetragene Behauptung eines Plans und obendrein eines Planers nicht ihrerseits Ideologie und eben keine Wissenschaft ist.

5.2 Evolutionstheorie als historische Wissenschaft

Dass die Evolutionstheorie eine naturwissenschaftliche Theorie ist, steht außer Frage. Aber sie ist eben nicht nur das. Der Konstanzer Evolutionsbiologe Axel Meyer führt als Argument gegen die Vorstellung vom Intelligent Design an: „Wissenschaftlich hat die ID-Idee keinerlei Aussage- oder Vorhersagekraft, wie es von wissenschaftlichen Theorien erwartet wird."[29] Die biologische Aussage-

29 MEYER, Evolution.

kraft der kreationistischen Vertreter des Intelligent Design mag wirklich gegen Null tendieren. Der Vorwurf, keine oder eine allenfalls schwache Vorhersagekraft zu haben, trifft aber auch die Evolutionstheorie selbst. Auch sie entwirft keine Zukunftsszenarien. Die Evolutionstheorie kann die Evolution nämlich nicht auf den Prüfstand wiederholter Experimente stellen. Allein durch Retrognosen kann die Evolutionstheorie die Richtigkeit ihrer Thesen belegen, d.h. sie muss Prozesse der Vergangenheit erforschen und das Auftreten von Missing Links mit einer bestimmten Merkmalskombination postulieren und paläontologisch oder paläoanthropologisch verifizieren. Wo ihr das gelingt, erweist sie sich als vertrauenswürdige Wissenschaft. Sie kann dann die Datenbestände aus der Vergangenheit auf die Zukunft hin extrapolieren, um zu im weiteren Zeitverlauf nach und nach vielleicht überprüfbaren Vorhersagen zu kommen.

Aus ihren retrognostischen Gewissheiten erwachsen nun beileibe keine prognostischen Gewissheiten, denn auch die präziseste Recherche der Vergangenheit enthält keine letzten Gewissheiten über die Zukunft. Aber mit der Unfähigkeit zu prognostischen Gewissheiten steht und fällt doch nicht die Evolutionstheorie mit ihrem wissenschaftlichen Anspruch. Niemand wird die Qualität und den Wert der historischen Wissenschaft davon abhängig machen, ob und mit welcher Präzision sie Prognosen über die Zukunft zu machen imstande ist.

Mit Organismen, die kurze Generationszyklen aufweisen, kann die Evolutionstheorie gleichwohl Modellexperimente durchführen und z.B. an Bakterien und in Bezug auf einen Gradienten toxischer Substanzen Evolutionsmechanismen wie etwa die Entstehung von Resistenzen u.a. studieren, um Rückschlüsse auf mögliche Vorgänge in der Vergangenheit und in sehr begrenztem Maße auch in der Zukunft zu tätigen.

Axel Meyer charakterisiert die faktisch ablaufende Evolution als eine Form von „Bastlertum – und eben nicht Ingenieurwesen.“[30] Das ist der Versuch aus der Defizienz dessen, was ist, ein Argument gegen die Annahme eines perfekten Designers, sprich eines Schöpfergottes, zu formulieren. Dieses Argument trifft vielleicht einige Kreationisten, bewirkt aber in Bezug auf die Schöpfungstheologien nahezu nichts. Denn dort wird ja z.B. der Mensch als das noch nicht perfekt

30 Ebd.

gewordene Werdewesen, nicht einfach nur als Objekt, sondern auch Subjekt dieses Werdeprozesses angesehen. Überdies scheinen die Grenzen von Bastlertum zu Ingenieurswesen wohl auch fließend zu sein. Immerhin gibt es exzellente Ingenieure, die als Bastler begonnen haben oder gar Bastler geblieben sind.

5.3 Intelligible Strukturen – anthropisches Prinzip?

Der Begriff Intelligent Design ist durch die kreationistische Inanspruchnahme wohl endgültig diskreditiert. Gleichwohl enthält dieser Begriff den bedenkenswerten Aspekt der aller Natur unbestreitbar inhärenten Intelligibilität. Bezeichnet diese Intelligibilität den Umstand, dass die Bedingungen, die aus der Singularität des sogenannten Urknalls entstanden sind, also die schwache und die starke Kernkraft, die elektromagnetische und die gravitative Kraft, just so sind, dass sich Evolution ereignen und dass Leben entstehen konnte, dass die zur Entstehung von sogar menschlichem Leben notwendigen Bedingungen gegeben waren? Oder bezeichnet diese Intelligibilität, wie manche Verfechter eines starken anthropischen Prinzips meinen, den Umstand, dass aus diesen Anfangsbedingungen Leben entstehen musste, dass also nicht nur die notwendigen, sondern auch die hinreichenden Bedingungen für Leben und menschliches Leben im Urknall realisiert waren? Auch für diese Annahme oder Behauptung gäbe es kein prinzipielles Denkverbot, sondern nur eine dringende Beweispflicht. Ist damit all die vielleicht nur medial angeregte oder angerichtete Aufgeregtheit über Intelligent Design gegenstandslos?

Es erscheint, weil dies weniger diskreditiert und damit weniger missverständlich ist, sinnvoller, von intelligiblen Strukturen als von Intelligent Design zu reden. Denn dass das aus dem „Urdesign des Urknalls“ Hervorgegangene eine intelligible Struktur hat, ist doch überhaupt nicht zu bestreiten. Diese intelligible Struktur ist die Bedingung der Möglichkeit aller Wissenschaft und Erkenntnis.[31] Ohne sie wären weder intelligible Prozesse noch intelligible Lebewesen möglich.

Ob der uns durch die Plancksche Mauer verwehrte Zugriff auf das Geschehen jenseits der 10 hoch minus 43 Sekunden ein Ereignis zeigt, dass geplant oder

---

31 Vgl. auch SCHOCKENHOFF, Evolutionslehre.

zufällig oder zufällig geplant oder geplant zufällig ist, vermag doch niemand diesseits der Planckschen Mauer zu sagen.

Die intelligiblen Strukturen der uns umgebenden Welt übersteigen unser derzeitiges intellektuelles Fassungsvermögen offenbar bei Weitem. Das nötigt zu der Frage, woher sie kommen. Wir landen mit diesem gedanklichen Schritt bei der doch höchst ehrenwerten und intellektuell redlich zu führenden Debatte um das Anthropische Prinzip. Warum gibt es am Anfang aller Grunddaten der Physik diesen außerordentlich unwahrscheinlichen und schmalen Parameterkorridor? Er ist die unbestritten notwendige Bedingung der Möglichkeit dafür, dass es eine physiko-chemische Evolution, wie sie z.B. das Periodensystem der Elemente beschreibt, geben konnte. Er ist die unbestrittene Bedingung der Möglichkeit dafür, dass es die – mit Popper gesprochen – von der Amöbe bis Einstein reichende und hoffentlich noch darüber hinausweisende biologische Evolution gibt. Dieser schmale Parameterkorridor des Anfangs ist die Bedingung der Möglichkeit dafür, dass – wie die dritte Stufe einer Rakete – auf der Basis der chemischen und biologischen Evolution eine kulturelle Evolution starten konnte, die sich erstmals der notwendigen Bedingungen ihrer Möglichkeit bewusst wird.

Hier, und zwar jenseits der und in beiderseitiger Anerkennung der physikalisch-chemisch-biologisch erhobenen Daten zur Evolution, gibt es also unterschiedliche Überzeugungen und Deutungen, für die mit hoffentlich guten Gründen geworben werden kann. Anzunehmen, dass die unglaublich komplexe intelligible Struktur einen wie auch immer gedachten, jedenfalls aber intelligiblen Designer voraussetzt, ist doch nicht unter Niveau, sofern man ihn sich nicht vorstellt wie einen Töpfer, der normierte Fertigprodukte herstellt. Um es mit Teilhard de Chardin zu sagen: Dieser Designer macht eine Welt, die sich macht. Und dass sie sich macht und wie sie sich macht, sagt mit aller ihr nur irgend möglichen Präzision die Evolutionstheorie. Ob es diesen Designer gibt, sagt sie uns nicht, weil dieser Designer einer sich machenden Welt, selber nicht deren noch werdender Bestandteil ist, sich eben nicht in empirisch fassbarer Weise ans Werk macht.

5.4 Unerledigte theologische Hausaufgaben

Theologisch wird bei der ursprünglichen Schöpfung an die „Ursache" aller Ursachen oder besser an den Verursacher aller Ursachen gedacht. Diese creatio originalis wird in der christlichen Theologie als creatio ex nihilo gedacht. Hinsichtlich dieser creatio ex nihilo gibt es keine Diskrepanzen mit den Naturwissenschaften, weil die nicht das voranfängliche Nichts, sondern immer ein Etwas, und seien es Quantenfluktuationen, zum Gegenstand haben. Es gibt dabei also keine strittigen Schnittmengen. Aber bei der Behauptung einer creatio continua da stehen der Schöpfungstheologie durchaus noch Aufgaben ins Haus. Bei der verbreiteten Annahme, Gott wirke nicht unmittelbar, sondern durch Zweitursachen, ist das anstehende Problem nicht gelöst. Denn die Zweitursache, z.B. ein bestimmter Mensch oder ein physikalischer Prozess, ist seinerseits ein materielles Objekt, das nach Auskunft der Physik nur mit einer materiell zu denkenden Erstursache wechselwirken könnte, zumindest ist anderes mit der naturwissenschaftlichen Elle bisher nicht messbar.

Die creatio continua darf nicht als eine nachträgliche, die vorgängige creatio ex nihilo erst noch perfektionierende gedacht werden. Vielmehr sind von Gott her beide Kreationsformen als Einheit zu denken, wenn man das Sein und Tun des zeitlosen Gottes nicht unangemessen anthropomorph verzeitlichen will. Das scheint schon aus theologischer Perspektive evident. Dass die Schöpfertätigkeit Gottes nicht in zwei Teilinitiativen zu zerlegen ist, bei der Gott erst ein Produkt von zweifelhafter Qualität erstellt (creatio ex nihilo) und sich in Kenntnis von dessen Unzulänglichkeit zugleich noch den Wartungsvertrag für die nachträgliche Produktbetreuung (creatio continua) erteilt, erscheint mir ebenso zwingend, wenn man Gottes Schöpfertätigkeit nicht als defizitär abqualifizieren will. Man wird also die Zerlegung des schöpferischen Handelns Gottes in zwei für sich selbst defizitäre Teilinitiativen als Artefakt aus der Geschöpfesperspektive charakterisieren und sich an die gedankliche Bewältigung einer Identität von creatio ex nihilo und creatio continua heranwagen müssen.[32]

32 Zur Bewältigung dieser theologischen „Hausaufgaben", das Handeln Gottes in der Welt zu denken, vertritt Dieter Hattrup in seinem Werk „Einstein und der würfelnde Gott" einen quantenphysikalischen Denkansatz. Ich selber habe einen relativistischen Ansatz ins Spiel

6. Fazit – Forderungen an einen interdisziplinären Diskurs

Für die heutige intellektuelle Großwetterlage trägt die aufgeregt-polemische Debatte um das Intelligent Design einen völlig unangemessenen begrifflichen Retro-Look. Man kann nur dringend davor warnen, weiterhin theologischer- wie biologischerseits ideologiebelastete Ladenhüter der Vergangenheit ins wissenschaftliche Schaufenster der aktuellen Aufmerksamkeit zu stellen.[33] Man darf keinem der beteiligten Dialogpartner mehr eine hermeneutische oder evolutionstheoretische Ahnungslosigkeit durchgehen lassen, wenn der Diskurs irgendeine Aussicht auf Erfolg, d.h. auf ein wechselseitiges Verstehen oder wenigstens auf einen Verständniszuwachs haben soll. Ein interdisziplinärer Diskurs ist kein undisziplinierter oder disziplinloser Diskurs.

Zumeist Theologen wollen auf der einen Seite zu viel, eine über die anscheinende Geplantheit belegte demonstratio religiosa ad occulos, dass es ein Ziel und einen Planer und Zielsetzer, nämlich einen Gott, geben muss. Das ist der Fehler, den auch schon der Antimodernisteneid von 1910 beging, der über die schon für sich sehr weit reichende dogmatische Konstitution „Dei Filius“ von 1870 hinausschritt und nicht nur die Erkennbarkeit, sondern sogar Beweisbarkeit Gottes behauptete.[34] Was die Position verstärken sollte, hat sie in Wirklichkeit geschwächt.

Einige unter den Evolutionstheoretikern wollen auf der anderen Seite zu viel, nämlich eine über die Stellgrößen mutativer Zufall und selektive Notwendigkeit geregelte, ebenso zwingende demonstratio areligiosa ad occulos, dass es kein Ziel, keinen Planer, keinen Zielsetzer, also auch keinen Gott geben könne. Der hier zu beobachtende Atheismus hat geradezu missionarische Züge.[35] Gegen anderslautende Positionen greifen diese Autoren dann auch schon mal zu polemisch angeschärften Diktionen, wie man sie von dem zweifelsohne großen Mee-

gebracht, siehe LÜKE, Bio-Theologie.

33 So titelte der SPIEGEL in seiner Weihnachtsausgabe 2005: Gott gegen Darwin. Glaubenskrieg um die Evolution.

34 Dogmatische Konstitution Dei Filius: DH 3004; Antimodernisteneid DH 3537–3550, insbesondere 3538. Zur genaueren Analyse vgl. LÜKE, Beitrag.

35 Hier haben sich besonders Richard Dawkins mit seinem Werk „Der Gotteswahn“ (Berlin 2007) und Christopher Hitchens mit seinem „Der Herr ist kein Hirte“ (München 2007) als wenig dialogfähig hervorgetan.

res- und Evolutionsbiologen Ernst Haeckel her gewohnt war. Aber letzterer ist seit fast einhundert Jahren tot und manche seiner Positionen auch.

Was ist das Ergebnis des Disputs von Intelligent Design versus Evolution: Es empfiehlt sich, theologischerseits nicht mehr den Begriff Intelligent Design zu verwenden, weil der mit biblizistisch-kreationistischen Missverständnissen belastet ist. Wenn man damit aber ausdrücklich das Ergebnis des sogenannten Urknalls, also das Produkt aus der Singularität des Anfangs bezeichnen will, dann ist es kaum zu bestreiten, dass da auf Intellegibilität hindeutende Ausgangsbedingungen und Strukturen vorliegen, wie die Debatte um das Anthropische Prinzip zeigen kann. Der Beweis für einen gar noch personal gedachten Designer – dies sei den Theologen gesagt – ist damit nicht erbracht, die Möglichkeit seiner Existenz – dies sei den Biologen gesagt – bleibt damit allerdings prinzipiell offen.

Von dem beiderseits nicht bestrittenen Vorhandensein hochkomplexer (Bau-) Pläne auf einen personal gedachten Planer zu schließen, ist demnach nicht zwangsläufig intellektuell unredlich und unstatthaft, aber eben auch keineswegs zwingend. Die Schlüsse mancher Evolutionsbiologen von einem nicht als objektiv, sondern als subjektiv zu klassifizierenden Zufall auf eine prinzipielle Ziellosigkeit und die daraus angeblich folgende prinzipielle Unmöglichkeit eines Planers erweisen sich als intellektuell unzureichend bis haltlos. Unhaltbar sind auch die Rückschlüsse einiger Theologen von der angenommenen Zielhaftigkeit auf die Unmöglichkeit von Zufall. Zielsetzung und Zufallsbeteiligung können nämlich durchaus zusammengehen. Der Zufall kann nämlich sehr wohl biologisch als Optimierungsmethodik interpretiert werden, dessen Raffinesse theologische Neugier zu wecken imstande ist.

Denkbar bleibt, dass der Mensch prinzipiell die Gänze des Plans nicht durchschaut, dessen integraler Teil er ist und bleibt. Denkbar ist, dass der Mensch, obzwar mit einer vagen Ahnung ausgestattet, den Plan deshalb nicht zur Gänze durchschaut, weil er prinzipiell dessen integraler Teil bleiben muss und nicht dessen unbeteiligt außen- und gegenüberstehender Beobachter sein und werden kann.

Manchmal treten Biologen auf, die den gläubigen Menschen einschließlich ihrer Theologen erklären möchten, dass die Glaubenssysteme inhaltlich unsinnig und nichts als soziokulturelle Produkte einer Darwinschen Evolutionstheorie seien. David Sloan Wilson z.B. ist in neuester Zeit als biologischer Theologenaufklärer aufgetreten.[36] Durch diese frei erfundene religiöse Scheinwelt oder Hinterwelt falle es der biologischen Art Mensch leichter, mit der wirklichen Welt klarzukommen. Sie produziere nämlich in von ihr selbst nicht recht durchschauter Logik durch religiöse Praxis das biologisch relevante „brutpflegefreundliches Milieu".

Und dann erklärt sich ein solcher Aufklärer, nachdem er erklärt hat, was Religion wirklich ist, selbst stolz zum Atheisten, was auch immer das heißen mag. Das erinnert mich stark an jemanden, der in der Jahresversammlung des Schachvereins erklärt, Schachspiel sei eine dialogisch strukturierte Übung zur Perfektionierung motorischer Fähigkeiten, und zwar der feinmotorischen beim Tisch- und der grobmotorischen beim Rasenschach. Und darin bestünde ihr vom Schachspieler nicht durchschauter Sinn und ihr biologisch beschreibbarer evolutiver Mehrwert. Wenn dann der Aufklärer zur Unterstreichung seiner Objektivität versichert, die Regeln, deren Existenz vom Schachspieler behauptet werden, seien völlig belanglos und der Kenntnisnahme nicht bedürftig, oder gar, er, der Aufklärer, kenne sie auch gar nicht, dann mag man dieser Art von Aufklärung doch nicht die entscheidende Trenn- und Tiefenschärfe beimessen.[37] Vielleicht ist diese Meinung für den, der sie vertritt, gut genug, nachdenklichen Menschen erscheint sie schnell unzureichend. Wie wohltuend ist dagegen die Position dessen, der wie Habermas, bevor er generell den genuinen Sinn von Religion bestreitet, es immerhin für möglich hält, dass nur er selbst „religiös unmusikalisch" ist.

Es kann kein Zweifel sein, dass die seit Darwin wissenschaftlich erheblich weiterentwickelte Evolutionstheorie nicht nur eine biologische, sondern eine naturwissenschaftliche Zentraltheorie ist. Ihre Ausweitung zu einer Allerklärungstheorie mit umfassender Deutungshoheit auch auf den Gebieten Ethik, Religion, Philosophie, Sozialwesen etc., wie es einige Biologen und Philosophen[38] befürworten, macht allerdings aus einer guten naturwissenschaftlichen, eine schlechte philosophische Theorie. Eine derartige Dilatation zu einer angeblich

---

36 Wilson ist Professor am Department of Biology and Anthropology an der Binghampton University im US-Bundesstaat New York.

37 BAHNSEN, Nutzen.

38 Vgl. WUKETITS, Menschenbild. Ganz ähnlich KANITSCHEIDER, Natur.

nichtmetaphysischen Hypertheorie mit den „Dogmen“ zufällige Mutation und reproduktive Selektion, ist die Erfindung eines evolutiven Großmythos, der weit über die biologischen Befunde hinaus ins Weltbildhaltige extrapoliert.

Es stellt sich die ernsthafte Frage: Wird damit nicht das evolutive Denken, sobald es den Rahmen einer biologisch begründeten Theorie überschreitet, metaphysiziert, also als eine naturwissenschaftliche Theorie, sit venia verbo, im Grunde „metafüsiliert“? Dass eine in ihrem Wesenskern inkarnatorische Religion wie die christliche, kein Problem mit biologischen, evolutionsbiologischen oder soziobiologischen und anderen Nebenbedeutungen der theologischen Hauptaussage von der Schöpfung und Menschwerdung Gottes haben muss, liegt schon implizit im Inkarnationsgedanken begründet. Dass Theologen sich aber von biologisch vielleicht klugen, hermeneutisch aber ahnungslosen Zeitgenossen nicht unter der Hand die Neben- zur Haupt- und die Haupt- zur Nebenbedeutung umfunktionalisieren lassen wollen, das liegt auch auf der Hand.

Was es in der Tat gibt, ist eine unbestreitbar solide und höchst detail- und umfangreiche wissenschaftliche Datenbasis für eine Theorie der Evolution. Was es des Weiteren gibt, ist eine mit höchster Sorgfalt und philologischer Umsicht ausgearbeitete Exegese biblischer Schöpfungsaussagen und ihre philosophisch-theologische Explikation. Und zwischen beiden liegt nicht der kreationistisch-evolutionistische Frontverlauf mit seiner derzeit so medienwirksam inszenierten Kriegsberichterstattung. Denn so wenig wie das Eine zum Gottesbeweis reicht, ebenso wenig reicht das Andere zum Gottesverweis.

Es ist dringend zu fordern, dass die evolutionsbiologischen und schöpfungstheologischen Vorgaben von der jeweils sachunkundigeren Seite zur Kenntnis genommen werden. Denn sie sind der gemeinsame Ausgangspunkt der weiteren, dann notwendig werdenden weltanschaulichen Überlegungen. Und auf dieser Basis und nicht unter Umgehung derselben gibt es in der Tat unterschiedliche weltanschauliche Deutungen ein und desselben natur- und kulturwissenschaftlichen Befundes. Dass diese weltanschaulichen Deutungen, wenn sie denn das beiderseits erforderliche wissenschaftliche Format haben, strittig sein können, sein dürfen oder sogar sein sollen, ist wissenschafts- und erkenntnistheoretisch weit weniger ein Scheitern als vielmehr eine Chance.

Literatur

BAHNSEN, U., Vom *Nutzen* der Frommen. Der Amerikanische Biologe David Sloan Wilson hält es für erwiesen, dass Glaubenssysteme nach den Regeln von Darwins Evolutionstheorie entstehen. Ein Gespräch über den Sinn der Religionen, in: Die Zeit, Nr. 52, 21.12.2005, 33.

DENNETT, D., *Süßigkeit* für den Geist. Der US-Philosoph Daniel Dennet über Darwins umstürzlerische Idee, den Ursprung der Seele und die Vertreibung Gottes durch die Naturwissenschaft, in: Der Spiegel Nr. 52, 24.12.2005, 150.

DRIESCHNER, M., „*Zufall* Mensch" – ein Missverständnis, in: Klinnert, L. (Hg.), Zufall Mensch? Das Bild des Menschen im Spannungsfeld von Evolution und Schöpfung, Darmstadt, 2007.

HAGEMANN, R., Allgemeine *Genetik*, Jena, ^{2}1985.

JONAS, H., Das *Prinzip* Verantwortung. Versuch einer Ethik für die technologische Zivilisation, Frankfurt, 1984.

JUNKER, R./SCHERER, S. (Hg.), *Evolution*. Ein kritisches Lehrbuch, Gießen, 2001.

KANITSCHEIDER, B., Im Innern der *Natur*. Philosophie und moderne Physik, Darmstadt, 1996.

KLEINE-BROCKHOFF, T., *Darwin* vor Gericht, in: Die Zeit, Nr. 44, 27.10.2005, 51.

KUMMER, C., *Evolution* und Schöpfung. Zur Auseinandersetzung mit der neokreationistischen Kritik an Darwins Theorie, in: Stimmen der Zeit, 1, 2006.

LAUBICHLER, M., *Glaube* ans Design. Ritt den Kardinal der Teufel?, in: FAZ Nr. 162, 15.07.2005, 33.

LORENZ, K., Die *Rückseite* des Spiegels. Versuch einer Naturgeschichte menschlichen Erkennens, München, ^{6}1980.

LÜKE, U., Das *Säugetier* von Gottes Gnaden. Evolution, Bewusstsein, Freiheit. Freiburg, ^{2}2007.

–, Evolutionäre *Erkenntnistheorie* und Theologie. Stuttgart, 1990.

–, *Religiosität* ein Produkt der Evolution? In: Ders., Mensch – Natur – Gott. Naturwissenschaftliche Beiträge und theologische Erträge. Münster, 2002, 58–74.

–, *Bio-Theologie*. Zeit – Evolution – Hominisation, Paderborn/München/Wien/Zürich, ^{2}2001.

–, Der *Beitrag* der Naturwissenschaften zur natürlichen Theologie und Gotteserkenntnis, in: Ders., Mensch – Natur – Gott. Naturwissenschaftliche Beiträge und theologische Erträge, Münster, 2002, 153–166.

MEYER, A., Die *Evolution* bastelt blind und ohne Plan. Eine Abrechnung mit der religiösen Denkschule des Kreationismus und Verteidigung der Lehre Darwins, in: Die Welt, 25.08.2005, 31.

MAYR, E., Evolution und die Vielfalt des Lebens, Berlin/Heidelberg/New York, 1979.

–, Das ist *Biologie*, Heidelberg, 1998.

MONOD, J., *Zufall* und Notwendigkeit. Philosophische Fragen der modernen Biologie, München, [3]1977.

MUTSCHLER, H.-D., *Schöpfungsglaube* und Naturwissenschaften, in: Kehl, M., Und Gott sah, dass es gut war. Eine Theologie der Schöpfung. Freiburg, 2006.

PONS COLLINS *Großwörterbuch* Deutsch–Englisch, Englisch-Deutsch, London/Glasgow/New-York/Stuttgart, 1. Aufl., 10. Nachdruck, 1990.

RIEDL, R., *Biologie* der Erkenntnis. Die stammesgeschichtlichen Grundlagen der Vernunft, Berlin/Hamburg, [2]1980.

SCHOCKENHOFF, E., Kann man glauben, um zu erkennen? *Evolutionslehre* und „Intelligent Design", gesehen im Licht einer Theologie der Schöpfung, in: Frankfurter Allgemeine Zeitung Nr. 199, 27.08.2005, 44.

SCHÖNBORN, C, *Ziel* oder Zufall? Schöpfung und Evolution aus der Sicht eines vernünftigen Glaubens, Freiburg, 2007.

VOLLMER, G., *Zufall* in der Biologie, in: Herder Lexikon der Biologie, Heidelberg/Berlin/Oxford, Bd. 8, o.J.

WUKETITS, F., *Evolution*. Die Entwicklung des Lebens, München, 2000.

–, Das naturalistische *Menschenbild*. Der Mensch als Produkt seiner Entstehungsgeschichte, in: Klinnert, L. (Hg.), Zufall Mensch? Das Bild des Menschen im Spannungsfeld von Evolution und Schöpfung, Darmstadt, 2007.

Christoph Klein

Seltene Erkrankungen

Neue Hoffnung für Patienten und eine Chance für die Medizin

Leiden weniger als fünf unter 10.000 Menschen an einer bestimmten Erkrankung, so wird diese als seltene Erkrankung bezeichnet. In diese Kategorie fallen beispielsweise unterschiedliche Stoffwechselerkrankungen, angeborene Immundefekte und neurodegenerative Erkrankungen des Kindesalters.

Patienten mit seltenen Erkrankungen sind in vielfacher Hinsicht benachteiligt. Sie berichten häufig von einer Odyssee, die sie von Arzt zu Arzt führte. Oft dauerte es Jahre, bis sie einen Arzt trafen, der ihre Erkrankung korrekt diagnostizieren konnte. Da die pharmazeutische Industrie mangels zu erwartender Marktkapitalisierung wenig Interesse an der Erforschung seltener Erkrankungen und der Entwicklung neuer Medikamente zeigt, gibt es für viele seltene Erkrankungen keine adäquate Therapie. Seltene Erkrankungen entstehen meist auf dem Boden kleiner Webfehler im Genom und manifestieren sich bereits im Kindes- und Jugendalter. Wie groß das Leid ist, das Betroffene und ihre Familie angesichts oft unheilbarer Erkrankungen ertragen müssen, ist offensichtlich.

Wenn auch jede einzelne seltene Erkrankung für sich betrachtet sehr selten ist, so ist die Gesamtheit aller 6.000 bis 8.000 heute bekannten seltenen Erkrankungen von großer sozioökonomischer Relevanz. Aktuelle Schätzungen gehen davon aus, dass alleine in Deutschland drei bis vier Millionen Menschen von einer seltenen Erkrankung betroffen sind. Das Schicksal dieser Patienten steht im Schatten der öffentlichen Aufmerksamkeit, denn aufgrund der Seltenheit jeder einzelnen Erkrankung werden sie nicht wahrgenommen.

Doch es gibt auch Hoffnung. Interessenvereinigungen von Patienten und von Eltern betroffener Kinder haben sich gegründet und zusammengeschlossen, um den Menschen mit seltenen Erkrankungen ein Stimme zu geben (z.B. die Allianz chronisch seltener Erkrankungen, www.achse.de; Eurordis, www.eurordis.org

oder die Care-for-Rare Foundation, www.care-for-rare.org). Die Bundesregierung stellt mittlerweile bereits vermehrt Fördermittel zur Erforschung seltener Erkrankungen zur Verfügung. Derzeit werden zwölf Forschungsnetzwerke für seltene Erkrankungen vom Bundesministerium für Bildung und Forschung gefördert (www.research-for-rare.de). Obgleich die Entwicklung neuer Medikamente nach wie vor eine große Herausforderung darstellt, so lassen sich dank neuester Forschungserfolge doch immer wieder Beispiele von innovativen Therapiemethoden aufzeigen, die dem einen oder anderen Patienten mit einer seltenen Erkrankung helfen können.

Fallbeispiel

Der achtjährige Junge S. leidet seit seinem ersten Lebensjahr an schweren Darmentzündungen, die nicht auf die konventionellen Therapiemaßnahmen ansprechen. Die Entzündungen führen zu chronischen Abszessen. Er muss sich wiederholt chirurgischen Eingriffen unterziehen. Schließlich bleibt den behandelnden Ärzten nur die Wahl, seinen gesamten Dickdarm zu entfernen. Dennoch schreiten die Entzündungen fort – der kleine Patient S. verbringt viele Monate seines Lebens in verschiedenen Spezialkliniken. Auf der Suche nach einer wirksamen Therapie haben die Ärzte und Wissenschaftler, gefördert im Rahmen eines DFG-Sonderforschungsbereiches, die Ursache dieser Erkrankung herausgefunden. S. hatte eine Mutation in einem Gen, welches eine zentrale Rolle für die Regulation des Immunsystems im Darm spielt. Dem Forscherteam gelang mit dieser Entdeckung nicht nur der Nachweis eines neuen Gendefektes, sondern sie zeigten auch die besondere Bedeutung eines Botenstoffs (Interleukin-10) für das menschliche Immunsystem auf. Für den kleinen Patienten wurde dieses Forschungsprojekt zu einem Schlüsselmoment in ganz anderer Perspektive: Das Wissen um die Krankheitsursache offenbarte eine völlig andere Therapieoption, denn S. konnte nun dank einer Knochenmarkspende seiner Schwester von seiner chronischen Darmentzündung geheilt werden und führt heute ein normales Leben, - ohne Schmerzen und ohne ständige Krankenhausaufenthalte.

Die Entschlüsselung des humanen Genoms durch zwei unabhängige Konsortien markierte einen Meilenstein der Medizin (International Human Genome Sequencing Consortium, Initial sequencing and analysis of the human genome, Nature 409, 860–921). Auch wenn die Bedeutung der meisten Gene und ein Verständnis ihrer Funktion immer noch im Dunkeln liegen, so sind heute zumindest die konstitutiven Bausteine in Form der Gene identifiziert. Mit diesem Wissen wird es möglich, die genetischen Verschiedenheiten zu kartieren. Das Genom des Menschen setzt sich aus ca. drei Milliarden Basenpaaren zusammen. Etwa 1% dieser Sequenz enthält die genetische Information für Proteine (ca. 22.500 Gene). Die Verschiedenheit der Menschen findet eine Parallele in der genetischen Information. Ob ein Mensch blonde oder schwarze Haare trägt, ist ebenso eine Frage der Gene wie die Hautfarbe. Jeder Mensch weist über eine Million Sequenzvariationen auf, die auf genetischer Ebene die individuellen Signaturen eines Menschen kennzeichnen. Allerdings ist das Genom eines Menschen keine starre Größe. Bei jeder Zellteilung wird das komplette Genom dupliziert. Dieser Prozess ist, wenn auch streng qualitätskontrolliert, fehleranfällig. Aus diesem Grunde sammelt ein Mensch im Laufe seines Lebens immer mehr genetische Veränderungen seiner Körperzellen an. Auch regulatorische Mechanismen spielen eine große Rolle, denn es kommt nicht nur darauf an, dass bestimmte Gensequenzen abgelesen und in RNA übersetzt werden. Manche Gene werden bevorzugt abgelesen, andere werden bevorzugt „stillgelegt". Die Genetik enthält eine weitere regulatorische Dimension, die Epigenetik. Doch es gibt auch einfache Modelle, die heute noch Gültigkeit haben. Der Augustinermönch Gregor Mendel hat im 19. Jahrhundert festgestellt, dass phänotypische Eigenschaften von Pflanzen nach gewissen Gesetzmäßigkeiten an die Nachkommen vererbt werden. Es dauerte nicht lange, bis der englische Pädiater Archibald Garrod erkannte, dass diese Regeln auch auf den Menschen angewendet werden können. Er studierte Erkrankungen des Stoffwechsels bei Kindern und zeigte erstmals, dass metabolische Erkrankungen einem autosomal rezessiven Vererbungsmodus folgen können. Wenn beide Eltern je eine unversehrte und eine mutierte Version eines Gens tragen, so sind sie beide gesund, vererben aber möglicherweise eine genetische Erkrankung, wenn beide Allele beim Kind zusammenkommen. Das Risiko beträgt für jedes Kind 0.25. Bei dominant vererbten Erkrankungen beträgt das Risiko 0.5.

Im Laufe der vergangenen Jahre wurden viele genetischen Erkrankungen entschlüsselt, die betreffenden Gendefekte wurden kartiert, identifiziert und in ihrer jeweiligen Bedeutung studiert. Derzeit sind ca. 3.000 Erkrankungen bekannt, die auf dem Boden eines einzigen Gendefektes entstehen. Insgesamt kennen wir aber von weniger als 20% aller Gene des Menschen ihre Funktion und gehen davon aus, dass es noch viele weitere noch unbekannte Erkrankungen gibt, die durch einen kleinen Webfehler in einem einzigen Gen hervorgerufen werden. Diese Mutationen können je nach dem betroffenen Genprodukt ganz verschiedene Auswirkungen haben. Ist beispielsweise durch die Mutation ein bestimmter Chloridkanal in den Lungenepithelzellen funktionsunfähig, so leiden die Patienten an einer Mukoviszidose. Fehlt durch eine Mutation ein bestimmtes Eiweißprotein in den Lymphozyten, so kann es sein, dass die Kinder zunächst keine Krankheitszeichen aufweisen – erst wenn sie sich mit dem Ebstein-Barr-Virus infizieren, entwickeln sie eine unkontrollierte und oft tödlich verlaufende lymphoproliferative Erkrankung, bei der es zu einer ungehemmten Aktivierung von Immunzellen kommt. Diese beiden Beispiele führen vor Augen, dass die Entstehung einer Erkrankung auf dem Boden von genetischen Webfehlern sehr komplex sein kann. Für die Entwicklung von Behandlungsmöglichkeiten ist es von großer Bedeutung, diese Zusammenhänge sehr genau zu verstehen.

Ärzte diagnostizieren Erkrankungen mithilfe verschiedener Methoden. Das Gespräch mit dem Patienten, die körperliche Untersuchung sowie bildgebende Verfahren und Laboruntersuchungen spielen bei der Diagnosefindung eine große Rolle. Im Zeitalter der „genomischen Medizin“, welche mit der Entschlüsselung des humanen Genoms am Anfang des 3. Jahrtausends begonnen hat, kommt die neue Dimension der individuellen genetischen Charakteristika jedes Patienten hinzu. Noch steht die Medizin ganz am Anfang dieser umwälzenden Entwicklungen, doch Patienten mit seltenen Erkrankungen könnten hier einen prägenden Einfluss ausüben. In den kommenden Jahren wird es gelingen, die Gesamtheit der Erkrankungen, die auf dem Boden eines einzigen Gendefektes entstehen (monogene Erkrankungen) genetisch zu kartieren, da die technologischen Möglichkeiten den entsprechenden Laboratorien bald flächendeckend zur Verfügung stehen können. Moderne Sequenziermaschinen werden in Kürze in der Lage sein, alle Gene eines Patienten für weniger als 1.000 Euro abzulesen. Zum Vergleich: Die Kosten des internationalen Humanen Genomprojektes, in dem erstmals eine Referenzsequenz des humanen Genoms erstellt wurde, beliefen sich auf über eine Milliarde Euro. Noch vor wenigen Jahren kostete das Ablesen aller Gene eines Patienten über 100.000 Euro. Der rapide Preissturz, bedingt durch die Entwicklung neuer Instrumente, wird die klinische Diagnostik um eine Fülle genetischer Informationen bereichern. Allerdings bleiben enorme Herausforderungen bestehen, da ein Wissen um die Zusammensetzung von drei Milliarden Basenpaaren keineswegs ausreicht, um die Bedeutung einer unermesslichen Vielzahl von genetischen Sequenzvariationen in ihrer je individualspezifischen Kombination und deren Auswirkung auf komplexe zelluläre Vorgänge zu verstehen. Enorme Rechen- und Speicherkapazitäten sind nötig, um diese Informationen zu prozessieren. Wahrscheinlich wird es noch viele Jahre dauern, bis die genetischen Einflüsse auf Entstehung und Verlauf komplexer Erkrankungen von chronisch-entzündlichen Erkrankungen über Tumorerkrankungen bis zu Suchterkrankungen verstanden werden können. Wenn aber Erkrankungen durch die Fehlfunktion eines einzigen Gens erklärt werden können – und das trifft für die Mehrzahl der seltenen Erkrankungen zu – so ist bereits hier und heute die Chance auf neue, molekulare Diagnostik gegeben, selbst wenn es sich um Krankheiten handelt, die sich noch nicht in den Lehrbüchern der Medizin finden.

Das Tun und Handeln eines Arztes beschränkt sich jedoch nicht auf die Diagnose einer Erkrankung. Sein eigentliches Ziel ist es, Patienten zu helfen, im besten Fall durch eine kausale Therapie, die an den Wurzeln des Übels ansetzt und dauerhafte Heilung verspricht. Patienten mit seltenen Erkrankungen profitieren kaum von den Anstrengungen der pharmazeutischen Industrie, neue Medikamente für weitverbreitete Volkskrankheiten zu entwickeln. Große Industrieunternehmen setzen auf die Neuentwicklung von Medikamenten, um eine hohe Marktkapitalisierung zu erzielen. Im Rahmen dieser Perspektive erscheinen seltene Erkrankungen wenig lukrativ. Einige wenige Unternehmen haben sich dennoch darauf spezialisiert, Therapien für Nischenmärkte zu entwickeln. Insbesondere kleinere Firmen im Bereich der Biotechnologie sehen hier eine Chance. Bereits in den frühen Tagen der Biotechnologie keimte die Vorstellung, dass sich monogenetische Erkrankungen durch eine Gentherapie korrigieren lassen könnten. Durch eine genetische Manipulation wurden pathogene Viren, wie zum Beispiel das Human Immunodeficiency Virus (HIV), so verändert, dass sie noch als Überträger von Genen dienten, aber sich nicht mehr in den Zielzellen vermehren konnten. Diese neuen Instrumente der Gentechnologie wurden eingesetzt, um „gesunde" Gene in menschliche Zellen zu schleusen und damit die Defekte auf dem Boden einer monogenetischen Störung zu beheben. Nach vielen Rückschlägen konnte in den vergangenen Jahren von verschiedenen Gruppen gezeigt werden, dass sich dieses Prinzip der Gentherapie eignen kann, um Kinder mit seltenen monogenetischen Erkrankungen des Immunsystems zu heilen. Bislang sind die molekularen Werkzeuge noch nicht perfekt. Auch Gentherapeuten mussten die Erfahrung machen, dass es in der Medizin keine Wirkung ohne Nebenwirkung gibt. Einige der auf diese Weise behandelten Patienten haben nach der Gentherapie eine Leukämie entwickelt. Durch die ungerichtete Integration der Genfähren in verschiedene Areale des Genoms kam es zur unkontrollierten Aktivierung von benachbarten Genen, ein erster Schritt von vielen in Richtung zu einer unkontrollierten Expansion der Zellen. Aktuelle Forschungsschwerpunkte im Feld der Gentherapie sind die Optimierung der bestehenden Genfähren sowie die Entwicklung neuer Instrumente, die möglicherweise in Zukunft eine genetische Mikrochirurgie an den Chromosomen erlauben. Diese wissenschaftlichen Projekte lassen sich von der Hoffnung leiten, dass es dereinst möglich sein könnte, Gendefekte mit einem „molekularen Skalpell" herauszuschneiden und zu korrigieren.

Neben der Gentherapie gibt es viele weitere therapeutische Ansätze, Patienten mit seltenen genetischen Erkrankungen zu helfen. Einige seltene Erkrankungen können durch Enzymersatztherapien behandelt werden, andere können durch diätetische Maßnahmen günstig beeinflusst werden. Beschränkt sich die Auswirkung eines Gendefekts auf die Funktion eines einzigen Organs wie z.B. die Leber oder die Niere, so kann unter Umständen eine Organtransplantation helfen. Genetische Erkrankungen des blutbildenden Systems und des Immunsystems lassen sich oft durch die Transplantation allogener Blutstammzellen von einem passenden Spender behandeln. Natürlich sind all diese Strategien mit unerwünschten, teilweise sehr schwerwiegenden Nebenwirkungen assoziiert. Auch die technologischen Grenzen, die Verfügbarkeit von Organen und die Kosten dieser Maßnahmen sind nicht zu unterschätzen. In jüngster Zeit versuchen manche Wissenschaftler, neue Wege zu gehen, indem sie zelluläre „Krankheitsmodelle" etablieren und unter individualspezifischen Bedingungen testen, ob sich möglicherweise Medikamente, die für ganz andere Erkrankungen entwickelt worden waren, für neue Indikationen eignen. Man versucht gleichsam, Hochdurchsatzverfahren an individualspezifischen Gewebekulturen zu entwickeln und auf diese Weise bewährte Medikamente in neuen Zusammenhängen einzusetzen. Noch ist dieses Verfahren nicht klinische Routine, es zeigt aber mögliche neue Wege auf, die insbesondere Patienten mit seltenen genetischen Defekten helfen könnten.

Patienten mit seltenen Erkrankungen, die Waisen der Medizin, könnten dank dieser innovativen Technologien zur Spitze einer Bewegung werden, die in einer genomischen Medizin von morgen auf die individuellen genetischen Signaturen jedes Menschen Rücksicht nimmt. Diese innovativen Technologien würden folglich nicht nur das Zeitalter einer genomischen, individualisierten, personalisierten Medizin einläuten, sie könnten zugleich die Waisen der Medizin aus dem Schatten der Nicht-Beachtung führen. Es bleibt zu hoffen, dass Betroffene auf diese Weise eine Chance erahnen dürfen, die ihr Schicksal wenden könnte. Viele ethische Fragen der genomischen Medizin sind noch zu beantworten: Wird ein Wissen um genetische Faktoren von Erkrankungen zu einer Stigmatisierung von Menschen führen? Wie werden wir in Zukunft die Grenzen einer Präimplantationsdiagnostik bzw. einer pränatalen Diagnostik setzen? Verändert sich in einer Ära der genomischen Medizin unsere Vorstellung von Gesundheit und Krankheit? Wie werden sich Ärzte verhalten, wenn ihre Patienten Zugang zum technologischen Fortschritt suchen, um nicht ihre Krankheit zu heilen, sondern ihre Leistungskraft zu optimieren? Diese Grenz-Fragen muss die moderne Medizin im Blick haben. Wenn sich ihre Protagonisten in einer Medizin von morgen nur durch Kenntnisse in ihrer je eigenen Spezialdisziplin auszeichnen und dabei das Schicksal des Menschen, des homo patiens, aus dem Blick verlieren, so läuft sie Gefahr, dass sie zum Opfer ihres eigenen Erfolges wird. Wenn sich aber die Ärzte auch im Zeitalter einer genomischen Medizin in erster Linie am Wohl ihrer Patienten orientieren, so können sie hoffentlich Lebenschancen für Menschen mit seltenen Erkrankungen eröffnen.

Jean-Christophe Ammann

Vereinheitlichungsbestrebungen und deren Scheitern

„Ich stimme mit Isaiah Berlin überein, der in einem Interview sagt: ‚Ich finde umfassende Systeme unbehaglich.‘ Mich schaudert vor Köpfen, die alle Ereignisse als Fälle allgemeingültiger Regeln und Prinzipien betrachten. Ich glaube an die tiefverwurzelte Unaufgeräumtheit von allem. Ordentlichkeit assoziiere ich mit Diktatur.“[1]

Von Vereinheitlichungsbestrebungen soll die Rede sein bzw. von deren Scheitern. Bislang geschah dies ausführlich am Beispiel von *Utopien* aus der Zeit der Antike bis ins 20. Jahrhundert. Im Vordergrund stand die ideale, horizontale Gesellschaft, die häufig mit Biegen und Brechen über die Köpfe des Menschen hinweg sowohl geplant als auch verwirklicht werden wollte.

Dass Vereinheitlichungsbestrebungen auch jenseits solcher Utopien *anthropologisch* verankert sind, gleicht einer Notwendigkeit, dahin gehend, dass sie Übersichtlichkeit, Orientierung und Perspektiven vermitteln.

Wenn ich darüber spreche, so deshalb, weil das Auseinanderbrechen von Vereinheitlichungen der Situation in der heutigen *Kunst* entspricht. Ich sage es mal so: Man muss sich Desorientierung auch leisten können, man muss die Kraft, das Wissen, die Erfahrung und vor allem die Neugier haben, sich in ihr wohlzufühlen, bereit seine eigenen Wege zu gehen. Fazit, auf die Kunst bezogen: Es gibt nichts zu erfinden, aber vieles zu entdecken.

Vereinheitlichungsbestrebungen sind entweder Welterklärungsmodelle, sind ideologischer Natur oder dienen der kollektiven Identität. Im ersten Fall haben wir es mit kosmologischen Vorstellungen zu tun. So sagten die indischen Veden vor 4000 Jahren, die Struktur des Kosmos bestehe aus einer hohen Gesetzmä-

1 SIMIC, Wahrnehmung, 142.

ßigkeit, 300 Jahre später bestätigten die Upanishaden diesen Befund, fügten jedoch hinzu, der Kosmos besitze ein Bewusstsein. Beide beharrten auf der Seelenwanderung nach dem Tod, als einen Weg der Reinigung. Erinnern wir uns – was die Ideologien angeht – an die verhängnisvolle Utopie des Welt-Kommunismus und an den verheerenden rassenideologischen Nationalsozialismus. Sie haben Millionen von Menschen das Leben gekostet. Im dritten Fall haben wir es eher mit Mythen oder mythologischen Überhöhungen zu tun, so zum Beispiel mit der isländischen Snorra-Edda oder Lieder-Edda, niedergeschrieben, wenn auch ursprünglich viel älter, im 13. Jahrhundert. Der mittelasiatische Gilgamesch-Epos entstand circa tausend vor Christus. Natürlich sind auch Bibel und Koran Welterklärungsmodelle mit Vereinheitlichungsansprüchen, jedoch liegt ihnen eine theologische und ethische Ausrichtung zugrunde. Für die Griechen galt Homer, der Verfasser der „Ilias" und der „Odyssee" – er lebte im achten Jahrhundert v.Chr. in Kleinasien – als der Gestalter ihres Götter- und Menschenbildes.

Eine Vereinheitlichungsstrategie globalen Ausmaßes schuf Alexander der Große, ein Schüler des Aristoteles, der im Alter von 33 Jahren, 323 v.Chr. in Babylon starb. Seine Idee war, die ethnische, kulturelle und politische Verschmelzung der griechisch-makedonischen und iranischen Völker seines Reiches zu verwirklichen. Er wollte die Perser als Stützen seiner Herrschaft heranziehen. Die Politik des Ausgleichs und die Gleichstellung der Perser empörte aber seine eigenen Makedonen. Es kam zum Aufstand. Genial war Alexander deshalb, weil er dem in schweren Kämpfen geschlagenen Feind die kulturellen Eigenarten und religiösen Überzeugungen beließ.

Während die Inder kraft einer unerhörten Intuition Gesetzmäßigkeit und Bewusstsein für den Kosmos in Anspruch nahmen, wurde im christlichen Abendland die Wissenschaft durch die Theologie, als allmächtiges, in sich konsistentes System, teils schwer behindert. Es war Nikolaus Kopernikus (1473–1543), der die kopernikanische Wende einläutete, also die Abkehr vom geozentrischen Weltsystem hin zum heliozentrischen. Dass er von der Inquisition verschont blieb, verdankte er unter anderem dem Umstand, dass er seine Forschungen als Privatmann betrieb und ab 1510 in Frauenburg, dem polnischen Frombork, lebte. Ganz anders erging es Giordano Bruno, der 1600 auf dem Campo dei Fiori in Rom den Feuertod erlitt und Galileo Galilei, der 1642, fast erblindet, in unbefristeter Haft starb. Beide setzten sich vehement für das heliozentrische Weltbild ein, ausgehend von Tycho Brahe und dessen Assistenten Johannes Kepler. Leonardo da Vinci war ein genialer und akribischer Forscher und Maler, ein begnadeter Künstler-Ingenieur, aber Vereinheitlichungsbestrebungen im Sinne eines Welterklärungsmodells verfolgte er nicht.

Die Vereinheitlichungsbestrebungen Descartes' bestanden darin, die Natur insgesamt, also auch den Menschen und seine Psyche, als rational erfassbar zu deuten. So entstand ein Weltbild, das man als mechanistisch bezeichnen kann. Mit René Descartes, er starb 1650, setzt die moderne, mathematisch orientierte Wissenschaft auf breiter Ebene ein. Sie gründet auf dem Experiment, mit dem Ziel, durch dessen Wiederholbarkeit eine Theorie zu schaffen.

Das unterscheidet das Abendland von den „indischen Weisheiten“: Der mathematisch-physikalische Diskurs bedarf der experimentell bestätigten Schlüssigkeit. Als Rudolf Clausius (1822–1888) ab 1850 das Prinzip von der Erhaltung der Energie begründete, und 1865 den Zweiten Hauptsatz der Thermodynamik, das bis heute gültige Entropie-Gesetz schuf, bewies er gewissermaßen die von den Veden und Upanishaden eingeforderte Seelenwanderung. Dort wandert die Seele durch Tierwelten in immer lichtere Höhen. Der Begriff der Seele jedoch ist derart diffus, dass er eigentlich nur theologisch oder umgangssprachlich gehandhabt werden kann. Betrachtet man jedoch den Menschen als geistig-energetisches, auf Wirkung bedachtes Wesen und setzt voraus, dass gemäß dem Zweiten Hauptsatz der Thermodynamik Energie bzw. Information nicht verloren geht, kann man behaupten, dass die Seele eine Energieform darstellt, die den Menschen überdauert. Jetzt ist es ja so, dass der Entropie-Prozess irreversibel ist. In einem geschlossenen System fließt Wärme in den kälteren Bereich. Bei einer maximalen Entropie entsteht ein völliger Stillstand, genannt „Wärmetod“. Schon Clausius übertrug den Entropie-Prozess auf das Universum, das er als geschlossenes System betrachtete und von dem er sagte, dass dessen Erkaltung irreversibel sei. Der Physiker und Chemiker Manfred Eigen sagt jedoch einleuchtend, dass die Entropie bei lebenden Systemen – auch der Kosmos ist ein „lebendes“ System – durch die ständige Zufuhr von Energie kompensiert wird.[2] Die Seele wäre dann eine ganzheitliche, die geistige Energie transzendierende Kraft.

Zurück zu den expliziten Vereinheitlichungsbestrebungen. Ludwig Wittgenstein (1889–1951) gehört zu den bedeutendsten Philosophen des 20. Jahrhunderts. Seine 1918 bei Bertrand Russell eingereichte Dissertation trägt den Titel „Tractatus logico-philosophicus". Als junger Leutnant der Artillerie diente er im österreichischen Heer, kam nach Kriegsende in italienische Gefangenschaft und schrieb in jeder ruhigen Stunde an seiner Doktorarbeit, die 1921 publiziert wurde. Der „Tractatus" ist ein Welterklärungsmodell par excellence, beginnend mit dem Satz: „Die Welt ist alles, was der Fall ist". Es handelt sich in Form einer hochkomplexen Dezimalklassifikation um einen sprachphilosophisch und formallogisch strukturierten Text. Die Arbeit ist derart radikal, dass sich Wittgenstein in der Folge davon abwandte, jedoch der Sprachphilosophie treu blieb. Der letzte Satz des „Tractatus", noch berühmter als der erste, lautet: „Wovon man nicht sprechen kann, darüber muss man schweigen." Das erste Drittel des 20. Jahrhunderts bringt eine Wucht von Vereinheitlichungsprozessen hervor, beginnend mit Max Planck. Albert Einstein, der Schöpfer der Relativitätstheorie, ist zweifelsohne der größte Physiker des 20. Jahrhunderts.

In der Kunst ist es der Jugendstil, der ein Gesamtkunstwerk verkörperte. (Ein Begriff, der auf Richard Wagner zurückgeht, der zwischen 1849– 1851 eine Synergie zwischen Wort, Ton und Musikdrama entwickelte.) Der überragende Protagonist des Jugendstils war der 1863 in Antwerpen geborene Henry van der Velde. Er war, was der Franzose ein *homme orchestre* nennt. Ein Formgestalter und Architekt erster Güte. Harry Graf Kessler holte ihn von Brüssel nach Berlin und wenig später nach Weimar. Zwölf Jahre, bis zum Ausbruch des Ersten Weltkriegs, war er in Weimar und Thüringen tätig, schuf herausragende Bauten und mit sicherem Gefühl für den richtigen Mann, empfahl er Walter Gropius als seinen Nachfolger auf den Direktorenposten der Kunst- und Kunstgewerbeschule Weimar. Gropius rüstete das Institut 1919 zum staatlichen Bauhaus Weimar um, das seinerseits eine konstruktive Kunst und Architektur verbindende Vereinheitlichungsvision und -strategie vor Augen hatte.

---

2 EIGEN, Vorrede, XIV.

Der Nationalsozialismus und der Zweite Weltkrieg beendeten eine glanzvolle europäische Geistesgeschichte. Dass ein im Zweiten Weltkrieg durch einen Flugzeugabsturz an der Ostfront schwer verwundeter deutscher Soldat nochmals ein Gesamtkunstwerk schaffen sollte, dürfte nicht erstaunen. Er heißt Joseph Beuys (1921–1986). Sein Werk ist eine antagonistische Antwort auf die „Gesamtkunst" von Adolf Hitler. Beuys ist im Volksmund der Mann mit dem Hut, der Fett- und Filzkünstler. Er ist der größte Zeichner des 20. Jahrhunderts, weil er in den vielen Tausend Blättern nicht parallel zu anderen Schaffensbereichen gezeichnet hat, sondern über das zeichnerische Medium eine ganzheitliche Vision von Welt erarbeitete. Die holistische, auf Wechselwirkung angelegte Programmatik ist allumfassend, beruht explizit auf dem Wärmebegriff (=Energie=Wirkung) und erschließt ein anthropologisches Weltbild, das den Menschen konstitutiv in die Natur einbindet. (Beuys hat für sein Schaffen nie den Begriff des Gesamtkunstwerks beansprucht.)[3]

Während die künstlerischen Avantgarden bis Mitte der 1970er Jahre noch Ausschließlichkeitsmodelle mit Wahrheitsanspruch postulierten, verlor sich deren Impetus ab der zweiten Hälfte der 1970er Jahre. Die Avantgarden schlossen mehr aus denn ein. Das utopisch angepeilte Horizontsegment erweiterte sich in einen Umkreis von 360°. Anstelle weniger Kraftlinien gab es plötzlich schier unendlich viele. Von Vereinheitlichungsmodellen war nicht mehr die Rede. Der Kollaps der Sowjetunion machte 1991 dem letzten in die Stalinzeit zurückreichenden Vereinheitlichungsmodell planwirtschaftlicher Natur ein Ende.

Interessanterweise existieren auch in der Finanzmodelltheorie Vereinheitlichungsbestrebungen. Ziel war es, die potentiellen Verlusteffekte aus Kreditausfällen, Marktpreisentwicklungen sowie operationellen Fehlern zu erfassen und in einem Algorithmus zusammenzuführen. Das von Robert Merton und Myron Scholes entwickelte und mit Grundlagen von Fischer Black ergänzte Modell setzte sich letztlich durch, wurde mit dem Nobelpreis für Wirtschaft ausgezeichnet, sowie von den Aufsichtsbehörden zum Standard für potentielle Verlustrechnungen erklärt. Das Modell scheiterte deshalb, weil das Ausfallrisiko gewaltig

3 MOYLAND, Energieplan. Erstmals wurden Zeichnungen des Künstlers unter dem spezifischen Begriff der Energie ausgewählt und interpretiert.

unterschätzt wurde. Das von den Nobelpreisträgern mitbegründete Unternehmen „Long-Term-Capital-Management“ ging bereits 1998 in Konkurs. Fazit: Schon zehn Jahre vor der verheerenden „Subprime“-Krise zeichneten sich Verwerfungen ab, die durch die an sich korrekten mathematischen Grundlagen nie und nimmer aufgefangen werden konnten. Jedoch, die Mathematik ging von falschen Voraussetzungen aus.[4]

Ein Vereinheitlichungsbestreben von immenser Tragweite, verstanden als Welterklärungsmodell, zeichnete sich in der Physik ab, ging es doch darum, die 1916 von Albert Einstein formulierte Allgemeine Relativitätstheorie mit der Quantenmechanik in Einklang zu bringen.

In einer Welt auseinanderstrebender Energien ist der Kampf um die sogenannte „Weltformel“, also jene, die alles erklärt und alle Widersprüche vereint, voll entbrannt. Lee Smolin (*1955), Leiter des kanadischen „Perimeter Institute for Theoretical Physics“, berichtet darüber in seinem Buch „Die Zukunft der Physik – Probleme der Stringtheorie und wie es weitergeht“.[5] Versuchen wir kurz das Problem zu schildern: Einsteins Allgemeine Relativitätstheorie beschreibt Raum, Zeit, Bewegung und Gravitation. Gravitation und Bewegung sind eng mit der Geometrie von Raum und Zeit verbunden, dahin gehend, dass die Raumzeit-Geometrie sich mit der Zeit verändert. Mit Einstein schauen wir in das Universum. Mit der Quantenmechanik – ab 1925 mit Werner Schrödinger, Nils Bohr, Werner Heisenberg und Louis de Broglie – tauchen wir in den subatomaren Bereich. Dort können Gravitationsprobleme und Zeit vernachlässigt werden. Isolieren wir ein Teilchen aus einer Welle bzw. messen es, können wir nicht gleichzeitig Aufenthalt und Impuls bestimmen. Beide Bereiche kommen nicht zusammen, weil sich Teilchen und Wellen im subatomaren Bereich anders verhalten als Galaxien, deren Licht wir beobachten können. Anders ausgedrückt: Die Unschärferelation besagt, dass wir nicht den genauen Aufenthaltsort eines Teilchens bestimmen können, wenn wir seine genaue Geschwindigkeit ermitteln möchten und umgekehrt können wir nicht die genaue Geschwindigkeit eines Teilchens messen, wenn wir seinen genauen Aufenthaltsort ermitteln wollen.

---

4 Diesen Hinweis verdanke ich Dr. Rudolf Duttweiler, ehemaliger Generalbevollmächtigter der Commerzbank. Siehe auch DUTTWEILER, Banks.

5 SMOLIN, Zukunft.

Einen ersten Schritt zur Vereinheitlichung hat Richard Feynman Anfang der 1970er Jahre mit der „Grand Unified Theory (GUT)“ geschaffen, indem er zwölf Teilchen und vier Kräfte im Standardmodell der Teilchenphysik formuliert hat, allerdings ohne Berücksichtigung von Gravitation und Zeit. Erschwerend sind 1998 die Dunkle Energie und die Dunkle Materie hinzugekommen. Die Dunkle Energie beschleunigt die Expansion des Universums, die Dunkle Materie befindet sich innerhalb von Galaxien, müsste eigentlich aufgrund ihrer Ausmaße die Expansion bremsen. Der langen Rede kurzer Sinn: Wenn wir alle sichtbaren Galaxien und Radioquellen zusammenfassen, macht das 4 % des Universums aus. 70 % der Materiedichte scheint in Gestalt der Dunklen Energie vorzuliegen, 26 % wären Dunkle Materie.

Mit dem Ziel eine Weltformel zu schaffen, entwickelt sich die Superstring-Theorie. 1984 fand die erste große Konferenz statt, elf Jahre später die zweite. Die Theorie hatte enormen Zulauf, und wie Lee Smolin verärgert feststellt, zog sie eine Unmenge von Forschungsgeldern an sich. Mit der String-Theorie ergab sich die Möglichkeit einer Quantentheorie der Gravitation. Das Verrückte an der Geschichte ist, dass es sich bei der Superstring-Theorie um eine hoch komplizierte Mathematik handelt, die sich nicht experimentell überprüfen lässt. Erfolg und Stringenz der experimentellen Überprüfbarkeit zeigt sich am Beispiel einer erst kürzlich erfolgten Bestätigung von Einsteins Relativitätstheorie. Am 10. Mai 2009 entdeckten Forscher einen zwei Sekunden langen Gammastrahlenausbruch in einer 7,3 Milliarden Lichtjahre entfernten Galaxie. Gemäß Annahmen sollten sich die hochenergetischen Strahlen etwas langsamer ausbreiten als die niederenergetischen. Der Grund besteht darin, dass die kürzeren Wellenlängen der hochenergetischen Strahlen, die Unregelmäßigkeiten der Raumzeit stärker zu spüren bekommen als die niederenergetischen, deren Licht mit größerer Wellenlänge über die Unebenheiten der Raumzeit hinwegrast. Das Resultat war verblüffend, setzte die Annahmen schachmatt. Die hochenergetischen Gammastrahlen waren auf eine Distanz von 7,3 Milliarden Lichtjahren nur 0,9 Sekunden langsamer. Fazit im Sinne Einsteins: Die Zeitverzögerung schließt eine Abhängigkeit der Lichtgeschwindigkeit von Energie weitgehend aus.

Zurück zur experimentell nicht überprüfbaren Stringtheorie. Schon bald entwickelten sich mit bis zu zehn Raumdimensionen aus der einen nunmehr fünf Theorien, die alle endlich sind, das heißt, dass nur endliche Zahlen vorkommen, was unerlässlich ist. (Nachvollziehbar für jeden sind vier Raumdimensionen, wenn man die Zeit hinzunimmt.) Ich zitiere den Quantenphysiker Martin Bojowald (*1973), der es so schön und verständlich sagt:
„Durch Zurückführen aller Erscheinungen der Elementarteilchenphysik auf ein einziges Objekt [sprich: String/Saite] verspricht die String-Theorie die bekannten Kräfte, neben Gravitation und Elektromagnetismus, also die starke und die schwache Wechselwirkung, zu einer einzigen Kraftformel zu vereinigen. Es gäbe dann nicht unterschiedliche Konzepte wie die Raum-Zeit als Trägerin der Gravitationskraft und das elektromagnetische Feld als Träger der elektrischen Kraft, sondern ein einziges Objekt, aus dessen Schwingungen alle Kräfte sowie die Materieteilchen, auf die diese wirken, hervorgehen sollen. Dieses Objekt in elementarer Form ist eben der namengebende String. [...] Hier gibt es kein Orchester von unterschiedlich aufgespannten Saiten, sondern nur die Solistin der String-Theorie selbst. Wie sich nach langer Forschung herausgestellt hat, sind nämlich alle möglichen Aufstellungen der fundamentalen Strings mathematisch miteinander verwandt. Unterschiedliche Klangfarben ergeben dann keine unterschiedliche Physik, sondern sind nur verschiedenartige mathematische Sichtweisen auf dieselbe Physik.“[6]

Die fünf Superstring-Theorien haben mittlerweile 10^{500} Paralleluniversen geboren. Das ist eine Eins mit 500 Nullen. Man spricht von „Landschaften“, „Populationen von Universen“ oder „Kompaktifizierungen“. Keiner weiß, wie es weitergehen soll. Man darf nicht vergessen, dass die Mathematik einen hohen Grad an Schlüssigkeit besitzt und dass die Forderung nach einer experimentellen, sagen wir mal, wirklichkeitsnahen Überprüfung illusorisch ist, weil die Möglichkeiten derart vielfältig sind, dass man sich mit einem völlig neuen Weltbild abfinden muss. Die angestrebte Vereinheitlichung zur „Weltformel“ ist zur Obsession geworden.

Weshalb spreche ich von solchen Dingen? Weil ich der Überzeugung bin, dass wir den Kosmos in uns tragen bzw. Teil dieses Kosmos sind. Vielleicht gibt

6 BOJOWALD, Urknall, 101.

es keine „Weltformel“. So wie jeder einzelne der 6,5 Milliarden Menschen auf diesem Planeten durch eine DNA-Analyse identifiziert werden kann, so muss vielleicht jedes dieser 10^{500} Universen einzeln identifiziert werden. Ein Albtraum, geht es doch in der Intention um eine einfache Formel, etwa im Sinne von Einsteins $e = mc^2$ (Energie = Masse x Geschwindigkeit im Quadrat). Vielleicht gleicht die Suche nach der „Weltformel“ der Suche nach dem Gral.

Vielleicht sind die Vereinheitlichungsbestrebungen eine der Utopie zugrunde liegende Teleologie, also im Voraus bestimmte ideale Endzustände. Der Turmbau zu Babel war auch so eine Utopie von Vereinheitlichung, von einem gottähnlichen Streben nach dem Ganzen geprägt. Aber da spielte Gott nicht mit, schuf die Sprachverwirrung und somit die kulturelle und ethnische Vielfalt. Der Physiker wird keine Einwände erheben. Hauptsache, dass sich alle Besonderheiten dem größten gemeinschaftlichen Nenner unterordnen. Dass die Natur ein Ganzes ist, daran ist wohl kaum zu zweifeln, aber möglich ist, dass in einem unendlichen Tiefenraum die Materie sich derart anders verhält, dass diese – und das ist das Entscheidende – nicht mehr formalisierbar ist bzw. anderen Gesetzen gehorcht. Deshalb gefällt mir der Albtraum der Physiker, sich mit 10^{500} „Landschaften“ beschäftigen zu müssen, weil dieser Albtraum der Natur so nahe kommt. Betrachten wir das menschliche Hirn. Es ist ein Kosmos. Manfred Frank, Professor für Philosophie in Tübingen, sagt dezidiert, dass es den Neurowissenschaftlern „nie gelingen wird, Geist oder Seele auf neuronale Prozesse zurückzuführen.“[7] In seinem 2008 erschienenen Buch „Das Gehirn – ein Beziehungsorgan“ argumentiert der Psychiater und Philosoph Thomas Fuchs in die gleiche Richtung, dahin gehend, dass die neuronalen Muster zwar dem naturwissenschaftlichen Kausalzusammenhang unterliegen, zugleich aber „einer übergeordneten Bestimmung durch nicht physikalische Funktions- und Bedeutungszusammenhänge gehorchen, insbesondere durch die individuelle Lerngeschichte des Lebewesens, die sich in seinem leiblichen, seelischen und geistigen Vermögen niedergeschlagen hat.“[8] Jedes Hirn wäre dann wie eine der schier unendlich vielen String-Universen.

---

7 FRANK, Rätsel.
8 FUCHS, Gehirn.

Und noch etwas beschäftigt mich: Wir reden von messbaren Energien. Gibt es Energiefelder, die in ihrer Wirkung Qualitäten transportieren? Da fast jedes Teilchen mit einem anderen wechselwirkt, stellt sich die etwas banale Frage, ob die geistige Energie nicht auch mit der Materie wechselwirkt. Wer eine solche Frage stellt, landet gleich in der Esoterik-Ecke. Ich sehe das nicht so. Als der Biochemiker Rupert Sheldrake 1988 das umfangreiche Buch „Das Gedächtnis der Natur" publizierte (deutsch 1992) und darin die Hypothese der morphischen Felder und der morphischen Resonanz entwickelte, horchte man auf. Schulwissenschaftler lehnten es ab, denn aus dem Gesagten ließ sich keine Theorie ableiten. Stärke und Defizit der Schulwissenschaftler besteht darin, dass sie auf der Wiederholbarkeit von Experimenten beharren. Dass es real existierende Dinge gibt, die nicht nach einer bestimmten Methode wiederholbar sind, interessiert sie, wenn überhaupt, nur am Rande. Lassen wir Rupert Sheldrake zu Wort kommen. Er schreibt: „Morphische Felder sind, wie die bekannten Felder der Physik, nicht-materielle Kraftzonen, die sich im Raum ausbreiten und in der Zeit andauern. Sie befinden sich innerhalb und in der Umgebung des Systems, welches sie organisieren. Wenn solch ein organisiertes System aufhört zu existieren – etwa wenn ein Atom sich spaltet, eine Schneeflocke schmilzt, ein Tier stirbt –, so verschwindet das organisierende Feld von dem Ort, an dem das System sich befand. In einem anderen Sinne jedoch verschwinden morphische Felder nicht: Sie sind potentielle Organisationsmuster und können sich zu einer anderen Zeit und an einem anderen Ort wieder konkretisieren, wenn die entsprechenden physikalischen Bedingungen gegeben sind. Wenn sie sich erneut physisch manifestieren, beinhalten sie eine Erinnerung an ihre frühere physische Existenz.

Den Prozeß, durch den Vergangenheit innerhalb eines morphischen Feldes zur Gegenwart wird, nenne ich *morphische Resonanz*. Das Konzept der morphischen Resonanz beinhaltet die Übertragung formativer Kausaleinflüsse durch Raum und Zeit. Der Erinnerungsgehalt eines morphischen Feldes ist kumulativ, und das ist der Grund dafür, dass alle Dinge durch Wiederholung immer mehr den Charakter des Gewohnheitsmäßigen annehmen. Wenn dieser Wiederholungsprozeß sich über Milliarden von Jahren hingezogen hat, wie es bei Atomen und den meisten Arten von Molekülen und Kristallen der Fall ist, so hat sich die Eigenart dieser

Dinge so tief habitualisiert, dass sie praktisch zu ihrer unwandelbaren, ja scheinbar sogar ewigen Natur geworden ist.
Alle diese Überlegungen stehen im Gegensatz zu den orthodoxen Theorien unserer Zeit. Die heutige Physik, Chemie oder Biologie kennt so etwas wie morphische Resonanz nicht, und von den Feldern der Physik nimmt man an, dass sie von ewigen Naturgesetzen regiert werden. Morphische Felder hingegen bilden und entwickeln sich in Raum und Zeit unter dem Einfluss dessen, was tatsächlich in der Welt geschieht."[9]
Unter dem Gesichtspunkt einer gleichsam erweiterten Vereinheitlichung werden demzufolge die kumulativen und die Formbildungskräfte über den genetischen Transfer hinaus fokussiert. Qualitative Energiefelder transportieren Besonderheiten, die das genetische Programm so nicht enthält. Quantenmechanisch gesprochen wird der Dualismus Teil-Welle auf jenen von Körper und Geist übertragen, wobei Geist für den Menschen steht, für die Tierwelt eine sensibilisierte Programmatik, die in der Lage ist, eigene, autonome Kraftfelder zu entwickeln.

Weshalb zitiere ich Sheldrake? Weil er von einer „Vereinheitlichung" spricht, die zwar nur hypothetisch nachweisbar ist, dennoch real existiert. Solange wir ausschließlich experimentell überprüfbaren Prozessen ausgeliefert sind, werden wir, was Vereinheitlichungen angeht, scheitern. Wenden wir uns dem holistischen Modell zu, ergeben sich Zwischenräume, die durch das Beschreiben von Funktionen und Mechanismen nicht abgedeckt sind. Es sind Energiefelder qualitativer Natur, welche den Funktionen und Mechanismen überhaupt erst ihren Sinn verleihen. Sagen wir es so: Die Wechselwirkung ist atemberaubend.

Und natürlich darf man den theoretischen Physiker Jean E. Charon (1920–1998) nicht vergessen. Sein Interesse galt explizit den Vereinheitlichungsbestrebungen. Sein Buch „L'esprit cet inconnu" erschien 1977 auf Französisch, 1979 unter dem Titel „Der Geist der Materie" auf Deutsch. Charon behauptet, dass es unmöglich sei, ein einheitliches Bild der Physik zu erhalten, ohne den Geist, den „Psychismus der Materie", zu berücksichtigen. Parallel zur allgemein verständlichen Version schuf er eine streng formalisierte, davon ausgehend, dass das quasi

---

9 SHELDRAKE, Gedächtnis, II.

unzerstörbare negativ geladene Elektron eine universelle Gedächtnisfunktion erfüllt.[10]

Den Gral gab es nicht, wenn auch oft beschreiben und besungen. Dadurch wurde er zum Mythos. Er vereinheitlichte in einem Symbol – ein Gefäß, in dem das Blut des sterbenden Jesu aufgefangen worden war – die Kontinuität des Auferstandenen und des Erlösers. Die *Suche* nach dem Gral war das Entscheidende.

Die Suche nach der „Weltformel" setzt Kräfte in Bewegung, die unwahrscheinlich sind. Die Leistungen, die erbracht werden, sind bewundernswert.[11] Vor allem: Sie gehen nicht verloren. Vielleicht ist die „Weltformel" wie der Gral. Sollte sie je gefunden werden, wird das Mysterium noch größer.

Ich habe wenig über die Kunst gesprochen. Sie hat sich atomisiert. Banalität mischt sich mit wunderbaren Dingen. Es war schon immer so. Die Zahl der Künstler hat sich in den letzten zehn Jahren global vervielfacht. Die Übersicht ist längst verloren gegangen. Es gab eine Zeit, da sagten die Künstler, wo es lang geht. Das ist vorbei. Heute versuchen Globalisierungskuratoren Kraftlinien im Sinne einer Vereinheitlichungsstrategie zu bestimmen. Politische Korrektheit ist angesagt. Der Körper aus der Tradition der abendländischen Kunst wird ausgeblendet, jener Körper, der Lust, Schmerz, Ekstase und Askese vereint, ist in der islamischen Kunst und den islamischen Nationen ein Tabu. Um dem Körper, dem Gedächtniskörper zu entgehen, werden Themen verarbeitet. Solche wie Ökologie als Kunst, Migration als Kunst, Anthropologie als Kunst, Gewalt als Kunst usw. Es entsteht eine soziologisierte Designkunst, die das unergründliche, ja eruptive Selbst ruhigstellt, digital instrumentalisiert. So geht es nicht! Kunst ist und bleibt die Erforschung des Selbst aus einem Bewusstsein und Denken der Gegenwart.

Da fallen mir die 10^{500} „String-Landschaften" ein. Ich wiederhole: eine Eins mit 500 Nullen. Ich weiß, der Vergleich ist weit hergeholt und unangemessen, aber was einst übersichtlich erschien, auch in philosophischer und historiographischer Hinsicht, ist in einem fortlaufenden Prozess ins Unübersichtliche abgedriftet. Schon 1985 schrieb Jürgen Habermas einen denkwürdigen Aufsatz mit

10 CHARON, Geist, 75–92.
11 Siehe auch RANDALL, Universen.

dem Titel „Die neue Unübersichtlichkeit".[12] Etwas salopp ausgedrückt: Vielleicht muss man sich mit 10^{500} parallelen String-Universen abfinden, so wie wir es heute weltweit mit einer immensen Anzahl von Künstlern zu tun haben, von denen jeder sein eigenes Universum erlebt und bespielt. Unabhängig, gemäß den eigenen Vorstellungen handelnd, jenseits von Stilen, und dennoch eingebunden in seine Zeit, Kultur, Ethnie und natürlich vernetzt im globalen Feld der Kunst.

Kunst ist Poesie. Poesie ist definitiv kein Aufklärungsmodell. Poesie ist die entrückte Sicht auf Welt, um Welt zu schaffen. Diese entrückte Sicht hat nichts mit der Bestätigung des Selbst, sondern mit der fundamentalen Neugier nach dem nicht auslotbaren Selbst zu tun. Dafür gilt es, die Form zu finden. Die Form, der die Idee zugrunde liegt, ist das eigentlich innovative Moment: Die Form, die das Selbst wie einen erratischen und gleichzeitig sich verflüssigenden Block konkretisiert. Das ist das Paradox der Kunst. Vor allem dies: Poesie schließt das Politische nicht aus. Man denke an Heinrich Heine oder Pablo Neruda.

Lee Smolin spricht in seinem Buch über das Fehlen eines innovativen Denkansatzes in der Physik. Es gibt sie in der Kunst wie auch in der Physik. Aber neue Denkansätze müssen Barrieren überwinden. Solche, die dem Trend entgegenlaufen, solche, die wie in der Kunst, antizyklisch, die gängige Wahrnehmung unterlaufen. In der Kunst gibt es keine „Paradigmenwechsel" mehr. Es gibt nur unendlich viele Wege zu sich selbst. Eine jüngere Generation von Künstlern hat erkannt, dass die digitale Wende den Zenit des Faszinosums überschritten hat. Die digitale Welt ist eine eigengesetzliche, expandierende Parallelwelt geworden. Wer immer Ateliers besucht, stellt fest, dass die Suche nach der eigenen Identität in einem übergreifenden, biografischen Kontext prioritär ist. Das Bewegen der „Maus" ist zweckdienlich geworden. Im Vordergrund steht die körpereigene Bewegung der Hand, das Zeichnerische, das Malerische, das Skulpturale. Zwar wird als Reaktion darauf lautstark eingefordert, Künstler hätten, statt den Rückzug in die Innerlichkeit anzutreten, sich dem Politischen zuzuwenden. Neu ist das nicht. Roman Bucheli sagt es treffend, auf die Literatur bezogen (und dies gilt auch für die Kunst): „Nicht indem sie die Wirklichkeit abbildet,

12 HABERMAS, Unübersichtlichkeit, 141–163. Diesem Text liegt eine Rede zugrunde, die Habermas am 26.11.1984 vor dem spanischen Parlament gehalten hat. Wegweisend jedoch dürfte das Buch von LYOTARD, Condition sein.

erklärt die Literatur die Welt, die Existenz oder die Politik. Allenfalls gelingt ihr dies, indem sie mit den ihr zur Verfügung stehenden Mitteln eigene Realitäten schafft. Indem sie aus der Sprache Erzählungen und Figuren, Konstellationen und Beziehungen schöpft. Nicht, um in einer ästhetisch abgedichteten Gegenwelt zu verharren, aber um aus der Parallelwelt heraus Türen zu öffnen in die Realität. Es verhält sich damit ein wenig wie mit dem verriegelten Paradies in Kleists Aufsatz über das Marionettentheater: ‚Wir müssen die Reise um die Welt machen und sehen, ob es vielleicht von hinten irgendwo wieder offen ist.‘
Auch die Literatur muss diese Reise zur Rückseite der Welt machen, denn es ist ihr der direkte Zugang zur Wirklichkeit versperrt. In der Sprache geht sie den Umweg über die Imagination und die Poesie, und man kann nur hoffen, der Weg sei weit genug und die Worte würden ihr derweil so fremd wie nie zuvor. Auf der Rückseite des Daseins angelangt, wird sie dann ein Bild der Wirklichkeit gezeichnet haben, in dem sich ihre Leser zur Kenntlichkeit entstellt wieder finden werden. Darum kann die Losung nicht ‚Mehr Politik!‘ heißen, aber: Mehr Umwege, mehr Parallelwelten!“[13]

Man muss auch die Zeit berücksichtigen, in der wir leben: „Fast verschwunden ist“, so Hans Ulrich Gumbrecht, „im heutigen Zeiterleben der Begriff der ‚Postmoderne‘, auf den so viele in den siebziger Jahren gesetzt hatten, um den Eindruck einer sich verändernden Gegenwart und Zukunft in den Blick zu bringen.“[14]

Ein Ich-Erzähler in Clemens I. Setz neuem Roman schildert es so: „Lassen Sie mich ein wenig von mir erzählen. Ich bin fünfundvierzig Jahre alt. Zu einem Mann bin ich herangewachsen in der Zeit, als die Geschichte längst für beendet erklärt worden war. Alles war tot, der Roman, die Geschichtsschreibung, die Politik, das Ich, die Moral, die Liebe, die Zukunft, die Religion, die sexuelle Befriedigung. Alle diese Dinge waren tot in den späten Siebzigern, und die Geister all der toten Dinge zogen durch die Straßen, mischten sich unter die hie und da noch für irgendetwas oder gegen irgendetwas demonstrierenden Studenten oder

---

13 BUCHELI, Umwege.
14 GUMBRECHT, Zeit.

fielen einsame Menschen an, die in einer unhygienischen Einzimmerwohnung dem vorzeitigen Drogentod entgegendämmerten."[15]

Gumbrecht spricht von einer „blockierten Zukunft" und einer in die Gegenwart sich ausbreitenden Vergangenheit. Von einer Gegenwart, die „keine Gegenwart des bloßen Übergangs mehr ist: Sie ist in eine sich verbreiternde Gegenwart umgeschlagen, deren Ereignisse und Erfahrungen zu Komplexität ohne Richtung werden." Wenn dem so ist, und ich stimme Gumbrecht zu, dann ist es nicht der vom Markt bestimmte Trend, der zählt, sondern die Tiefenschärfe des sich entdeckenden Künstlerindividuums. Was heißt hier entdecken? Die maximale Freiheit – ein Aktionsradius von 360 Grad – kann nicht darin bestehen, dass man bald in die eine bald in die andere Richtung des Uhrzeigers geht. Man kann sich nur in der *ausbreitenden Gegenwart* konzentrisch ausdehnen und das Zentrum, das Selbst, mit sich nehmen. Insofern trifft Roman Bucheli den Nagel auf den Kopf, weil das Intime die rebellische Seelenlandschaft des Künstlers ist.

Der amerikanische Künstler Chris Martin (*1954) sagt in einem Gespräch: „Die meisten Leute glauben, dass Freiheit etwas mit Stärke zu tun hat, aber wirkliche Freiheit bedeutet, seinen tiefsten Instinkten und Sehnsüchten zu folgen. Wirkliche Freiheit hat also nichts mit Wahlfreiheit zu tun. Wirkliche Freiheit ist die bedingungslose Hingabe an das, was man am meisten liebt. Als Künstler erkennt man allmählich, dass das, worauf man immer und immer wieder zurückkommt, eben das ist, was man zu tun hat. Freiheit bedeutet, das zu finden, was man in seinem tiefsten Inneren begehrt. Das bedeutet, man muss in sich gehen und in sich hineinhören – ein nicht immer einfaches Unterfangen."[16]

Es gibt auf diesem Planeten keine Kultur, die wie die abendländische in tausenddreihundert Jahren eine derartige Vielfalt von Stilen und Formen hervorgebracht hat: dicht gedrängt, in atemberaubenden Schritten, gewissermaßen von der karolingischen Kunst bis zu Marcel Duchamp. Wenn Geschichte, wie Gumbrecht sagt, in der Gegenwart verharrt, machen die Künstler heute das einzig Richtige: Unabhängig von einer Informationstechnologie, die den Globus immer dichter umspannt – ein Wunder –, greifen sie auf einen Fundus zurück, trans-

---

15 SETZ, Liebe, 128.
16 JANSEN, Sun.

formieren ihn aus ihrem Gegenwartsbewusstsein. Für diejenigen, die immer noch den historischen Avantgarden und der „Aufklärung" durch die Kunst nachhängen, mag dies eine Pest sein. Letztlich argumentieren sie wie Ideologen, weil sie die sich *ausbreitende Gegenwart* nicht zu akzeptieren vermögen. Sie suchen nach Stoßrichtungen und fahren auf Straßen, die im Wüstensand enden.

Um dieses „Auf-der-Stelle-treten" (Gumbrecht) – aus meiner Sicht ein falscher Begriff – übergreifend zu verstehen, muss man wiederum einen Blick auf die Wirtschafts- und Gesellschaftstheorie werfen. Denn in den auf Innovationsschüben basierenden Kondratieffzyklen kündigt sich das Paradox der heutigen Gegenwartsanalyse und -befindlichkeit deutlich an.

Der erste, der diese Innovationsschübe ab 1800 aus wirtschaftstheoretischer Sicht erarbeitete, war der 1898 geborene, 1938 von Stalin ermordete, russische Ökonom Nikolai D. Kondratieff. Er entwickelte Langzeitzyklen von 40 bis 60 Jahren, denen eine gesellschaftsrevolutionierende Basisinnovation zugrunde liegt: Dampfmaschine / Baumwolle; Stahl / Eisenbahn; Elektrotechnik / Chemie. Der Wirtschaftswissenschaftler Leo A. Nefiodow hat diese Zyklen weitergedacht und entwickelt. In seinem 1997 in zweiter Auflage erschienen Buch „Der sechste Kondratieff" setzt er den vierten Zyklus mit jenem der Petrochemie und des Automobils gleich, hält fest, dass der fünfte Zyklus ab Mitte der 1960er Jahre im Wesentlichen die Elektronik und Informationstechnik abdeckt und fragt, wie der sechste Zyklus aussehen könnte, der um 2005 eingesetzt hat. Der Biotechnologie und der psychosozialen Gesundheit verleiht er Priorität.[17] Das Entscheidende in den Kondratieff-Zyklen ist nicht die Innovation an sich, sondern deren *flächendeckende* Ausdehnung. Um der Frage nachzugehen, wie der sechste Zyklus aussehen könnte, stellt Nefiodow diesen dem fünften gegenüber. Für den fünften Zyklus hält er fest:

„- Zentrale Rolle von Informatik und Informationstechnik
- Rationalisierung gut strukturierter Arbeitsabläufe
- Computergestützter Umgang mit sicherem Expertenwissen
- Optimierung von Energie- und Informationsflüssen in Organisationen
- Optimierung von Informationsflüssen zwischen Mensch und Maschine
- Vorherrschendes Entweder-oder-Verhalten."

---

17 NEFIODOW, Kondratieff und NEFIODOW, Streich.

Für den sechsten Zyklus bestimmt er folgende Kriterien:

„- Zentrale Rolle der psychosozialen Kompetenz
- Rationalisierung wenig/unscharf strukturierter Arbeitsabläufe
- Computergestützter Umgang mit ungenauem Wissen
- Optimierung von Informationsflüssen im und zwischen Menschen
- Organisation der zwischenmenschlichen Beziehungen
- Sowohl-als-auch-Verhalten setzt sich durch."

Zum sechsten Zyklus schreibt Nefiodow: „ ‚Weiche' Innovationen – soziale, psychische und geistige – werden die für einen Langzeitzyklus notwendigen Impulse bringen."[18] Die von ihm prognostizierten „Unsicherheiten", im Sinne des Aufbrechens von Bipolaritäten, sind ja auch tatsächlich Realität geworden. Eine „Zerschlagung der Gewissheit" nennt es Zygmunt Baumann.[19] „Gewissheit" meint hier eine in der Vereinheitlichung verankerte, funktionierende Komplementarität, die das Multiperspektivische gewissermaßen ausschließt. „Gewissheit" meint, dass eine „technologische Singularität"[20] eine eigenständige Intelligenz entstehen lässt. Diese „Zerschlagung der Gewissheit" ist eine gewaltige Chance, weil der Mensch multiperspektivisch ins Zentrum rückt. „Immaterielle Felder, die außerhalb des menschlichen Körpers existieren", so der Wirtschaftswissenschaftler Leo Nefiodow, „können materielle Prozesse im menschlichen Gehirn in Gang setzen."[21] Das klingt schon fast esoterisch, meint jedoch eine Sensibilisierung psychosozialer Prozesse mit Auswirkungen auf allen Ebenen. Insofern ist das Aufbrechen von Vereinheitlichungsbestrebungen ein irreversibler Prozess, gekoppelt mit jenem in weltweiten Kulturen, in der individuellen Ausprägung von Künstlerpersönlichkeiten.

Wie könnten „weiche Innovationen" aussehen? Einer der wichtigsten Innovationen in diesem 21. Jahrhundert dürfte weltweit und vor allem in islamischen Ländern die Freiheit der muslimischen Frauen sein. Man gebe ihnen Ausbildung, Rechte, Funktionen, bittet sie, Verantwortung zu übernehmen und man erreicht zwei wesentliche Dinge: zum einen eine friedensschaffende, zum ande-

18 Vgl. NEFIODOW, Kondratieff , 105.
19 Zitat aus RÖDDER, Zahl.
20 OLSBERG, Schöpfung.
21 Vgl. NEFIODOW, Kondratieff , 177.

ren eine wirtschaftsfördernde Maßnahme. Vereinheitlichungen waren, so die Kondratieffzyklen, stets mit Innovationen verbunden. Brechen Vereinheitlichungen auseinander, stellt sich die Frage nach der Perspektive von Innovationen. Sicher ist, der Großteil der Bevölkerung dieses Planeten benötigt sie. Die Rede ist von einer „Demokratisierung der Innovationen", so der Titel eines Buches von Eric von Hippel, Professor an der MIT Sloan School of Management.[22]

Hippel weist nach, dass viele bahnbrechende Innovationen von Konsumenten ausgingen und eben nicht auf Produktideen fußen, die auf die Marktforschung zurückzuführen sind, und letztlich nur eine Verbesserung bestehender Produkte darstellen. So genannte „lead user" entwickeln als individuelle Konsumenten, aber auch im Rahmen von kleinen Anwenderfirmen, Innovationen, die Anforderungen erfüllen, die nur sie wirklich kennen. Eric von Hippel spricht in seinem Buch ausschließlich von Errungenschaften, die in der Marktwirtschaft erfolgreich sind.

Extrapoliert man jedoch die Erkenntnis „Demokratisierung von Innovation" auf viele Regionen der Dritten Welt, ergibt sich ein anderes Bild. Denn dann müsste von *adaptiven Innovationen* gesprochen werden. Also von Innovationen, die nicht einfach exportiert werden und im Sand verlaufen, letztlich sogar kontraproduktiv sein können, weil die Rahmenbedingungen schlicht und einfach gegenläufig sind. Adaptive Innovationen müssten darin bestehen sowohl Kerntechnologie als auch Wissen und Erfahrung vor Ort in Einklang zu bringen. Das betrifft alle jene Bereiche, die Menschen von der Entwicklungshilfe unabhängiger machen.

Ortwin Renn, der geschäftsführende Direktor und Leiter der Abteilung für Technik und Umweltsoziologie am Institut für Sozialwissenschaften der Universität Stuttgart, schreibt diesbezüglich: „Will man die ehrgeizigen energiepolitischen Zielvorgaben der Klima- und Umweltverträglichkeit, der Versorgungssicherheit, Wirtschaftlichkeit und Sozialverträglichkeit erreichen, dann wird dies nur gelingen, wenn man die Ingenieur-, Natur- und Kulturwissenschaften zu gemeinsamen und integrativen Forschungsansätzen gewinnen kann. Es bedarf, wie es kürzlich in einem Gutachten der Nationalen Akademien (Leopoldina, acatech und Berlin-Brandenburgische Akademie der Wissenschaften) hieß, eines systemischen Ansatzes, bei dem technische Innovationen, neue institutionelle

22 VON HIPPEL, Innovation und MCK, Magazin, 40–44.

Strukturen und Prozesse sowie Änderungen der individuellen und organisatorischen Verhaltensweisen beim Umgang mit Energie ineinandergreifen. Dafür müssen wirksame und erfolgreiche energiepolitische Instrumente und Steuerungsprozesse entwickelte werden. Eine wirksame und sozial ausgewogene energiepolitische Trendwende (transformation management) erfordert eine integrative Forschungsperspektive, bei der die Wechselwirkungen zwischen Technologieentwicklung und Gesellschaftsordnung, zwischen kulturellen Voraussetzungen und Umweltbedingungen im Mittelpunkt stehen. Während die Forschungsleistungen im Bereich der Ingenieur- und Naturwissenschaften für eine künftige Energieversorgung unumstritten sind, ist der Beitrag der Kulturwissenschaften in der Fachwelt und der öffentlichen Diskussion weniger präzise, zum Teil wird er sogar als verzichtbar und wenig ergiebig abgetan. [...]

Kreative und innovative Lösungen entstehen selten aus einer Fortentwicklung des Bestehenden. Erst wenn man unterschiedliche Gestaltungsmöglichkeiten und Zukunftsvisionen gegeneinander abwägt, können neue Lösungen gesucht und Gegenstrategien zu Krisen und Überraschungen entworfen werden. In der Forschung geschieht dies durch die Entwicklung von integrierten Systemanalysen, in denen die klassischen Instrumente der Technologieabschätzung ebenso Eingang finden wie die Methoden der Szenarienbildung, des Foresight und der Risikoanalyse. Dadurch kann man mögliche Sackgassen früher identifizieren, alternative Optionen erkennen und in ihren Wirkungen abschätzen. Hierzu können gerade die Kulturwissenschaften wichtige Beiträge leisten, weil sie aus ihrem jeweiligen Umfeld gelernt haben, in sich konsistente parallele Entwicklungsentwürfe zu konzipieren.[...] Energiepolitisches Entscheiden und Handeln sind bestimmt durch institutionelle und soziale Rahmenbedingungen, kulturelle Vorstellungen und individuelle Präferenzen. Energiepolitische Steuerungsmaßnahmen können daher nur dann Veränderungen in Politik, in Organisationen und im individuellen Verhalten bewirken, wenn ihre sozio-kulturellen Einflussfaktoren und Rahmenbedingungen besser verstanden werden."[23] Das Zitat bezweckt auch dies: Erstmals werden kulturelle Faktoren nicht mehr nur als Rahmenbedingungen gesehen, sondern auf globaler Ebene als integraler Bestandteil in Betracht gezogen.

---

23 RENN, Wandel.

Die von Nefiodow für den sechsten Zyklus aufgelisteten Merkmale entsprechen genau der Kunst, wie wir sie heute erleben können. Das heißt, geballte, zentralisierte Kreativität wird global gestreut und individuell verankert. Kreativität kann selbstverständlich nicht mit Kunst gleichgesetzt werden, aber sie ist eine Voraussetzung. Die Dezentralisierung des Wissens aufgrund völlig verschiedener Erfahrungshintergründe, jedoch über das Internet vernetzt, ermöglicht Kreativitätsschübe, die unseren heutigen westlichen Vorstellungen kaum zu entsprechen vermögen.

Auch bei globaler Streuung ist die Qualität in der Kunst unerlässlich. Es gibt Bestrebungen, sie zu unterlaufen. Der Leiter der documenta 12 (2008) sagte in einer öffentlichen Diskussion: „Es geht nicht um Qualität. Was ist Qualität? Es geht um kulturelle Vielfalt.“ Als würde das eine das andere ausschließen. Hochkulturen, als Ausdruck von Vereinheitlichung haben die Kunstgeschichte geprägt. Ich kann mir keine Hochkultur mehr vorstellen. Aber ich kann mir weltweit Künstler, Dichter, Musiker, Schriftsteller vorstellen, die grandiose Werke schaffen, jenseits von Stilen und Konzepten.

Georg Christoph Lichtenberg (1742–1799) sagt es wie folgt: „Alles beim Menschen auf einfache Prinzipien zurückbringen wollen, heißt doch am Ende, dünkt mich, voraussetzen, dass es ein solches Prinzipium geben *müsse*; und wie beweist man dies?“ Und an einer anderen Stelle schreibt er: „Der Mensch ist ein ursachensuchendes Wesen; der Ursachensucher würde er im System der Geister genannt werden können. Andere Geister denken sich vielleicht die Dinge unter andern, uns unbegreiflichen Verhältnissen.“[24] Lichtenberg spricht von einer unangemessenen Reduktion (Vereinheitlichung). Er spricht sowohl das kollektive Bestreben des Menschen nach einem übergeordneten Selbstverständnis an, als auch seinen Hang die Welt erklären zu wollen und zu müssen. Vor allem sagt uns Lichtenberg, dass der eine Weg noch lange nicht der einzige und richtige ist.

Hören wir Kurt Flasch, den Gustav Seibt anlässlich seines 80. Geburtstags in der Frankfurter Allgemeinen Zeitung zitiert: „Unser Jahrhundert hat namenloses Leiden gebracht. Die Menschen haben gelitten, weniger an der Anarchie der

---

24 LICHTENBERG, Aphorismen, 465 und 410.

Überzeugungen als unter den Versuchen, Wahrheit als Einheit zu organisieren und administrieren.“[25]

Literatur

BOJOWALD, M., Zurück vor den *Urknall* – Die ganze Geschichte des Universums, Frankfurt am Main, 2009.

BUCHELI, R., Mehr *Umwege*, mehr Parallelwelten, Neue Züricher Zeitung, 31.03.2011, Nr. 76.

CHARON, J. E., Der *Geist* der Materie, Wien/Hamburg, 1979.

DUTTWEILER, R., Managing Liquidity in *Banks*, West Sussex, 2009.

EIGEN, M., Vorrede zur deutschen Ausgabe, in: Monod, J. Zufall und Notwendigkeit – Philosophische Fragen der modernen Biologie, München, 1971.

FRANK, M., Der Mensch bleibt ein *Rätsel*. Gespräch zwischen Ulrich Schnabel und Thomas Assheuer, in: DIE ZEIT, 27.08.2009, Nr. 36.

FUCHS, T., Das *Gehirn* – ein Beziehungsorgan. Eine phänomenologisch-oekologische Konzeption, Stuttgart, 2008.

GUMBRECHT, H. U., Am Ende der *Zeit*, die wir „Geschichte“ nannten, Neue Züricher Zeitung, 31. März 2011, Nr. 76.

HABERMAS, J., Die neue *Unübersichtlichkeit*, Frankfurt am Main, 1985.

JANSEN, G., Chris Martin: Staring at the *sun*, Köln, 2011.

LICHTENBERG G.C., Aphorismen, Zürich, 1958.

LYOTARD J.-F., La *condition* postmoderne, Paris, 1979.

MCK, *Magazin* von McKinsey, Wissen 15, 2005.

MUSEUM STIFTUNG SCHLOSS MOYLAND, Joseph Beuys-*Energieplan* 2010/II.

NEFIODOW, L. A., Der sechste *Kondratieff*, St. Augustin, ^{2}1997.

–, Dieses wird der sechste *Streich*, FAZ, 10.02.2010, Nr. 34.

OLSBERG, K., *Schöpfung* außer Kontrolle – wie die Technik uns benutzt, Berlin, 2010.

RANDALL, L., Verborgene *Universen* – Eine Reise in den extradimensionalen Raum, Frankfurt am Main, 2009.

RENN, O., Überzeugungsarbeit für den *Wandel*, in: Energie, Das Magazin der Deutschen Forschungsgemeinschaft, Bonn, 2010, S. 56–59.

RÖDDER, A., *Zahl* und Sinn, FAZ, 05.07.2010, Nr. 152.

SEIBT, G., Die leibliche Begabung der Geschichte – Zum 80. Geburtstag von Kurt Flasch, FAZ, 12.03.2010, Nr. 59.

SETZ, C.I., Die *Liebe* zur Zeit des Mahlstädter Kindes, Berlin, 2011.

SHELDRAKE, R., Das *Gedächtnis* der Natur, München, 1992.

25 SEIBT, Begabung.

SIMIC, C., Die Wahrnehmung des Dichters, München, 2009.

SMOLIN, L., Die Zukunft der Physik – Probleme der Stringtheorie und wie es weitergeht, München, 2009.

VON HIPPEL, E., Democratizing Innovation, Cambridge, 2005.

Bernulf Kanitscheider

Über die Grenzen des Naturerkennens

Ignoramus – Ignorabimus

In regelmäßigen Abständen pflegen Vertreter der einzelnen Fachrichtungen Reflexionen darüber anzustellen, ob es in ihrem Gebiet grundsätzlich unlösbare Fragen gibt, die auch auf lange Sicht und nach noch so heißem Bemühen nicht beantwortet werden können. Warum wollen sie das wissen? Vermutlich um einerseits die Leistungsfähigkeit ihrer Methoden zu prüfen, aber auch um dem steuerzahlenden Publikum eine kleine Demonstration ihrer Tüchtigkeit abzuliefern. Vielleicht ist auch ein wenig Koketterie mit der Bescheidenheit involviert, wenn ein Gelehrter demütig bekennt, dass er bereit ist, das Unerforschliche zu verehren. Wie immer es mit der Motivation in dieser Frage stehen mag, eine Referenz in dieser Hinsicht bildet seit langem jener Vortrag, den der Berliner Physiologe Emil du Bois-Reymond im Jahre 1872 gehalten hat und der alle offenen Probleme in zwei disjunkte Klassen einteilt, die unlösbaren Ignorabimus-Probleme und die schwierigen, aber grundsätzlich behandelbaren Ignoramus-Fragen.[1] Es ist lehrreich, das in der zweiten Hälfte des 19. Jh. Undenkbare mit der späteren Wissenschaftsentwicklung zu vergleichen. Zur ersten Klasse gehören seiner Ansicht nach Probleme wie der Aufbau der Materie und hier v.a. die Frage, ob die Körper im Grunde aus Feldern oder Atomen bestehen, somit einen stetigen oder einen diskreten Aufbau besitzen. Ebenso rätselhaft erschien ihm die Entstehung des Bewusstseins aus der unbelebten Materie, wie sich also spontan in den Organismen eine mentale Ebene bilden konnte. Auch der Ursprung der Bewegung im Weltall schlechthin, wie und warum die gesamte Veränderung der Materie jemals begonnen hat, hielt du Bois-Reymond für geheim-

1 DU BOIS-REYMOND, Grenzen.

nisvoll. Ganz aussichtslos, meinte er, sei es, die Willensfreiheit zu verstehen, speziell angesichts der damals rein deterministischen Mechanik und Elektrodynamik. Auf der anderen Seite gäbe es schwierige, aber doch grundsätzlich lösbare Fragen, wie die Entstehung des Lebens aus der toten Materie oder die Herkunft der Sprachen in der Stammesgeschichte des Menschen. Hier gälte nur das weniger gewichtige Ignoramus. Der Berliner Naturforscher hatte sich mit seinen expliziten Äußerungen sehr exponiert, v.a. angesichts der Tatsache, dass in der Vergangenheit einige Voraussagen über unerkennbare Vorgänge in der Natur gründlich schief gegangen waren.[2]

Irrtümliche Grenzen

Einen Paradefall irrtümlicher Grenzen der Erkenntnis hat Auguste Comte verbreitet, als er 1830 meinte, der chemische Aufbau der Fixsterne sei den Menschen für alle Zeiten unzugänglich. Seine Unmöglichkeitsbehauptung war natürlich von der Vorstellung geleitet, dass man ein Stück Materie des Sternes besitzen müsse, um deren Beschaffenheit zu analysieren. Er konnte nicht ahnen, dass das Licht der Fixsterne bereits die gewünschte Information enthält, wie Bunsen und Kirchhoff 1859 mithilfe der Spektralanalyse zeigen konnten. Schon aus diesem Beispiel sieht man, dass man sehr vorsichtig mit Unmöglichkeitsbehauptungen umgehen muss, da sie starke Antizipationen der zukünftigen Erkenntnisarten beinhalten. Die indirekten Verfahren, mit Hilfe von lokal getesteten Theorien an schwer zugängliche Information zu kommen, sind ungeheuer reichhaltig, v.a. sind sie auch nicht vorhersehbar. Ein ähnliches Beispiel bietet auch die Erforschung des materialen Aufbaus des Erdkerns. Auch wenn man kein 6700 km tiefes Loch bohren kann, lässt sich einiges über die Beschaffenheit und den Zustand der Materie im Mittelpunkt der Erde aussagen. Für die oberen

2 Der Genauigkeit halber sei hier angemerkt, dass du Bois-Reymond 1880 in einer Rede von den „Sieben Welträthseln" drei Probleme, das Wesen von Materie und Kraft, den Ursprung der Bewegung und die Entstehung des Bewusstseins für unlösbar taxierte, bezüglich der Willensfreiheit aber unentschieden war. Ernst Haeckel hat dann in seiner Abhandlung über die „Welträthsel" (1899) keines der Unlösbarkeiten anerkannt und die Frage der Willensfreiheit als Scheinproblem bezeichnet, das nur auf einem täuschenden Eindruck beruht. Haeckel hat sich selber einer spinozistischen Anschauung zugerechnet, bei der Geist und Materie Attribute einer universalen Substanz sind.

Schichten können seismische Wellen sehr aussagekräftig sein, für den Erdkern lassen sich himmelsmechanische Dichteabschätzungen einsetzen. Selbst für das von du Bois-Reymond erwähnte Problem der Freiheit gab es einen probaten Lösungsvorschlag von dem Chemiker Joseph Priestley, der bereits 1777 darauf hingewiesen hatte, dass die deterministische Naturkausalität durchaus mit der Handlungsfreiheit des Menschen vereinbar sei. Geistige Aktivitäten sind nach Priestley materielle Gehirnprozesse, deshalb sind die Entscheidungen der Menschen auch den Naturgesetzen unterworfen. Wir sind frei zu tun was wir wollen, auch wenn unsere Handlungen Ursachen haben, diese Auffassung nennt man Kompatibilismus.[3] In der analytischen Philosophie des Geistes ist heute die Vereinbarkeit von Freiheit und Gesetzesartigkeit Standardauffassung.[4] Erst einmal war der Ablauf der Naturwissenschaft seit Galilei und Newton eine reine Erfolgsgeschichte.

Die paradigmatische Funktion der Newtonschen Physik

So war man besonders im Bereich der theoretischen Naturwissenschaften im Besitz eines Theorienschemas, das sich außerordentlich vielversprechend anließ. Die Klassische Mechanik schien weit über den Bereich der Physik hinaus Anwendungen zu besitzen, so dass man sich nur die sinngemäße Übertragung auf andere Gebiete überlegen musste. Erst waren es nur die erfolgreichen Anwendungen in der Himmelsmechanik. Mithilfe der Störungstheorie konnten nicht nur neue Planeten entdeckt werden, auch die Periodizität der Kometenwiederkehr und ihr Wiedererscheinen ließen sich vorhersagen. Edmund Halley gelang es 1705, das Rätsel des Kometen, der dann seinen Namen erhielt und der schon Seneca beschäftigt hatte[5], zu lösen, indem er die Unterschiede in den Bahnelementen der Durchgänge von 1531, 1607 und 1682 durch die Störungen von Jupiter und Saturn erklärte und dessen Wiederkehr für das Jahr 1758 voraussagte. Das

3 PRIESTLEY, Doctrine.

4 FINK/ROSENZWEIG, Wille.

5 Seneca war einer der wenigen, die in seinen naturwissenschaftlichen Schriften eine natürliche Erklärung des Kometenphänomens befürwortet hatte und die kühne Voraussage traf, dass dereinst ein Gelehrter das Rätsel dieser Himmelskörper auf natürliche Weise lösen würde. Es sollten 1700 Jahre vergehen, bis seine Prophezeiung eintraf. (SENECA, Naturales.)

Eintreffen dieser Vorhersage stärkte das Vertrauen in die Newtonsche Physik enorm. Von diesem Erfolg beeindruckt, übertrug Adam Smith 1759 die Newtonsche Theorie sinngemäß auf die Volkswirtschaft, in dem er postulierte, sie sei ein Gleichgewichtssystem, das unter Einwirkung von Kräften seine Struktur erhält. Danach ist die menschliche Gesellschaft eine Maschine, bei der die unsichtbare Hand der ökonomischen Kräfte die spontane Ordnung aufbaut. Ein entscheidendes Merkmal der Newtonschen Mechanik fehlte der Volkswirtschaft allerdings noch, denn diese besteht in ihrer mathematischen Form. Es war die Differentialrechnung, die die Vorhersagepräzision erlaubte und die Newtons Theorie die Überlegenheit über Descartes qualitatives Wirbelmodell der Planetenbewegung bescheinigte. Immanuel Kant verallgemeinerte 1786 diese Einsicht, indem er die Mathematisierung als einen zentralen Zug einer reifen Wissenschaft ansah.[6] Dieses Kriterium von Wissenschaftlichkeit hat speziell in der Analytischen Philosophie breite Zustimmung erfahren. Der Grund ist, dass metrische Theorien, die quantitative Voraussagen machen, in einem stärkeren Sinne prüfbar sind als qualitative, die immer nur den groben Ablauf der Ereignisse charakterisieren.

Das Feld als kontinuierliches Medium

Newtons mechanistisches Weltbild war atomistisch orientiert. Beeinflusst von Pierre Gassendi nahm er an, „ […] daß Gott am Anfang der Dinge die Materie in massiven, festen, harten, undurchdringlichen und beweglichen Teilchen erschuf […].“ [7] Auch in seiner Optik vertrat er den korpuskularen Charakter des Lichts. Erst M. Faraday experimentell und J.C. Maxwell dann theoretisch, konnten zeigen, dass das elektromagnetische Feld autonome materiale Realität neben den Atomen besitzt. Felder sind somit nicht nur Hilfskonstruktionen, sondern physikalische Objekte sui generis. Die Berechtigung dieser ontologischen Neuankömmlinge gründet v.a. darin, dass sich auch die Wirkung des Feldes mathematisch fassen lässt und zwar in den Maxwell Gleichungen des elektromag-

6 KANT, Anfangsgründe, 467.
7 NEWTON, Opticks, 400.

netischen Feldes. A. Einstein ging dann 1915 noch einen Schritt weiter, indem er auch dem metrischen Feld der Raumzeit, dem Schwerefeld, eine eigenständige Existenz zuschrieb. Auch dieser Schritt der Erweiterung der physikalischen Realität wurde durch die mathematischen Feldgleichungen der Gravitation gerechtfertigt, welche ausdrücken, wie die ponderable Materie die Krümmung der Raumzeit beeinflusst. Beide Agentien beeinflussen sich gegenseitig. Die Raumzeit legt die kräftefreien Trägheitsbahnen fest, und die Materie liefert die Krümmung der Raumzeit. In der Feldtheorie der Gravitation wurde auch ein Problem der Newtonschen Gravitationstheorie gelöst, das den Entdecker bedrückt hatte: Die Ausbreitung der Wirkung der Schwere zwischen den Körpern. Es stellte sich heraus, dass die Gravitation in Wellenform übertragen wird und es eine zum Elektromagnetismus analoge Wellengleichung gibt. Der scheinbare Gegensatz zwischen den beiden Grundkonstituenten der Natur, den Teilchen und den Feldern, wurde dann in der Quantentheorie überwunden, die den diskreten und kontinuierlichen Charakter der Materie vereinte. In der Quantenfeldtheorie (Qfth) hängt es von der Art des Experimentes ab, in welcher Erscheinungsform die Materie sich offenbart, als Welle oder als Teilchen. Fälschlicherweise hatte man immer daran gedacht, dass es zu einer Entscheidung zwischen den beiden Formen der Materie kommen müsste, aber dieser Gedanke hatte die Physiker in die Irre geführt. Die Qfth hat also das im 19.Jh. noch als unlösbar angesehene Problem der Dualität von Welle und Teilchen zufriedenstellend aufgelöst. Zuletzt fehlte in der Naturbeschreibung noch ein wesentlicher Aspekt des Geschehens, nämlich die Zeitrichtung. Die Gleichungen der Mechanik und Elektrodynamik sind reversibel, d.h. invariant gegenüber einem Austausch von t durch –t, obwohl die physikalischen Phänomene immer nur eine Zeitrichtung bevorzugen. Auch hier stand man zuerst vor einem Rätsel, wie eine große Zahl von molekularen Prozessen, die jeder für sich zeitumkehrbar sind, sich zu einem makroskopisch irreversiblen Verhalten der Körper zusammenfügen können. Die Brücke schlug hier Ludwig Boltzmann 1872, indem er zeigen konnte, dass sich auch die zeitasymmetrischen Phänomene mithilfe des Wahrscheinlichkeitsbegriffes mechanisch deuten lassen. Allerdings musste dabei diese begriffliche Neuerung in das Instrumentarium der Physik aufgenommen werden. Auch hier wurde also eine Kluft, die zuerst unüberbrückbar schien, zwischen einer richtungslosen Mechanik und einer mit einem Zeitpfeil ausgestatteten Natur durch eine geniale Idee Boltzmanns geschlossen.[8]

Erkenntnisoptimismus

Die vorstehend aufgezeigten Erfolge der Naturwissenschaft festigten, besonders bei den Theoretikern, das Vertrauen in die vollständige Erkennbarkeit der Natur mithilfe des Instrumentes der Mathematik. Dabei wurde nun der Anspruch recht hochgeschraubt. A. Einstein machte sich bald nach dem Erfolg mit seiner Gravitationstheorie auf den Weg zu einer vollständigen einheitlichen Theorie der Natur und forderte 1929: „Wir wollen nicht nur wissen, *wie* die Natur ist und *wie* ihre Vorgänge ablaufen, sondern wir wollen [...] wissen, *warum* die Natur *so und nicht anders ist.*“[9] Es geht also um eine Theorie, in der Geheimnisse keinen Platz mehr haben. Eine vollständige Theorie besitzt keine zufälligen, frei wählbaren Parameter mehr. Alle kontingenten Züge der Welt werden nomologisch, also gesetzesartig notwendig. Sie besitzt auch keine singulären Stellen, wo ihre Gültigkeit endet. Die empiristischen Philosophen des Wiener Kreises aus der damaligen Zeit sekundierten. Es eröffnete sich ein erstaunliches Bild naturwissenschaftlich-philosophischer Konvergenz. In Rudolf Carnaps Buch „Der logische Aufbau der Welt“, in dem die Natur aus elementaren Phänomenen aufgebaut wird, gibt es keinen Raum für kognitive Rätsel und undurchdringbare Mysterien. Auch Philipp Frank, Physiker und Biograph Einsteins, hat dies1930 nochmals herausgestellt: „Es ist nicht notwendig, neben dem grünenden und wachsenden Baum der Wissenschaft ein graues Gebiet anzunehmen, in dem die ewig unlösbaren Probleme ihren Sitz haben.“[10] Und Ludwig Wittgenstein wird noch deutlicher: „Das Rätsel gibt es nicht. Wenn sich eine Frage überhaupt stellen läßt, so *kann* sie auch beantwortet werden.“[11] Der Ton liegt hier auf der Vernünftigkeit einer Frage. Natürlich kann man konfuse Kontexte erfinden, in de-

---

8 Vgl. dazu KANITSCHEIDER, Welt, 34.
9 EINSTEIN, Feldtheorie, 126.
10 FRANK, Theorien.
11 WITTGENSTEIN, Tractatus, 6.5.

nen nach unauslotbaren Urgründen gefragt wird, die nie ein Mensch erreichen kann, aber deren Unergründlichkeit ist ein Sprach- und kein Sachproblem.

Beobachtungsgrenzen durch Theorien

Eine Unterscheidung darf man bei allem Erkenntnisoptimismus nicht übersehen: Die heute gültigen physikalischen Theorien schließen bestimmte Beobachtungen aus. Sie enthalten somit bestimmte empirische, wenngleich keine logischen Unmöglichkeiten des Wissenserwerbs.[12] In diesem Sinne könnte man von einem relativen Ignorabimus sprechen, relativ insofern, als eine Änderung der Theorien auch neue Beobachtungsmöglichkeiten eröffnen würde. Jede empirische Theorie kann man auch als Verbot formulieren. Wenn sie wahr ist, dürfen bestimmte Ereignisse nicht vorkommen und können mithin auch nicht beobachtet werden. Einige Beispiele sollen dies klarer machen: Entsprechend der phänomenologischen Thermodynamik gibt es keine Maschinen, die mechanische Arbeit ohne Energiezufuhr liefern. Ebenso wenig können Maschinen existieren, die Wärme der Umgebung in mechanische Arbeit verwandeln oder aber auch eine Kältemaschine, die den absoluten Nullpunkt erreicht. Hier handelt es sich um physikalische Unmöglichkeiten, die an der Wahrheit der Wärmelehre hängen. Sobald diese durch eine Nachfolgertheorie ersetzt würde – was heute allerdings nicht in Sicht ist – könnten sich diese Unmöglichkeiten verschieben oder aufheben.

Die Spezielle Relativitätstheorie (SRT) lässt nicht zu, dass Ereignisse außerhalb unseres Vergangenheitslichtkegels unsere gegenwärtige Situation jetzt und hier beeinflussen. Dies geht auf die Tatsache zurück, dass die Lichtgeschwindigkeit die Grenze jedes Wirkzusammenhanges bildet. Das Licht ist immer Erstsignal. Deshalb kann man die Vergangenheit des Universums nur in einem kleinen Ausschnitt, der durch die SRT begrenzt ist, beobachten. Diese Beobachtungsgrenze setzt aber voraus, dass die SRT wahr ist. Sollte die SRT dereinst durch eine Theorie mit instantaner Wirkungsausbreitung ersetzt werden, würde sich der Vergangenheitslichtkegel weiten und die gesamten vergangenen Ereignisse könnten unsere momentane Situation beeinflussen.

---

12 MOSTERÍN, Viva, 83.

Das Gleiche gilt auch für die Quantenmechanik (QM). Die Unschärferelationen verbieten die Bestimmung kanonisch konjugierter dynamischer Variablen, etwa die exakten Orte und Impulse der Teilchen, aber eine Theorie mit verborgenen klassischen Parametern könnte die Situation wieder ändern. Eine solche Theorie würde immer streuungsfreie Werte für alle dynamischen Variablen liefern.[13] Auch wenn sich Einsteins Idee einer klassischen Feldtheorie durchgesetzt hätte, wäre den Unschärfen zumindest keine grundlegende Bedeutung zugekommen.

Auch bei nichtlinearen klassischen dynamischen Systemen gibt es Grenzen der Berechenbarkeit, den sog. Ljapunov-Horizont. Dieser verbietet die beliebige Bestimmbarkeit der zukünftigen Entwicklung des Systems. Der Beobachtungshorizont beschränkt z.B. die Wettervorhersage für große Zeiträume, weil sich die Anfangsbedingungen in kurzer Zeit über den gesamten Zustandsraum verschmieren. Das System verliert das Gedächtnis für seinen Anfangszustand. Auch hier hängt die Unmöglichkeit der Berechnung an dem speziellen mathematischen Charakter der Mechanik. Diese ruft die Empfindlichkeit des Systems für eine Variation der Anfangsbedingungen hervor. Die besondere Instabilität der Trajektorien hängt nämlich an der Nichtlinearität der dynamischen Systeme. Eine solche ruft die spezifische Art der Fehlerfortpflanzung hervor. In all diesen Fällen steht de facto keine Änderung der Beobachtbarkeit am Horizont. Es handelt sich in jedem Fall um hochbewährte Theorien. Die Beschränkungen liegen an der kontingenten Gesetzesstruktur der Natur.

Die Intelligibilität der Welt

In den empirischen Wissenschaften lassen sich die Probleme selten so scharf fassen, dass man einen analytischen Beweis der Unlösbarkeit vorlegen kann. Nur in der Mathematik gibt es echte Fälle von beweisbarer Unmöglichkeit der Lösung. Aber lange Zeit waren die Mathematiker überzeugt, dass es kein echtes Problem gäbe, vor dem die Wissenschaft völlig kapitulieren müsse. So äußert sich David Hilbert noch 1930 zuversichtlich: „Der wahre Grund, warum es

---

13 Man muss allerdings darauf hinweisen, dass durch die experimentellen Ergebnisse mit der Polarisation von Photonen den kryptokausalen Theorien enge Grenzen gesetzt sind. (BUNGE, Treatise, 209.)

Comte nicht gelang, ein unlösbares Problem zu finden, besteht meiner Meinung nach darin, daß es ein unlösbares Problem überhaupt nicht gibt. Statt des törichten Ignorabimus heiße im Gegenteil unsere Losung ‚Wir müssen wissen und wir werden wissen'."[14]

Sein Ziel, speziell in der Mathematik, bestand darin, mit finiten Methoden zu zeigen, dass alle formalisierten Theorien widerspruchsfrei sind. Die Betonung der Endlichkeit auf der metamathematischen Ebene ist wesentlich, denn nur finite Schlussweisen sind dem Menschen zugänglich. Das Unendliche und gar die höheren transfiniten Mächtigkeiten dürfen auf der Beweisebene nicht auftauchen. Dies ist wichtig, weil Gerhard Gentzen 1936 und 1938 einen Beweis für die Widerspruchsfreiheit der Arithmetik vorlegte, indem er sich einer transfiniten Induktion bediente. Im Peanoschen Axiomensystem der Arithmetik (PA) besagt das normale Axiom der vollständigen Induktion, dass eine Eigenschaft P, welche für 0 gilt und wenn P für n auch für n+1 gilt, für alle natürlichen Zahlen zutrifft. Die Gültigkeit des Induktionsschrittes hängt hier an einer endlichen Zahl von Vorgängern. Bei der transfiniten Induktion muss allerdings die Gültigkeit dieses Beweisschrittes für unendlich viele vorhergehende Zahlen vorausgesetzt werden. Dies hängt damit zusammen, dass die Zahlen nicht nur in ihrer natürlichen Reihenfolge 0, 1, 2, 3, 4... auftreten können, sondern in anderen Ordnungstypen, etwa 2, 4, 6, 8,... oder 0, 1, 3, 5, 7,... . Allgemeiner gesagt: nicht in der Ordnung ω, sondern auch in der Ordnung $\omega +1$, $\omega +2$,... .Gentzen musste voraussetzen, dass die Induktion bis zu einer Zahl ε_0 gilt, die eine beliebige, aber abzählbare Potenzierung von ω erlaubt. Mit der transfiniten Induktion wird allerdings der Umfang der Arithmetik gesprengt – was nach dem zweiten Gödeltheorem (von dem gleich die Rede sein wird) unvermeidlich war – und auch der von Hilbert konzipierte methodische Rahmen wird überschritten.

Hilberts heuristisches Ideal für formale Theorien war anspruchsvoll. Sie sollten vollständig, entscheidbar und widerspruchsfrei sein. Wenn dies der Fall ist, so meinte er, könnte man *eine* Basistheorie zur Grundlage der gesamten Mathematik machen. Damit postulierte er für die Mathematik das, was – wie oben erwähnt – Einstein mit seiner einheitlichen Feldtheorie in der Physik erreichen

---

14 HILBERT, Naturerkennen.

wollte. Für die Mathematik war nun allerdings das Ziel zu hoch gesteckt. Denn es gelang Kurt Gödel 1931 zu zeigen, dass das Ziel, die gesamte Mathematik auf *ein* widerspruchsfreies formales System zu gründen, unerreichbar ist. Gödel bewies zwei grundlegende Sätze. Beide Theoreme wurden von manchen Philosophen schnell im Sinne einer generellen Erkenntnisskepsis ausgelegt. Bei einigen Autoren wird man allerdings den Verdacht nicht los, dass hier auch eine gewisse Schadenfreude vorhanden war, dass auch in der Erfolgsgeschichte der mathematisierten Naturwissenschaft Hindernisse auftauchen. Denn der Siegeszug der exakten Wissenschaften wurde von sensiblen Gemütern auch als Bedrohung der Sinnhaftigkeit der Welt gesehen, als Entzauberung (Max Weber) und rationalistische Reduktion der Dimension des Geistes auf materielle Vorgänge. Aufgrund der erkenntnistheoretischen Tragweite der Situation sei nochmals die genaue Formulierung beider Theoreme angegeben:

Das erste Theorem besagt: *Jedes konsistente formale System S, in dem die elementare Arithmetik ausgeführt werden kann, ist hinsichtlich arithmetischer Operationen unvollständig: Es gibt in S Sätze, die in S weder bewiesen noch widerlegt werden können.*

Das zweite Theorem lautet: *Für jedes konsistente formale System S, das einen wesentlichen Teil der Arithmetik enthält, kann die Widerspruchsfreiheit von S nicht innerhalb von S bewiesen werden.*

Wie schon bemerkt, stellt Gentzens Beweis der Widerspruchsfreiheit der Arithmetik, der mit stärkeren Voraussetzungen arbeitet als es dem Hilbertprogramm entspricht, den Satz nicht in Frage.

Ist damit nun Hilberts Erkenntnisoptimismus endgültig gescheitert, wie einige Skeptiker vermuteten? Nein, Hilberts Programm kann nur nicht in einem *einzigen* formalen System S realisiert werden, in dem sich alle mathematischen Probleme lösen lassen! Manche Probleme werden eine axiomatische Verstärkung des formalen Systems erfordern. Das erste Unvollständigkeitstheorem sagt jedenfalls nichts über absolute Unbeweisbarkeit. Hilbert hat verständlicherweise auf die Gödeltheoreme wenig erschüttert reagiert: Überdies sind Unmöglichkeitsbeweise auch Lösungen. Man weiß danach, worum man sich nicht mehr bemühen muss. Dies lässt sich an vielen Problemen der Vergangenheit verifizieren.

So konnte in der Euklidischen Geometrie von Lobatchevsky 1830 die Nichtbeweisbarkeit des Parallelenpostulates gezeigt werden, von Lindemann 1882 die Unmöglichkeit der geometrischen Quadratur des Kreises, und 1938 konnte Gödel und 1963 Cohen die Nichtbeweisbarkeit von Cantors Continuumhypothese (CH) zeigen. Ebenso bewies Turing unter Verwendung von Cantors Diagonalmethode, dass das Halteproblem für Turingmaschinen keine Lösung besitzt. Dennoch muss man unterscheiden, wenn es um Unvollständigkeit und Hilberts Non Ignorabimus geht. Aus Gödels erstem Theorem folgt, dass das Axiomensystem der Mengenlehre ZFC[15] nicht jeden arithmetischen Satz entscheiden kann. Gut, jetzt kann man die Frage stellen: Könnte die Goldbach-Vermutung darunter sein? Logisch ist dies möglich, aber darauf gibt es keinen Hinweis. Es ist also sicher nicht unvernünftig, einen Beweis anzustreben, wenn man eine gute Idee hat. Man muss sich aber immer klar sein, dass es sich um arithmetische Probleme handelt, die bei den Unvollständigkeitssätzen gemeint sind! Mengentheoretische Probleme wie die Continuumhypothese (CH) *sind* unlösbar in ZFC, falls ZFC konsistent ist. Dies wurde aber nicht mit den Gödeltheoremen bewiesen, sondern mit der modelltheoretischen Methode des *Forcing*. Im Sinne Hilberts kann jedes formale Axiomensystem (FAS) erweitert werden, *falls* sich eine Unlösbarkeit ergibt.

Gödel hatte die Idee, ZFC mit Axiomen über große Kardinalzahlen zu erweitern, um CH zu beweisen. Dies ist bisher noch nicht gelungen.[16] Nach den Untersuchungen von Hugh Woodin scheint sich aber doch eine Entscheidung in Bezug auf CH anzubahnen. Mit dem neuen Axiom WMM und der Ω-Hypothese folgt, dass die Continuumhypothese falsch ist und dass es genau *eine* Zwischengröße zwischen der abzählbaren Unendlichkeit der natürlichen Zahlen und dem Kontinuum der reellen Zahlen gibt.[17] Damit hätte Hilbert wiederum recht behalten, dass CH ein lösbares Problem darstellt, wie er in seinem berühmten Vortrag im Jahre 1900 behauptet hatte. Man versteht daher, dass Hilbert selbst 1941, zehn Jahre nach der Entdeckung der Gödelsätze, noch immer die metatheoretische These aufrecht hielt: Nescimus, sed sciemus. Dies bedeutet kein trotziges Beharren eines

15 ZFC hat seinen Namen nach Fraenkel Zermelo und dem Ausdruck Choice für Auswahlaxiom.
16 GÖDEL, Continuum,176–187.
17 BELLOTTI, Woodin.

Unbelehrbaren, sondern die Einsicht, dass man jede Fragestellung in Angriff nehmen sollte, auch wenn es nie eine Wissenssituation geben wird, bei der alle Probleme gelöst sein werden. Die Zuversicht bezieht sich also nicht auf *alle* Probleme, sondern auf *jedes* Problem. Nehmen wir ein Beispiel: Kommt in der Dezimalbruchentwicklung von lg(n+1) eine Ziffernfolge 0123456789 vor?[18] Wenn n die natürlichen Zahlen durchläuft, handelt es sich um eine abzählbar unendliche Menge von Problemen. Jedes Problem von ihnen ist lösbar, aber nie alle.

Davon zu unterscheiden ist das Fundierungsproblem aller Wissenschaft, also die Frage, ob sich ein unerschütterliches Fundament alles Wissens finden lässt. Hier lässt sich zweifelsfrei statuieren, dass eine Art Sicherheit im Sinne einer *Selbstgarantie* des menschlichen Denkens unerreichbar ist, wie Wolfgang Stegmüller schon 1954 bemerkte.[19] Hans Albert hat dies in das Bild gekleidet, dass alle Letztbegründungen auf das Münchhausentrilemma stoßen. Alle Versuche, das Wissen auf ein unerschütterliches Fundament zu stellen, führen entweder zu einem unendlichen Regress, zu einem logischen Zirkel oder zu einem dogmatischen Abbruch des Verfahrens. In geisteswissenschaftlichen und theologischen Kreisen ist der letzte Ast des Trilemmas beliebt, indem auf irgendeine nichtempirische Intuition, eine Evidenz oder ein Zeugnis einer kanonischen Schrift hingewiesen wird. Aber kein Text und kein Satz kann die eigene Wahrheit garantieren. Es muss immer, versteckt oder indirekt, auf eine metatheoretische Konstruktion zurückgegriffen werden. Auf die Metasprache kann hier nicht verzichtet werden, denn alle semantisch geschlossenen Sprachen sind widersprüchlich oder antinomisch.

Metaphysische Verirrungen und der Missbrauch der Gödeltheoreme

Nach Bekanntwerden der Sätze wurden in freier Assoziation und mit viel Metaphorik in allen Ecken Unvollständigkeiten „gefunden". Daran waren auch einige Physiker nicht ganz unschuldig, wenn etwa Freeman Dyson und Stephen Hawking behaupteten, dass eine einheitliche Theorie aller Wechselwirkungen

18 MESCHKOWSKI, Wahrheit, 75.
19 STEGMÜLLER, Metaphysik, 384.

wegen der Gödelsätze nicht möglich sei[20], was wiederum Theologen wie Hans Küng begrüßten.[21] Wenn die Naturwissenschaften nicht alles erkennen können, so bleibt doch vielleicht eine Lücke, die man anderweitig füllen kann. Dabei wurde immer vergessen, dass das infrage stehende formale System einen Teil der Arithmetik enthalten muss, etwa das Peanosche Axiomensystem der Arithmetik (PA) und dass es sich bei den unentscheidbaren Sätzen um arithmetische Sätze handelt und nicht um Sätze über die Unsterblichkeit der Maikäfer.[22]

Die meisten Texte, auf die angespielt wurde, sind nicht formal wie PA und ZFC. Sie bauen nicht auf Axiome auf, enthalten keine Schlussregeln, und man kann auch nicht von Theoremen sprechen, denn die Deduktionsstruktur ist zumeist völlig undurchschaubar. Dies gilt selbst für sprachliche Gebilde wie Verfassungen. Eine Verfassung ist kein formales Axiomensystem. Zumeist weiß man nicht, ob sie widerspruchsfrei ist, und sicherlich kann man aus ihr auch keine arithmetischen Sätze ableiten. In einem bestimmten Sinne sind alle umgangssprachlichen Schriften unvollständig. So kann man etwa aus Kants Kritik der reinen Vernunft nicht ableiten, ob es Leben am Mars gibt. Dazu wurde sie aber auch nicht geschrieben, und um dies einzusehen, bedarf es keiner Gödeltheoreme! Etwas anders liegt der Fall mit den mathematisierten Theorien der Physik. Seit etwa 100 Jahren bemüht man sich, die physikalischen Theorien unter ein Dach zu bringen, sodass sie wie bei der Verzweigung der Äste eines Baumes letztlich aus einer Wurzel entspringen. Deshalb spricht man auch von einer Theorie für Alles oder Theory of Everything (TOE). Eine TOE ist somit eine Einheitliche Theorie des Aufbaus der gesamten Materie und ihrer Wechselwirkungen. Seit Einstein versucht hat, mithilfe einer klassischen geometrisierten Feldtheorie dieses Ziel zu erreichen, bemühen sich die Theoretiker unter Einbeziehung des Quantenprinzips, dieses Ideal anzustreben. Zwei Kandidaten bewerben sich heute um die Rolle einer TOE: die M-Theorie des Superstringansatzes und als Alternative die Schleifenquantengravitation. Der markante Unterschied zwischen beiden besteht in der Behandlung der Hintergrundraum-

---

20 HAWKING, Gödel.

21 KÜNG, Anfang, 33. Für eine ausführliche Auseinandersetzung mit den Thesen Küngs vgl. KANITSCHEIDER, Welt, 51.

22 FRANZÉN, Theorem.

zeit. Die Stringtheorien verwenden eine undynamische, fest vorgegebene Raumzeit, während die Schleifenquantengravitation die Raumzeit atomistisch auflöst und an den physikalischen Prozessen beteiligt.[23] Nun enthalten beide Theorien sicher die elementare Arithmetik, da schließlich alle Zahlkörper auf den natürlichen Zahlen aufgebaut werden. Muss eine TOE somit eo ipso als unvollständig betrachtet werden? Hier ist wieder etwas vergessen worden: Unvollständigkeit bezieht sich nur auf die *arithmetische* Komponente, nicht auf die Frage, ob die Grundgleichungen der M-Theorie eine vollständige Beschreibung der Wirklichkeit darstellen. Eine TOE kann vollständig sein in Bezug auf Sterne, Galaxien und Elementarteilchen, selbst wenn sie einen unentscheidbaren arithmetischen Satz enthielte. Sätze über Sterne sind keine Sätze über natürliche Zahlen. Solomon Feferman hat dies prägnant formuliert: "It's indeed the case that if the laws of physics are formulated in a formal system S which includes the concepts and axioms of arithmetic as well as physical notions such as time, space, mass, charge, velocity, etc., and if S is consistent, then there are propositions of higher arithmetic which are undecidable by S. But this tells us nothing about the *specifically physical laws* encapsulated in S, which could conceivably be complete *as such*." [24] Das Ziel einer TOE ist ja, eine vollständige Beschreibung der Natur der Materie und ihrer Wechselwirkungen zu geben und nicht die Fundamente der Mathematik zu erfassen.

Menschliches Denken und Unvollständigkeit

Über wenige Probleme hat sich der Mensch so viele Gedanken gemacht, wie darüber, ob er sein eigenes Denken erfassen kann, anders ausgedrückt, ob sein Gehirn komplizierter als klug oder klüger als kompliziert ist. Die heute am stärksten bevorzugte Hypothese besagt, dass das Bewusstsein ein emergentes Produkt der neuronalen Struktur des Gehirns ist, wobei die Emergenz kein mystischer oder übernatürlicher Vorgang ist, sondern die gesetzesartige Entstehung von Eigenschaften eines komplexen Systems, die auf der Ebene der Komponen-

23 Für eine instruktive Übersicht zu dieser Theorie vgl. BOJOWALD, Nichts, 37.
24 FEFERMAN, Nature.

ten nicht vorhanden sind.[25] Auch die Besonderheiten des Bewusstseins wurden mit den Unvollständigkeitssätzen in Zusammenhang gebracht. Gödel selbst hat die zentrale philosophische Folgerung aus seinen Theoremen in die Form einer Dichotomie gebracht. Er meinte, dass sich daraus eine Dichotomie ergäbe. Entweder übersteigt der menschliche Geist die Leistungsfähigkeit jeder endlichen Maschine [Universelle Turingmaschine] oder es gibt absolut unlösbare diophantische Probleme. In seiner späteren Zeit neigte er eher zur ersten Möglichkeit und zur Auffassung, dass es keine absolut unlösbaren diophantischen Probleme gäbe.[26] Damit stellt er sich auf die Seite von Hilbert in seiner Ablehnung des Ignorabimus für die Mathematik. Auf der anderen Seite setzte er sich in Gegensatz zu Alan Turing, der sich für die grundsätzliche Gleichheit von natürlichem Denken und künstlicher Intelligenz ausgesprochen hatte.[27] In einer allgemeineren Form erreicht die Diskussion um die Reichweite der Gödeltheoreme auch die Geisteswissenschaften und die Produkte der Schriftsteller. Hier wird zumeist in einem übertragenen oder assoziativen Sinne nach Anknüpfungspunkten zu den mathematischen Begriffen gesucht in der Hoffnung, auf Lücken zu stoßen, die man mit spirituellen oder esoterischen Inhalten füllen könnte. Das Denken des Menschen ist nichts scharf Umrissenes, kein formales Axiomensystem (FAS). Es enthält vieles, was keine angebbare Struktur besitzt. Ist die logische Fähigkeit des Menschen formal? Die eigentliche Beschäftigung des Menschen besteht sicher nicht in der Faktorisierung großer Zahlen. Wenige Leute sind daran interessiert, große Zahlen in ihre Primfaktoren zu zerlegen. Die typischen intellektuellen Aktivitäten sind informal und nicht schematisch fassbar. Gibt es informale intuitive Denkvorgänge, die alle Regeln durchbrechen? Wie Torkel Franzén betont hat, ist dabei entscheidend: Ist die Menge M aller von Menschen beweisbaren Sätze numerisch aufzählbar?[28] Wenn ja, gilt auch für M die Unentscheidbarkeit, wenn nicht, ist das Denken exempt davon. Es gibt aber keine Stütze für diese Annahme, dass sich die Menge M überhaupt klar fassen lässt. Zu groß ist die Uneinigkeit über den Beweisbegriff, wenn man nur an die unter-

25 KOCH, Bewußtsein.
26 TIESZEN, Gödel.
27 TURING, Computing, 433–460.
28 FRANZÉN, Theorem, 82.

schiedlichen Vorstellungen von Intuitionisten, Konstruktivisten und klassischen Mathematikern denkt hinsichtlich dessen, was ein Beweis ist. Es gibt somit keine verlässliche Theorie über das mögliche menschliche Denken und deshalb auch keine entscheidbare These über dessen Grenzen.

Irrationale Anwendungen der Erkenntnisgrenzen

Einen weiten Raum nehmen v.a. im nordamerikanischen Bereich die Versuche verschiedener religiöser Strömungen ein, aus einem angeblichen Ignorabimus Kapital für spirituelle Bewegungen zu schlagen. Die Argumentationsform ist dabei zumeist die eines Nachweises einer Lücke im wissenschaftlichen Weltbild, die anschließend von den entsprechenden supernaturalen Weisheiten geschlossen werden. In der Bibliography of Christianity and Mathematics liest man charakteristische Thesen, die sich wie ein Kuriositätenkabinett verirrter physicotheologischer Spekulationen aus den Zeiten William Paleys anhören.[29]

- Number is an irreducible aspect of God's creation, subject to law, with existence independent of human thought, which we apprehend intuitively, and use to God's glory.
- Geometric and arithmetic patterns, and infinity are examples of how to show God's handiwork in mathematics.
- Mathematics shows that there is more to reality than sense data. Mathematics can be a tool to illuminate the primary relationship of man and God. Auch der Benediktinermönch und katholische Wissenschaftsphilosoph Stanley Jaki verwendet die Argumentationsfigur der Unvollständigkeit.
- Jaki argues that only a realist metaphysics and a sound Christian theology are fully compatible with the contingent nature of the universe, and have been indispensable in the birth of science. Based upon Gödel's theorem, it is argued that the most up-to-date physics will never be able to give an understanding of the cosmos which is a priori, for „no scientific cosmology, which of necessity must be highly mathematical, can have its proof of consistency within itself as

29 Online im Internet unter, http://www.asa3.org/ASA/topics/Mathematics/1983 Bibliography.html [Stand 14.05.2012].

far as mathematics goes. In the absence of such consistency, all cosmological models fall inherently short of being that theory which shows in virtue of its a priori truth that the world can only be what it is and nothing else."

Hier wird wieder das Vorurteil reproduziert, das auf einer ungenauen Lesart der Unvollständigkeitstheoreme basiert. Es geht darin um arithmetische Sätze, nicht um kosmologische Modelle. Ob das momentan für richtig gehaltene Standard Modell, das λ – CDM Konkordanz Modell korrekt das Universum beschreibt, hat weder etwas mit der Unvollständigkeit der formalen Systeme noch mit den unsterblichen Göttern zu tun. Die Physiker brauchen sich nicht der Mühe zu unterziehen, die Widerspruchsfreiheit der verwendeten mathematischen Instrumente, etwa ZFC, zu beweisen. Die Zielrichtung der Wissenschaftsskeptiker ist klar erkennbar. Diese Autoren möchten aus der Unvollständigkeit der formalen Basis folgern, dass die Voraussetzungen der Wissenschaft über sie hinaus weisen, auf eine Welt außerhalb und dass das Universum höherer spiritueller Prinzipien bedarf, als die Logik sie geben kann. Als Ausdruck persönlicher Willenskundgebungen ist gegen diese Wünsche nichts einzuwenden, doch als Argumente betrachtet, sind diese nicht schlüssig. Selbst wenn sich herausstellen sollte, dass eine bestimmte zahlentheoretische Vermutung nicht bewiesen werden könnte, ließe sich dennoch weiterhin erfolgreich Kosmologie betreiben. Aber um die Zahlentheorie machen sich die Verfechter der Religion zumeist keine großen Sorgen. Ihnen geht es um die Erkenntnis der Natur. Es wäre für sie erfreulich, auf eine Schwäche der Erkenntnis verweisen zu können, die nur durch eine transzendente Ergänzung geschlossen werden kann. Hilberts Non-Ignorabimus ist und bleibt ein Ärgernis für die Obskuranten unserer Zeit.

Literatur

BELLOTTI, J., *Woodin* on the Continuum Problem: An Overview and Some Objections, in: Logic and Philosophy of Science III-1, 2005.

BOJOWALD, M., Alles aus dem *Nichts*, Physik Journal 10, Nr.3, 2011.

BUNGE, M., *Treatise* on basic philosophy, Vol 7, Dordrecht, 1985.

du Bois-Reymond, E., Über die *Grenzen* des Naturerkennens. Die sieben Welträtsel, Leipzig, 1891.

Einstein, A., Über den gegenwärtigen Stand der *Feldtheorie*, Festschrift für A. Stodola, Zürich, 1929.

Feferman, S., The *nature* and significance of Gödel's incompreteness theorems, Princeton, 2006.

Fink, H./Rosenzweig, R. (Hg.), Freier *Wille* frommer Wunsch? Paderborn, 2006.

Frank, P., Was bedeuten die gegenwärtigen physikalischen *Theorien* für die allgemeine Erkenntnislehre, in: Erkenntnis 1, 1930, 126–157.

Franzén, T., Gödel's *Theorem*. An Incomplete Guide to its Use and Abuse, Wellesley, 2005.

Gödel, K., What is Cantor's *Continuum* Problem? Collected Works II, Oxford, 1990.

Hawking, S., *Gödel* and the end of physics, Online im Internet unter http://www.damtp.cam.ac.uk/strings02/dirac/hawking/ [Stand 14.05.2012].

Hilbert, D., *Naturerkennen* und Logik, in: Die Naturwissenschaften, 18, 1930, 959–963.

Kanitscheider, B., Von der mechanistischen *Welt* zum kreativen Universum, Darmstadt, 1993.

–, Entzauberte *Welt*, Stuttgart, 2008.

Kant, I., Metaphysische *Anfangsgründe* der Naturwissenschaft, Akademie Ausgabe, Bd. IV., Berlin, 1900ff.

Koch, C., *Bewusstsein* – ein neurobiologisches Rätsel, München, 2005.

Küng, H., Der *Anfang* aller Dinge, München, 2005.

Meschkowski, H., Richtigkeit und *Wahrheit* in der Mathematik, Mannheim, 1978.

Mosterín, J. Ciencia *Viva*, Madrid, 2001.

Newton, I. *Opticks*, London, 1952.

Priestley, J., The *doctrine* of philosophical necessity, London, 1777.

Seneca, L.A., Quaestiones *Naturales*, 7. Buch.

Stegmüller, W., *Metaphysik*, Wissenschaft und Skepsis, Wien, 1954.

Tieszen, R., After *Gödel*: Mechanism, Reason and Realism in the Philosophy of Mathematics, in: Philosophia Mathematica (III), Nr.14, 2006, 229–254.

Turing, A., *Computing* machinery and intelligence, Mind, 59, S.433–460.

Wittgenstein, L., Werkausgabe Band 1, Tractatus logico-philosophicus, Frankfurt am Main, 1984.

Christian Hesse

Gewissheit und Schönheit am Beispiel der Mathematik

Ich möchte mich zuallererst bedanken für die Möglichkeit, heute hier in dieser interessanten Vortragsreihe zu sprechen. Und ich muss gestehen, dass ich mich schon den ganzen Tag auf diese Veranstaltung gefreut habe, gibt sie mir doch wieder eine Gelegenheit, auf populärwissenschaftliche Art und Weise über ein Gebiet vorzutragen, das mir schon seit mehr als 30 Jahren am Herzen liegt und das mir geholfen hat, meinen Platz in der Welt zu finden. Eben die Mathematik.

Es soll also um Mathematik nicht vor dem Hintergrund abstrakter, theoretischer, unverständlicher Analysen gehen, – unverständlich sein kann ich bei Bedarf auch, das werden einige meiner Studenten sicher bestätigen – sondern mit angestrebter Allgemeinverständlichkeit bei besonderer Berücksichtigung der Aspekte Schönheit und Gewissheit in der Mathematik. Insofern ist der Vortrag von seiner Anlage her kunterbunter und munterer als Vorträge des mathematischen Genres gemeinhin sind. Bei mittlerer Kondition ist er mit gesundem Menschenverstand und kleinen Portionen einfacher Schulmathematik mühelos verständlich. Das geheimnisumwitterte Wissen eines Mathe-Leistungskurses wird jedenfalls nicht benötigt. Bringen wir also die Sache in Gang.

Mathematik gehört zu den ältesten Wissenschaften. Ihre Ursprünge verlieren sich im Dunkel der Geschichte. Schon in grauer Vorzeit haben Menschen sich bemüht, Kalender zu erstellen, Land zu vermessen und Handel zu treiben. All das sind Aktivitäten, für die grundlegende mathematische Fähigkeiten benötigt werden. Mathematik ist nach einer möglichen Definition die Wissenschaft von den Mustern. Die Geometrie etwa befasst sich mit Mustern von Punktmengen im Raum und in der Ebene. Die Zahlentheorie untersucht Muster in den ganzen Zahlen. Mein eigenes Arbeitsgebiet, die Stochastik, ist die Mathematik des Zufallsgeschehens, studiert Muster in Zufallsvorgängen. Denn auch der Zufall ist ja nicht regellos, auch er gehorcht Gesetzen. Mathematik ist eine Legierung aus Gewissheit, Nützlichkeit, Schönheit und Leidenschaft. Dabei dürften insbesondere die beiden letztgenannten Aspekte als Etikettierungen von Mathematik überraschend sein. Deshalb will ich darauf zuerst eingehen.

Schönheit ist fundamental mit einem Gefühl des Wohlgefallens verbunden. Und dieses Gefühl kann ausgelöst werden durch so unterschiedliche Dinge wie eine formvollendete Skulptur, eine mitreißende Melodie, eine unberührte Landschaft, ein sympathisches Gesicht und eben auch ein filigranes Gedankengebäude in der Mathematik. Doch während es vergleichsweise leicht ist, Schönheit über die Sinne zu erleben, etwa in Form eines Sonnenuntergangs, bedarf es einer gewissen Schulung des Geistes, um Schönheit in der Mathematik zu erleben. Aber die intellektuell empfundene Schönheit ist nicht weniger intensiv als die sinnlich empfundene Schönheit. Mathematik ist *Ideologie*: Die Lehre von den Ideen.

Und auch schöne Ideen können starke Gefühle erzeugen. Auch die Mathematik vermag starke Gefühle zu erzeugen. Es ist eine leidenschaftliche Aktivität. Eine amüsante Geschichte, um das zu belegen, sei kurz erwähnt: Als die Missionare im 18. Jahrhundert in der Südsee auf Samoa Grundschulen einrichteten und den Insulanern das Rechnen, Schreiben und Lesen beibrachten, waren die Eingeborenen von der Arithmetik derart begeistert, dass selbst die Krieger spontan ihre Waffen niederlegten, zu Schiefertafel und Griffel übergingen und sich selbst und anderen bei jeder erdenklichen Gelegenheit kleine Rechenaufgaben stellten. Und sie taten dies so umfangreich und tagesfüllend, dass etwas später der bekannte Anthropologie Sir Alexander Walpoole nach einem Besuch bei den Eingeborenen in sein Tagebuch notierte, sein Besuch auf den an sich sehr, sehr schönen Inseln sei nicht unerheblich getrübt gewesen durch nahezu pausenloses Dividieren und Subtrahieren, welches er dabei durchführen musste. Mathematik polarisiert also sehr stark. Wer die Mathematik nicht mag, hasst sie in der Regel. Und wer sie mag, der mag sie meist sehr intensiv. Einen ausgeprägten mittleren Bereich scheint es nicht zu geben. Die in Worte gefasste Ansicht, Mathematik sei o.k., ist eine Minderheitensichtweise. Hinsichtlich des Polarisierungsgrades ist Mathematik, so könnte man sagen, eher wie, na ja, – Dieter Bohlen.

Für Aficionados hat Mathematik also sehr viel mit Schönheit zu tun. Ja, und was ist das für eine Schönheit in der Mathematik? Die Ästhetik der Mathematik liegt in der Verknüpfung von Ideen. Sie manifestiert sich zum Beispiel darin, wie ein Ensemble von Einzelideen und Gedankensplittern sich nahtlos zusammenfügt ähnlich den Teilen eines Puzzles. Oder auch so subtil ineinander greifen wie die Rädchen eines Schweizer Uhrwerks. Dann entsteht aus gedanklichen Einzelbausteinen das größere Ganze eines gelungenen mathematischen Beweises. Das *Wie* dieser Gedankenverknüpfungen hat bisweilen etwas ungemein Elegantes, bis hin zu extrem harmonischer und schlichtweg schöner Ausstrahlung. Sie möchten sicher ein Beispiel sehen. Nun denn:
Turnierproblem: Man stelle sich ein Tennisturnier mit 128 Spielern nach dem K.O.-System vor. Für Planungszwecke möchte der Turnierdirektor wissen, wie viele Begegnungen ausgetragen werden müssen, bis der Turniersieger feststeht.
Der folgende Spielbaum zeigt einen möglichen Turnierverlauf, der in diesem Falle mit dem Spieler mit der Nummer 6 als Champion endet.

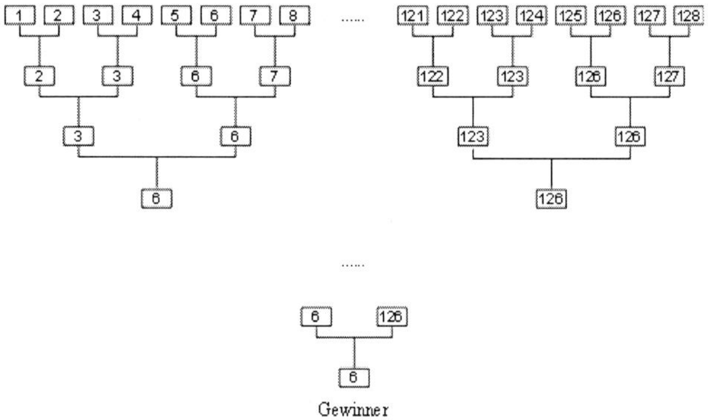

Abbildung 1: Möglicher Turnierverlauf.

Der Turnierdirektor könnte natürlich zur Beantwortung der Fragestellung die Zahl der Erstrunden-Begegnungen, Zweitrunden-Begegnungen bis hin zu zwei Halbfinals und einem Finale allesamt addieren. Aus den ursprünglich 128 Spielern werden ja für die erste Runde 64 Spieler-Paare gebildet, die entsprechend 64 Erstrundenbegegnungen ausführen. Die 64 Erstrunden-Sieger bilden anschließend 32 Paare und tragen 32 Zweitrunden-Begegnungen aus. Analog geht es weiter über 16 Begegnungen in Runde 3, 8 Begegnungen in Runde 4, bis hin zu 4 Viertelfinals, 2 Halbfinals und 1 Finale. Insgesamt ergibt das 64 + 32 + 16+ 8 + 4 + 2 + 1 = 127 Matche bevor der Champion feststeht.

Das ist die richtige Lösung. Doch ihre Ermittlung ist alles andere als schöne Mathematik. Vielmehr ist es eine buchhalterische Herangehensweise, die das Klischee von der Mathematik als sturer Zahlenrechnerei vertieft. Zwar ist sie zielführend und funktional, doch ebenso auch unelegant, unschön und nicht inspirierend. Sie bleibt an der Oberfläche und gibt nicht wirklich tiefere Einblicke in die Struktur des Problems und seiner Lösung. Deshalb hege ich gewisse Ressentiments gegenüber diesem Ansatz.

Bei mathematisch etwas versierterer Herangehensweise würde man registrieren, dass einerseits die anfängliche Zahl der Spieler eine Zweierpotenz ist, nämlich $128 = 2^7$, und ferner die benötigte Zahl der Begegnungen in jeder Runde durch fortgesetzte Halbierung zustande kommt. So gelangt man zur Summation der Zweierpotenzen von $1 = 2^0$ bis $64 = 2^6$, oder bei Verallgemeinerung von einem 128-Spieler-Anfangsformat auf ein 2^n-Spieler-Anfangsformat, von 2^0 bis 2^{n-1}. Dafür stellt die Mathematik eine Formel bereit, doch wenn man sie nicht kennt oder gerade nicht parat hat, dann kann man auch mit einem kleinen Taschenspielertrick die Summe ähnlich schnell ermitteln: Man multipliziere die Summe künstlich mit dem Faktor 1, was sie natürlich unverändert lässt, doch schreibe man die 1 als (2 – 1) und multipliziere dann aus:

$$\begin{aligned}&(1 + 2^1 + 2^2 + \ldots + 2^{n-1}) \square (2 - 1)\\ &= 2^1 + 2^2 + 2^3 + \ldots + 2^n - 1 - 2^1 - 2^2 - \ldots - 2^{n-1}\\ &= 2^n - 1\,.\end{aligned}$$

Der Fortschritt ist klar: Es ist eine Verallgemeinerung der ersten Herangehensweise, nunmehr auf beliebige Zweierpotenzen von Teilnehmerzahlen. Und es ist schon ein gewisses Maß an Schönheit enthalten, sagen wir: Handelsklasse B. Doch es geht noch besser, noch schöner, noch eleganter.

Ein Stück schöne und elegante Mathematik ist nämlich der folgender Ansatz für das Problem. Er ist genial und gleichzeitig genial einfach, so verblüffend einfach, dass man ihn einem Grundschüler oder einer Grundschülerin leicht verständlich machen kann. Er besteht in der geschickten Konfiguration von nur drei simplen Gedankensplittern:

Jede Begegnung hat einen Sieger und einen Verlierer.

Jeder Spieler spielt so lange im Turnier, bis er verliert, dann spielt er nicht mehr.

Also, jetzt kurz überlegen:

Es gibt genauso viele Begegnungen, wie es Verlierer gibt.

Aber wie viele Verlierer gibt es denn? Nun, jeder Spieler ist letztendlich ein Verlierer, außer dem Champion. Er ist der einzige, der im Turnierverlauf keine Begegnung verliert. Also:

Es gibt genau so viele Begegnungen wie es Verlierer gibt.

Und es gibt genau so viele Verlierer wie es Spieler gibt minus 1.

Demzufolge ist die Zahl der benötigten Begegnungen immer genau um 1 geringer als die Zahl der Spieler, die das Turnier austragen. Eben gleich 127 bei einem Teilnehmerfeld von 128 Spielern, wie vom Turnierdirektor korrekt ermittelt. Aber unsere letzte Überlegung hat viele Vorteile. Sie ist ein mikroskopisches Beispiel für wunderbar schöne Mathematik und zeigt die Kunst des Einfachen in der Mathematik. Es ist ein kompakter, in seiner Transparenz und Klarheit nahezu kristalliner Gedankengang, der das Problem direktemang ohne Rückgriff auf mathematische Formeln oder Rechnungen löst. Ja praktisch kommen nicht einmal Zahlen vor, nur voraussetzungsloses Denken in Reinkultur. Jemand hat einmal gesagt: „Ein guter Beweis ist ein Beweis, der uns weiser macht." Und dieser letzte Beweis ist ein guter Beweis. Er ist tiefschürfender und verbreitert den Anwendungsbereich erheblich gegenüber unseren vorausgehenden Bemühungen, denn er ist nicht mehr auf Teilnehmerzahlen, die Zweierpotenzen sind, beschränkt, sondern gilt für alle (!) möglichen Teilnehmerzahlen. So auch zum Beispiel für ein 11er-Feld von Spielern. Auch dafür liefert er mit 10 benötigten Begegnungen die richtige Antwort.

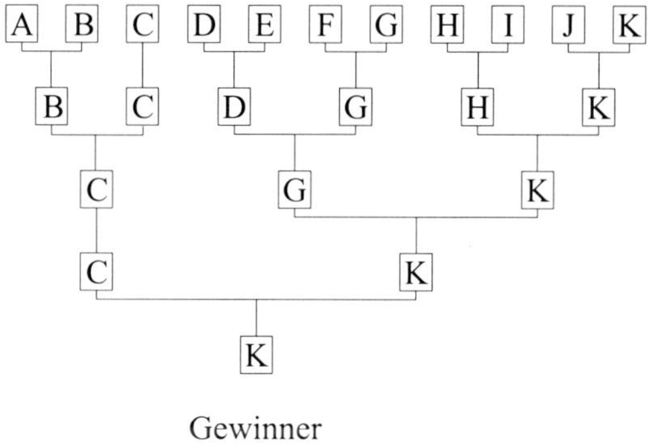

Abbildung 2: Möglicher Turnierverlauf beim 11er-Feld.

Wir ziehen eins weiter und befassen uns jetzt mit einer anderen Art von Problem. *Parkettierungsproblem: Eine quadratische 8x8-Fläche, etwa ein Platz, soll mit 2x1-Platten lückenlos und nicht überlappend gepflastert werden. Auf wie viele verschiedene Arten ist das möglich?*

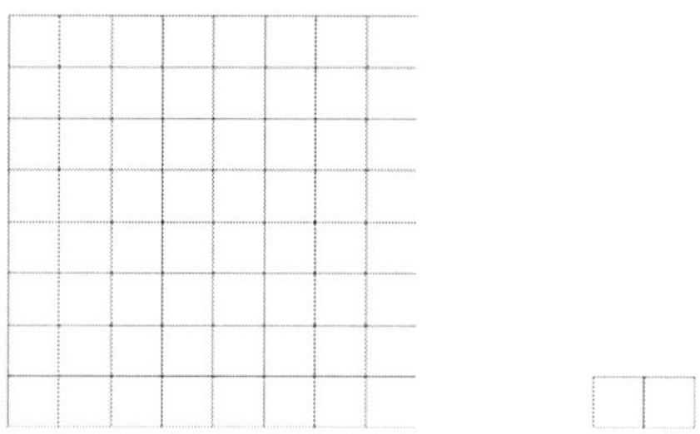

Abbildung 3: Platz nebst Platte.

Es handelt sich um ein Problem, das Anwendungen zum Beispiel in der Biochemie hat, in einem Problemkreis, der sich damit beschäftigt, wie und auf wie viele verschiedene Arten bestimmte Polymere (speziell Dimere) an einer Fläche ankoppeln können. Die folgende Abbildung zeigt zwei verschiedene Parkettierungen des quadratischen Platzes.

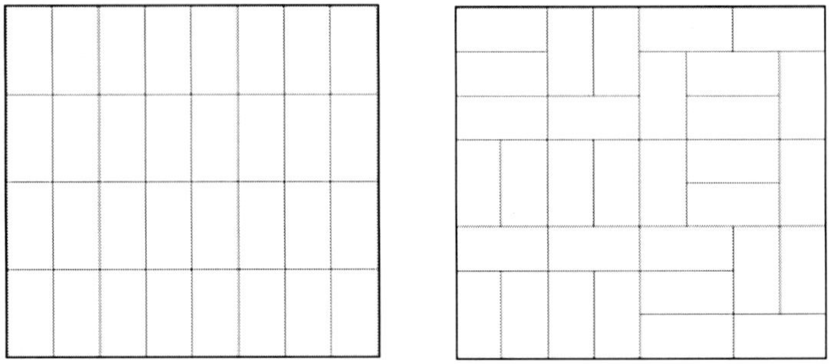

Abbildung 4: Zwei von (wie) vielen Parkettierungen.

Die Mathematiker und Physiker M. Fischer und H. Temperley haben 1961 ermittelt, dass es rund 13 Millionen verschiedener solcher lückenloser und nicht überlappender Überdeckungen des 8x8-Quadrates gibt.

Fischer und Temperley haben eine ganz allgemeine Formel für die Zahl der Überdeckungen eines 2mx2n-Platzes ermittelt. Es ist eine ganz mysteriöse Formel, mit großem intellektuellem Aufwand generiert. Die Faktoren sind keine ganzen Zahlen, ja mehrheitlich noch nicht einmal Bruchzahlen. Das Produkt all dieser meist irrationalen Zahlen mit unendlich vielen Dezimalen hinter dem Komma ergibt überraschenderweise die einfache, runde, ganze Zahl der verschiedenen Möglichkeiten, den Platz zu pflastern, zum Beispiel 281 für einen 4x6-Platz. So weit, so gut.

Nehmen wir nun modifizierend und das Problem verkomplizierend an, ein Landschaftsarchitekt möchte den Platz ästhetisch etwas aufmöbeln, indem er in der linken oberen Ecke und in der rechten unteren Ecke je einen Blumenkübel aufstellt. Und der Landschaftsarchitekt beauftragt einen Fliesenleger, die dann verbleibenden 62 Felder des Platzes mit den 2x1-Kacheln überlappungsfrei zu überdecken. Nach einiger Zeit wendet sich der Fliesenleger an den Landschaftsarchitekten und meint, er habe die gestellte Aufgabe ein paar Tage versucht zu realisieren, aber es sei ihm nicht gelungen. Er meint, es sei ganz und gar unmöglich. Mathematisch gesehen ist das natürlich kein Beweis. Die Aussage: Ich habe es lange versucht, aber es hat nicht geklappt, ist mathematisch gesehen kein gültiger Unmöglichkeitsbeweis. Überhaupt ist es ja so eine Sache mit dem Versuch, die Unmöglichkeit von etwas zu beweisen. Immerhin könnte bald jemand daher kommen und das scheinbar Unmögliche tatsächlich ausführen. Dann hat sich das als unmöglich Verkündete doch als machbar erwiesen. Das könnte passieren. Außer natürlich, dass etwas als logisch unmöglich erkannt wird.

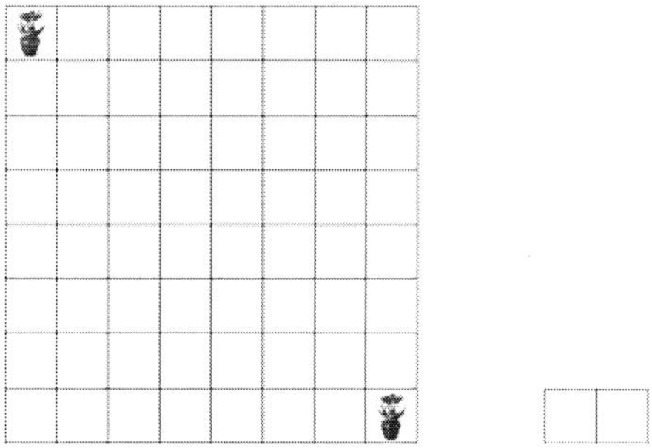

Abbildung 5: Platz mit Blumenkübeln nebst Kachel.

Mathematiker machen es sich mit ihren Beweisen manchmal fast unbehaglich viel schwerer als andere Menschen. In der Rechtsprechung gilt eine Tat immerhin schon als bewiesen, wenn sie jenseits jedes vernünftigen Zweifels bewiesen ist – beyond all reasonable doubt. Im Sport werden Tatsachen als solche durch Entscheidung eines Schiedsrichters geschaffen. In den empirischen Wissenschaften wird Wahrheit durch Beobachtung oder durch Experiment gefunden.

Das Etablieren von Wahrheit ist also in verschiedenen Sparten durchaus etwas sehr verschiedenes. Ein Cartoon meines Lieblings-Cartoonisten Sidney Harris kommt mir in den Sinn: Ein Mathematiker hat die ganze Tafel mit Formeln bedeckt. Ein anderer versteht offenbar nicht alles. Sagt der erste: „Sie wollen einen Beweis? Hier haben Sie einen Beweis!“ Und damit gibt er ihm einen ordentlichen Kinnhaken. Wohl kein ganz geglückter Beweis. Jedenfalls nicht in der Mathematik.

Wo es Beweise und Beweisbemühungen gibt, da gibt es offenbar auch missglückte Beweise, gescheiterte Bemühungen. Wie zum Beispiel jener Aushang an einer Imbiss-Stube bei Hermesdorf in Thüringen, auf dem in großen roten Lettern zu lesen war: „Wir sind für Sie da!“ Etwas kleiner darunter steht: „Kaffeepause von 7:30–12:00. Mittagspause von 12:00–16:30. Während der Pausenzeiten sind Störungen jeglicher Art untersagt.“

Kehren wir zurück zu unserem Problem. Wie viele Parkettierungen des modifizierten Platzes gibt es? Es gibt gar keine. Eine Parkettierung ist tatsächlich unmöglich. Unser Denkwerkzeug, um das gefühlte Wissen des Fliesenlegers unzurückweisbar zu machen, ist eine Gedankenführung, die ganz entscheidend auf einem Färbungsargument beruht. Auch Farben kann man zum Denken einsetzen. Im vorliegenden Fall färben wir unser 8x8-Quadrat nach Art eines Schachbretts mit einem einfachen Schwarz-Weiß-Muster ein. Dann finden wir folgende Situation vor:

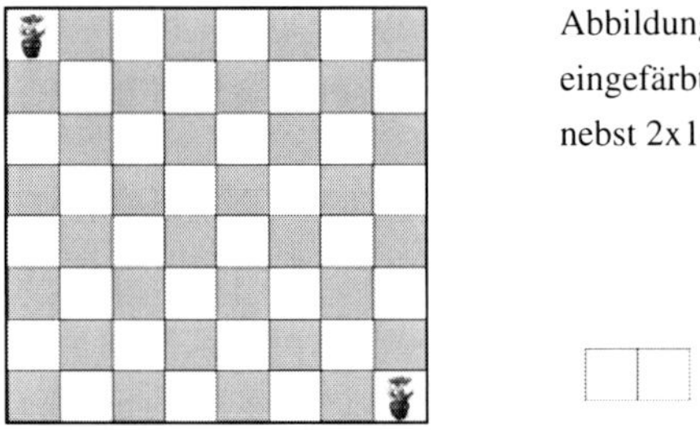

Abbildung 6: Mittels Schachbrettmuster eingefärbter Platz mit Blumenkübeln nebst 2x1-Kachel.

Wieder kann man ohne viel Aufwand drei ganz elementare Beobachtungen anstellen: Die beiden Kübel stehen beide auf weißen Feldern. Insgesamt noch 62 Felder bleiben zu überdecken. Jede Kachel, ganz gleich wie sie platziert wird, überdeckt stets ein weißes und ein schwarzes Feld.

Anschließend muss man diese Elementarbausteine nur noch in intelligenter Weise verknüpfen. Nur ein paar naheliegende Folgerungen sind anzustellen und schon fällt uns des Rätsels Lösung wie Schuppen von den Augen.

Erstens: Eine erfolgreiche Parkettierung erfordert genau 31 Kacheln.
Zweitens: 31 Kacheln überdecken immer eine ungerade Anzahl weißer bzw. schwarzer Felder.
Drittens: Die zu überdeckende Fläche ohne Kübel enthält aber eine gerade Anzahl weißer bzw. schwarzer Felder.

Ein Vergleich von zweitens und drittens zeigt sofort, dass beides nicht geht. Ergo ist die angestrebte Parkettierung unmöglich. Das hier neben der Einfärbung noch zusätzlich verwendete und auf ihr aufbauende mathematische Denkwerkzeug ist das Paritätsprinzip. Der Begriff Parität bezieht sich in der Mathematik auf das Gerade-Ungerade-Thema. Man sagt: Zwei ganze Zahlen haben dieselbe Parität, wenn sie beide gerade oder beide ungerade sind, andernfalls haben sie verschiedene Parität. Bei vielen quantitativen Problemen kann man diesen Gerade-Ungerade-Aspekt nützlich einbringen. Dann wird er bei aller Einfachheit zu einem mächtigen Denkwerkzeug, das fast unmittelbar zielführend ist.

Schauen wir uns noch ein weiteres Beispiel für die Durchschlagskraft dieses einfachen Prinzips an.

1	2	3	4
5	6	7	8
9	10	11	12
13	15	14	

Abbildung 7: 14/15-Verschiebepuzzle von Samuel Loyd nebst Anfangsstellung.

In einem quadratischen Rahmen befinden sich 15 fortlaufend durchnummerierte und verschiebbare Spielsteine. Bis auf die Zahlen 14 und 15 sind sie von oben links bis unten rechts in aufsteigender Anordnung sortiert. Ziel des Spiels ist es, alle Steine in die richtige Reihenfolge zu bringen mit einem freien Feld unten rechts in der Ecke.

Das ist das sogenannte 14/15-Verschiebepuzzle. Es wurde vom begnadeten Rätselerfinder Samuel Loyd 1870 erfunden. Außerdem hatte er den damals beachtlichen Betrag von 1000 Dollar für denjenigen ausgelobt, der die erste korrekte Lösung des Problems fände. Dieses Puzzle schlug ein wie eine Bombe, ja es wurde ein Welterfolg. Vielerorts sah man Menschen auf der Straße, in Büros, in Droschken, in Geschäften und in Cafés die kleinen Spielsteine im Holzrahmen verschieben. Auch in den deutschen Reichstag zog es ein. Auch dort konnte man sehen, wie vereinzelte Abgeordnete, die Hände unter dem Pult, das Puzzle bearbeiteten. Es erzeugte eine ähnlich große Begeisterung wie gut 100 Jahre später der bunte, von Ernö Rubik erfundene Zauberwürfel.

Das internationale Puzzlefieber erreichte seinen Höhepunkt im Jahr 1877 und ebbte kurz darauf ganz schlagartig ab. Eine mathematische Analyse hatte nämlich die Unlösbarkeit des gestellten Problems ergeben. Diese Analyse hat als Kern eine Anwendung des Paritätsprinzips. Hier ist allerdings ein nicht ganz auf der Hand liegender geschickter Einsatz dieses Prinzips nötig. Um ihn zu verstehen, müssen wir vorab erklären, worum es sich bei einer Inversion handeln soll. Eine Inversion liegt immer dann vor, wenn ein Stein mit einer größeren Zahl vor einem Stein mit einer kleineren Zahl platziert ist, sofern man die Zeilen fortlaufend von oben links nach unten rechts durchläuft. Die Gesamtzahl der Inversionen bei einer gegebenen Konfiguration wollen wir mit N(i) bezeichnen. In der Anfangsstellung des Puzzles beispielsweise gibt es als einzige Inversion die von den Steinen 14 und 15 hervorgerufene, und insofern ist in dieser Stellung N(i) = 1. Ferner sei mit N(f) die Nummer der Reihe des freien Feldes bezeichnet. In der Ausgangsstellung ist das freie Feld in der vierten Reihe rechts anzutreffen, also ist für diese Konfiguration N(f) = 4.

Interessanterweise ist es nun so, dass bei allen Spielzügen die Parität der Summe N(f) + N(i) dieser beiden Zahlen erhalten bleibt. Anders gesagt ändert sich mit jedem Spielzug und für die dabei entstehende Konfiguration gegenüber der Konfiguration vor dem Spielzug der Wert dieser Summe immer um eine gerade Zahl, eventuell auch um Null. Diese Aussage kann man leicht überprüfen. Wird ein Stein horizontal verschoben, dann ändert sich weder die Reihe, in der das freie Feld liegt, noch die Gesamtzahl der Inversionen. Die in Rede stehende Summe bleibt dann sogar unverändert. Das war einfach. Was passiert, wenn man einen Stein vertikal verschiebt? Nehmen wir ganz allgemein diese Situation an:

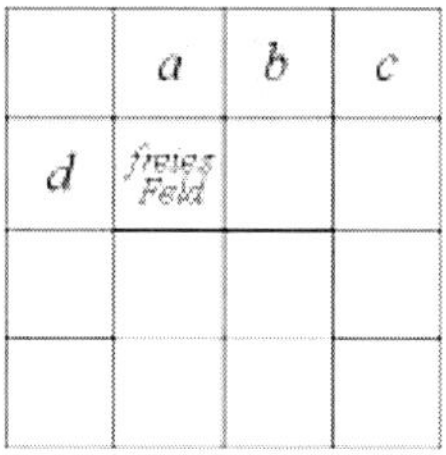

Abbildung 8: Relative Position der Steine a, b, c, d und des freien Feldes.

Stein a liege direkt oberhalb des freien Feldes und die Steine b, c, d direkt anschließend, wie im Bild dargestellt. Schiebt man Stein a auf das freie Feld, ändert sich die Zeile des freien Feldes um 1. Was ist mit den Inversionen? Der so ausgeführte Spielzug ändert allein die relative Position der Steine a, b, c, d. Alle anderen paarweisen Verhältnisse zwischen je zwei Steinen bleiben bei diesem Spielzug unverändert. Wenn zum Beispiel weder a und b noch a und c noch a und d eine Inversion bilden, wenn also b, c und d allesamt größer als a sind, dann führt der Zug von a ins freie Feld zu drei zusätzlichen Inversionen. Die anderen drei Fälle, dass nämlich genau eine oder zwei oder drei der Zahlen b, c, d kleiner als a sind, führen ebenfalls zu einer Änderung von N(i) um eine ungerade Zahl. Summa summarum ändert sich die Summe N(f) + N(i) stets um eine gerade Anzahl.

Damit ist die Hauptleistung erbracht. In der Ausgangsposition haben wir wie bereits erörtert N(f) = 4 und N(i) = 1. Das ergibt zusammen 5. Im angestrebten Zielzustand ist ebenfalls N(f) = 4, aber nun wollen wir N(i) = 0 erreichen, denn die bestehende Inversion soll ja beseitigt werden. Das ergibt eine Summe von 4 für den angestrebten Endzustand. Der Anfangszustand und der angestrebte Endzustand unterscheiden sich also bezüglich N(f) + N(i) nur um 1, was eine ungerade Zahl ist. Doch jede beliebige Folge von Spielzügen aus dem Anfangszustand, ändert den Summenwert N(f) + N(i) um eine gerade Zahl. Damit kann der ins Auge gefasste Endzustand niemals erreicht werden.

Samuel Loyd war der berühmteste und hinsichtlich Qualität und Quantität wohl auch kreativste Rätselerfinder aller Zeiten. Rund 5000 Puzzle, Knobeleien,

Schachprobleme und Mathematikaufgaben verdanken wir ihm. Darunter viele Probleme, die auch mir persönlich über die Jahre viel Freude bereitet haben.

Nun zu unserem nächsten Problem. Wir machen noch etwas Mathematik am Schachbrett: Ich möchte ein Schachbrett mit drei Schnitten zerteilen.

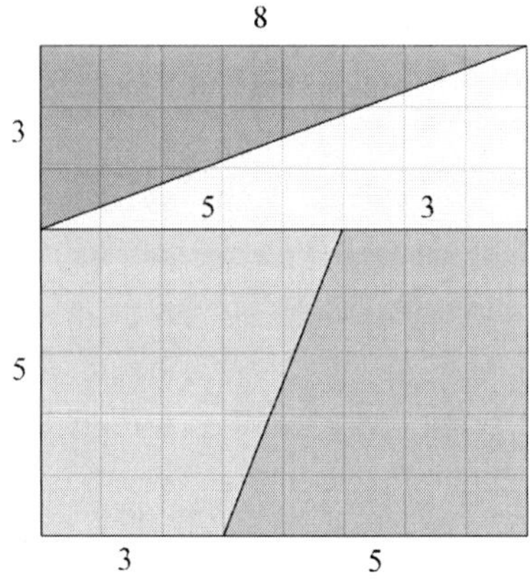

Abbildung 9: Zerteilung eines Schachbretts in vier Teile.

Durch die Zersägung des Schachbretts ist ein vierteiliges Puzzle, bestehend aus zwei Dreiecken und zwei Trapezen, entstanden. Dieses Puzzle kann man natürlich wieder als Schachbrett zusammenfügen, also als 8x8-Quadrat. Aber man kann es auch anders zusammenlegen. Nämlich als 5x13-Rechteck.

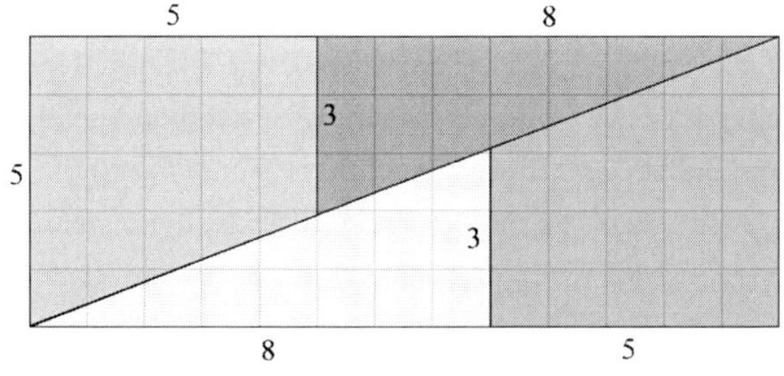

Abbildung 10: Auslegung der Puzzleteile als Rechteck.

Da sowohl das 8x8-Quadrat als auch das 5x13-Rechteck aus denselben vier Teilen überlappungsfrei erzeugt wurden, sollte beider Flächeninhalt derselbe sein. So ergibt sich ein Puzzle-Beweis dafür, dass 8 · 8 gleich 5 · 13 ist, also 64 = 65. Plötzlich ist ein Kästchen mehr da. Ist die Mathematik damit erledigt und am Ende? Sollen wir alle Mathematiker zu Philosophen umschulen?
Nicht so schnell!
Glücklicherweise können wir für dieses Zerlegungsparadoxon eine Erklärung finden. Die wie angedeutet zusammengefügten Puzzle-Teile ergeben als geometrisches Objekt kein lupenreines Rechteck. Davon kann man sich am einfachsten überzeugen, indem man einige Steigungen darin vergleicht.

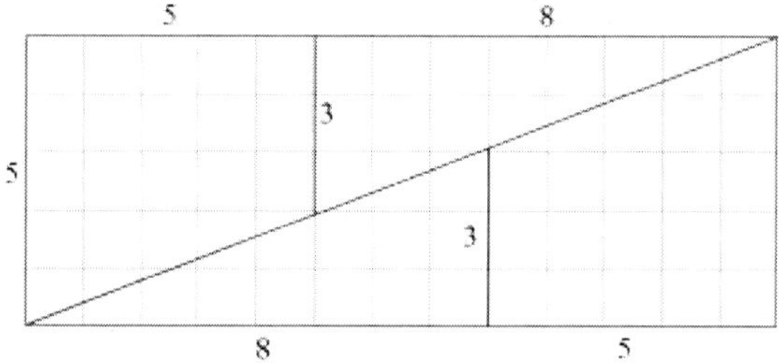

Abbildung 11: Zur Berechnung einiger Steigungen.

Die Hypotenusen der beiden Dreiecke wachsen auf der Länge von acht Kästchenseiten um genau drei Kästchenseiten. Das ist eine Steigung von 3/8 = 0,375. Die schrägen Seiten der beiden Trapeze wachsen um zwei Kästchen-Seitenlängen auf der Strecke von fünf Kästchen-Seitenlängen. Das ist eine Steigung von 2/5 = 0,4. Und wenn es sich bei der entstehenden Fläche tatsächlich um ein Rechteck handelte, dann hätte dessen Diagonale eine Steigung von 5/13 = 0,385. Alle diese Steigungen sind geringfügig voneinander verschieden. Deshalb liegen die „Dreiländerecke" des „Rechtecks" nicht präzise auf dessen „Diagonalen". Es kann sich also nicht um ein Rechteck handeln, denn dann müssten die berechneten Steigungswerte alle identisch sein. Dass aber das ganze Objekt trotzdem wie ein Rechteck aussieht, liegt an der Zeichnungsungenauigkeit.

Schaut man es sich mit höherer Bildauflösung an, so wird ein versteckter und bislang nicht berücksichtigter Effekt augenfällig. In der Mitte bleibt ein schmales, sehr lang gezogenes Parallelogramm frei, dessen Flächeninhalt genau dem eines Kästchens entspricht.

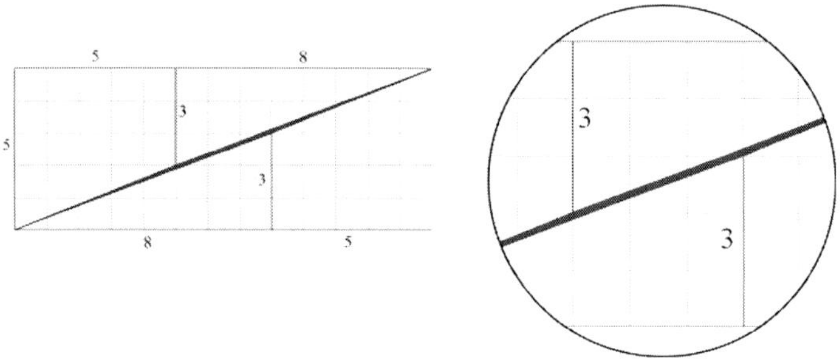

Abbildung 12: Das vermeintliche Rechteck in größerer Auflösung.

Schaut man sich die Zahlen an, die bei dieser Zerlegung eine Rolle spielen (also 3, 5, 8, 13), so läuten bei jedem halbwegs erfahrenen Mathematiker sogleich einige Glocken. Es handelt sich nämlich um Mitglieder der Folge der Fibonacci-Zahlen. Das ist eine der berühmtesten Zahlenfolge überhaupt. Sie wurde vom italienischen Rechenmeister Leonardo di Pisa, der den Spitznamen Fibonacci trug, um 1200 erstmals untersucht. Die Zahl ihrer Eigenschaften und Anwendungen in Natur, Kultur, Technik und Wissenschaft ist Legion. Es gibt sogar eine wissenschaftliche Zeitschrift, das Fibonacci-Quarterly, die sich ausschließlich mit diesen Eigenschaften und Anwendungen befasst. Diese berühmte und weitverbreitete Zahlenfolge beginnt mit den beiden Startwerten $F_0 = 0$ und $F_1 = 1$ und bildet daran anknüpfend jedes weitere Glied als Summe der beiden unmittelbar vorausgehenden Glieder. Das bedeutet als Formel: $F_n = F_{n-1} + F_{n-2}$. Unser Zerlegungsparadoxon besagt scheinbar, dass ein $F_n x F_n$-Quadrat flächengleich zu einem $F_{n+1} x F_{n-1}$ -Rechteck ist. Doch wir hatten uns ja schon überzeugt, dass dem nicht ganz genau so ist. Wir wollen diesem Phänomen durch eine kurze Rechnung nachgehen:

Es ist für den Flächeninhalt des Quadrats

$$F_n \cdot F_n = F_n(F_{n-1} + F_{n-2}) = F_n \cdot F_{n-1} + F_n \cdot F_{n-2}$$

Für den Flächeninhalt des Rechtecks haben wir

$$F_{n+1} \cdot F_{n-1} = (F_n + F_{n-1})F_{n-1} = F_n \cdot F_{n-1} + F_{n-1} \cdot F_{n-1}$$

Die Differenz D_n dieser beiden Flächeninhalte ist somit

$$
\begin{aligned}
D_n &= F_{n+1} \cdot F_{n-1} - F_n \cdot F_n \\
&= F_{n-1} \cdot F_{n-1} - F_n \cdot F_{n-2} \\
&= -D_{n-1} \\
&= (-1)^2 D_{n-2} \\
&= \cdots \\
&= (-1)^{n-1} D_1 \\
&= (-1)^n
\end{aligned}
$$

Also haben wir die Beziehung

$$F_{n+1} \cdot F_{n-1} - F_n \cdot F_n = (-1)^n$$

Das ist die bekannte Cassini-Gleichung.

Übertragen auf unser Zerlegungs-Problem teilt uns die Cassini-Gleichung mit: Man kann immer ein $F_n x F_n$-Quadrat in ein $F_{n+1} x F_{n-1}$ -Rechteck umorganisieren, und der Unterschied der beiden Flächeninhalte ist genau $(-1)^n$, also entweder +1 oder -1. Damit verstehen wir nun, was sich bei diesem Zerlegungs-Paradoxon abspielt.

Verweilen wir noch etwas bei den Fibonacci-Zahlen. Eine ihrer hübschen Eigenschaften ist es, dass sich der Quotient F_n/F_{n+1} für größer werdendes n mehr und mehr einer Zahl nähert, und zwar der Zahl $1/2\,(\sqrt{5} - 1) = 0{,}61803 \ldots$. Diese Zahl wird als *Goldener Schnitt* bezeichnet. Sie spielt eine wichtige Rolle in der Architektur. Und diese Zahl hat sehr viel mit Ästhetik zu tun. Nur eines von vielen Beispielen ist das folgende: Legt man Versuchspersonen eine ganze Reihe von Rechtecken vor mit der Bitte, aus diesen das nach ihrem subjektiven Empfinden schönste auszuwählen, so entscheidet sich die Mehrheit der Befragten für jene Rechtecke, deren Seitenlängen a und b im Verhältnis des Goldenen Schnittes stehen. Bei den abgebildeten drei Rechtecken ist das beim mittleren Rechteck der Fall.

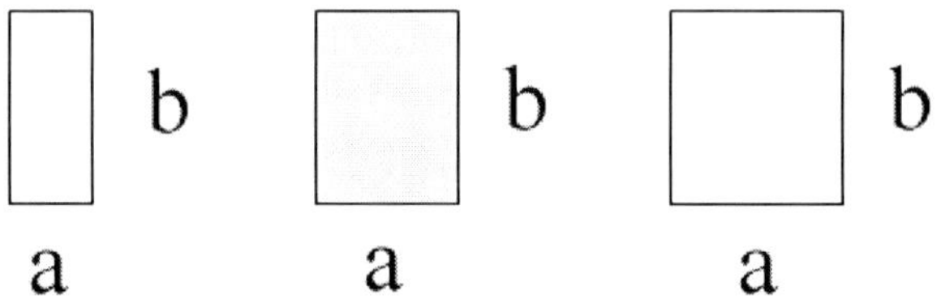

Abbildung 13: Rechtecke mit verschiedenen Verhältnissen a/b.

Schon die alten griechischen und römischen Baumeister wussten um die Bedeutung des Goldenen Schnitts und dessen Beziehung zum Schönheitsempfinden. So stehen etwa bei der Großen Pyramide von Gizeh Höhe und Kante annähernd im Verhältnis des Goldenen Schnitts. Die Vorderfront des Parthenon-Tempels der Akropolis ist ein mit dem Goldenen Schnitt proportioniertes Goldenes Rechteck. Bei vielen alten Kirchen teilt der Ansatz der Kirchturmspitze die Gesamthöhe im Verhältnis des Goldenen Schnitts. Selbst die Natur als „Baumeister“ greift auf den Goldenen Schnitt zurück. Der Bauchnabel eines Menschen teilt die Gesamtkörpergröße im Verhältnis des Goldenen Schnitts.

Meine Lieblingsanwendung des Goldenen Schnitts tritt ebenfalls in der Natur auf, und zwar in einem ganz unerwarteten Bereich. Haben Sie sich je gefragt, wie eine Pflanze ihre Blätter am Stängel anordnet, an welchen Stellen am Stängel sie sie wachsen lässt?

Ich habe mir diese Frage auch erst sehr spät in meinem Leben gestellt. Um so überraschter war ich, als sich herausstellte, dass die Antwort darauf sehr viel mit dem Goldenen Schnitt zu tun hat. Eine wichtige Funktion der Blätter besteht darin, einerseits Wasser in Form von Niederschlag aufzufangen und andererseits Energie in Form von Sonnenlicht. Das kann eine Pflanze mit ihren Blättern am besten bewerkstelligen, wenn die oberen Blätter die unteren so wenig wie möglich verdecken. Würde eine Pflanze von einem Blatt am Stängel den Ansatzpunkt des nächsttieferen Blattes am Stängel beispielsweise um 180 Grad drehen, so wäre das übernächste Blatt wieder genau unter dem ersten positioniert und würde es verdecken. Ähnliches, nur nicht so schnell aufeinander folgend, ergäbe sich bei einem Drehwinkel von 90 Grad von einem Blatt zum nächsten. Und prinzipiell auch früher oder später bei jedem Drehwinkel, der ein rationaler Teil des Vollwinkels von 360 Grad ist. Also ist es günstig für die Pflanze, von einem Blatt zum nächsten um einen irrationalen Anteil des Vollwinkels zu drehen. Aber welche irrationale Zahl soll die Pflanze wählen? Optimal ist der Goldene Schnitt, denn er ist unter allen irrationalen Zahlen jene, die von ihren rationalen Approximationen, also von den Bruchzahlen, die sich möglichst genau annähern, am weitesten entfernt ist. Und damit ist unter dem Gesichtspunkt der Verdeckung tieferer Blätter durch höhere am Stängel die Wahl des Goldenen Schnitts für die beschriebene Blattdrehung die bestmögliche. Die Pflanze dreht also um $(1-\varphi) \cdot 360^\circ = 137{,}5^\circ$.

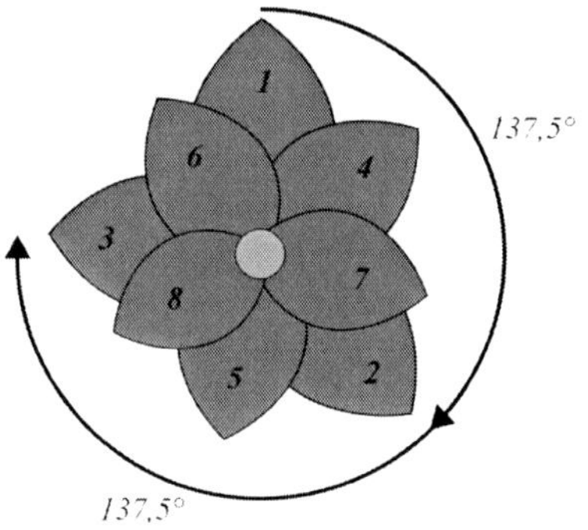

Abbildung 17: Goldener Schnitt bei der Blattstellung.

Und mit diesem hübschen Beispiel für die Natur als großer Mathematiker bin ich nun nahezu am Ende meines Vortrags angelangt. Es bleibt nur noch das Folgende: Einen meiner allerersten populärwissenschaftlichen Vorträge hielt ich am 23.6.1993 unweit von hier an der Universität Stuttgart und in dessen Verlauf sagte ich die beiden Sätze:

Abbildung 18: Zwei Sätze aus meinem Vortrag vom 23.6.1993 an der Universität Stuttgart.

Innerhalb von nur wenigen Stunden nach diesen Sätzen begann im Internet und in den Medien die Nachricht zu kursieren, dass der britische Mathematiker Andrew Wiles die Fermatsche Vermutung bewiesen habe. Hier: Ein dreieinhalb Jahrhunderte altes ungelöstes Problem, an dem sich schon viele sehr schlaue Köpfe ihre Gehirnwindungen verbogen hatten. Dort: Zwei unscheinbare Sätze während eines unscheinbaren Vortrages. Und: Innerhalb von nur wenigen Stunden macht die Nachricht der erfolgreichen Problemlösung die Runde.

Warum nicht das Ganze noch einmal probieren? Und zwar hic et nunc: „Das größte derzeit ungelöste Problem der gesamten Mathematik ist die Riemannsche Vermutung. Es wäre schön, wenn sie endlich jemand beweisen könnte.“
Abracadabra!
Und schauen wir mal, was in den nächsten Stunden so alles passiert.

Hans Peter Nilles

Was ist Gravitation?

Über die Einheit fundamentaler Wechselwirkungen

Abstrakt

Es ist eine der zentralen Aufgaben der Physik, die fundamentalen Kräfte der Natur zu identifizieren und zu untersuchen. Fortschritte im Verständnis dieser Kräfte sind daher oftmals Meilensteine in der Entwicklung unseres physikalischen Weltbildes, teilweise sogar verknüpft mit technologischen Anwendungen. Der Vortrag stellt unser physikalisches Wissen über fundamentale Wechselwirkungen vor: Von den Anfängen bis hin zu Theorien der „großen" Vereinheitlichung. Auf diesem Weg treffen wir u.a. Newton, Maxwell, Hertz und Einstein, die mit neuen Konzepten unser Weltbild prägten und revolutionierten. Wir lernen auch, dass die einfachste und bekannteste der fundamentalen Kräfte, die Gravitation, uns noch immer rätselhaft erscheint.

Wie gewiss ist unser Wissen?

In der Präambel zu dieser Reihe wurde diese Frage weniger im Hinblick auf die Existenz grundlegender Erkenntnisse als vielmehr auf eine „Modeerscheinung" unserer Vorstellungen zum gegenwärtigen Zeitpunkt gestellt. Wir wollen unsere Diskussion hier dem „Wissen" über Naturkräfte (oder fundamentale Wechselwirkungen) widmen und analysieren, welche Grundkenntnisse wir inzwischen gesammelt haben. Ist die Aussage: „Unser derzeitiges Wissen erscheint in den Paradigmen unserer heutigen Zeit, aber die Paradigmen von morgen werden das Erscheinungsbild unseres Wissens gründlich ändern" voll zutreffend oder selbst als „Mode der Zeit" zu verstehen? Ich beziehe mich hier natürlich auf solche

Kräfte, die mit naturwissenschaftlichen Methoden untersucht werden. Wir wollen ausarbeiten, welche Fortschritte im Verständnis der Naturkräfte im Verlauf der Menschheitsgeschichte erzielt wurden und kritisch analysieren, wie sicher wir unseres „Wissens“ sind. Der Leser muss dann selbst entscheiden, wie er es mit der Eingangsfrage hält. Bevor wir uns mit Antworten beschäftigen, sollten wir allerdings versuchen, die Fragen möglichst präzise zu stellen.

Was ist Kraft?

Das Wort Kraft ist ein Bestandteil unserer Umgangssprache und wird vielfältig benutzt. Wir kennen Begriffe wie Muskelkraft, Himmelskraft, Wasserkraft, Lebenskraft, Reibungskraft und viele andere. Es versteht sich von selbst, dass einige dieser Kräfte in sich verschiedene Interpretationen beinhalten: „Himmelskraft“ etwa könnte im theologischen Sinne, aber auch im Zusammenhang mit der Bewegung der Himmelskörper gesehen werden. Ausdrücke wie „Lebenskraft“ haben ihren Inhalt im Lauf der Zeit verändert. Für den Steinzeitmenschen waren damit sicher andere Eigenschaften relevant als für den Menschen im modernen Technologie-Zeitalter.

Grundlage für eine naturwissenschaftliche Diskussion der Kräfte ist daher eine präzise Definition. Was ist Kraft? Was bewirkt eine Kraft? Wann sollte man eine Kraft als fundamental bezeichnen? Wie viel Kräfte (oder Wechselwirkungen) gibt es? Umgangssprachlich sagt man: „Kraft bewegt etwas“. Das ist richtig, aber auch ungenau. Wirkt eine Kraft auf den fahrenden Zug, der sich mit konstanter Geschwindigkeit bewegt?

Newton (1642–1726)

Isaac Newton legte die Grundlage zur modernen wissenschaftlichen Untersuchung der Kräfte. Dazu gehört die Definition der Wirkung einer Kraft:
Kraft = Masse × Beschleunigung (genauer Veränderung des Impulses), also eine Veränderung der Bewegung wie etwa das Abbremsen oder Beschleunigen des Zuges. Dies war eine große intellektuelle Leistung, da zu dieser Einschätzung

ein gewisses Maß an Abstraktion notwendig war. Schon bevor wir Fragen nach Ursprung und Eigenschaften der Kräfte stellen, ist eine solche präzise Definition der Wirkung der Kräfte notwendig und diese „Definition“ wird wohl auch in Zukunft nicht infrage gestellt werden.

Newton ist auch ein weiterer Meilenstein in der Erkenntnis der Naturkräfte zu verdanken: die Entdeckung des Gesetzes der Schwerkraft (oder Gravitation). Ein Körper einer Masse M_1 wirkt auf einen Körper der Masse M_2 eine Kraft aus, die proportional zum Produkt der Massen sowie umgekehrt proportional zum Quadrat des Abstandes der Körper ist. Nun, dies ist nur eine Formel, mit der wir uns hier nicht weiter im Einzelnen beschäftigen wollen. Viel wichtiger ist die Erkenntnis der Universalität dieser Kraft. Sie ist in gleicher Weise gültig für alle massiven Körper! Damit wird evident, dass die Bewegung der Planeten und Sterne am Himmel gleichen Ursprungs ist wie die Erdanziehung, die etwa für das Fallen eines Apfels vom Baum verantwortlich ist. In diesem Sinne werden zwei Kräfte: „Himmelskraft“ und „Erdanziehung“ durch das Newtonsche Gravitationsgesetz in vereinheitlichter Form beschrieben. Dieses Thema der Vereinheitlichung der Kräfte (oder Wechselwirkungen) hat die Entwicklung der Forschung seitdem geprägt. Das ist die große Erkenntnis von Newton: Planetenbewegung und Erdanziehung haben den gleichen Ursprung und werden durch die gleichen Gesetze beschrieben! Egal was Gravitation nun wirklich ist, obige Aussage bleibt richtig und sinnvoll und ist keine „Mode der Zeit“.

Was sind fundamentale Kräfte?

Wie zu Newtons Zeit wird die Gravitation heute noch als eine fundamentale Naturkraft angesehen. Allerdings ist allein schon die Definition einer fundamentalen Kraft (Wechselwirkung) schwierig. Hier ist ein pragmatisches Vorgehen notwendig. Fundamentale Wechselwirkungen sollten nicht auf andere Kräfte zurückzuführen sein und sollten einfachen Gesetzen genügen. Eine Kraft gilt so lange als fundamental, solange nicht das Gegenteil bewiesen ist. Hier ergibt sich eine gewisse Analogie zum Begriff des Atoms: Es wurde als unteilbar postuliert. Später allerdings wurde eine innere Struktur des Atoms entdeckt. Die Bestandteile des Atoms, Elektronen und Kern, werden danach als Elementarteilchen angesehen. Heute wissen wir, dass auch der Kern eine innere Struktur hat. Trotzdem war das Konzept des Atoms nützlich und wichtig. Das Bild hat sich allerdings im Lauf der Zeit verändert und vervollständigt.

Auch heute noch wird die Gravitation als fundamentale Wechselwirkung angesehen. Wir wissen allerdings nicht, ob dieses eine endgültige Aussage bleibt oder sich eventuell in Zukunft verändert. Trotzdem ist es wichtig, die Eigenschaften der Schwerkraft im Detail zu studieren.

In der Einleitung hatten wir eine Reihe anderer Kräfte erwähnt, wie etwa Muskelkraft, Wasserkraft und Reibungskraft. Gibt es neben der Gravitation weitere Kräfte, die den Anspruch erheben, fundamental zu sein? Betrachten wir die historische Entwicklung, war die Elektrizität die erste Kandidatin (die man etwa eindrucksvoll durch Blitze bei Gewitter wahrnehmen konnte). Auch eine mysteriöse „magnetische" Kraft, wie sie einige Festkörper (Ferromagneten) ausstrahlten, schien einerseits einfachen Gesetzen zu genügen und war andererseits auch nicht auf die Schwerkraft zurückzuführen.

Maxwell (1831–1879) und der Elektromagnetismus

James Clark Maxwell vervollständigte das Wissen über elektrische und magnetische Wechselwirkungen in den berühmten vier Maxwellschen Gleichungen. Das war eine große Errungenschaft, stellte aber nur einen Teil der Revolution dar, die von seinen Erkenntnissen ausging. Er konnte damit zum Beispiel nachweisen, dass Magnetismus und Elektrizität nicht separat betrachtet werden können, sondern als verschiedene Aspekte einer einzigen fundamentalen Kraft anzusehen sind: der elektromagnetischen Wechselwirkung. Wie schon bei Newton ging mit der Entdeckung auch eine Vereinheitlichung der Wechselwirkungen einher!

Die wirkliche Revolution der Arbeiten Maxwells war das tiefe Verständnis des Begriffs des elektromagnetischen Feldes. Die vier Maxwellgleichungen sind nicht direkt Kraftgleichungen, sondern Gleichungen für elektrische und magnetische Felder. Die Verknüpfung dieser Felder zur Kraft erfolgt über die Lorentzkraft-Gleichung. Elektrische Ladungen erzeugen Felder, und diese Felder bewirken eine Kraft auf andere Ladungen. Dies an sich ist noch nicht so bedeutend, da man ja auch für die Schwerkraft ein Newtonsches Potential formuliert hatte, mit Hilfe dessen man ein Gravitationsfeld formulieren konnte. Viel wichtiger ist die Erkenntnis, dass nach den Maxwellschen Gleichungen die Wirkung des elektromagnetischen Feldes eine endliche Ausbreitungsgeschwindigkeit hatte. Dies steht im krassen Gegensatz zur Newtonschen Theorie, bei der die Wechselwirkung als instantan angesehen wurde. Damit ist die spätere Formulierung der speziellen Relativitätstheorie schon in der Maxwellschen Theorie versteckt. Die Formulierung des Begriffs des elektromagnetischen Feldes räumt auch mit veralteten Vorstellungen auf, nach denen ein Äther für die Wirkung der Wechselwirkungen notwendig ist. Die sogenannte „Äthertheorie" hat sich als falsch erwiesen. Wechselwirkungen wirken über Felder im leeren Raum. Die wissenschaftliche Bedeutung des Werkes von Maxwell kann kaum überschätzt werden. Dass die elektromagnetischen Wechselwirkungen durch eine sogenannte „Eichtheorie" beschrieben werden, wird in der Maxwellschen Theorie klar, obwohl deren Bedeutung erst 100 Jahre später voll erkannt wurde.

Hertz (1857–1894) und die Realität des elektromagnetischen Feldes

Der Begriff des elektromagnetischen Feldes ist natürlich vorerst nur ein mathematisches Konstrukt, wie auch der des Gravitationsfeldes. Der Unterschied zwischen beiden ist die Tatsache, dass die Wirkung des elektromagnetischen Feldes nicht instantan ist, sondern mit endlicher Geschwindigkeit vonstattengeht. Diese Ausbreitungsgeschwindigkeit steckt in der Maxwellschen Theorie als eine Konstante, deren Wert noch zu bestimmen ist. Mit welcher Geschwindigkeit breitet sich das elektromagnetische Feld aus? Es war Heinrich Hertz vorbehalten, diese Frage zu klären. Hertz war zu dieser Zeit wohl die einzige Person in Deutschland, der die Maxwellsche Theorie ernst nahm und verstand. Er selbst hatte die Theorie in eine elegantere Form umformuliert. Sein größter Verdienst ist die Erzeugung und der Nachweis elektromagnetischer Wellen, ein technologischer Durchbruch. Können Sie sich unsere heutige Welt ohne Radio, Fernsehen, Mobiltelefon vorstellen? Aber nicht nur diese Anwendungen seiner Entdeckung sind bahnbrechend. Er weist damit indirekt nach, dass elektromagnetische Felder physikalische Bedeutung haben und nicht nur als mathematische Hilfsmittel aufzufassen sind. Sie beschreiben die elektromagnetischen Wellen, und das sind messbare Effekte, die Sie z.B. mit ihrem Radiogerät nachweisen können. Mit Erzeugung und Nachweis solcher Wellen konnte nun auch die mysteriöse Konstante bestimmt werden, die dort als Grenzgeschwindigkeit auftrat. Nach anfänglichen Unsicherheiten wurde schließlich gezeigt, dass es sich hier um die Lichtgeschwindigkeit handelte: eine überraschende Tatsache. War das ein Zufall? Wir werden auf diesen Punkt noch zurückkommen.

Die spezielle Relativitätstheorie

Das Konzept einer Ausbreitung des Lichts mit endlicher Grenzgeschwindigkeit war mit den Gesetzen der klassischen Physik von Galilei und Newton nicht vereinbar. Dort waren Symmetrien durch Galileitransformationen beschrieben, die eine instantane Ausbreitung der Kräfte erfordern. Die Verallgemeinerung dieser Transformationen sind als Lorentztransformationen bekannt. Sie sind mit einer endlichen Ausbreitungsgeschwindigkeit ausgestattet und gehen im Grenzwert großer Ausbreitungsgeschwindigkeit in die Galileitransformation über. Die Gesetze der klassischen Physik sind daher approximativ gültig, solange wir uns mit Geschwindigkeiten beschäftigen, die klein im Vergleich zur Lichtgeschwindigkeit sind.

Eine konsistente Beschreibung der Lorentztransformationen (mit maximaler Ausbreitungsgeschwindigkeit des Lichtes) ist Gegenstand der speziellen Relativitätstheorie, wie sie von Einstein 1904 formuliert wurde. Interessant ist die Feststellung, dass die Maxwellsche Theorie die Gesetze der Lorentztransformationen befolgt, während die Newtonsche Gravitation damit unverträglich ist. Von den zwei bisher bekannten fundamentalen Wechselwirkungen scheint die jüngere (Elektromagnetismus) den modernen Anforderungen gewachsen zu sein, im Gegensatz zur Gravitation. Schon Hertz hatte sich in dieser Richtung Gedanken gemacht. Es sollte allerdings Einstein vorbehalten sein, dieses Paradoxon der Gravitation aufzulösen. Folgen wir der historischen Entwicklung.

Einstein (1879–1955) und die Substanz des Feldes

Im selben Jahre 1904 veröffentlichte Albert Einstein seine Ergebnisse zum sogenannten photo-elektrischen Effekt (für den ihm später der Nobelpreis verliehen wurde). Beim Streuen von Licht an Materie wurden Elektronen aus dem Material katapultiert, deren Energiespektrum sorgfältig vermessen war. Diese Beobachtungen waren rätselhaft. Erhöhte man die Intensität des Lichtes, blieb die Energie der einzelnen Elektronen konstant, nur ihre Anzahl wuchs an. Eine Erhöhung der Energie der individuellen Elektronen erforderte eine Erhöhung der Frequenz des Lichtes. Einstein interpretierte diesen Effekt als Folge des „Teilchencharakters" des Lichtes. Licht besteht aus Lichtquanten, deren Energie durch die Frequenz des Lichtes gegeben ist. Trifft ein solches Lichtquant (Photon genannt) auf ein Elektron im bestrahlten Festkörper, wird genau diese Energie auf das Elektron übertragen. Eine höhere Energie kann nur mit Lichtquanten höherer Energie (nicht mit der Erhöhung der Anzahl der Lichtquanten) erzielt werden. Mit dieser Hypothese konnte der photo-elektrische Effekt erklärt werden. Allerdings ergab sich das Paradoxon, dass Licht einerseits Wellencharakter zeigte, andererseits aber Teilchencharakter, ein Phänomen, das letztlich eine Beschreibung im Rahmen der Quantentheorie erforderte, die zwanzig Jahre später formuliert wurde. Insofern kann Einstein (neben Planck) als einer der Großväter der Quantentheorie bezeichnet werden.

Kommen wir jetzt wieder zur Diskussion der fundamentalen Wechselwirkungen zurück. Einsteins Hypothese des „Lichtquants" hat unser Verständnis fundamentaler Wechselwirkungen revolutioniert. Wenn wir Licht als eine elektromagnetische Welle auffassen, die den Maxwellgleichungen genügt, so wird dieses elektromagnetische Feld als eine Ansammlung von „Feldquanten" beschrieben. Dies ist die „Substanz" des elektromagnetischen Feldes. Die elektromagnetische Kraft (Wechselwirkung) wird durch Austausch von Teilchen beschrieben, die sich mit endlicher Ausbreitungsgeschwindigkeit bewegen. Konzepte wie „Fernwirkung" oder „Äther" haben sich daher als unzutreffend erwiesen.

Das moderne Bild der Wechselwirkung beruht auf der Existenz eines Austauschteilchens. Wie erfolgreich dieses Konzept ist, würde die Entwicklung der nächsten hundert Jahre zeigen. Willst du eine Kraft besser verstehen, versuche ihre Feldquanten zu identifizieren und deren Eigenschaften zu analysieren. Das Quant des elektromagnetischen Feldes bewegt sich mit Lichtgeschwindigkeit, die nach der speziellen Relativitätstheorie eine Grenzgeschwindigkeit ist und nur von Quanten mit verschwindender Ruhemasse erreicht werden kann. Zudem besitzt es einen Eigendrehimpuls (Spin), dem in entsprechenden Einheiten (Plancksche Konstante) der Wert 1 zugeordnet wird (das Elektron hat vergleichsweise Spin ½). Das Photon ist also charakterisiert durch: Masse Null, Spin Eins. Es hat damit Eigenschaften, die man heutzutage sogenannten „Eichteilchen" zuspricht. Die elektromagnetische Wechselwirkung wäre danach eine „Eichtheorie mit Eichgruppe U(1)". Dazu später mehr.

Fazit: Mit dieser Entdeckung eines Feldquants wurde unser Verständnis fundamentaler Wechselwirkungen revolutioniert, mit großem Einfluss auf die zukünftige Entwicklung.

Die allgemeine Relativitätstheorie

Wir sind nun in der paradoxen Situation, dass eine der bekannten fundamentalen Wechselwirkungen (der Elektromagnetismus) den modernen Vorgaben der (speziellen) Relativitätstheorie genügt, während die Newtonsche Gravitation noch mit den Gesetzen der klassischen Physik beschrieben wird, also insbesondere von einer instantanen Ausbreitung der Wechselwirkung (Fernwirkung) ausgeht. Sollte nicht auch die Gravitation in dieser moderneren Version formuliert werden?

Es gab allerdings auch andere Gründe, sich nochmals gründlich mit der Newtonschen Gravitation zu befassen. Die Beobachtung der Perihel-Bewegung des Merkurs war in dieser Theorie nicht zu erklären, da sich dort die Ellipsenbahnen der Planeten zeitlich nicht verändern.

In einer beispiellosen Leistung gelang es Einstein 1915 die Gravitation modern relativistisch zu formulieren: die allgemeine Relativitätstheorie. Diese Theorie erlaubte eine korrekte Beschreibung der Perihel-Bewegung des Merkurs und wurde bald auch durch Nachweis der Lichtablenkung im Gravitationsfeld gestützt. Bis heute lassen sich alle bekannten Phänomene der Schwerkraft im Rahmen der allgemeinen Relativitätstheorie beschreiben.

Einsteins Ansatz betrachtete die Gravitation als eine geometrische Eigenschaft einer 4-dimensionalen Raum-Zeit. Die (lokale) Geometrie der Raum-Zeit wird durch eine Metrik beschrieben, aus der Eigenschaften wie etwa die Krümmung des Raumes mathematisch berechnet werden können. Im Rahmen der allgemeinen Relativitätstheorie wird die Schwerkraft nun durch ein Gravitationsfeld beschrieben, das (wie das elektromagnetische Feld) eine endliche Ausbreitungsgeschwindigkeit der Wirkung vorhersagt, und diese Ausbreitungsgeschwindigkeit ist wieder durch die Lichtgeschwindigkeit gegeben! Die Theorie sagt damit auch die Existenz von Gravitationswellen vorher. In Analogie kann man daraufhin in moderner Sprache ein Feldquant postulieren (Graviton), welches den Fluktuationen der Metrik der Raum-Zeit entspricht. Neben der Masse Null (Ausbreitung mit Lichtgeschwindigkeit) wird dem Graviton (im Gegensatz zum Photon) ein Eigendrehimpuls 2 zugeordnet.

Trotz vielfacher Versuche konnten bisher allerdings weder Gravitationswellen noch Gravitonen nachgewiesen werden. Allerdings ist dies noch nicht beunruhigend. Die Gravitation ist so viel schwächer als die elektromagnetische Wechselwirkung, dass die bisherigen Nachweismethoden nicht empfindlich genug sind, solche Wellen nachzuweisen. Sie werden vielleicht überrascht sein über dieses Verhältnis der Stärke der Kräfte. Scheint uns makroskopisch doch die Gravitation sehr viel stärker als die elektromagnetische Kraft. Das liegt an der Tatsache, dass in der Natur die elektrischen Ladungen abgeschirmt sind. Ein Wasserstoffatom besteht aus Proton und Elektron, deren Ladungen sich aufheben und damit keine elektromagnetische Kraft nach außen wirkt. Bei der Schwerkraft gibt es diesen Abschirmeffekt nicht und daher dominiert sie im makroskopischen Bereich, obwohl ihre Stärke 36 Zehnerpotenzen schwächer ist als die elektrische Kraft (10^{-36} = 1/1000000000000000000000000000000000000).

Fundamentale Wechselwirkungen

Anfang des 20. Jahrhunderts waren damit zwei fundamentale Wechselwirkungen bekannt: Gravitation und Elektromagnetismus. Die Schwerkraft beschrieb alle makroskopischen Phänomene, während die Physik der Atome und Moleküle komplett durch elektromagnetische Wechselwirkungen erklärt werden konnte. Waren damit alle fundamentalen Naturkräfte bekannt? Konnte man nun versuchen, eine vereinheitlichte Theorie dieser Wechselwirkungen zu konzipieren? Ideen zu einer solchen „Weltformel" (englisch „Theory of everything") waren vielfältig und auch Einstein selbst war von diesem Gedanken angetan. Ein auch heute noch viel diskutierter Ansatz (von Kaluza und Klein) postulierte eine zusätzliche Raumdimension. In dieser 5-dimensionalen Raum-Zeit konnte der Elektromagnetismus mit der höher dimensionalen Gravitation in Verbindung gebracht werden.

Allerdings war diese Rechnung ohne den Wirt (sprich Natur) gemacht. Es stellte sich nämlich bald heraus, dass die Phänomene im subatomaren Bereich offensichtlich zwei neue (fundamentale) Wechselwirkungen erforderten, deren spezifische Eigenschaften (wie die Namen schon sagen) noch relativ unbekannt waren: starke und schwache Wechselwirkung. Die starke Wechselwirkung sollte für den Zusammenhalt der Atom-Kerne verantwortlich sein. Kerne bestehen aus Protonen (positiv geladen) sowie Neutronen (elektrisch neutral). Wäre nur die elektrische Kraft am Werke, könnten Atomkerne wegen der Abstoßung der Protonen nicht stabil sein. Eine bisher unbekannte Kraft, die starke Wechselwirkung, muss die Nukleonen zu einem stabilen Kern binden. Wir wissen zudem, dass Kerne mit vielen Protonen (von der Größenordnung 100) instabil sind. Man folgert daraus, dass die starke Wechselwirkung etwa hundertmal stärker als die elektromagnetische Wechselwirkung sein muss. Ihre Wirkung ist auf den subatomaren Bereich beschränkt, deshalb können wir sie im makroskopischen Bereich nicht wahrnehmen. Sie erscheint uns als abgeschirmt.

Die schwache Wechselwirkung wurde als Ursprung des sogenannten Beta-Zerfalls postuliert. Innerhalb von Minuten kann ein Neutron unter anderem in ein Proton und ein Elektron zerfallen, ein Prozess, der nicht auf andere Wechselwirkungen zurückzuführen ist. Die schwache Wechselwirkung ist etwa tausendmal schwächer als die elektromagnetische Wechselwirkung. Auch sie ist auf den subatomaren Bereich beschränkt.

Damit waren die vier fundamentalen Wechselwirkungen identifiziert, die auch noch aus heutiger Sicht für alle Kraftphänomene in der Natur verantwortlich sind, hier aufgelistet entsprechend der (mikroskopischen) Stärke:

- Starke Wechselwirkung; Stärke 1, Reichweite 10^{-13} cm.
- Elektromagnetismus; Stärke 10^{-2}, Reichweite makroskopisch.
- Schwache Wechselwirkung; Stärke 10^{-5}, Reichweite 10^{-15} cm.
- Gravitation; Stärke 10^{-38}, Reichweite makroskopisch.

Wie oben erläutert, kann man dem Elektromagnetismus zudem das Photon als masseloses Austauschteilchen mit Eigendrehimpuls (Spin) Eins zuordnen. Bei der Gravitation spekuliert man über die Existenz des Gravitons (Masse Null, Spin Zwei) als Feldquant. Detaillierte Eigenschaften der starken und schwachen Wechselwirkung waren damals noch nicht bekannt und das sollte auch noch einige Jahrzehnte so bleiben.

Theoretische Entwicklungen

Fortschritte im Verständnis der starken und schwachen Wechselwirkung verlangten nach neuen Konzepten und Werkzeugen. Ihre mikroskopische Natur erforderte eine Einbeziehung der Quantentheorie. Aber selbst im Falle des Elektromagnetismus und der Gravitation war eine quantentheoretische Einbettung problematisch. Für die Gravitation gilt das auch heute noch, und wir werden später darauf zurückkommen. Zur Beschreibung der elektromagnetischen Wechselwirkungen musste das Konzept der Quantenfeldtheorie formuliert werden. In der naiven Bearbeitung traten konzeptionelle und mathematische Probleme zutage, deren (partielle) Lösung in der sogenannten Regularisierung und Renormierung zu finden war. Der renormierbaren Quantenfeldtheorie kam daher eine besondere Bedeutung zu, nur sie konnte eine mathematische konsistente Beschreibung gewährleisten. In den vierziger Jahren des letzten Jahrhunderts gelang es unter anderem Richard Feynman, Julian Schwinger und Shinichiro Tomonaga, die Quantenelektrodynamik (QED) als renormierbare Theorie zu formulieren. Sie gilt bisher (mit einigen Einschränkungen) als die quantenmechanisch korrekte Beschreibung der elektromagnetischen Wechselwirkungen. Quantenkorrekturen konnten verlässlich berechnet und experimentell getestet werden. Diese Ergebnisse waren bahnbrechend für die weitere Entwicklung der Elementarteilchenphysik. Mehr und mehr trat die mathematische Konsistenz einer Theorie als ein Erfolgskriterium in den Vordergrund. Waren bisher in der Physik nur empirische Entdeckungen für Fortschritte der physikalischen Erkenntnis maßgebend, so traten jetzt auch rein theoretische Konzepte in den Vordergrund (und sind es bis heute geblieben). Die Entwicklung von Theorien für die schwache und starke Wechselwirkung sind leuchtende Beispiele für den Erfolg dieses theoretischen Konzeptes. Es begann mit der Erkenntnis, dass die QED Eigenschaften hatte, die sie als sogenannte „Eichtheorie" charakterisieren (mit zugehöriger Eichgruppe U(1)). Die Eigenschaften der Eichgruppe können wir hier nicht im Einzelnen diskutieren. Betrachten Sie bitte U(1) einfach als einen Namen für die QED. Heute glauben wir, dass Teilchen mit Spin 1 konsistent nur im Rahmen von Eichtheorien beschrieben werden können. Eine Verallgemeinerung der QED wurde in den fünfziger Jahren konstruiert, die sogenannten nichtabelschen Eichtheorien (oder Yang-Mills-Theorien) vom Typ SU(N) (wobei N eine ganze Zahl größer als 1 ist). SU(2) bzw. SU(3) sollten später als relevant für schwache und starke Wechselwirkung erkannt werden. Diese Theorien erwiesen sich als renormierbar, solange die beschriebenen Spin 1 Austauschteilchen masselos waren (und wie das ja auch in der QED mit masselosem Photon der Fall ist). Für die schwache Wechselwirkung kam die Eichtheorie SU(2) mit drei Austauschteilchen infrage (jeweils N^2-1 für SU(N)): zwei geladene W^+ und W^-, sowie ein neutrales Teilchen (W^0). Allerdings konnte man ausschließen, dass solche masselosen Teilchen in der Natur existieren. Zudem erfordert die endliche mikroskopische Reichweite der schwachen Wechselwirkung massive Austauschteilchen. Ein Massenterm zerstört allerdings die mathematische Konsistenz (die Renormierbarkeit) der Theorie. Waren wir damit in einer Sackgasse? Mitte der sechziger Jahre wurde ein neuer Mechanismus der Massenerzeugung entdeckt, der unter dem Namen Higgs-Mechanismus bekannt wurde. Mit dem Postulat eines neuen Teilchens (des Higgs-Bosons) konnte dieser Mechanismus in die Theorie implementiert werden. 1973 zeigten Gerard 't Hooft und Martinus Veltman (Nobelpreis 1999), dass solche Theorien (trotz massiver Eichteilchen) renormierbar sind.

Das Standardmodell der Teilchenphysik

Ende der sechziger Jahre wurde ein Modell der schwachen Wechselwirkung entwickelt, das heute noch zentraler Bestandteil des sogenannten Standardmodells der Elementarteilchenphysik ist. Es beruhte auf der Eichgruppe SU(2) × U(1) und beschrieb sowohl die schwache als auch die elektromagnetische Wechselwirkung als Austausch von vier verschiedenen Feldquanten: W^+, W^-, Z^0 und Photon (γ). Das Modell beinhaltet eine Vereinheitlichung von schwacher und elektromagnetischer Wechselwirkung! Die Austauschteilchen W^+, W^-, Z^0 waren massiv aufgrund des oben erwähnten Higgs-Mechanismus. Aus Kenntnis der damaligen experimentellen Daten konnten mit diesem Modell die Massen vorhergesagt werden. Sie sollten etwa hundertmal schwerer als das Proton sein. Zehn Jahre später (1983) wurden diese Teilchen am europäischen Zentrum (CERN) in Genf direkt nachgewiesen, ein Triumph des Modells und der zugrunde liegenden theoretischen Entwicklung. Elektromagnetische und schwache Wechselwirkung konnten in einer vereinheitlichten Theorie beschrieben werden. Eine weitere Vorhersage des Modells betrifft das sogenannte Higgs-Boson, das zum Mechanismus der Massenerzeugung für $W^\pm$, Z vonnöten ist. Nach diesem Teilchen wird auch heute noch intensiv gesucht. Es gibt bisher indirekte Hinweise auf die Existenz dieses Teilchens, der direkte Nachweis steht allerdings noch aus. Eventuell können Experimente am CERN diesen Nachweis in den nächsten beiden Jahren führen. Dies wäre die Krönung für die theoretischen Ideen und Konzepte (Eichprinzip und Renormierbarkeit), die zur Konstruktion des Modells führten.

Die große Vereinheitlichung (Grand Unification)

Zwischenzeitlich (Anfang der siebziger Jahre) wurde auch eine Theorie der starken Wechselwirkung entwickelt, die sogenannte Quantenchromodynamik (QCD). Experimente hatten gezeigt, dass Protonen und Neutronen (die Bestandteile der Atomkerne) selbst eine innere Struktur besaßen; sie waren aus sogenannten Quarks zusammengesetzt. Die QCD beschreibt die Wechselwirkungen dieser Quarks mit Hilfe von Austauschteilchen (Gluonen) im Rahmen der Eichtheorie

SU(3). Die Gluonen sind masselos und haben wie alle Eichteilchen Spin 1. Quarks und Gluonen können nicht isoliert in der Natur auftreten, sondern nur in gebundenen Zuständen. Dies erklärt das sogenannte Confinement, eine besondere Eigenschaft der QCD, die wir hier nicht weiter diskutieren können.

Das Standardmodell der Elementarteilchenphysik war damit komplett. Die Wechselwirkungen folgen den Gesetzen der Eichgruppe SU(3) × SU(2) × U(1), beruhen auf dem Eichprinzip mit Austauschteilchen von Spin 1. Drei der vier fundamentalen Wechselwirkungen waren daher in mathematisch konsistenter Form im Rahmen der Quantenfeldtheorie beschrieben.

Könnte es sein, dass alle diese Wechselwirkungen gleichen Ursprungs sind? Dies ist Gegenstand der großen Vereinheitlichung (grand unified theory, GUT), über die erstmals Mitte der siebziger Jahre spekuliert wurde. In ihrer einfachsten Form basiert sie auf der Eichgruppe SU(5), die SU(3) × SU(2) × U(1) voll umfasst und starke, schwache und elektromagnetische Wechselwirkung auf eine einzige fundamentale Kraft zurückführt. Wie schon bei Newton und Maxwell eine Reduktion der Zahl der Wechselwirkungen. Grand Unification ist heute eines der zentralen Forschungsgebiete der Elementarteilchenphysik. Vielfach wird vermutet, dass in dieser Synthese auch eine andere (mysteriöse) Symmetrie, die Supersymmetrie, eine Rolle spielt. Es bleibt zukünftigen Experimenten überlassen, diese Konzepte zu bestätigen oder zu widerlegen.

Gravitation heute

Wo ist denn nun die Gravitation geblieben? Während die anderen drei fundamentalen Wechselwirkungen konsistent im Rahmen von Quantenfeldtheorien beschrieben wurden, hat sich bei der Schwerkraft seit der Formulierung der allgemeinen Relativitätstheorie 1915 nicht allzu viel getan. Nun, die Gravitation ist anders. Würden wir ihr ein Austauschteilchen (Graviton) zuordnen, hätte das Spin 2. Im Rahmen einer Quantenfeldtheorie ist die Beschreibung höherer Spins (wie 2) unendlich viel schwieriger. Wir erinnern nur daran, dass selbst bei Spin 1 zusätzliche Symmetrien (Stichwort Eichprinzip) notwendig waren. Masselose Teilchen von Spin höher als 2 scheinen mit den Gesetzen der Quantenfeldtheorie unvereinbar. Spin 2 ist der Grenzfall: Es erscheint möglich, allerdings nur für den Fall, dass alle Symmetrien der allgemeinen Relativitätstheorie (und wohl noch weitere) verfügbar sind. Bis zum heutigen Tag ist es noch nicht gelungen, eine konsistente Quantentheorie der Gravitation zu formulieren. In den bisherigen Versuchen ergaben sich immer nichtrenormierbare Theorien. Es ist dies das große Rätsel der theoretischen Physik, das über das 20. Jahrhundert hinaus bestehen blieb.

Das soll nicht bedeuten, dass die klassische Gravitationstheorie erfolglos ist. Da es keine Abschirmung gibt und die Schwerkraft immer anziehend wirkt, dominiert sie bei großen Abständen. Die vollständige Entwicklung des Universums kann damit erfolgreich beschrieben werden. Neue Phänomene, wie schwarze Löcher, wurden entdeckt und in das System der Astrophysik eingebaut. Brauchen wir eine Quantentheorie der Gravitation? Es gibt bisher keine empirischen Hinweise für die Notwendigkeit, Korrekturen an der allgemeinen Relativitätstheorie anzubringen. Die theoretischen Überlegungen sind daher komplett auf sich allein gestellt. Trotzdem ist es wichtig, über solche Phänomene nachzudenken. Da die Gravitation (im Vergleich zu den anderen Wechselwirkungen) so extrem schwach ist, werden Quanteneffekte nur bei extrem starken Feldern oder extrem kleinen Abständen relevant. Große Anstrengungen sind notwendig, um weitere Aspekte der Gravitation, wie etwa die Existenz von Gravitationswellen, zu testen.

In den letzten Jahrzehnten wurden allerdings einige neue Phänomene entdeckt, die nicht im Standardmodell enthalten sind und sich durch gravitationelle Effekte bemerkbar machen und die unter den Namen Dunkle Materie und Dunkle Energie bekannt wurden. Eventuell könnte ein besseres Verständnis dieser Effekte zum Fortschritt für eine Theorie der Gravitation führen.

Gravitation morgen?

Trotz aller Erfolge der klassischen Gravitation ist die fehlende Einbettung in die Quantentheorie ein Anlass zur Sorge. Ist das bisherige Bild der Schwerkraft korrekt oder müssen wir radikal umdenken? Wie korreliert die Gravitation mit den anderen drei fundamentalen Wechselwirkungen? Gibt es Ansätze, alle vier fundamentalen Wechselwirkungen in vereinheitlichter Form (in einer Art „Weltformel") zu beschreiben? Ist das Bild von der Existenz eines fundamentalen Austauschteilchens (des Gravitons) korrekt? Wir wissen es nicht. Leider haben wir auch keine experimentellen Hinweise, wie Quantenphysik und Gravitation vereinbart werden könnten. Die Fragestellung ist rein theoretisch. Viele glauben, dass Fortschritte im Verständnis der Schwerkraft über das Studium der Strahlung Schwarzer Löcher möglich sind. Viel Fleiß und Schweiß wurde in diese Untersuchungen gesteckt, Fortschritte wurden erzielt. Allerdings sind wir noch weit von einer Lösung entfernt.

Es fehlt eine umfassende Theorie. Da theoretische Konzepte (wie Eichtheorien) in den letzten Jahrzehnten sehr erfolgreich waren, wird dieser theoretische Zugang in Fachkreisen mit gewissem Optimismus angesehen. Dort gibt es nun einige Ansätze. Der vielversprechendste (und auch konventionellste) basiert auf der (Super)-String-Theorie, bei der die fundamentalen Felder als kleine ausgedehnte Objekte (Strings, Fäden) anzusehen sind (und nicht als punktförmige Teilchen). Die herkömmlichen Teilchen sind als Anregungszustände dieser „Strings" zu sehen, wie die musikalischen Töne beim Anregen einer Saite auf einer Geige. Solche Theorien enthalten automatisch die Gravitation und Eichwechselwirkungen und könnten daher Grundlage für eine vereinheitlichte Theorie aller Kräfte und Naturerscheinungen sein.

Der Versuch der Konstruktion solcher Theorien führte allerdings zu einigen Überraschungen. Die mathematische Konsistenz der Theorie verlangt eine neue Symmetrie (bekannt unter dem Namen Supersymmetrie) sowie die Existenz zusätzlicher Raumdimensionen. Nur in d=10 Raum-Zeit-Dimensionen (im Gegensatz zu unserer vertrauten d=4 Raum-Zeit) können solche Theorien widerspruchsfrei formuliert werden! Mit rein theoretischen Folgerungen kann man die Dimensionalität der Raum-Zeit vorhersagen. Natürlich können die sechs zusätzlichen Raumdimensionen nicht makroskopisch groß sein wie die drei, die wir kennen. Vielmehr stellt man sich vor, dass sie mikroskopisch klein „aufgewickelt" sind und sich damit des direkten experimentellen Zugangs erwehren, eine Tatsache, die als Kompaktifizierung des Raums bezeichnet wird. Zusätzliche Raumdimensionen, Sie erinnern sich, waren schon von Kaluza und Klein in den zwanziger Jahres des letzten Jahrhundert untersucht worden. Hier kommt dieser Ansatz auf Umwegen zu uns zurück. Alle bekannten Wechselwirkungen können auf eine Kraft, die höherdimensionale Gravitation, zurückgeführt werden, die ultimative Vereinheitlichung aller Kräfte. Damit löst sich auch der formale Unterschied zwischen Eichwechselwirkungen und Gravitation auf. Beides sind verschiedene Seiten einer Medaille. Diese „Dualität" zwischen Eichtheorie und Gravitation erfordert zusätzliche Dimensionen. Gravitation im Raum ist dual zu einer Eichtheorie auf dem Rande dieses Raumes, eine Situation, die mit dem Begriff Holographie charakterisiert werden kann. Dieses Bild ist auch ein geeigneter Ansatz zum Verständnis der Eigenschaften Schwarzer Löcher. Wie dem auch sei, es bleibt noch ein weiter Weg bis zum Test dieser Ideen.

Ausblick

Alle bekannten Wechselwirkungen in der Natur können auf vier fundamentale Kräfte zurückgeführt werden. Drei dieser Wechselwirkungen, starke, schwache und elektromagnetische, werden konsistent im Rahmen von Quantenfeldtheorien beschrieben. Alle drei beruhen auf dem Eichprinzip mit den zugehörigen Austauschteilchen. Quantenkorrekturen können verlässlich berechnet werden. Die strukturelle Ähnlichkeit der Theorien deutet auf einen gemeinsamen Ursprung hin, wie sie in Theorien der „Grand Unification" untersucht werden.

Die am längsten bekannte fundamentale Kraft, die Gravitation, sperrt sich auch heute noch einer Einbettung in die Quantentheorie. Wichtige Aspekte sind nur unvollständig verstanden. Weitergehende Symmetrien, wie etwa Supersymmetrien, könnten wesentlich zu einer konsistenten Quantisierung beitragen. Ein vielversprechender Ansatz ist die Superstringtheorie, in der sowohl Gravitation als auch Eichwechselwirkungen eine einheitliche Beschreibung finden. Diese Diskussionen sind Gegenstand aktueller Forschung. Die weitere Entwicklung wird zeigen, ob dieser Ansatz von Erfolg gekrönt sein wird. Es besteht die Hoffnung, dass damit vielleicht auch die Rätsel über Dunkle Materie und Dunkle Energie gelöst werden können.

Hans Jörg Fahr

Was ist Trägheit?

Anfänge und Reife des Inertialprinzipes der Mechanik

Der Mensch und alle Objekte, von denen er auf dieser Welt umgeben ist, sind von Natur aus träge. Selbst Körper im fernsten Weltall bewegen sich so, als besäßen sie Trägheit und leisteten Widerstand gegen dort waltende Kräfte. Warum aber ist das so? Warum leistet ebenso der Mensch wie alle diese Objekte einen Widerstand gegen innere oder äußere Antriebe? Beweisen beide gerade dadurch vielleicht erst ihre Existenz oder ihr Dasein? Ohne solche Widerstände wären diese Dinge förmlich überhaupt nicht vorhanden! Was keinen Widerstand gegen Bewegungsantriebe leistet, das ist wohl auch nicht real vorhanden, so müsste man förmlich schließen. Es ist allenfalls nur eine Haluzination, eine Fata-Morgana, eine Utopie. Das Maß dieses Widerstandes realer Körper jedoch ist schwer quantitativ zu fassen. Ein Versuch der Festlegung dessen, was Trägheit ausmacht, geht von Newton's Konzept des absoluten Raumes und der absoluten Bewegung gegenüber letzterem aus. Immer wenn die Bewegungsform gegenüber diesem Absolutraum geändert werden soll, treten Trägheitsreaktionen auf. Doch die Vernunftmäßigkeit dieser Konzeption des absoluten Raumes ist mit Beginn des zwanzigsten Jahrhunderts immer mehr in Frage gestellt worden. In der Relativitätstheorie spricht man heute stattdessen einfach von Inertialsystemen, von denen das eine so gut ist wie das andere, ein bevorzugtes Absolutsystem gibt es dagegen nicht. Damit problematisiert sich auch Newtons Trägheitskonzept und muß sich wandeln in ein verallgemeinertes, interrelational raumzeitliches Trägheitskonzept, das Ernst Mach und Dennis Sciama entwickelt haben. Von den Gedanken hinter diesem Werdegang der Begriffsbildung soll im folgenden die Rede sein.

In Dante Alighieris epochalem Roman „La Comedia divina" wird der Aufstieg des Menschen aus der Hölle des Lebens (Inferno) über den Berg der Läuterung (Purgatorio) zum Himmel des Lebens (Paradiso) beschrieben. Ein Aufstieg ist dem Menschen nur dann möglich, wenn er sich zuvor von den sieben Todsünden befreit hat, die Dante kennt. Darunter die Folgenden: Habgier, Wollust, Jähzorn, Völlerei, Arroganz, Betrug – und eine siebte Todsünde gehört interessanterweise auch noch dazu: die Trägheit! Warum wohl mag Dante die Trägheit des Menschen als eine Todsünde erschienen sein? Gemeint mit dieser Sünde ist hier wohl die Unbeweglichkeit und Unwilligkeit des Menschen, den Weltenzustand zu ändern, vielmehr trotz besserer Einsicht aus Faulheit die Welt in ihrem angetroffenen Zustand zu belassen. Gemeint ist hiermit also die Trägheit gegen innere Antriebe.

Gemeinhin versteht man allerdings unter diesem Begriff im Bereich der Physik etwas ganz anderes. Die physikalische Trägheit bezeichnet eher den Widerstand gegen äußere Antriebe, als welche man zum Beispiel physikalische Kräfte versteht. Bei Newton heißt es deshalb, dass ein Körper solange im Zustand der Ruhe oder der gleichmäßigen Bewegung verharrt, solange keine Kräfte auf ihn einwirken, die ihn beschleunigen. Wenn aber eine in ihrer Stärke definierte Kraft an einem Objekt angreift, wodurch und durch welche Eigenschaft des Körpers bestimmt sich dann sein Widerstand gegen diese Kraft beziehungsweise seine Beschleunigung? Um Bewegungen und Beschleunigungen von Körpern beurteilen zu können, benötigt man ein normatives Konzept. Man muss sich hier fragen: Was soll „Beschleunigung" heißen? Muss man doch dabei zuvor klären, gegen welches Bezugssystem? Beschleunigung gegen das große, leere Universum etwa? Lässt sich dazu überhaupt ein Bezug herstellen? Oder eher gegen andere Körper im Weltall? Physikalisch vernünftig erscheint eine Beschleunigung relativ zu anderen Massen im Universum, also materiellen Markierungen von Raumpunkten und ein sich dann dabei vielleicht regender Widerstand. Aber welche Massen sollen hier als Bezugskörper dienen? Einige ausgewählte? Oder alle? Und wenn alle, dann in welcher Form? Wie soll ein Widerstand gegenüber Beschleunigung relativ zu allen anderen Massen im Weltall formuliert werden?

Man sieht schnell ein, dass der Trägheitsbegriff, wenn man erst einmal angefangen hat, darüber nachzusinnen, einen in große Kalamitäten bringt.

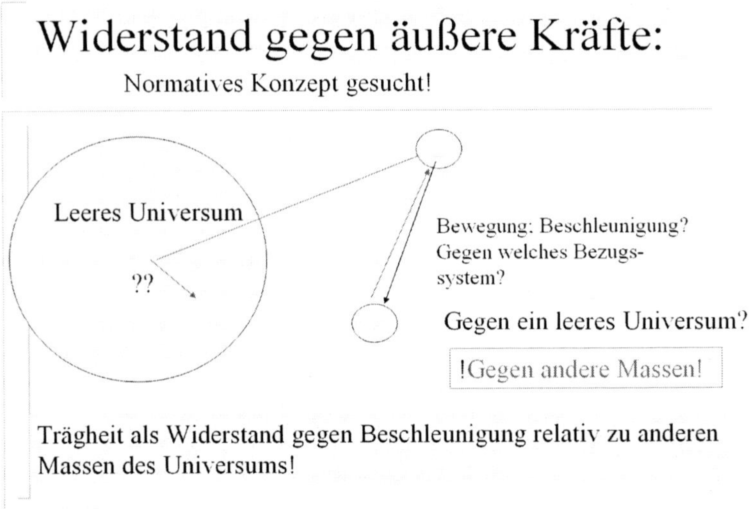

Die Machsche Trägheit: Eine nicht-körpereigene Größe?

Als einer der Ersten unternahm der österreichische Physiker Ernst Mach den Versuch, sich aus diesen Begriffskalamitäten bei der Suche nach der Wurzel der Trägheit zu befreien, indem er vermutete, dass die Trägheit eine Reaktion auf Beschleunigungen relativ zu anderen Körpern im Weltall sein muss. In seinem 1883 verfassten Buch „Die Mechanik in ihrer Entwicklung: historisch-kritisch dargestellt“[1] spricht er zum ersten Male das Prinzip der Relationalität der Trägheit von Massen an, und meint damit, dass die Trägheit keine genuine, vorgegebene Eigenschaft eines Körpers sein kann, sondern eine Reaktion auf Beschleunigungen relativ zu anderen Körpern sein muss. Trägheit also nicht als eine genuine, prävalent absolute, sondern als eine durch die Massenkonstellation im

1 MACH, Mechanik.

Universum induzierte, relative Eigenschaft. Dieses nach ihm benannte Machsche Trägheitsprinzip hat viele spätere Väter der Relativitätstheorie und modernen Kosmologie tief bewegt, und dennoch haben alle durch sie ersonnenen Gesetzesformulierungen dieses Prinzip nicht erfüllen können. Selbst Einstein, der sich lange Zeit darum bemüht hatte, dieses Prinzip in seiner Allgemeinen Relativitätstheorie zu erfüllen, resignierte schließlich und meinte fortan sogar, das Machsche Prinzip müsse wahrscheinlich falsch sein.

Wer dagegen zeitlebens versuchte, das Machsche Prinzip ernst zu nehmen und um eine Mach-gerechte Trägheitsformulierung rang, war der englische Physiker Dennis Sciama. Seit den fünfziger Jahren des letzten Jahrhunderts versuchte er mithilfe einer in Maxwellscher Analogie erweiterten Gravitationstheorie zu zeigen, dass die Trägheit jedes Einzelkörpers von den Massen aller anderen Körper des Universums in seinen größten Fernen bestimmt wird. Die Ideen zu diesem Konzept waren sicherlich angestoßen durch frühere Überlegungen des englischen Physikers Joseph John Thomson aus dem Jahre 1881, in denen dieser ernstlich erwogen und versuchsweise physikalisch formuliert hatte, die Trägheit aller Körper auf eine Erscheinung des Elektromagnetismus zurückzuführen. Ausgefeilter und konsequenter waren danach Erarbeitungen des Engländers G.F.C.Searle aus dem Jahre 1897, in denen dieser die Trägheit eines elektrisch geladenen Körpers als Rückwirkung von dessen eigenem elektromagnetischem Feld auf seine eigene Ladung bei Änderung seines Bewegungszustandes deuten konnte. Er kam dabei auf eine Masse des elektrisch geladenen Körpers von $m_e=2e^2/3ac^2$, wenn e, a, und c die elektrische Ladung, den Kugelradius der Ladung und die Lichtgeschwindigkeit bedeuten.

Damit schien sich die Trägheit, also die Masse eines Körpers, auf eine Eigenschaft seiner elektrischen Ladung zurückführen zu lassen. Wenn dem so wäre, hätte das jedoch viele unsinnige Konsequenzen, unter anderem diejenige, dass das Proton und das Elektron die gleichen Massen haben sollten, weil sie ja die gleichen absoluten Ladungsquantitäten und Ladungsqualitäten besitzen, auf die es hier ankommt. Außerdem verstünde man ja dann auch überhaupt nicht, wie es zur Trägheit von elektrisch ungeladenen Körpern kommen sollte. Außer dem Hinweis, dass vielleicht eine Art von elektromagnetischer Analogie zum Verständnis der Trägheit weiterhelfen könnte, ließ sich an diesen frühen Überlegungen nicht viel gewinnen. Sciamas Maxwellsches Gravitationsanalogon besteht dabei darin, zur vollständigen Beschreibung des Gravitationsfeldes nicht nur das übliche skalare Gravitationspotential, sondern zusätzlich noch ein Vektorpotential zu benutzen, mit dem so etwas wie die Gravitationswirkung von Massenströmen beschrieben werden kann. Vom System jedes bewegten Testkörpers aus werden dann bei solchen Gegebenheiten automatisch Massenströme aller Massen des fernen Universums von diesem Testkörper gesehen, die sich durch entsprechende Gravitationsfelder auswirken. Bei der Veränderung der Testkörperbewegung, also einer Beschleunigung, werden dadurch Kräfte wirksam, die mit den Massen des fernen Universums verbunden sind und so etwas wie eine von diesen Massen induzierte Körperträgheit bedeuten. Das scheint erstmalig also in schönster Weise den Machschen Gedanken zu erfüllen, wenn man nur die Gravitationstheorie legitimerweise um ein Vektorpotential erweitern darf. Dass an diesem Schritt aber etwas Legales und Vernünftiges dran sein könnte, zeigt sich auch in völlig unabhängigen Untersuchungen lange nach Sciama, in denen gezeigt werden konnte, dass im Rahmen einer solchermaßen erweiterten Gravitationstheorie die Ränder aller Spiralgalaxien auch ohne dunkle Materie stabil erscheinen. [2] Ein kleines Gedankenexperiment, das hier nachfolgend beschrieben werden soll, kann dies aber auf einfache und einleuchtende Weise noch überzeugender machen.

Ein Gedankenexperiment zur elektromagnetischen Gravitation

Mithilfe eines Gedankenexperimentes wollen wir hier im Folgenden dem Gedanken an die Existenz eines elektromagnetischen Analogons in einer erweiterten Gravitationstheorie eine gewisse physikalische Ernsthaftigkeit einbringen. Wir erinnern uns dazu an eine Forderung der speziellen Relativitätstheorie, die heute als allgemein berechtigt angesehen wird. Sie besagt, dass nämlich gleichartige physikalische Phänomene in verschiedenen, gleichwertigen physikalischen Bezugssystemen, letztere sind alle konstant bewegten Inertialsysteme, von

2 FAHR, Alternative.

gleichartigen, man sagt: forminvarianten Gleichungen beschrieben werden müssen. Man denke sich nun zwei elektrisch geladene Massen mit gleichen Ladungsmengen *e* und Massen *m* in einem beliebigen Abstand *r* voneinander befindlich. Dann lässt sich folgende Situation durch geeignete Wahl der jeweiligen Ladungs- und Massen-Mengen herbeiführen: Sorgt man nämlich bei der Wahl von Ladungen und Massen dafür, dass gerade $e^2 = Gm^2$ ist (*G* bezeichnet dabei die Newtonsche Gravitationskonstante), dann zeigt sich, dass genau in dem Bezugssystem, in dem die beiden geladenen Massen ruhen (also im Ruhesystem!), ein exaktes Kraftgleichgewicht zwischen den beiden Massen vorherrscht, weil sich beide genau so stark gravitativ anziehen, wie sie sich elektrisch abstoßen. Die beiden Massen bleiben aus diesem Grunde kraftfrei in ihrer Lage stabil fixiert und bewegen sich nicht, weil Kraftgleichgewicht zwischen ihnen herrscht.

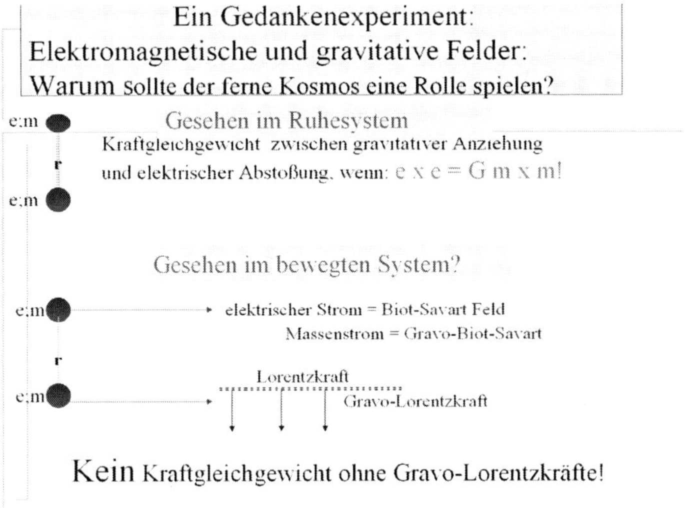

Dieselbe Situation, gesehen von allen anderen Inertialsystemen, die speziell-relativistsch absolut äquivalent sein sollten und deswegen auch keine neuen physikalischen Gegebenheiten aufzeigen sollten, führt dennoch zu einer ganz neuen Situation. Im Ruhesystem herrscht Kraftgleichgewicht, im bewegten System kann dies jedoch ersichtlich nicht gelten, wie sich leicht auf folgende Weise einsehen lässt. Wechselt man etwa in ein mit der Geschwindigkeit U konstant gegenüber dem Ruhesystem bewegtes Bezugsystem, so sieht alles ganz anders aus. Wenn letzteres System sich mit bestimmter Geschwindigkeit gegenüber den ruhenden Massen bewegt, so erscheinen in diesem System nicht nur zwei positionierte elektrische Ladungen, sondern zudem zwei bewegte elektrische Ladungen, somit also elektrische Ströme. Wie man aus der klassischen Elektrodynamik aber weiß, haben solche Ströme ein magnetisches Induktionsfeld, das sogenannte Biot-Savartsche Feld B zur Folge, das den Strom in der Ebene senkrecht zum Stromflussvektor kreisförmig umschließt. Dies hat nun zur Folge, dass die im bewegten Bezugssystem bewegten geladenen Massen sich im Biot-Savartschen Magnetfeld B der jeweils anderen Masse bewegen. Dabei erfahren sie jedoch unvermeidlich eine sogenannte Lorentzkraft, die in der zur Verbindungslinie der beiden Massen entgegengesetzten Richtung, nämlich $\vec{U}x\vec{B}$, wirkt. Diese Lorentzsche Zusatzkraft hat jedoch sofort zur Folge, dass das ursprüngliche Kraftgleichgewicht, das im Ruhesystem zwischen den Massen herrschte und diese in ihrer Lage stabil hielt, nunmehr ersichtlich aufgehoben ist. An beiden Massen greifen nunmehr unkompensierte, zu größeren Abständen zwingende Lorentzkräfte an mit der Folge, dass in dem bewegten System zwei Massen beschrieben würden, die einander über gegenseitige Lorentzkräfte abstoßen und somit ständig ihre Abstandsposition in beschleunigter Weise ändern sollten. Die beiden Massen erscheinen hier also als voneinander wegbeschleunigt. Die gleiche Ausgangsposition beider Massen würde also in den beiden Systemen zu sehr unterschiedlichen physikalischen Folgephänomenen führen, im ersten Fall stabile Lage, im letzteren Auseinanderfliegen – eine ganz und gar unschöne und relativistisch völlig unakzeptable Situation.

Dieser tief-physikalischen Misslichkeit entgeht man nun aber auf sehr einfache Weise, wenn man eine Symmetrisierung der Gravitationstheorie in Analogie zum Elektromagnetismus zulässt. Wenn man nämlich in der Art, wie Dennis Sciama dies gewollt hatte, ein gravitatives Vektorpotential zulässt, das die gravitative Wirkung von Massenströmen so beschreibt, wie das elektromagnetische Vektorpotential die Wirkung von elektrischen Strömen. Dann nämlich üben die

Massenströme beider Massen im bewegten System gerade jeweils die zu den elektrischen Lorentzkräften entgegengerichteten, aber gleich starken Gravo-Lorentzkräfte aus, und alles bleibt auch in diesem bewegten System folglich im Kraftgleichgewicht. Damit, und nur damit, wäre also zu garantieren, dass in allen Inertialsystemen die gleiche Situation der Kräftefreiheit zwischen den beiden im Raum platzierten Massen gewährleistet ist. Um also die physikalische Phänomengleichheit in allen gleichwertigen Inertialsystemen zu garantieren, muss demnach die Gravitationstheorie in "Maxwellscher" Analogie erweitert werden. Hiermit sollte also auch Sciamas Ansatz zum elektromagnetischen Analogon der Gravitationstheorie als Erklärung der Massenträgheit bedingt durch die fernen Massen des Weltraums nachträglich seine volle Legitimation erfahren können.

Worum dreht sich die Welt?

Auch noch in einer ganz anderen Beziehung nehmen die in der Welt konstellierten Massen Einfluss auf die Trägheit lokaler Körper. Beschleunigungen treten ja nicht nur in der Form auf, dass der Betrag der Geschwindigkeit eines bewegten Körpers sich in der Richtung der Bewegung ändert. Von Beschleunigungen redet man vielmehr auch dann, wenn sich die Richtung der Bewegung eines Körpers ändert, ohne dass sich der Betrag der Geschwindigkeit dieser Bewegung dabei ändert. So etwas tritt zum Beispiel bei den Planetenbewegungen auf, die in guter Näherung mit konstanter Orbitalgeschwindigkeit in Kreisbahnen erfolgen oder auch bei Rotationsbewegungen. An solchen Bewegungen lässt sich die Trägheit bei Rotationen studieren, die sich in Form von Zentrifugalreaktionen manifestiert. Doch was bestimmt hierbei das Maß der Zentrifugalkräfte?

Nach klassisch allgemeinen Vorstellungen, die auf Isaac Newton[3] zurückgehen, verfließt die absolute Zeit immer absolut gleichförmig und unveränderlich und der absolute Raum bleibt sich selbst immer gleich und befindet sich in absoluter Ruhe! Newton drückt dies wie folgt aus: „Absolute, true and mathematical time, by itself and from its own nature, flows equably without relation to anything external, – as absolute space, by its own nature and without relation to

3 NEWTON, Principia.

anything external, remains always selfsimilar and immovable!“

Zum Beweis dieser Behauptung bot Newton sein berühmtes Eimer-Experiment an. Hängt man einen mit Wasser gefüllten Eimer an ein Seil, windet dieses bis zu maximaler Torsionsspannung und überlässt den Eimer sodann sich selbst und dieser Spannung, so beginnt er eine Drehung um seine Achse zu entwickeln, dem das Wasser in ganz eigener Weise Folge leistet. Wenn das Wasser nämlich vom rotierenden Eimer vermittelt selbst Rotation aufnimmt, so beginnt sich seine Oberfläche zu einem Paraboloid zu wölben. Nach Newtons Meinung ist diese Wölbung der Reaktion des Wassers auf Zentrifugalkräfte zuzuschreiben, die als Trägheitswirkung bei der Drehung des Wassers gegenüber dem „absoluten Raum“ auftreten.

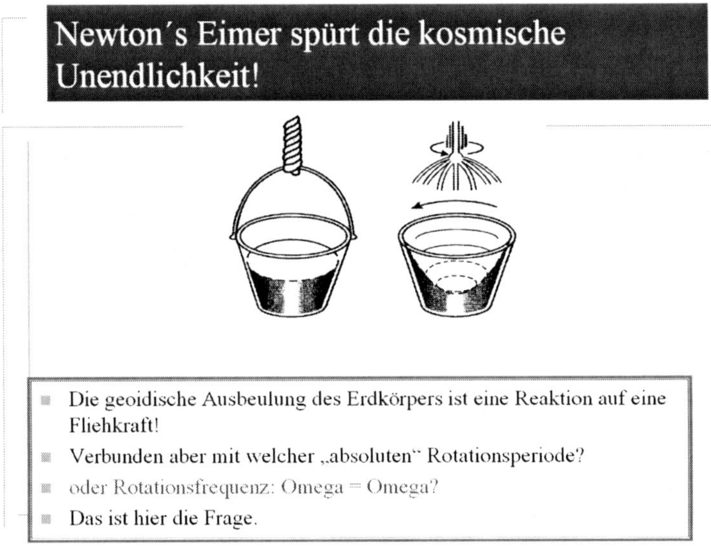

Nach der Meinung von Ernst Mach dagegen sind diese Zentrifugalkräfte jedoch eine Reaktion träger Massen auf Beschleunigungen und letztere müssen als Beschleunigungen gegenüber physikalisch relevanten Referenzpunkten verstanden werden. Da sich Beschleunigungen gegenüber einem „absoluten Raum“ nicht messen lassen, muss man Trägheitsreaktionen also als Reaktionen auf Beschleunigungen gegenüber „physikalisch definierten" Orten, also zum Beispiel durch andere Körper markierte Orte auffassen.

Lageveränderungen gegenüber einem nur gedachten Raum sind physikalisch irrelevant und belanglos. Die Umplatzierung eines Objektes in einem ideellen Raum kann keine physikalischen Reaktionen weder des betroffenen Objektes noch aller anderen Objekte nach sich ziehen, allenfalls die Umplatzierung gegenüber substanziell oder materiell markierten Raumpunkten sollte Trägheitskräfte zur Folge haben können. Die Trägheit eines Körpers ist also keine genuine Eigenschaft dieses Körpers, sie muss vielmehr relationalen Charakter haben, sie muss in Beziehung stehen mit dem materiell deponierten Rest der Welt, mit der materiellen Gesamtkonstellation im Weltall, also mit einem von der Weltmaterie geprägten Ruhesystem, nicht aber mit einem absoluten Raum!

Nach Ernst Mach ist die Reaktion des Wassers in Newtons Eimer, also die paraboloidisch gewölbte Wasseroberfläche, keine Trägheitswirkung auf eine Rotation gegenüber dem absoluten Raum, sondern vielmehr eine Reaktion auf die Rotation gegenüber dem materiell markierten Weltraum, einem kosmischen Ruhesystem![4]

Das lässt sich zum Beispiel an rotierenden Körpern studieren. Die Erde ist bekanntlich so ein rotierender Körper im Weltall, und sie zeigt auch eine klare Reaktion auf Zentrifugalkräfte, die mit dieser Rotation einhergehen. Das auf ihrer Oberfläche ausgebreitete Wasser der Ozeane hat keine Kugelgestalt, sondern ist zu einem Geoid verformt, also einem an den Polen abgeflachten, und am Äquator aufgewölbten kugelähnlichen Gebilde. Die Unterschiede in den Wasserhöhen am Pol und am Äquator betragen dabei etwa zehn Meter Wassersäule. Das ist gut zu wissen. Und für die meisten ist es auch genug zu wissen, dass diese Meeresausbeulung mit der Rotation des Erdkörpers zu tun hat, die zum Auftreten von Zentrifugalkräften führt. Doch wer es genauer wissen will, fragt sich natürlich, was das Maß dieser Kräfte eigentlich bestimmt und damit die absolute Höhe der Meeresaufwölbung? Schnell kommt man darauf, dass alles mit der Rotationsgeschwindigkeit am Äquator zu tun haben muss, die wiederum direkt

4 Zur Gesamtthematik siehe: BARBOUR/PFISTER, Principle.

mit der Rotationsperiode der Erde um ihre Achse verbunden ist. Doch wie, das heißt gegenüber welchem Referenzpunkt, legt man diese Rotationsperiode fest? Ist es die Wiederkehrperiode des Mondes, der Sonne oder des galaktischen Zentrums? Alle diese Wiederkehrperioden sind vertrakterweise verschieden! Welche also nehmen?

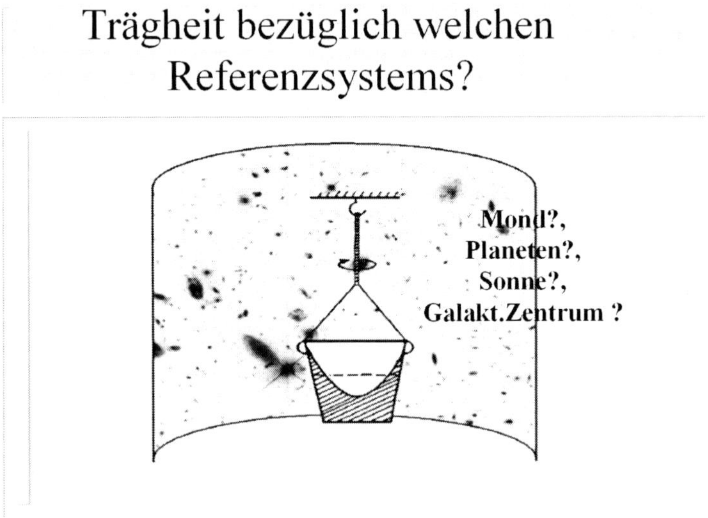

Fig. 1: Newton's Bucket in a rotating universe

Es zeigt sich nach etlichen Überlegungen, dass es am besten ist, die Wiederkehr der unendlichen Fernen des Weltalls als Definitionsgrundlage zu nehmen, am ehesten vielleicht approximiert durch den Fixsternhorizont. Warum aber sollte der Fixsternhoriziont die Trägheitsreaktion unseres irdischen Ozeans bestimmen, wo doch alles an ihm so unglaublich fern von uns ist, viel weiter weg als andere Körper wie etwa der Mond, die Sonne, oder der Fixstern Proxima Centauri? Warum sollten ausgerechnet die fernsten Punkte und Massen den größten Einfluss auf die lokale körperliche Trägheit ausüben? Noch anders gefragt: Warum wird alles nur der größten Ferne gegenüber träge? Vielleicht hilft hier eine Standarderfahrung. Wenn man im Zug sitzend an der Landschaft vorüberfährt, verfliegt alles in der Nähe befindliche im Nu ins Nichts. Je weiter man aber vom Zug aus in die Ferne schaut, umso langsamer und langsamer verändern sich die Bilder der Landschaft. Unsere Positionsveränderung gegenüber Konturen in der wachsenden Ferne vollzieht sich immer langsamer und wird effektiv immer geringfügiger. Die Bewegung der Erde mit immerhin 30 km/s um die Sonne ist bereits so langsam, dass wir sie angesichts der fernen Welten des Universums, also des von Sternen markierten Horizontes, überhaupt nicht bemerken würden. Einzig und allein die Drehung der Erde, auf der wir sitzen, lässt sich vor dem Sternfirmament deutlich bemerken.

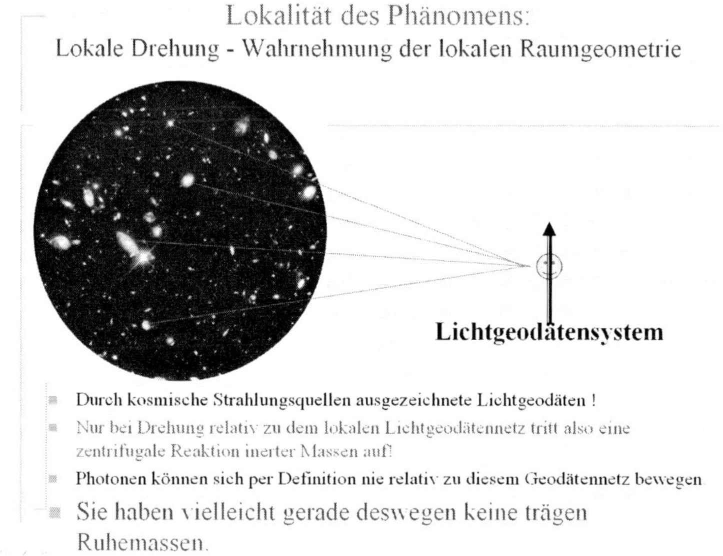

Was passiert aber bei dieser Drehung Besonderes? Die in erster Ordnung am Himmel fixiert scheinenden Sterne ändern im Gegensinne zu dieser Drehung ihre Himmelspositionen. Wenn sie aber in unserem Sichtfenster ihre Positionen verändern, bedeutet dies, dass ihr Licht uns unter einem wechselnd neuen Sichtwinkel erreicht. Dabei aber kommt das Licht dieser Sterne jetzt nicht etwa auf anderen Wegen von dem Stern als vorher. Immer geht das Licht von einem solchen Stern in Form eines radialsymmetrischen Lichtbündels aus. Bei der Drehung der Erde aber greift sich unser Auge immer wieder ein anderes dieser divergenten Lichtbündel dieses Sterns auf. Wenn ein Stern malignerweise die von ihm ausgehenden Lichtbündel mit unterschiedlichem Licht beschicken würde, so würden wir demnach bei der Drehung der Erde ständig einen neuen Stern zu sehen vermeinen, was sicherlich sehr verwirrend wäre. Das eigentliche Referenzsystem, gegenüber dem wir uns drehen, ist also das System dieser vielen Lichtbündel, die den Weltraum wie beleuchtete Geodäten durchziehen. Nur wenn wir unsere Bewegung jedoch relativ zu diesem ausgezeichneten Lichtfaser-System ändern, tritt offensichtlich eine Trägheitswirkung in Erscheinung.

Das Äquivalenzprinzip der Rotation

Nehmen wir an, wir haben ein Teilsystem unserer gesamten Welt vor uns. Etwa eine Holzhütte, in der ein Tisch mit einem Glas Wasser auf dessen Tischplatte steht. In diesem Teilsystem macht es sehr wohl etwas aus, ob sich der Tisch mit dem Wasserglas relativ zur Holzhütte dreht, oder die Holzhütte sich im Gegensinne relativ zum Tisch dreht, welcher daselbst ruht. Im ersten Falle würde sich die Oberfläche des Wassers im rotierenden Glas parabolisch wölben, im letzteren Falle würde sie horizontal bleiben, dafür würden aber eventuell unter der Zentrifugalkraftwirkung nun die Scheiben aus den Fensterrahmen der Hütte herausfliegen. Hierbei wären also sicherlich die ruhenden und die rotierenden Systeme nicht austauschinvariant. Die jeweilige Physik, gesehen in diesen beiden Bezugssystemen, welches allerdings in diesem Fall keine Inertialsysteme wären, wäre ersichtlich recht verschieden.

Anders ist dies allerdings, wenn wir Rotationen nicht in einem Teilsystem der Welt, sondern in einem Gesamtsystem der Welt beschreiben, wie zum Beispiel die Rotation der Erde eingebettet in das Weltall. Hier geht man allgemein davon aus, dass dann das Relativitätsprinzip der Rotationen Gültigkeit hat. Dieses würde besagen, dass wir die gleiche physikalische Phänomenaliät beschreiben, ob wir nun vom System des ruhenden Kosmos gesehen die Erde sich gegen diesen Kosmos drehen lassen, oder ob wir im System der ruhenden Erde die äquivalente Gegenrotation des gesamten Weltalls beschreiben. Wenn in beiden Fällen die gleiche Ozeanaufwölbung am Äquator resultieren soll, so müssen offenbar in beiden Betrachtungsfällen die gleichen Kräfte an der Peripherie des Erdkörpers angreifen. Im Falle der rotierenden Erde scheint dies evident, im Falle des rotierenden Kosmos jedoch weit weniger.

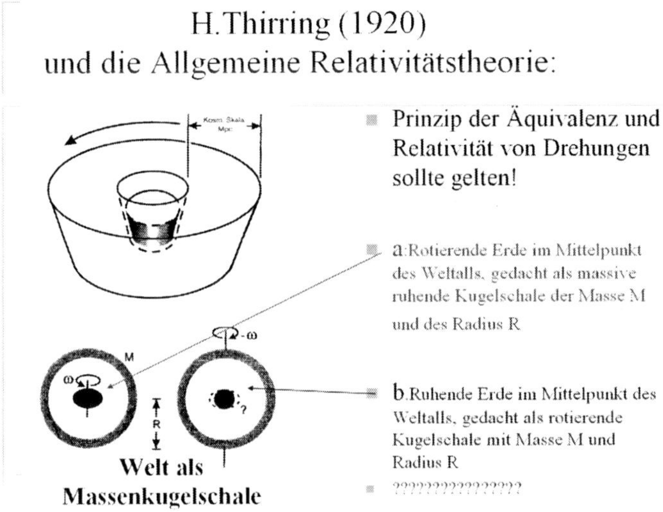

Es war deshalb der deutsche Physiker Hans Thirring, der 1918 untersuchte, welche Kräfte bei der allgemein-relativistisch beschriebenen Rotation des Kosmos um die Erde am Erdäquator auftreten würden. Tatsächlich konnte er im Rahmen einer Newtonschen Näherung der Allgemeinen Relativitätstheorie zeigen, dass die Situation des rotierenden Kosmos zu geometrischen Störkräften an der Erde führt, die sich sehr ähnlich wie die klassischen Zentrifugalkräfte bei der Rotation der Erde darstellen. Damit jedoch strenge Identität beider Systeme herrschen würde, müssten allerdings besondere Umstände gewährleistet sein.

Repräsentiert man das gesamte Universum als eine Masse M_U, die gleichmäßig auf einer Kugelschale mit dem Radius R_U verteilt ist, so werden, wie

Fahr und Zönnchen[5] in ihrer Darstellung des Phänomens hervorheben, beide Systeme bezüglich der jeweils waltenden Kräfte nur dann identisch, wenn der Quotient der Weltmasse und des Weltradius, also wenn (M_U/R_U), sich bei der Evolution des Universums wie eine Konstante verhält. Da sich aber nach astronomischer Deutung der spektral rotverschobenen Galaxien die Welt in Hubblescher Art ausdehnt, so müsste dies bedeuten, dass die Weltmasse dabei proportional mit dem Weltradius wachsen sollte. Dies nun reimt sich aber wunderbar mit dem Machschen Gedanken, heißt es doch, auf jeden einzelnen Körper im All bezogen, nichts anderes, als dass dieser sowie jeder andere Körper an Trägheit und Masse zunimmt, wenn die ihn umgebenden Körper des Weltalls wegen der Hubbleschen Fluchtbewegung auf größere und größere Distanzen hinausrücken. Die jeweilige Masse ist also keine festgelegte körpereigene Größe, sondern wird durch die kosmische Massenumgebung bestimmt. Auch Dennis Sciamas Analyse von 1953 läuft auf dieses Ergebnis hinaus, indem dieser nämlich fand, dass die Trägheit des Einzelkörpers proportional zur Summe über alle anderen Körpermassen m_i der anderen Körper i dividiert durch deren Abstände r_i vom jeweiligen Aufpunkt des Einzelkörpers j ist, also gleich

$$m_j = \sum_i \frac{m_i}{r_i}$$

Rotierende Massen lassen den Raum mitrotieren

Eine ähnliche Überlegung, wie sie Thirring bezüglich der fernen Massenschale des Universums angestellt hat, die uns Erdbewohner umgibt, haben sein Kollege Joachim Lense und er 1918 auch auf die Situation angewendet, in der der Beobachter sich außerhalb einer unter ihm rotierenden Massenkugel befindet. Gedacht war hier an irgendeinen Raumpunkt außerhalb bzw. oberhalb der rotierenden Erdmasse, wo in erster Ordnung die Schwere des Erdkörpers wirkt, sodass ein frei im Raum exponiertes Glas Wasser eine bezüglich dieser Schwerewir-

5 FAHR/ZÖNNCHEN, Principle.

kung horizontale Wasseroberfläche ausbilden sollte. Thirring und Lense haben jedoch gezeigt, dass zusätzlich zur normalen Erdschwerkraft noch eine weitere Störkraft in Erscheinung tritt, die mit der Tatsache zu tun hat, dass der irdische Massenkörper nicht einfach unter dem Wasserglas ruht und Schwere ausübt, sondern dass er sich zudem dreht, mit einer Rotationsfrequenz Ω. Dieser Umstand lässt Massenströme des rotierenden Erdkörpers zur Wirkung kommen, die eine Störkraft zur Folge haben. Letztere Störkraft wirkt sich auf das über der Erde ruhende Glas Wasser so aus, als würde das Wasserglas sich gegenüber seinem eigentlichen Ruhesystem mit einer Rotationsfrequenz ω gleichsinnig mit dem Drehsinn des Erdkörpers drehen. Das hat wiederum zur Folge, dass der Wasserspiegel des über der Erde ruhenden Wasserglases nicht horizontal, sondern leicht parabolisch aufgewölbt erscheint. „Leicht“ allerdings deswegen, weil diese Thirring-Lense Drehfrequenz ω sehr klein, zum Beispiel sehr viel kleiner als die Rotationsfrequenz der Erde Ω ist.

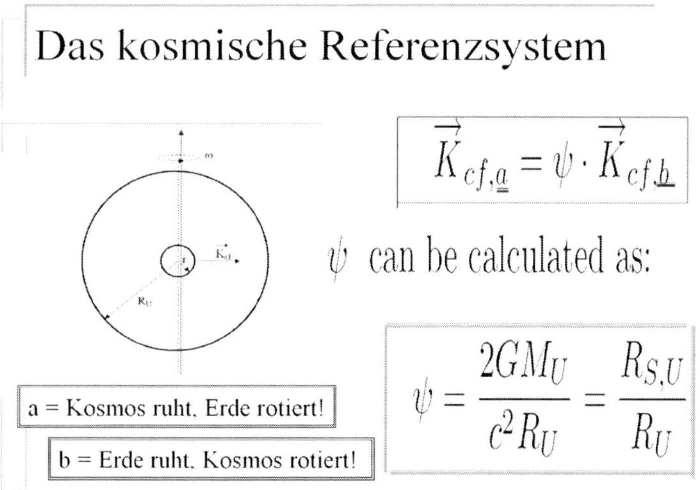

?Weltmasse proportional Weltradius!

Dennoch lässt sich die Echtheit dieses vorhergesagten Effektes inzwischen sehr gut nachweisen. Wenn man zum Beispiel ein Pendel oberhalb der Erde frei schwingen ließe, so behielte dieses seine Schwingungsebene nicht etwa bei, sondern drehte während der Schwingungen diese Ebene mit der Thirring-Lense Winkelfrequenz ω. Eklatanter und nachweisbarer ist dieser Effekt allerdings an einem Erdsatelliten, der die Erde in einer Ebene umläuft, die die Erddrehachse enthält. Nach klassischer Satellitendynamik sollte dieser Satellit bei seinen Umläufen stabil in seiner Ebene verbleiben. Er tut es jedoch nicht, sondern dreht seine Umlaufsebene langsam im Sinne der Erddrehung mit der Thirring-Lense Frequenz ω, die sich für einen Punkt in Erdnähe zu einem Wert von

$$\omega = \frac{4}{3}\frac{GM_E}{c^2 R_E}\Omega$$

ausrechnen lässt. Hierbei bezeichnet G die Gravitationskonstante, M_E und R_E die Masse und den Radius der Erde und c die Lichtgeschwindigkeit.

Auch wenn diese Effekte geringfügig zu sein scheinen, so machen diese oben ausgeführten Überlegungen doch klar, dass der Raum als Bezugsreferenz für physikalische Beschreibungen weder als absoluter Raum vorgegeben, noch als solcher willkürlich und frei wählbar ist, sondern physikalisch von den Massen, die in ihm vorkommen und von deren Bewegungen in seinen Eigenschaften bestimmt wird. Insofern auch hängt unsere lokale physikalische Bühne, auf der wir physikalische Vorgänge beschreiben wollen, von den Massen und deren Bewegungen in den größten Fernen des Weltraums ab. Die Welt im Kleinen ist demnach nicht unabhängig von der Welt im Großen, in die sie eingeschlossen ist, vielmehr hängt alles miteinander zusammen. Das läuft letzten Endes wieder auf das Machsche Prinzip hinaus.

Doch so faszinierend Machs Gedanke auch immer wieder ist, man darf nicht vergessen, dass dieser wiewohl faszinierende Gedanke dennoch bisher niemals mit letzter Konsequenz gedacht und in die physikalischen Gesetze eingebracht worden ist. Entweder erfüllt sich in Zukunft also Machs Traum und das Machsche Prinzip findet seine volle Berücksichtigung in den Gesetzen der Physik, oder dieser Traum wird nach fast 150 Jahren zu unser aller Albtraum werden, und es wird auch in Zukunft heißen: „*Immer Krach mit Mach!*"

Literatur

BARBOUR, J./PFISTER, H,. Mach's *Principle*: From Newton's bucket to Quantum Gravity, Boston/Basel/Berlin, 1995.

FAHR, H. J., The Maxwellian *alternative* to the dark matter problem in galaxies, in: Astron. & Astrophys., 236, 1990, 86–94.

FAHR, H. J./ZÖNNCHEN, J., Cosmological implications of the Machian *principle*, in: Naturwissenschaften, 93, 2006, 577–587.

LENSE, J./THIRRING, H., Einfluß der Eigenrotation der Zentralkörper auf die Bewegung von Planeten und Monden nach der Einstein'schen Gravitationstheorie, Physikalische Zeitschrift, 19, 1918, 156–163.

MACH, E., Die *Mechanik* in ihrer Entwicklung: historisch, kritisch dargestellt, Wien, 1883.

NEWTON, I., Principia Mathematica Philosophia Naturalis, Cambridge, 1687.

OVERDUIN,J./FAHR, H. J., Matter, spacetime and the vacuum, in: Naturwissenschaften, 88, 2001, 491–503.

SCIAMA, D. W., On the origin of inertia, Mon.Not.Roy.Astron. Soc., 113, 1953, 34–42.

Searle, G.F.C.: On the steady motion of an electrified ellipsoid, Philosophical Magazine, 44, 1897, 329–341.

THIRRING, H., Über die Wirkung rotierender ferner Massen in der Einstein'schen Gravitationstheorie, in: Physikalische Zeitschrift, 19, 1918, 33–39.

THOMSON, J. J., On the electric and magnetic effects produced by the motion of electrified bodies, in: Philosophical Magazine, 11, 1881, 229–249.

Wilhelm Kley

Was bewegt der Mond?

1. Einführung

Unter allen Himmelskörpern beschäftigen Sonne und Mond die Menschen schon seit jeher. Die Sonne bestimmt den wichtigsten Rhythmus unseres Lebens, den Wechsel von Tag und Nacht, d.h. den Wechsel von Wachsein und Schlafen. Die Strahlung der Sonne während des Tages, deren Wärme und Licht, hat überhaupt erst das Leben auf der Erde ermöglicht und ist für die gesamte Flora und Fauna unabdingbar. Aufgrund dieser überragenden Bedeutung wurde die Sonne in frühen Kulturen meist als oberste Gottheit verehrt, die unser Leben und Schicksal bestimmt.

Der Mond hingegen ist ein Wesen der Nacht, er bietet uns noch etwas Licht, auch wenn die Sonne schon untergegangen ist. Aufgrund dieser gegensätzlichen Dominanz, die Sonne am Tag und der Mond in der Nacht, wurde der Mond kulturell oft als Gegenspieler, Antagonist der Sonne gehandelt. Im Gegensatz zur stetig leuchtenden Sonne, die also für das Unvergängliche steht, wechselt der Mond sein Gesicht im monatlichen Rhythmus und deutet somit Nichtpermanenz und Unstetigkeit an. Trotz der gegenteiligen Zuordnung in der deutschen Sprache steht die Sonne für das männliche und der Mond für das weibliche in den Religionen und in der Kultur. Die Mondzyklen spiegeln den Fruchtbarkeitszyklus der Frau wieder und deswegen wurde der Mond zu einem wichtigen Symbol für die Fruchtbarkeit. Gleichzeitig erzeugt der Mond durch sein silbriges Leuchten romantische Gefühle beim Menschen und die Tiere heulen ihn an. Rein praktisch spielt der eine Rolle in küstennahen Gebieten, denn die günstigen Zeiten für den Fischfang werden über die Gezeiten wesentlich vom Mond bestimmt.

Der Wechsel der Mondphasen definiert maßgeblich die Einteilung unseres täglichen Lebens in Wochen und Monate. Die Bezeichnungen *Monat* und *Montag*, für den ersten Tag der Woche, leiten sich vom Mond ab. Ein Monat steht für einen vollen Umlauf des Mondes und eine Woche für ein Viertel Umlauf, also dem Wechsel von Halbmond zu Voll- bzw. Neumond.

Allerdings entspricht die Mondumlaufzeit nicht genau unserer heutigen Monatslänge. Selbst der Zeitpunkt des wichtigen Osterfestes wird durch den Mond bestimmt, es findet (in der Regel) am ersten Sonntag nach Vollmond nach Frühlingsanfang statt. Auch spielt der Mondkalender, z.B. im Islam und in Ostasien noch eine wichtige Rolle. In der Bibel spielt der Mond nur eine geringe Rolle. Unter anderem beschreibt zu Beginn die Genesis über seine Entstehung, und in der Offenbarung des Johannes wird über eine Frau berichtet, die den Mond unter ihren Füßen hat. Offensichtlich ist dieser kurze Bibeltext ein Ursprung der mittelalterlichen Darstellungen der Mondsichelmadonna (auch Madonna im Strahlenkranz oder apokalyptische Madonna). Später hat Martin Luther in einer seiner Predigten symbolisch die Gegensätzlichkeit von Sonne und Mond folgendermaßen zur Erläuterung des Zusammenhangs von Evangelium und Gesetz benutzt: "Die Sonne ist das Evangelium, der Mond ist das Gesetz. Der Mond sieht aus wie ein roter Kessel, wenn er die Sonne nicht hat. Dann ist das Gesetz schrecklich, wenn das Evangelium nicht dabei ist. Wenn aber die Sonne dreinscheint, dann hat der Mond ein helles Licht."[1]

Luther benennt hier im übertragenen Sinne den Gegensatz zwischen Sonne und Mond aber auch gleichzeitig die Abhängigkeit des Mondes vom Licht der Sonne, um die Beziehung zwischen Evangelium (Sonne) und Gesetz (Mond) zu verdeutlichen. Nur durch das (göttliche) Evangelium wird das Gesetz menschlich. Auch in der darstellenden Kunst spielt der Mond eine wichtige Rolle. Die kürzlich entdeckte Himmelsscheibe von Nebra ist heute die älteste noch erhaltene künstlerische Darstellung des Nachthimmels und der Mond ist das prominenteste Objekt der Scheibe. Ansonsten haben viele Künstler den Mond in ihren Bildern benutzt; allgemein bekannte Darstellungen stammen zum Beispiel von

1 Hier zitiert nach ASENDORF, Predigten.

Adam Elsheimer, Caspar David Friedrich oder auch Max Ernst, um Künstler aus verschiedenen Epochen zu nennen. Die Entdeckung des Fernrohrs hat es Galilei ermöglicht, erstmals genau Karten der Mondoberfläche anzufertigen, welche die bis dahin unbekannte Kraterstruktur aufzeigen. Im Folgenden wurden viele Karten und Bilder des Mondes gezeichnet, hervorzuheben wäre ein wunderschönes Vollmondpanorama von Julius Grimm (1895), welches sich im Besitz der Universität Tübingen befindet. Heute werden detailgetreue Abbildungen des Mondes entweder durch Teleskope oder unter Verwendung von Raumsonden erhalten. Nachdem einige Bereiche angedeutet worden sind, in denen der Mond eine Rolle gespielt hat, wenden wir uns nun genauer dem Thema *Was bewegt der Mond?* zu. Diese Problematik soll an dieser Stelle vor allem aus naturwissenschaftlicher Sicht angegangen werden. Angefangen von einer Betrachtung des Ursprungs der eindrucksvollen Mond- und Sonnenfinsternisse, werden anschließend die Ursache und Auswirkungen der Gezeiten untersucht. Dies führt direkt in eine Analyse des Entstehungsprozesses des Erde-Mond Systems. Danach soll die Bedeutung des Mondes für die Entstehung und Entwicklung des Lebens auf der Erde analysiert werden. Dabei wird auch gezeigt werden, dass die wissenschaftlichen Meinungen teilweise noch unvollständig und etwas widersprüchlich sind.

1.1 Physikalisches Datenblatt

Demjenigen, der den Mond schon häufiger betrachtet hat, ist vielleicht aufgefallen, dass der Mond der Erde immer die gleiche Seite zuwendet. Also bekommen wir immer nur das Gesicht, aber nie den Hinterkopf des Mannes im Mond zu sehen. Dies heißt nicht, wie man vielleicht annehmen könnte, dass der Mond nicht rotiert, sondern, dass der Mond sich genau einmal um sich selbst dreht, während er einmal um die Erde umläuft. Es handelt sich um eine gebundene Rotation und ist eine Konsequenz der Gezeitenreibung, wie weiter unten erläutert wird. Der Mond ist der fünftgrößte Satellit im Sonnensystem, aber im relativen Vergleich zum Mutterplaneten der größte. Seine Masse beträgt etwa 1/81 der Erdmasse und sein Radius ca. 1/3 des Erdradius. Daraus folgt, dass die mittlere Dichte des Mondes mit 3,4 g/cm^3 nur 3/5 der Erddichte beträgt. Im Gegensatz zur Erde scheint der Mond keinen Eisenkern zu besitzen und besteht aus einem ähnlichen Material wie der Erdmantel. Die kleine Masse und der Radius ergeben eine Fallbeschleunigung von nur 1,62 m/s^2 oder 1/6 der Fallbeschleunigung auf der Erde. Dies hat zur Folge, dass auf dem Mond die Bewegungen der Astronauten immer hüpfend gewesen sind, und es würde zu ungeahnten Rekorden bei den Olympischen Spielen führen, falls man diese denn dort ausrichtete.

Abbildung 1: Links: Der Mond, wie er von der Erde aus sichtbar ist. Hier der zunehmende Halbmond, die Kraterstrukturen sind besonders gut an der Grenze von beleuchteter zu dunkler Seite zu sehen. (Photo: W. Kley)
Rechts: Eugene Cernan auf der Mondoberfläche am 13. Dezember, 1972, aufgenommen von seinem Kollegen Harrison Schmitt im Rahmen der Apollo 17 Mission. Knapp 40 Jahre später sind die beiden immer noch die letzten Menschen, die auf dem Mond spaziert sind. (Quelle: NASA)

Mit einem mittleren Abstand von etwa 380.000 km (oder 60,3 Erdradien) befindet sich der Mond in unserer unmittelbaren kosmischen Nachbarschaft, er ist mit Abstand der nächste aller Himmelskörper. Das Licht braucht nur 1,3 Sekunden für den Weg bis zum Mond. Hingegen benötigten die ersten Astronauten immerhin 3 Tage um den Mond zu erreichen, trotz ihrer maximalen Geschwindigkeit von etwa 40.000 km/h beim Verlassen der Erde. Die Mondlandungen liegen nun etwa 40 Jahre zurück und noch immer ist der Mond der einzige andere Himmelskörper, den Menschen je betreten haben. Trotz seiner Nähe ist die Strecke Erde-Mond die weiteste Entfernung eines Menschen von der Erde.

2. Finsternisse

Sonnen- und Mondfinsternisse sind beeindruckende Naturschauspiele, die aufgrund ihrer Besonderheit von unseren Vorfahren mit historischen Begebenheiten und Schicksalsfragen verknüpft worden sind. In der heutigen Zeit spielen Finsternisse für die Allgemeinheit höchstens noch in der Astrologie eine Rolle oder führen, wie im Fall der totalen Sonnenfinsternis von 1999 in Europa, zu umfangreichen Fernreisen und medialen Großereignissen. Physikalisch treten Finsternisse dann auf, wenn Sonne, Mond und Erde auf einer Linie liegen. Befindet der Mond sich genau zwischen Erde und Sonne, so wird die Sonne oder Teile von ihr bedeckt und es kommt zu Sonnenfinsternissen. Befindet sich die Erde zwischen Sonne und Mond, so entstehen Mondfinsternisse (siehe Abb. 2). Wichtig sind nun zwei Tatsachen: Erstens erscheinen Sonne und Mond am Himmel fast gleich groß und zweitens ist die Bahn des Mondes nicht genau kreisförmig, sondern leicht elliptisch, wodurch sich der Abstand um etwa 5 % ändern kann.

Befindet sich der Mond zwischen Sonne und Erde, so reicht sein Schatten näherungsweise genau bis zur Erdoberfläche, und es wird nur ein kleiner Punkt auf der Erde beschattet. Es kommt zu einer Sonnenfinsternis, die nur von einem sehr kleinen Bereich auf der Erde gesehen werden kann. Diese Lokalität der Sonnenfinsternisse ist also eine Konsequenz der gleichen (scheinbaren) Größe von Sonne und Mond am Himmel. Die Bewegung von Erde und Mond während der Finsternis erzeugt die bekannten schmalen Finsternislinien auf der Erdoberfläche. Befindet sich der Mond dagegen im Schatten der Erde, findet eine Mondfinsternis statt. Da der Mond nun als Gesamtes in den Kernschatten der Erde eintaucht, kann diese im Prinzip von der ganzen Nachthälfte der Erde gesehen werden. Durch den variierenden Mondabstand kommt es zu den verschiedenen Ausprägungen der Sonnenfinsternisse. Ist der Mond etwas näher an der Erde, so erscheint er größer, kann somit die Sonne vollständig bedecken und es kommt zu totalen Sonnenfinsternissen. Ist er hingegen weiter entfernt, so erscheint er kleiner als die Sonne und es gibt es nur die ringförmigen.

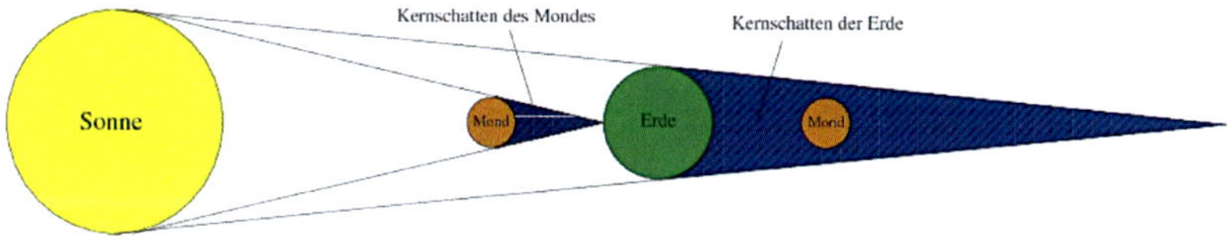

Abbildung 2: Das Prinzip von Mond, bzw. Sonnenfinsternissen (nicht maßstabsgetreu).

Totale Sonnenfinsternisse bieten ein hervorragendes astrophysikalisches Experimentierfeld, wobei z.B. die Sonnenkorona untersucht und die Allgemeine Relativitätstheorie von Einstein getestet werden kann. Da die Geschwindigkeit des Mondes um die Erde von dessen Abstand abhängt, je weiter entfernt umso langsamer, sind außerdem die Finsternisse unterschiedlich lang.
Nun kommt es bekanntermaßen nicht jeden Monat zu Finsternissen. Dies liegt daran, dass die Ebene der Umlaufbahn der Erde um die Sonne (die Ekliptik) und die des Mondes um die Erde leicht gegeneinander geneigt sind, und zwar beträgt der Winkel zwischen den beiden Ebenen etwa 5°. Die Sonne befindet sich definitionsgemäß immer in der Ekliptik und somit kommt es genau dann zu Finsternissen, wenn sich der Mond in der Nähe der Knotenlinie (Schnittlinie der beiden Ebenen) befindet (siehe Abb. 3). Dies erfolgt etwa alle 5-6 Monate. Schon in der Antike war bekannt, dass sich gleiche Finsternissequenzen mit einer etwa 18 jährigen Periode (Saros) wiederholen. Die Länge dieser Saros-Zyklen wird bestimmt durch die Wanderung der Knotenlinie der Mondbahn in die Ekliptik. Durch die Kraftwirkung der Sonne auf den Mond wandert die Knotenlinie um 19,3° pro Jahr nach Westen.

Dies hat zur Folge, dass der drakonitische Monat (Zeit zwischen zwei Durchgängen des Mondes durch den aufsteigenden Knoten) mit 27,21 Tagen um 0,11

Tage kürzer ist als der siderische Monat (gleiche Mondposition bezüglich der Sterne). Relevant für die Wiederholung der Finsternisse ist der Stand des Mondes zur Sonne, also der synodische Monat, welcher 29,53 Tage lang ist. Offensichtlich ist es der synodische Monat, welcher unseren Kalender bestimmt. Damit sich die Finsternisse genau wiederholen, muss eine bestimmte Anzahl von vollen drakonitischen und synodischen Monaten durchlaufen werden. Es ergibt sich als kleinstes gemeinsames Vielfaches 242 drakonitische bzw. 223 synodischen Monate, was 18 Jahren und 11,3 Tagen entspricht, also genau dem Saros-Zyklus, welcher den Babylonier schon vor über 2500 Jahren bekannt gewesen ist.

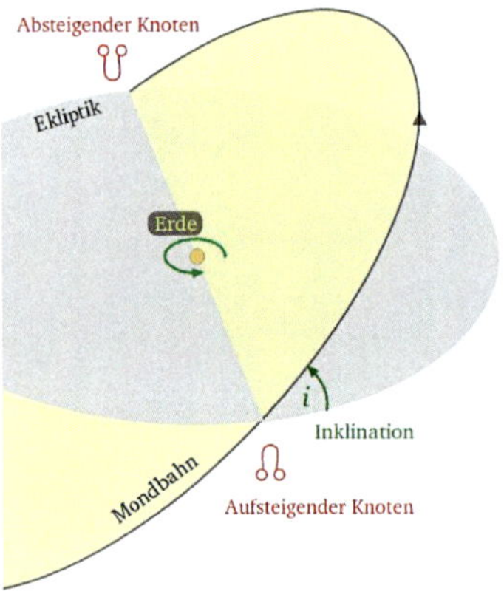

Abbildung 3: Links: Die Umlaufebenen der Sonne (Ekliptik) und des Mondes um die Erde. Die Mondbahn ist um den Winkel i = 5° gegen die Ekliptik geneigt (hier vergrößert dargestellt). Die Schnittlinie ist die sog. Knotenlinie. Beim aufsteigenden Knoten bewegt sich der Mond von der südlichen Seite der Ekliptik in die nördliche und umgekehrt im absteigenden Knoten. Finsternisse können nur dann stattfinden, wenn sich Sonne, Erde und Mond in einer Reihe, d.h. auf der Knotenlinie befinden. (Quelle: Adaptiert von Wikipedia)
Rechts: Aufnahme der partiellen Sonnenfinsternis vom 4. Januar 2011, vor der Silhouette der Burg Hohenzollern. (Photo: Tobias Müller, Tübingen)

3. Gezeiten

Durch seine Gezeitenwirkung hat der Mond weiterhin einen direkten Einfluss auf die (physikalischen) Kräfteverhältnisse auf der Erde, und dies, obwohl die direkte Gravitationskraft des Mondes auf die Erde nur ein 1/200 der von der Sonne hervorgerufenen Kraft beträgt. Die Erde ist ein großer, ausgedehnter Körper und die Anziehungskraft des Mondes ist, bezogen auf den Erdmittelpunkt, auf der mondzugewandten Seite größer und auf der mondabgewandten Seite kleiner (siehe Abb. 4). Die Gezeitenkräfte entstehen also durch Differenzkräfte aufgrund der unterschiedlich großen Kraftwirkungen an der Vorder- bzw. Rückseite der Erde. Da das System Erde-Mond um den gemeinsamen Schwerpunkt rotiert, wirkt zusätzlich zu der direkten Anziehungskraft des Mondes noch die Zentrifugalkraft auf die Erde. Die Summe aller Kräfte (rote Pfeile in Abb. 4) wirkt also derart, dass die Erde an den Polen etwas zusammengedrückt, und entlang der Verbindungslinie Mond-Erde etwas gestreckt wird.

Da die Gezeitenkräfte von der Größe der Objekte anhängen, sind sie bei kleineren Körpern (z.B. einzelnen Menschen) vollständig vernachlässigbar. Die relative starre, unbewegliche Erde wird nicht so stark von diesen Kräften beeinflusst. Das Wasser der Ozeane ist jedoch sehr beweglich und fließt in Richtung der wirkenden Gezeitenkräfte. Dadurch bilden sich zwei Flutberge aus, einer in Richtung des Mondes, der zweite auf der abgewandten Seite. Die Bewegung des Wassers verursacht die Erscheinungen von Ebbe und Flut auf der Erde, deren Stärke weiterhin von der Form der Ozeane und Küsten bestimmt wird. So bewirken starke Verengungen ein Aufsteilen des Wassers und einen großen Tidenhub, wie zum Beispiel an der französischen Ärmelkanalküste.

Auch die Sonne verursacht Gezeitenkräfte, die um etwa einen Faktor 2 kleiner sind. Ganz analog zur obigen Diskussion wirken die Kräfte in diesem Fall entlang der Verbindungslinie Sonne-Erde. Stehen Sonne-Mond-Erde nun in einer Reihe (Voll- bzw. Neumond) addieren sich die Kräfte und die Flutberge sind am größten (Springflut). Wenn dagegen Sonne-Mond-Erde im rechten Winkel zueinanderstehen (Halbmond-Konfigurationen), dann heben sich die Kräfte teilweise auf und die Flutberge sind am kleinsten (Nippflut). Aufgrund der zwei Flutberge würde man eine Wiederholung der Gezeiten im 12-stündigen Rhythmus erwarten. Die Bewegung des Mondes im gleichen Sinne wie die Rotation der Erde führt allerdings zu einer leicht verlängerten Periode von 12 Stunden und 25 Minuten.

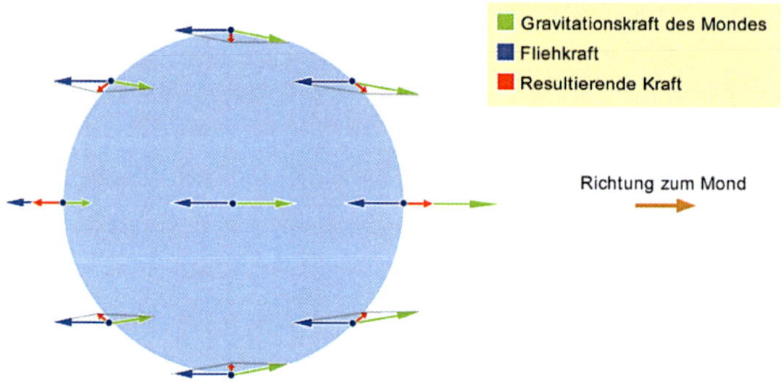

Abbildung 4: Die Kraftwirkungen auf die Erde: Gravitationskraft des Mondes (grüne Pfeile) und der Effekt der Zentrifugalkraft (blau). Im Erdmittelpunkt heben sich die Zentrifugalkraft und die Anziehungskraft des Mondes genau auf. An allen anderen Punkten der Erde hingegen ergibt die Aufsummierung eine nicht verschwindende resultierende Kraft, für die Erdoberfläche durch die roten Pfeile angedeutet. Diese resultierende Kraft wird Gezeitenkraft genannt, und ist eine Folge der Ausdehnung der Erde. Offensichtlich führen die Gezeitenkräfte zu einer Abplattung an den Polen und einer Streckung entlang der Verbindungslinie Erde-Mond. (Abbildung mit freundlicher Genehmigung von H. C. Greier, http://www.greier-greiner.at/hc/gezeiten.htm)

3.1 Gezeitenreibung

Neben dieser alltäglichen Erscheinung der Gezeiten ist ein weiterer Effekt von großer Bedeutung für die Entwicklung des Systems Erde-Mond als Gesamtheit. Die Erde rotiert in einem Tag genau einmal um sich selbst, der Mond braucht hingegen etwa einen Monat für einen Umlauf, d.h. die Erdrotation erfolgt viel schneller. Wegen dieses Unterschieds (in den Winkelgeschwindigkeiten) ist das Wasser der Ozeane permanent in Bewegung, es versucht dem Mond zu ‚folgen' und muss über die Erdoberfläche fließen. Wenn zwei Materialen mit unterschiedlicher Geschwindigkeit aufeinander gleiten, entsteht Reibung, welche versucht, die Geschwindigkeiten aneinander anzugleichen. Genauso führt die Bewegung des Wassers über der Erdoberfläche zu einer Gezeitenreibung. Durch diese Reibungseffekte werden die Flutberge von der Erde mitgenommen und eilen dem Mond etwas voraus (Abb. 5), gleichzeitig führt die Reibung zu einer Verlangsamung der Erdrotation. Aufgrund des Mitnahmeeffekts liegen nun die vorauseilenden Flutberge auf der Erde nicht auf der Verbindungslinie Erde-Mond. Auf die zwei Flutberge wirkt die Gravitationskraft des Mondes unterschiedlich stark. Umgekehrt wirken die Flutberge unterschiedlich stark auf den Mond (actio = reactio), was eine Nettokraft auf den Mond verursacht. Der vorauseilende Flutberg zieht den Mond nach ‚vorne' und beschleunigt ihn. Der mondabgewandte Flutberg hat den gegenteiligen Effekt, ist aber weiter entfernt von Mond. Also überwiegt der beschleunigende Effekt und der Mond entfernt sich von der Erde. Physikalisch gesprochen: Die Flutberge erzeugen ein positives Drehmoment auf den Mond, welches dessen Bahndrehimpuls erhöht, wodurch er nach außen wandert. Insgesamt verlangsamt sich die Rotation der Erde, und der Mond entfernt sich von ihr. Als Konsequenz werden die Tage auf der Erde immer länger, und zwar um 1,7 Millisekunden pro Jahrhundert. Die Idee einer Verlangsamung der Erdrotation wurde schon von Immanuel Kant 1754 vorgeschlagen und später (1879) von George Darwin, einem Sohn des berühmten Charles Darwin, theoretisch ausgearbeitet.

Die sich ändernde Tageslänge wird regelmäßig durch eine Schaltsekunde ausgeglichen. Auch die Entfernungsänderung des Mondes konnte mit Hilfe von Lasersignalen sehr genau gemessen werden. Dazu wird ein Laserstrahl von der Erde zum Mond geschickt, von dort reflektiert und wiederum auf der Erde empfangen. Aus der exakten Laufzeit (etwa 2,5 Sekunden für die Rundreise) des Signals und der Lichtgeschwindigkeit kann die Entfernung des Mondes bis auf wenige cm genau vermessen werden. Es ergibt sich eine Vergrößerung des Abstands Erde-Mond von etwa 3,8 cm/Jahr. Wie groß wird die Tageslänge nun maximal werden? Dies wird bestimmt durch die beschriebene gemeinsame Entwicklung der Erdrotation und des Mondumlaufs. Die Entfernung des Mondes von der Erde hat zur Folge, dass die Umlaufbahn des Mondes größer und gleichzeitig die Bahngeschwindigkeit um die Erde langsamer wird, entsprechend verlängern sich die Monate.

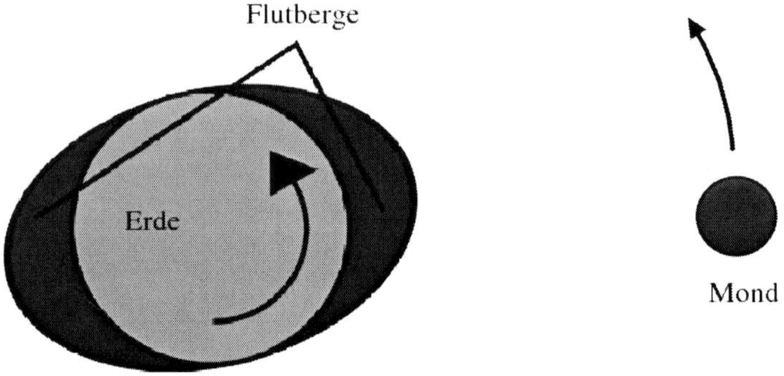

Abbildung 5: Gezeitenreibung: Die Gezeitenkräfte erzeugen zwei Flutberge auf der Erde, einen auf der Mond abgewandten Seiten, einen auf der Mond zugewandten. Durch die Reibung zwischen Wasser und der Erde werden die Flutberge mitgenommen und eilen dem Mond etwas voraus, hier sehr übertrieben gezeichnet. (Abbildung nach Wikipedia)

Die gemeinsame Entwicklung verläuft genau so, dass der gesamte Drehimpuls des Erde-Mond-Systems erhalten ist. Die Erde verliert durch die Verlangsamung ihrer Rotation Drehimpuls, der an die Mondbahn übertragen wird, welche sich entsprechend vergrößern muss. Dieser Vorgang findet dann seinen Abschluss, wenn die Rotationsperiode der Erde der Umlaufzeit des Mondes entspricht. Dann ist also ein Tag genau gleich lang wie ein Monat und auch die Erde zeigt dem Mond immer die gleiche Seite. Die Ozeane wandern nicht mehr bezüglich der Erdkruste und es wird keine Reibung mehr ausgeübt. Dieser Endzustand wird nach der unglaublich langen Zeit von etwa 50 Milliarden Jahren erreicht werden. Der Mond wird dann einen Abstand von etwa 556.000 km haben und die Tages/Monatslänge 47 heutige Tage betragen. Allerdings muss bemerkt werden, dass dann die Sonne schon lange ausgebrannt sein und nicht mehr existieren wird. Angesichts dieser Entwicklung ist es ein hochinteressanter Zufall, dass gerade zur heutigen Zeit Sonne und Mond gleich groß am Himmel erscheinen und die Vielzahl von Finsternissen erzeugt werden, die wir Menschen bewundern können. Es sei noch bemerkt, dass die gebundene Rotation des Mondes in analoger Weise durch die Gezeitenwirkung der Erde auf den Mond induziert wurde. Aufgrund der Kleinheit des Mondes ist der Prozess aber schon lange abgeschlossen worden.

Neben der alltäglichen Erscheinung der Gezeiten ist also die Gezeitenreibung von großer Bedeutung für die Entwicklung des Systems Erde-Mond als Gesamtheit. Aufschlussreich ist somit auch ein Blick in die Vergangenheit. Aus der Tatsache, dass sich der Mond immer weiter von der Erde entfernt, folgt, dass er in der Vergangenheit viel näher gewesen sein muss. Da gleichzeitig die Erde schneller rotiert hat, waren die Tage also kürzer als heute. Dieser Effekt ist in der Tat direkt anhand historischer Dokumente und Aufzeichnungen über die letzten zwei bis drei Tausend Jahre nachweisbar. Wichtige chronologische Zeichen sind hier die beobachteten historischen Sonnenfinsternisse gewesen. Wie oben erläutert, betreffen totale Sonnenfinsternisse immer nur ein sehr schmales Band auf der Erdoberfläche. Kennt man das Datum und den Beobachtungsort von historischen Aufzeichnungen von Sonnenfinsternissen bis auf den Tag und die Stunde, dann kann dieses mit einem Modell der Erd- und Mondbewegung verglichen werden. Sehr interessant ist hier z.B. die Sonnenfinsternis vom 15. April 136 v.Chr, die über Babylonien zu beobachten war und von der viele Berichte vorliegen. Wenn die Erde immer gleichmäßig rotiert hätte, ohne jegliche Gezeitenbremsung, dann wäre die Finsternislinie nicht über Babylon, sondern über Deutschland verlaufen.

Durch genaues Auswerten dieser und vieler weiterer gut gesicherter historischer Beobachtungsdaten erhält man die Abbildung 6. Es ergibt sich, dass aus diesen Daten tatsächlich eine Verlangsamung der Erdrotation nachgewiesen werden kann. Interessanterweise ist die aus den historischen Beobachtungen bestimmte Kurve nicht identisch mit dem aus der Gezeitenabbremsung allein zu erwartenden Effekt, siehe gestrichelte Kurve in Abb. 6.

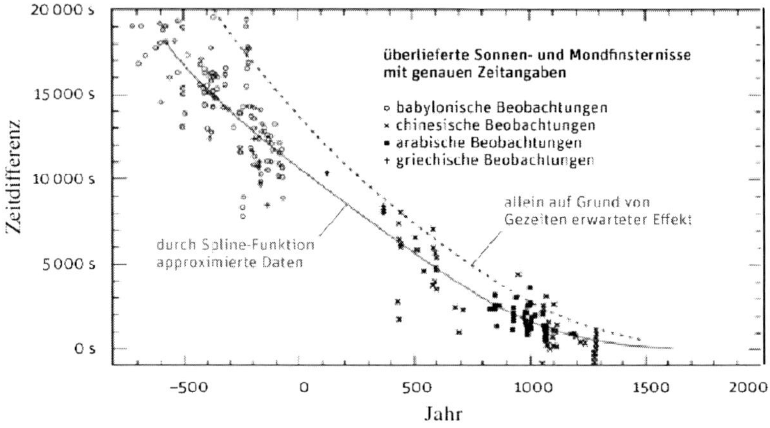

Abbildung 6: Die Differenz der Finsterniszeiten zwischen idealer und rotationsabhängiger Uhr, bestimmt aus historisch gut dokumentierten Finsternissen. Ideale Uhr heißt hierbei eine unveränderte Erdrotation mit dem heutigen Wert, rotationsabhängig bedeutet eine veränderte Erdrotation. Falls die Erde sich nicht verlangsamen würde, sollte die Zeitdifferenz immer verschwinden. Das Anwachsen in der Vergangenheit deutet auf eine Abbremsung der Erdrotation hin. (Stephenson, R.F.: Warum die Tage länger werden. In: Spektrum der Wissenschaft 10/2007, Seite 44. Mit freundlicher Genehmigung des Autors und der Spektrum der Wissenschaft Verlagsgesellschaft mbH.)

Aus der gemessenen Mondentfernungsrate kann die Gezeitenabbremsung der Erdrotation zu 2,3 Millisekunden pro Jahrhundert bestimmt werden, ein Wert, der etwas größer als der gemessene Wert von 1,7 Millisekunden pro Jahrhundert ist. Die Differenz wird durch Abschmelzen von Gletschern, Erdmantelbewegungen und Klimaveränderungen erklärt, aber diese Effekte sind alle nicht direkt berechenbar.

4. Entstehung des Mondes

Die obigen Überlegungen lassen darauf schließen, dass sich der Mond in der früheren Erdgeschichte wesentlich näher an der Erde befunden hat als heute und die Erde sehr viel schneller rotiert hat. In der Tat lässt sich durch die Untersuchung der Schichtung von Sedimentgesteinen oder Korallenriffen zeigen, dass die Tageslänge vor etwa 2,5 Milliarden Jahren nur etwa 19 Stunden betragen hat. Dies ist auch der älteste Nachweis über die Rotationsgeschichte der Erde. Die Frage ist jetzt, was bedeutet dies für die Entstehung des Mondes und auch der Erde. Sehr aufschlussreich in diesem Zusammenhang ist das Alter des Mondes. Hier helfen die Untersuchungen der von den Apollo-Missionen gesammelten Gesteinsproben von der Mondoberfläche. Das Alter von Gesteinen, genauer gesagt der Zeitpunkt der Kristallisation aus einer Schmelze, kann generell bestimmt werden, indem der Zerfall von radioaktiven Elementen ausgenutzt wird. Diese zerfallen mit einer bekannten Halbwertszeit; das ist die Zeit, in der die Hälfte des jeweiligen Isotops zerfallen ist. Untersucht man jetzt die relativen Anteile des Ursprungselements zum Tochterelement, so kann das Alter einer Probe bestimmt werden. Insbesondere wird zur Untersuchung des Mondgesteine als Mutterelement Hafnium-182 und als Tochterelement Wolfram-182 verwendet, wobei hier die Zahl 182 die atomare Massenzahl, d.h. die Zahl der im Kern enthaltenen Protonen und Neutronen bezeichnet. Da die Halbwertszeit dieses Zerfalls mit etwa 9 Millionen Jahren recht kurz im Vergleich zum gesamten Alter des Mondes ist, kann man mit diesen Elementen speziell die Anfangsphase der Mondentstehung gut datieren. Es ergibt sich, dass die Kristallisation des ursprünglichen Magmaozeans des Mondes vor 4,53 Milliarden Jahren erfolgt ist, wie eine Forschergruppe aus Münster, Köln und Oxford (unter der Leitung von Thorsten Kleine von der Universität Münster) kürzlich (2005) gezeigt hat. Im Vergleich dazu wurde für das Sonnensystem, insbesondere aus Daten von Meteoriten, d.h. den Grundbausteinen der Planeten, ein Alter von etwa 4,57 Mia. Jahren abgeleitet. Das heißt, dass im Großen und Ganzen der Mond ein ähnliches Alter wie die Erde aufweist, aber im Detail eben doch 30-40 Millionen Jahre jünger als diese ist. Dieser kleine Altersunterschied ist von Bedeutung für die Entstehungsgeschichte des Mondes.

Im Rahmen der vorherrschenden Theorie sind die vier terrestrischen Planeten (Merkur, Venus, Erde und Mars) in der Spätphase des Entstehungsprozesses des gesamten Sonnensystems entstanden. Im inneren Bereich des Sonnensystems hat es in der Anfangsphase eine Vielzahl von festen Körpern von etwa Mondgröße gegeben, die durch eine Sequenz von Stößen nach und nach die größeren terrestrischen Planeten aufgebaut haben. Der Mond hat im Sonnensystem relativ zu seinem Mutterplaneten (hier der Erde) die größte Masse. Deswegen wurde das System Erde-Mond immer als etwas Besonderes betrachtet, zumal kein weiterer Planet unter den terrestrischen überhaupt massereiche Monde hat. Die drei wichtigsten Merkmale unseres Mondes, die eine Entstehungstheorie erklären muss, sind:

- Der Sauerstoffisotopenanteil ist identisch zur Erde.
- Ein sehr geringer Eisenanteil (die mittlere Dichte der Erde beträgt 5,5 g/cm^3 und die des Mondes 3,3 g/cm^3).
- Die leicht flüchtigen Elemente sind unterhäufig.

Wir werden im Folgenden die vier wesentlichen Entstehungsszenarien erläutern und ihre Vor- und Nachteile, vor allem im Hinblick auf die drei obigen Punkte diskutieren.

4.1 Die Einfangtheorie

Hierbei wird davon ausgegangen, dass während des Entstehungsprozesses der terrestrischen Planeten ein mondgroßer Körper der jungen Protoerde sehr nahe kam und von dieser eingefangen worden ist. Dieser Prozess ist allerdings dynamisch sehr schwierig. Zwei ideale Körper (z.B. Punktmassen, nicht verformbar) können sich nicht gegenseitig einfangen nur aufgrund ihrer Gravitationswirkung. Für den Mond heißt dies, nur wenn sich während der Annäherung ein dritter Körper von ähnlicher Größe in der Nähe befunden hätte, wäre ein Einfang möglich gewesen. Dies ist jedoch extrem unwahrscheinlich. Bei nur zwei Körpern muss sehr viel Energie dissipiert werden, d.h. die Körper müssten sich extrem nahe gekommen sein, so dass es den Mond im Gravitationsfeld der Erde zerrissen hätte. Außerdem wird die große Isotopenübereinstimmung von Erde und Mond nicht verständlich, da der eingefangene Mond möglicherweise woanders entstanden ist.

4.2 Die Abspaltungstheorie

Hier wird davon ausgegangen, dass es zu Beginn nur einen großen Körper gegeben hat, aus dem sich dann später der Mond abgespaltet hat. Die Theorie wurde vom oben erwähnten George Darwin entwickelt und propagiert. Auch wurde manchmal der Pazifik als übrig gebliebene Narbe des verloren gegangenen Mondes interpretiert. Die geringe Dichte des Mondes und die gleiche Elementzusammensetzung sind zunächst im Einklang mit dieser Überlegung. Aber auch diese Theorie hat ein dynamisches Problem. Wenn sich ein Körper aus der Erde losgelöst haben sollte, müsste diese extrem schnell rotiert haben, mit einer Tageslänge von nur etwa zwei Stunden. Hierfür gibt es keine plausible Erklärung. Um die Neigung der Mondbahn zu erklären, würde wiederum ein dritter Körper benötigt werden. Außerdem ist der geringe Anteil an flüchtigen Elementen nicht erklärbar.

4.3 Die Doppelplanettheorie

Diese wurde nach frühen Überlegungen von Kant u.a. durch Carl-Friedrich von Weizsäcker in der 1940er Jahren weiter entwickelt. Hierbei entstehen Erde und Mond gleichzeitig nebeneinander aus einem größeren Urkörper. Das wesentliche Problem ist hierbei die stark unterschiedliche mittlere Dichte von Mond und Erde, da man erwarten würde, dass das Ausgangsmaterial im Wesentlichen identisch ist. Die Bahnneigung des Mondes ist auch nicht erklärbar.

4.4 Die Einschlagtheorie

Im Grunde als Erweiterung der Einfangtheorie wurde in den 1970er Jahren die Einschlagtheorie entwickelt, vor allem durch Hartmann & Davis (1975) und

Cameron & Ward (1976). Dieser Theorie zufolge ist der Mond entstanden, indem ein etwa marsgroßer Körper (auch Theia genannt) in die Urerde (Gaia) eingeschlagen ist und dabei zunächst Material aus dieser heraus gerissen hat. Das herausgeschleuderte Material hat die Erde in Form einer Scheibe umkreist. Durch Verklumpung ist dann aus dieser Akkretionsscheibe der Mond auskondensiert. Dies ist im Kleinen genau der Prozess, der im größeren Maßstab aus dem Urnebel um die junge Sonne die Planeten hat entstehen lassen. Die Einschlagtheorie erklärt gut die chemische Zusammensetzung des Mondes. Auch der geringe Teil an flüchtigen Elementen kann erklärt werden. Beim Aufschlag des weiteren Körpers hat sich der Erdmantel sehr stark aufgeheizt (auf einige Tausend Grad) wodurch die flüchtigen Elemente verdampften oder in den Erdkern abgesunken sind. Die Bahnneigung folgt hier ganz natürlich aus der anfänglichen Bahn der einschlagenden Theia.

Der hohe Erklärungswert der Einschlagtheorie bezüglich der dargestellten Probleme macht diese zur momentan vorherrschenden Theorie zur Entstehung des Mondes. Kurz nach dem Einschlag hat die Erde sehr schnell rotiert und der Mond befand sich ganz in der Nähe zur Erde. Die weitere dynamische Entwicklung wurde dann durch die beschriebenen Gezeitenkräfte dominiert. Mittlerweile haben verschiedene numerische Rechnungen gezeigt, dass es tatsächlich möglich ist, genügend Material herauszuschleudern, sodass sich ein Mond bilden kann.

Vor Kurzem wurde ein neues kleines Kapitel dieser Entstehungsgeschichte hinzugefügt. Wie bereits erläutert, sehen wir nur eine Seite des Mondes. Über dessen Rückseite ist uns nur aus Satellitenbeobachtungen etwas bekannt. Es hat sich gezeigt, dass die Mondrückseite anders strukturiert ist als die Vorderseite. So ist diese viel stärker mit Kratern überdeckt und zeigt keinerlei flache Mare. Dieser Unterschied ist nicht ausreichend geklärt. Eine neue Theorie schlägt nun vor, dass der Mond selbst aus der Kollision von zwei einzelnen Körpern entstanden ist, ganz in Analogie zur Kollision von Theia mit Gaia. Wenn dies so gewesen wäre, dann könnte es vielleicht noch heute in dem inneren Aufbau des Mondes Indikatoren hierfür geben. Eine neue Raumsondenmission, bei der zwei identische Raumsonden (Grail A+B) über einen längeren Zeitraum exakt das Gravitationsfeld des Mondes vermessen, ist schon gestartet worden. Die Raumsonden sind im Januar 2012 in eine Umlaufbahn um den Mond eingeschwenkt. Durch diese Messungen sollte es möglich sein, auch die vorgeschlagene Ergänzung zur Einschlagtheorie zu überprüfen.

5. Die Bedeutung des Mondes für das Leben auf der Erde

Nach diesem Ausflug in die Entstehungsgeschichte des Mondes kommen wir zurück auf seine Wirkungen. Im Folgenden soll untersucht werden, welche Rolle der Mond bei der Entstehung und Entwicklung des Lebens auf der Erde gespielt haben könnte. Die Fragestellung der Lebensentstehung hat in den letzten Jahren sehr an Aktualität gewonnen, da zum jetzigen Zeitpunkt, im Januar 2012, bereits über 700 extrasolare Planeten entdeckt worden sind, die andere, sonnenähnliche Sterne umkreisen. Neben der Untersuchung der dynamischen und physikalischen Eigenschaften dieser neuen Planeten wird immer die Frage nach deren Bewohnbarkeit (Habitabilität) gestellt. Dabei wird oft implizit die Annahme gemacht, dass auf solchen bewohnbaren Planeten auch Leben entstanden sein sollte. Das neue Forschungsgebiet der Bioastronomie widmet sich nun der Frage, unter welchen Bedingungen Leben auf Planeten überhaupt entstehen kann. Dazu ist es natürlich sehr wichtig zu wissen, wo überall Leben zu finden ist. Nun hat die bisherige Suche nach Lebensindikatoren auf den anderen Planeten in unserem Sonnensystem, vor allem auf dem Mars, vielleicht nicht ganz überraschend, nur negative Ergebnisse geliefert. Da wir somit nur einen einzigen Planeten mit Leben kennen, ist es extrem schwierig, Aussagen zu treffen über die Wahrscheinlichkeit der Entstehung von Leben an sich. Ohne den genauen Mechanismus zu kennen, wird wie selbstverständlich davon ausgegangen, dass unter erdähnlichen Bedingungen auf jeden Fall Leben entstehen sollte. Aber die Suche nach solchen „zweiten Erden“ gestaltet sich als sehr schwierig, und trotz großer Anstrengungen sind Planeten, die in ihrer physikalischen Größe und Bahnparametern der Erde sehr ähnlich sind, noch nicht gefunden worden. Bedingt durch die Entdeckungsmethodik werden momentan bevorzugt Planeten entdeckt, die ihren Zentralstern vor allem bei kleineren Abständen umrunden oder massereicher als die Erde sind. Trotz dieser bisherigen Alleinstellung der

Erde haben sich Wissenschaftler (angefangen vielleicht mit Miller und Urey und deren „Ursuppe"-Experimenten) Gedanken gemacht, unter welchen Voraussetzungen Leben entstehen sollte. Einige Punkte, hier subjektiv nach deren Wichtigkeit sortiert, seien hier aufgeführt.

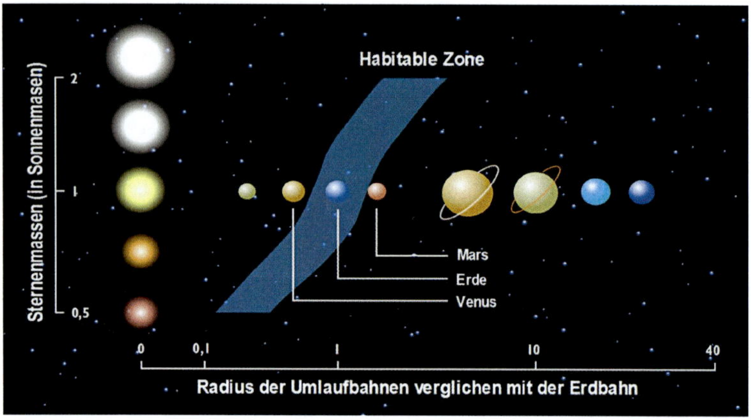

Abbildung 7: Schematische Skizze des habitablen (bewohnbaren) Abstandsbereichs um verschiedene Sterne, mit der Sonne in der Mitte. Sterne mit höherer Masse (oberhalb der Sonne) haben eine größere Helligkeit als die Sonne und sind heißer; somit liegt die habitable Zone weiter außen. Sterne mit kleiner Masse haben eine geringere Helligkeit und Temperatur und die habitable Zone liegt weiter innen. Für das Sonnensystem ergibt sich, dass nur die Erde innerhalb der habitablen Zone liegt. Auf der Venus beträgt die mittlere Temperatur etwa 500° und auf dem Mars -60° Celsius. Somit konnte auf diesen beiden Planeten kein Leben entstehen. (Bild: Deutsches Zentrum für Luft und Raumfahrt (DLR) unter GNU Free Document License)

5.1 Flüssiges Wasser

Dies wird generell als die wichtigste Voraussetzung für Leben angesehen. Die Anfänge des Lebens liegen in dem Anwachsen von zunächst sehr kleinen zu immer größer werdenden Strukturen. Dazu müssen die einzelnen Bausteine (wie z.B. Aminosäuren) sich sehr nahe kommen, um miteinander in Kontakt zu treten und reagieren zu können. Sie müssen also frei beweglich in einem Lösungsmittel sein, und dazu eignet sich am besten Wasser, da es nur sehr geringfügig reaktiv ist. Außerdem ist Wasser eines der häufigsten Moleküle im Universum.

5.2 Passender Abstand vom Stern

Als Konsequenz des ersten Punktes müssen also die Temperaturen auf dem Planeten gewissermaßen moderat sein, grob zwischen 0 und 100 Grad Celsius. Dies schränkt zunächst den Abstand vom Stern ein, da es in der Nähe zu heiß und in größerer Entfernung zu kalt sein wird. Zum Beispiel herrschen auf der Venus, die im Prinzip nur wenig innerhalb der Erde die Sonne umkreist, mit über 500° bereits extrem unwirtliche Temperaturen.

Weiterhin sollte der Planet auch nicht so nah am Stern sein, dass er durch die Gezeitenwirkung gebunden rotiert, d.h. dem Stern immer die gleiche Seite zuweist. Dies würde zu extremen klimatischen Bedingungen auf dem Planeten führen. Der Abstandsbereich um den Stern, in dem diese Bedingungen erfüllt sind, wird auch die Habitable Zone genannt, und ist in Abb. 7 dargestellt.

5.3 Passende Sternmasse

Die Masse eines Sterns bestimmt stark seine Lebensdauer. Da der Energieverbrauch überproportional mit der Masse eines Sterns anwächst, nimmt die mittlere Lebensdauer eines Sterns schnell mit der Masse ab. So lebt ein Stern mit der doppelten Sonnenmasse nur etwa 1,7 Milliarden Jahre. Für uns Menschen eine unvorstellbar lange Zeit. Bedenkt man aber, dass die Entstehung höherer Lebensformen in etwa diese Zeit auf der Erde benötigt hat, dann ist es fraglich, ob es (höheres) Leben auf Planeten um Sterne mit mehr als 2 Sonnenmassen überhaupt geben kann.

5.4 Ein Magnetfeld

Ein planetares Magnetfeld bietet eine Art Schutzwall für Leben, indem es die hochenergetische Teilchenstrahlung des Sterns (Sonnenwind) und die kosmische Höhenstrahlung, zumindest teilweise abschirmt.

5.5 Kreisförmige Bahn

Falls der Abstand eines Planeten von seinem Stern stark variiert, bedeutet dies, dass sich die klimatischen Bedingungen auf dem Planeten während eines Umlaufs sehr stark ändern können, was die Entstehung von Leben erschwert.

5.6 Einen Mond?

Ob und welche Rolle nun der Mond in der Entstehungsgeschichte des Lebens gespielt haben könnte, soll im Folgenden diskutiert werden.

Bekanntermaßen ist die Rotationsachse der Erde um etwa 23° gegen die Senkrechte zur Umlaufbahn um die Sonne geneigt. Diese sogenannte *Schiefe* der Ekliptik um eben diesen Winkel gegen den Äquator ist verantwortlich für die Jahreszeiten und generell für die global relativ gemäßigten klimatischen Bedingungen. Wäre die Erdachse nicht geneigt, würden z.B. die höheren geographischen Breiten auf der Erde nur sehr wenig Strahlung erhalten und sich sehr stark abkühlen. Das resultierende erhöhte Temperaturgefälle zwischen Äquator und den Polen würde vermutlich stärkere Winde hervorrufen und den möglichen Lebensraum einschränken. Die Neigung der Rotationsachse und die leichte Abplattung der Erde aufgrund ihrer Rotation führen nun dazu, dass vor allem der Mond, aber auch die Sonne und die anderen Planeten, gravitativ an der geneigten Erde zerren und versuchen, die Erdachse wieder aufzurichten. Die Situation ist analog zu einem rotierenden Kreisel auf der Erdoberfläche, dessen Achse leicht gegen die Senkrechte geneigt ist. Hier versucht die Gravitationsanziehung der Erde, den Kreisel umzukippen. Wie sicherlich viele aus Erfahrung wissen, passiert dies jedoch nicht, sondern der Kreisel weicht senkrecht zur Kraftwirkung aus, indem die Rotationsachse sich auf einem Kegelmantel um die Senkrechte bewegt. Somit bleibt die Neigung immer unverändert, und man spricht von einer Präzession der Kreiselachse. Gleichermaßen kippt die Erde nicht um, sondern die Rotationsachse präzediert um die senkrechte zur Ekliptik. Insgesamt führt die Wirkung von Mond und Sonne zu einer Präzession von etwa 50,5 Bogensekunden pro Jahr, wobei eine Bogensekunde dem 1/3600 eines Winkelgrads entspricht. Für einem Umlauf benötigt die Erde somit etwa 360 x 3600/50,5 =

25.800 Jahre, ein Zeitraum, der auch als *Platonisches Jahr* bezeichnet wird. Da auch Gezeitenkräfte die Ursache dieses Effekts sind, trägt der Mond hierzu doppelt soviel wie die Sonne bei. Was würde nun passieren, wenn es den Mond nicht gäbe? Vor knapp 20 Jahren wurde von einer französischen Wissenschaftlergruppe um Jacques Laskar aus Paris genau dieses Problem untersucht. Dazu wurden parallele Rechnungen zur Zeitentwicklung der Rotationsachse der Erde einschließlich der Sonne und der anderen Planeten durchgeführt, einmal mit Mond und zum anderen *mondlos*. Die Rechnungen mit Mond (im heutigen Abstand) zeigen nur eine kleine Variation der Erdachse von nur etwa 1,3 Grad, die allerdings zu einer Variation der Einstrahlung von knapp 20 % führen kann. Diese Variationen werden mit den langzeitigen Schwankungen des Erdklimas, die unter anderem die Eiszeiten mit hervorgerufen haben sollen, in Verbindung gebracht. Wenn es den Mond nicht gäbe, würde die sich die Präzessionsfrequenz auf etwa 1/3 verringern und nur noch ca. 15,6 Bogensekunden/Jahr betragen. Diese Frequenz liegt laut Laskar in der Nähe von anderen Bahnfrequenzen der Erde, was möglicherweise zu einer Aufschaukelung führen kann. In der Tat zeigte sich bei den *mondlosen* Rechnungen, dass die Neigung der Erdrotationsachse (ohne den Mond) sehr viel stärker variieren kann. Berücksichtigt man die Tatsache, dass die Erde ohne Mond schneller rotiert, weil ohne die bremsende Gezeitenreibung, dann ergibt sich, dass bei einer Erdrotationsperiode von 20 Stunden die Neigung der Achse den Bereich 0 bis 85 Grad überstreichen kann.

Als Konsequenz dieser Fluktuation variiert die Sonneneinstrahlung der Erde extrem und es ergeben sich instabile klimatische Bedingungen, welche als sehr nachteilig für die Entstehung des Lebens angesehen werden. Die Berechnungen von Laskar wurden im vergangen Jahr (2011) von einem amerikanischen Team um den Astrophysiker Jack Lissauer mit anderen numerischen Verfahren wiederholt. Auch ohne den Mond fanden sie nur eine sehr kleine Variation der Erdachse. Dieses Ergebnis erhöht somit wieder die Wahrscheinlichkeit für Leben auf anderen Planeten, da nicht die Existenz eines massereichen Mondes vorausgesetzt werden muss.

Ein weiterer unterstützender Effekt auf die Lebensentstehung wird dem Mond zugeschrieben. Wie erläutert, wird für die Entstehung von Leben flüssiges Wasser benötigt, da die Konstituenten frei beweglich sein müssen, sodass sie miteinander reagieren können. Wichtig für einen Wachstumsprozess ist nun die Häufigkeit, mit der Stöße zwischen den einzelnen Teilchen stattfinden können.

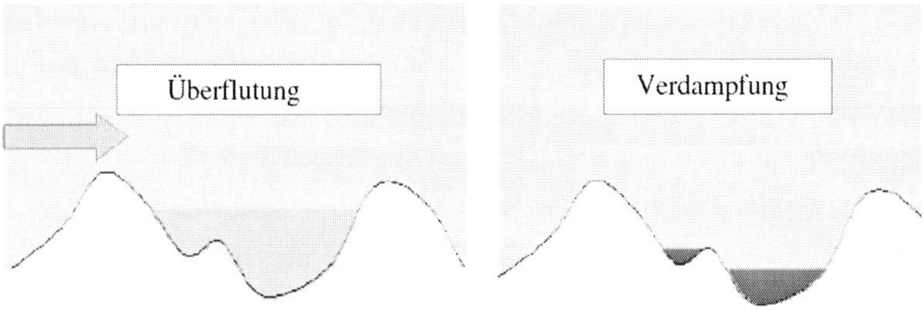

Abbildung 8: Schematische Skizze von Gezeitentümpeln auf der Erde. Während der Flut werden küstennahe Bereiche vom Meereswasser überflutet mit all den enthaltenen Teilchen. Setzt die Ebbe ein, trocknen einige der überfluteten Bereiche aus und die Teilchen, bzw. Moleküle werden stark konzentriert. Dies erhöht die Reaktionszahl und führt zu einem beschleunigten Wachstum der Biomoleküle. (nach Richard Lathe)

Nun erhöht sich die Stoßzahl der Teilchen stark, wenn die Lösung konzentrierter ist. Dies kann auf der Erde in Gezeitentümpeln erreicht werden (der Mechanismus ist Abb. 8 angedeutet). Nach Richard Lathe (dem Gründer der Firma Pieta Research) haben die Temperatur- und Salzgehaltsschwankungen in solchen Gezeitentümpeln auch den Effekt, dass sich die Träger der genetischen Erbinformation, die DNA Doppelstränge, periodisch öffnen und wieder schließen. In der geöffneten Phase können sich weitere Moleküle anlagern und den Wachstumsprozess stark beschleunigen, ganz ähnlich der sogenannten Polymerase-Kettenreaktion (PCR), die in heutigen Biolaboren routinemäßig zur Vermehrung von Erbsubstanz benutzt wird. Allerdings ist auch diese Theorie unter den Wissenschaftlern nicht unumstritten, da Lathe bei seinen Abschätzungen angenommen hatte, dass die Tageslänge in der Frühphase der Lebensentstehung nur etwa zwei bis sechs Stunden betragen hat, was als unrealistisch kurz angesehen wird.

6. Zusammenfassung

In diesem Beitrag haben wir uns die Frage gestellt, welche Bedeutung der Mond für uns und welchen Einfluss er auf die Entwicklung der Erde und des Lebens hat. Zunächst ist festzustellen, dass der Mond im täglichen Leben, nach der Sonne, die größte Rolle spielt: nämlich bei der Zeiteinteilung unseres Kalenders. Wir haben erläutert, wie es zu den Mond- und Sonnenfinsternissen kommt, und welche Auswirkungen die Gezeitenkräfte haben. Tatsächlich kann die Verlangsamung der Erdrotation aufgrund der Gezeitenreibung durch historische Beobachtungen nachgewiesen werden. Die physikalisch-chemischen Eigenschaften des Mondes lassen eine Entstehung durch einen Einschlag vermuten, wobei hier Detailfragen noch ungeklärt sind. Ob die postulierte Stabilisierung der Erdrotationsachse durch den Mond tatsächlich erfolgt, wird durch neue Berechnungen infrage gestellt. Damit ist die Frage nach der Bedeutung des Mondes für die Entstehung des Lebens immer noch ungeklärt. So zeigt sich erneut, dass das Thema der Vortragsreihe: „Wie gewiss ist unser Wissen?" naturwissenschaftlich oft nicht mit Sicherheit beantwortet werden kann, da es widersprüchliche Erklärungswege gibt. Aber gerade diese Tatsache macht die Wissenschaft auch interessant, indem sie weitere Untersuchungen herausfordert. Gleichzeitig zeigt sich, dass auch ein schon sehr lange studiertes Forschungsobjekt wie der ‚Gute alte Mond' immer noch für Überraschungen gut ist.

Literatur

ASENDORF, U., Die Theologie Martin Luthers nach seinen *Predigten*, Göttingen, 1988.

BROSCHE, D., Die Abbremsung der Erdrotation, in: Physik in unserer Zeit, 1989, Nr. 3, 70–78.

LASKAR, J., Der Mond und die Stabilität des Erdklimas, in: Spektrum der Wissenschaft, September 1993, 48.

LATHE, R., Fast tidal cycling and the origin of life, in Icarus, Band 165, 2004, 18–22.

STEPHENSON, F.R., Warum die Tage länger werden, in: Spektrum der Wissenschaft, Oktober 2007, 36–54.

STEVENSON D.J., The Origin of the Moon – The collision hypothesis, in: Annual Reviews of Earth and Planetary Science, Band 15, 1987, 271–315.

WILLIAMS, G.E., Geological constraints on the precambrian history of earth's rotation and the moon's orbit, in: Reviews of Geophysics, Band 38, 2000, 37–59.

Auguste Meessen

Ufos und andere erstaunliche Phänomene

Die Aufgabe der Wissenschaften besteht darin, mit möglichst gesicherten Methoden *neues Wissen* zu schaffen. Das verändert aber auch das vorherige Wissen und kann zu Spannungen führen, weil das Neue als zu ungewohnt, zu unglaublich oder selbst zu ungeheuerlich angesehen wird. Die Frage: *Wie gewiss ist unser Wissen?* ist also auch mit der Schwierigkeit des Umdenkens verbunden. Das Ufo-Phänomen beleuchtet diese Problematik in besonders eklatanter Weise. Veränderungen in unserem Verständnis von Raum und Zeit, Kugelblitz und dem biblischen Exodus liefern andere Beispiele.

Eine neue Auffassung von Raum und Zeit

Die grundlegenden Realitäten, die wir in unserem Universum vorfinden, sind Raum und Zeit, Licht und Materie. Was ist das eigentlich? Besteht ein Zusammenhang? Der Raum wurde zuerst als *eine Art Substanz* angesehen, wie Luft oder Wasser, wo Körper sich an verschiedenen Stellen befinden können. Die Zeit schien auch *etwas* zu sein, das fließt. Aristoteles dachte jedoch über Bewegungen nach und kam so zu der Überzeugung, dass es *einen besonderen Punkt im Raum* gibt. Dieser Gedanke kam daher, dass ein frei fallender Stein die *natürliche Tendenz* hat, sich dem Zentrum der Erdkugel zu nähern. Alle Sterne scheinen dagegen an eine größere Kugel geheftet zu sein. Sie dreht sich um eine Achse, die durch das Zentrum der Erde geht. Die Sonne, der Mond und die fünf, mit bloßem Auge sichtbaren Planeten waren Ausnahmen. Die Erde wurde dagegen, wie im täglichen Leben, als unbeweglich angesehen. Aristoteles gelangte so zu einem Weltbild, wo das Zentrum der Erde das Zentrum des Universums ist und deshalb *absolut bewegungslos* sein müsste.

Diese Auffassung blieb lange bestimmend, obwohl schon im Altertum Heraklit und Aristarchos anderer Meinung waren. Kopernikus, Kepler und Galilei entwickelten ein sonnenzentriertes Modell und Giordano Bruno behauptete sogar, das Universum sei unendlich und die Sterne wären andere Sonnen. Er wurde verbrannt und Galilei musste seine Erkenntnisse verleugnen. Dann erstellte Newton ein vollkommen neues, logisch kohärentes Weltbild. Der Grundgedanke war, dass es nicht nur einen, sondern unendlich viele Punkte gibt, die alle unbeweglich sind. Sie bilden den *absoluten Raum,* der das ganze Universum füllt und ein wirklich ruhendes Referenzsystem liefert. Wir können es jedoch nicht wahrnehmen, sondern nur die Existenz *einer Gruppe ausgezeichneter Referenz-Systeme* feststellen.

Sie bewegen sich mit konstanter Geschwindigkeit relativ zueinander und sind alle gleichwertig, weil jeder Körper in solchen Systemen *nie seine Geschwindigkeit ändert, solange er keiner Kraft ausgesetzt ist.* Sie werden deshalb „Inertialsysteme" genannt. Newton nahm an, dass sich ein jedes von ihnen mit einer konstanten Geschwindigkeit in Bezug zum *absoluten Raum* bewegt. Er postulierte auch die Existenz einer *absoluten Zeit,* denn das genügte, um Bewegungsgesetze aufzustellen, die einfach sind und für das ganze Universum gelten.

Es brauchte trotzdem Zeit, um dieses Modell als *gewiss* anzusehen. Dann schien es unumstößlich zu sein, weil man meinte, es könnte nicht anders sein. Einstein erkannte jedoch, dass Raum und Zeit keine substanzartigen Realitäten sind, sondern *nur durch die möglichen Resultate der Messungen von Raum- und Zeitintervallen* definiert werden. Um gewisse Tatsachen zu erklären, müssen diese Resultate so sein, dass jede Messung der *Lichtgeschwindigkeit im Vakuum,* für gleich welches Inertialsystem, den gleichen Wert (c) liefert. Um diese Bedingung zu erfüllen, müssen sowohl die Resultate von Zeitmessungen wie die von Raummessungen vom Referenzsystem abhängen. Es gibt also keine absolute Zeit und keinen absoluten Raum, sondern *eine Raum-Zeit Einheit,* obwohl man das nicht immer merkt. Es wurde weiter angenommen, dass ein punktförmiger, materieller Körper bei seiner Bewegung in einem Referenzsystem *eine genau definierte, kontinuierliche Linie* beschreibt. Das bedeutete, dass man entlang dieser Flugbahn, in jedem einzelnen Augenblick sowohl die Position wie die Geschwindigkeit des Teilchens genau bestimmen kann.

Das gehörte zur „klassischen Physik“. Die Entwicklung der „Quantenmechanik“ begann mit der Feststellung, dass die Bewegungsgesetze doch irgendwie anders sein müssen, denn Teilchen, die sich periodisch bewegen, können nur gewisse Energien haben. Letzen Endes fand man eine Erklärung, die so ausgedrückt werden kann: *Naturgesetze beziehen sich nicht auf die Natur selbst, sondern auf das Wissen, das durch Messungen erlangt werden kann!* Selbst für ein punktförmiges Teilchen wird dieses Wissen durch eine „Wellenfunktion“ ausgedrückt. Das ist ein sehr erstaunliches, epistemologisches Werkzeug, weil es in jedem Augenblick Auskunft darüber gibt, *was, gleich wo im Raum, bei eventuellen Messungen gefunden werden könnte.* Die Wellenfunktion erlaubt es zum Beispiel, die Wahrscheinlichkeit zu berechnen, das Teilchen an irgendeinem bestimmten Ort zu finden. Überall da, wo es sich nicht befinden kann, hat die Wellenfunktion den Wert Null, aber jedes Teilchen steht potentiell mit dem ganzen Universum in Beziehung, weil es eigentlich gleich wo sein könnte.

Diese Wellenfunktion erlaubt es auch, einem Teilchen *neue Eigenschaften* zuzuschreiben. Sie waren klassisch unbekannt, aber sind doch messbar. Ihre Definition hängt vom Wert der Planckschen Konstante (h) ab und entspricht den *möglichen Wellenlängen.* Sie definieren „neuartige Geschwindigkeiten“, die nicht gleichzeitig mit der Position des Teilchens genau bestimmt werden können, aber viel mehr Freiheitsgrade bieten.

1972 stellte ich mir die Frage, ob es nicht *neben c und h* noch eine dritte physikalische Größe gibt, die überall im ganzen Universum und für alle Inertialsysteme den gleichen Wert hat. Auch sie müsste sich auf *Wissen* beziehen, also auf Resultate einer bestimmten Art von Messungen. Machen wir diesbezüglich irgendwo nicht gesicherte Annahmen? Ja, wir nehmen an, es müsse ein „Raum-Zeit-Kontinuum“ geben. In die Sprache der modernen Physik übersetzt, bedeutet diese Aussage, dass wir einfach glauben, es müsse möglich sein, immer kleinere Distanzen und Zeitintervalle zu messen, ohne irgendwann an eine *endliche* Grenze zu stoßen. Um herauszufinden, ob das stimmt, genügt es anzunehmen, es gäbe *eine kleinste messbare Länge*, deren Wert (a) eine universelle Konstante ist (wie c und h). Sollte ein endlicher Wert zu logischen Widersprüchen führen, dann hätten wir *ad absurdum* bewiesen, dass nur a = 0 möglich ist. Es gäbe tatsächlich ein Raum-Zeit-Kontinuum.

Dieses Programm habe ich ab 1972 entwickelt. Ich stellte zuerst fest, dass es möglich ist, eine logisch kohärente Theorie aufzustellen, die drei universelle Naturkonstanten (*c*, *h* und *a*) enthält. Das Längenquantum *a* kann einen endlichen Wert haben. Es gibt dann auch ein universelles Zeitquantum *a/c*. Ich musste aber prüfen, dass eine *„Raum-Zeit-Quantelung"* nirgendwo zu logischen Widersprüchen führt. Es stellte sich heraus, dass Relativitätstheorie und Quantenmechanik tatsächlich verallgemeinert werden können. Die gesamte Energie des Universums hat dann einen endlichen Wert (*hc/2a*) und alle Inertialsysteme sind an das ganze Universum gebunden, weil die größte denkbare Masse dort unbeweglich ist. *Man kann auch neue Eigenschaften definieren, die Elementarteilchen voneinander unterscheiden.* Das erklärt viele Tatsachen, die bisher nur experimentell festgestellt werden konnten, aber unverständlich blieben. Auch *die Natur der Dunklen Materie* kann nun geklärt werden und gewisse Aussagen könnten sogar experimentell geprüft werden, z.B. am LHC im CERN.

Am wichtigsten ist jedoch die allgemeine Feststellung, dass alle möglichen Elementarteilchen als *Anregungszustände verschiedener Art von Raum und Zeit* anzusehen sind. Sie entsprechen verschiedenen „Mustern" möglicher Oszillationen der Wellenfunktionen auf der kleinsten Skala in Raum und Zeit. Das gilt gleich wo in unserem Universum. *Alles, was existieren kann, wird also mit Raum und Zeit in Verbindung gebracht.* Außerdem nimmt alles eine eher geistige Natur an, weil es durch mögliches „Wissen" definiert wird. Dabei spielt nicht einfach Gewissheit, sondern *eine quantifizierbare Ungewissheit,* im Sinne von Wahrscheinlichkeiten, eine entscheidende Rolle. Eine knappe Zusammenfassung dieser Theorie wurde vor Kurzem veröffentlicht[1]. Vorläufig ist die Raum-Zeit-Quantelung nur eine logisch annehmbare, aber *vorher unbekannte Möglichkeit.* Ob sie der Wirklichkeit entspricht, also tatsächlich eine Eigenschaft unseres Universums ist, muss noch experimentell bewiesen werden.

---

1 MEESSEN, Space-Time Quantization.

Das Geheimnis des Kugelblitzes

Dieses Naturphänomen erscheint zwar selten, aber es existiert wirklich und hat besondere Eigenschaften. Trotzdem blieb es unerklärt. Ich habe eine Theorie entwickelt, die von der Annahme ausgeht, dass der Kugelblitz eine *Plasmablase* ist.[2] Ihre Membrane enthält viele freie Elektronen, die alle gemeinsam rechtwinklig zur Oberfläche schwingen, während die positiven Ionen, wegen ihrer größeren Masse, praktisch bewegungslos sind (Figur 1). Entscheidend ist, dass alle Elektronen *gemeinsam* um eine gewisse Distanz u, die von der Zeit t abhängt, verschoben werden. Dadurch entstehen Oberflächenladungen. Sie erzeugen ein elektrisches Feld, das auf jedes einzelne aller freien Elektronen eine Kraft ausübt. Sie werden also manchmal beschleunigt und manchmal abgebremst. *Alle Elektronen verhalten sich kollektiv wie ein Pendel, das in Schwingungen versetzt werden kann.*

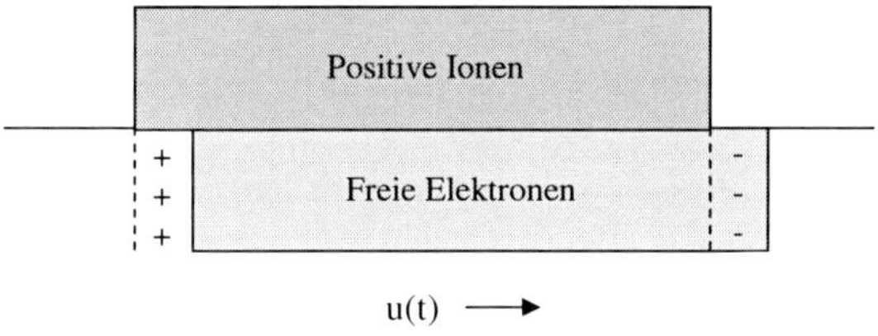

Figur 1: Die freien Elektronen bewegen sich gemeinsam.

Diese Erklärung genügte noch nicht, weil die Schwingungen der freien Elektronen durch Stöße mit praktisch ruhenden Teilchen rasch abgebremst würden. Außerdem können die Elektronen bei genügend starken Schwingungen neutrale Molekeln anregen und daraus Lichtquellen machen. Dann leuchtet die Plasmablase. Es muss also ein anderer Mechanismus hinzukommen. Man kann ihn mit einem schwingenden Pendel sichtbar machen, wenn seine Länge regelmäßig verkürzt und verlängert wird (Figur 2). Man hebt also die Masse jedes Mal etwas an, wenn sie sich einer der beiden Extrempositionen nähert, und lässt sie danach wieder sinken. Das erhöht die Energie und kompensiert die durch Rei-

---

2 MEESSEN, Ball Lightning.

bung und Leuchten bedingten Energieverluste. Das kann durch äußere Einwirkung ermöglicht werden, wie Figur 2 zeigt. Als Kind haben wir das jedoch spielerisch entdeckt, weil wir uns auf einer Schaukel sitzend, ohne fremde Hilfe höher schwingen konnten, indem wir unsere Körperhaltung veränderten. Es genügte also, einen Parameter (hier die Länge) periodisch zu verändern. Könnte der Kugelblitz auch ein *parametrischer Verstärker* sein?

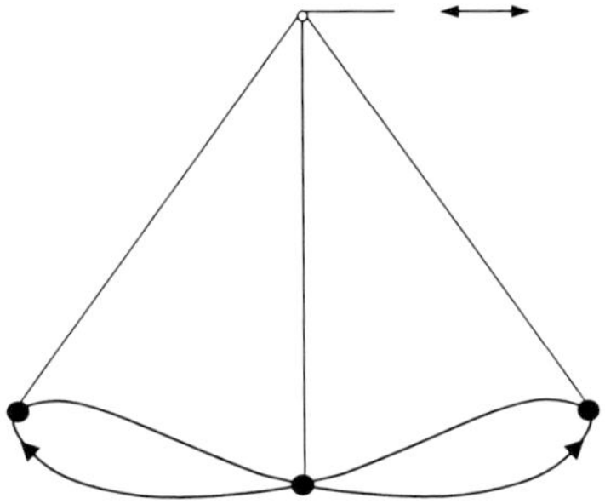

Figur 2: Ein Pendel kann ein parametrischer Verstärker sein.

Ja, denn bei Gewittern enthält die Luft viele elektrisch geladene Teilchen. Wenn freie Elektronen in lokal stärker ionisierter Luft durch einen Blitzeinschlag in Bewegung gesetzt werden, bildet dieses System zuerst eine unsichtbare Plasmablase. Die kollektiven Schwingungen der freien Elektronen führen aber zur Entstehung elektrischer Felder, die auch auf die *äußeren* elektrisch geladenen Teilchen einwirken. Es werden abwechselnd positiv und negativ geladene Teilchen angezogen und sozusagen „eingeatmet". Überraschend ist, dass dies *genau im erforderlichen Rhythmus* geschieht, um einen parametrischen Verstärker zu erhalten. Wenn die freien Elektronen stark genug schwingen, leuchtet die Plasmablase auf. Das regelt sich von selbst, solange genug Ladungen in der nahen Umgebung zu finden sind. *Der Kugelblitz ist also mit einem Lebewesen zu vergleichen,* das selbst sucht, was für sein Überleben und seine Aktivitäten benötigt wird. Diese Theorie erklärt auch andere Tatsachen.

Diese alte Erzählung stellt geschichtliche, geographische, physikalische und theologische Probleme. Geschichtlich gesehen wurde der Pharao, der auf die Hebräer einen unerträglichen Druck ausübte, nicht genannt, was zu Spekulationen führte. Die Texte sagen jedoch, dass die Söhne Israels Vorratslager für die Städte *Pitom und Ramses* bauten (Ex.1,11). Es handelte sich also um *Ramses II,* der 66 Jahre lang (von 1279 bis 1213) regierte. Der Pharao, der die Hebräer beim Exodus verfolgte, war sein jüngster Sohn *Mereneptah.* Er regierte 10 Jahre lang. Geographisch gesehen sind die Hebräer nicht zum *Berg Sinai* gezogen, wie traditionell angenommen wird, sondern zum *Berg Badr* (Figur 3). Das kommt daher, dass Mose während der Regierungszeit von Ramses II einen brutalen Aufseher erschlagen hatte und nach *Midian* flüchtete, um sich der ägyptischen Polizei zu entziehen (Ex.2,15). Er verweilte dort als nomadischer Hirte und kam so zu einem Berg, wo er eine Flamme entdeckte, die aus einem Dornbusch emporschlug, ohne dass dieser verbrannte. Mose wunderte sich über diese „außergewöhnliche Erscheinung" und wollte sie näher ansehen (Ex.3, 2-3).

Der reisende Orientalist *Alois Musil* und besonders der französische Bibelforscher *Jean König* hatten schon (1911 und 1971) Argumente gesammelt, um den Berg „Horeb" mit dem früheren Vulkan „Hala-'l Badr" zu identifizieren. Der englische Physiker *Colin Humphreys*, der den Exodus sehr intensiv untersuchte, bestätigte das in einem 2003 erschienenen Buch.[3] Er erklärte die Flamme durch brennbare Gase, die aus einer Spalte unter einer Akazie austraten und die sich in der dortigen Hitze entflammt hatten. Nur das Gas brannte, während das Holz verkohlte. Mose wusste das nicht und sah darin ein Zeichen, das besagte: *„Mach dich auf und kehr nach Ägypten zurück, denn alle die dir nach dem Leben getrachtet haben sind tot"* (Ex.2,23 und Ex.4,19).

Er vertraute auf Gottes Hilfe und nach einer Reihe von erschreckenden „Plagen" ließ der neue Pharao die Israeliten mit Mose aus dem Lande ziehen (Ex.12,33). Sie brachen von Ramses auf und kamen zuerst nach Sukkot (Ex.12,

3 HUMPHREYS, Exodus.

37). Ihr Ziel war der heilige Berg, wo Mose seinen Ruf erhalten hatte (Ex.3,12 und Ex.19.3).

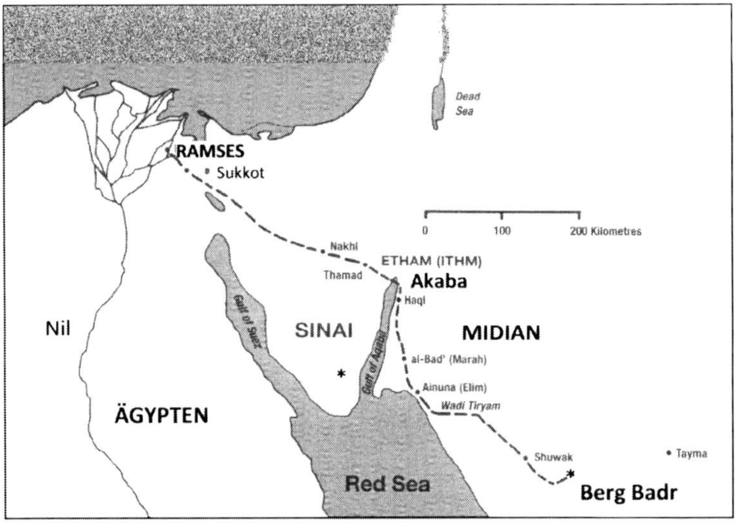

Figur 3: Der Fluchtweg durch die Sinai-Wüste, nach Colin Humphreys.

Er wollte das Volk so schnell wie möglich in Sicherheit bringen und konnte das, weil er die Sinai-Halbinsel schon zweimal durchquert hatte (Figur 3). In der Wüste war es in der Tat lebensnotwendig, genau den Weg von Brunnen zu Brunnen finden zu können. Es war aber außergewöhnlich, dass der Vulkan *Hala-'l Badr* gerade zu diesem Zeitpunkt in Eruption geraten war. Er war ihr Wegweiser: „Der Herr zog vor ihnen her, bei Tag in einer *Wolkensäule,* um ihnen den Weg zu zeigen, bei Nacht in einer *Feuersäule,* um ihnen zu leuchten [...] Die Wolkensäule wich bei Tag nicht von der Spitze des Volkes und die Feuersäule nicht bei Nacht" (Ex.13, 21-22). Dass es ein Vulkan war, wird auch durch die später dort festgestellten Geschehnisse bestätigt: „Der ganze Berg war in *Rauch* gehüllt, denn der Herr war im *Feuer* auf ihn herabgestiegen. Der *Rauch* stieg vom Berg auf wie Rauch aus einem *Schmelzofen.* Der Berg bebte gewaltig" (Ex. 19, 18). „Die Erscheinung der Herrlichkeit des Herrn auf dem Gipfel des Berges zeigte sich vor den Augen der Israeliten *wie verzehrendes Feuer*" (Ex. 24,17).

Noch beeindruckender war die Rettung aus dem Schilfmeer. Als der Pharao erfuhr, dass die Hebräer nicht einfach in die Wüste zogen, um dort zu beten, sondern fliehen wollten, wurde er zornig. Er wollte diese Arbeitskraft zurückholen: „Der Pharao [...] ließ seinen Streitwagen anspannen und nahm seine Leute mit [...] Die Ägypter [...] holten (die Hebräer) ein, als sie gerade am Meer lagerten." Humphreys erklärt, warum sie in eine Falle geraten waren. Aber „der Herr trieb die ganze Nacht das Meer durch *einen starken Ostwind* fort [...] Das Wasser *spaltete* sich". Die Wissenschaftler Nof und Paldor haben 1992 eine ozeanografische Erklärung vorgeschlagen.[4] Sie nahmen jedoch an, das wäre am *Golf von Suez* geschehen, denn dort bildet der Boden eine schiefe Ebene mit geringem Gefälle. Wenn ein sehr starker Wind lang genug über den Golf in Richtung des Roten Meeres bläst, wird das Wasser zurückgedrängt. Die Gleichgewichtsform der Wasseroberfläche wird sogar durch eine Formel bestimmt.[5]

Ich habe die Gültigkeit der Rechnungen geprüft. Sie gelten für eine Windgeschwindigkeit von etwa 125 km/h und eine sehr geringe Neigung (2/10.000) für den ganzen Golf von Suez. Das genügt aber nicht, denn die Überquerung des Schilfmeers fand *am Golf von Akaba* statt! Das entspricht den schon erwähnten Tatsachen (Figur 3) und der genannten Windrichtung. Sie war östlich, nicht westlich. Das führt jedoch zu einem Einwand, weil der Boden des Golfs von Akaba viel tiefer und unregelmäßiger ist, als der des Golfs von Suez. Eine Land- und Meereskarte der britischen Admiralität[6] zeigt, dass die Tiefe sogar 1235 m erreicht, und am oberen Ende des Golfes fällt der Grund praktisch parabolisch ab. Um dieses Problem zu lösen, ging ich davon aus, dass der Wind nur fortwährend Wasser weg treiben kann, wenn Wasser nachgeliefert wird. Da der Golf von Akaba mit dem Roten Meer verbunden ist, enthält er *Salzwasser*. Das führt zu einer Schichtung, sodass nur die weniger dichte Schicht in der Nähe der warmen Oberfläche in Bewegung gebracht werden musste (Figur 4). Ein solcher „Roll-Band Effekt" wird auch energetisch bevorzugt, weil weniger Wasser in Bewegung gesetzt wird, als wenn Wasser auf dem Grund des Golfes gleiten

4 NOF/PALDOR, Explanations.
5 CSANADY, Circulation.
6 http://www.truebiblecode.com/understanding249.html

müsste. Das kann auch mathematisch ausgedrückt werden. Alle Bruchstücke fügen sich also zusammen.

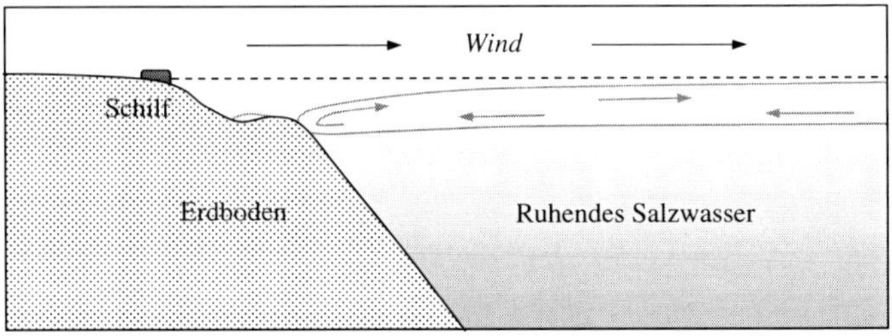

Figur 4: Die Wirkung von starkem Wind auf geschichtetes Salzwasser.

Die Ägypter hatten ihr Lager an der Spitze des Golfes aufgeschlagen, um den Hebräern den Weg abzuschneiden. Sie hatten aber keine freie Sicht über den Golf, weil der dortige Süßwasserzufluss ein üppiges Wachstum von Papyrus erlaubte. Der Name „Schilfmeer" war also nicht unbedeutend. Ein sehr starker Wind hatte nun – genau in dieser Situation, während der ganzen Nacht und in die notwendige Richtung – geblasen, um den Hebräern zu ermöglichen, das andere Ufer zu erreichen. Der Golf war dort ungefähr 5,5 km breit.[7] Der Bibeltext sagt: „Das Wasser spaltete sich. Die Israeliten zogen auf trockenem Boden ins Meer hinein, während rechts und links das Wasser wie eine (undurchdringliche) Mauer stand" (Ex.14,21–22). Sie folgten also einer normalerweise unter der Wasseroberfläche liegenden Landbrücke, die durch *eine Mulde* vom ägyptischen Lager getrennt war (Figur 4).

Am Morgen, als die Ägypter die Hebräer einfangen wollten, waren sie weg! Der cholerische Pharao wurde wütend und verfolgte sie sogleich: „Alle Pferde des Pharaos, seine Streitwagen und Reiter zogen hinter ihnen ins Meer hinein", aber sie konnten nur „schwer vorankommen" (Ex.14,23–25). Die schmalen Räder der Streitwagen sackten ein. Der Sturm hatte aber riesige Wassermengen verdrängt, die zurückströmten, als der Wind schwächer wurde. Das hatte katastrophale Folgen *wie bei einem Tsunami.* Die Ägypter wurden plötzlich und un-

7 Ebd.

ausweichlich überschwemmt. „Nicht ein Einziger von ihnen blieb übrig“ (Ex. 14, 28). Da der Pharao auf seinem Streitwagen immer am Angriff teilnahm, müsste auch er umgekommen sein. Das wäre beweisbar, wenn man die Mumie von Mereneptah finden und untersuchen könnte. Sie wurde im Grab KV8 des Tals der Könige beigesetzt, aber wegen Räuber nach KV35 verlegt und dort 1898 von Victor Loret gefunden. Elliot Smith hat sie 1907 identifiziert und schon damals festgestellt, dass sie zahlreiche Spuren von traumatischen Verletzungen aufwies!

Dr. Maurice Bucaille, ein französischer Arzt und Spezialist, hatte die Schriftstellen der Bibel und des Korans untersucht[8] und erhielt 1974/75 die Erlaubnis, zusammen mit ägyptischen Ärzten verschiedene Mumien in Kairo medizinisch zu untersuchen. Seine medizinischen Entdeckungen erregten großes Aufsehen und wurden wissenschaftlich gewürdigt.[9] Er stellte fest, dass *Mereneptah* mehrere Knochenbrüche an seinem rechten Vorderarm erlitten hatte, dass sein Brustkorb eingedrückt war und ein Teil des Schlüsselbeins fehlte. Die tödliche Wunde war jedoch am hinteren Teil des Schädels zu sehen. Dort klaffte ein 8,5 cm^2 großes Loch, das sofort zum Hirntod geführt haben musste. Es wurde von Elliot Smith fotografiert[10] und das entsprechende Dokument ist in großer Auflösung durch die Universität Chicago erhältlich.[11]

Wir brauchen uns nicht zu wundern, dass die Ägypter keine Berichte darüber hinterlassen haben, denn es gehörte nicht zu den Gepflogenheiten des damaligen PR-Apparates, über Niederlagen zu berichten. Gewisse Konsequenzen sollten aber weiterhin archäologisch (am Golf von Akaba) und geologisch (am Berg Badr) untersucht werden.

Die Frage: *Wie gewiss ist unser Wissen?* mag für biblische Aussagen von einigen in fundamentalistischer Weise beantwortet werden. Andere ziehen es vor, darin nur Mythen oder Märchen zu sehen. Nähere Untersuchungen zeigen jedoch, dass gewisse Überlieferungen zumindest einen wahren Kern enthalten. Selbst

---

8 BUCAILLE, Bible.
9 BUCAILLE, Pharaons.
10 SMITH, Mummies.
11 http://www.lib.uchicago.edu/cgi-bin/eos/eos_page.pl?DPI=100&callnum= DT57.C2_vol59&object=175

wenn wir darin nur rein natürliche Phänomene sehen, ist nachvollziehbar, dass diese Geschehnisse in ihrer zeitlichen Folge und ihrem speziellen Kontext als „Wunder" verstanden wurden, also als Zeichen, die eine *Bedeutung* haben. Theologische Überlegungen sollten auch von diesen Erkenntnissen Rechnung tragen.

Das Phänomen der Flugobjekte unbekannter Herkunft

Wenn es darum geht, die Gewissheit unseres Wissens zu prüfen, ist dieses Phänomen besonders hilfreich. Die wissenschaftliche Methode verlangt zwar, dass wir uns nicht von Vorurteilen leiten lassen sollten, sondern uns auf Tatsachen und deren Untersuchung stützen müssten, aber *selbst die wissenschaftliche Gemeinschaft* macht das in diesem Falle nicht. Sie ignoriert dieses Thema. Trotzdem gibt es viele Tausende von Ufo-Beobachtungen, die im Laufe der Geschichte und überall auf der Welt gemacht wurden. *Wenn man wollte,* könnte man leicht mit den heute zur Verfügung stehenden technischen Mitteln, die Realität und die charakteristischen Eigenschaften dieser Flugobjekte feststellen, aber man kümmert sich nicht darum. Wissenschaftliche Institutionen und fast alle Forscher scheinen sich davor zu fürchten, nicht ernst genommen zu werden. Dieses Thema ist *tabu.*

Das Ufo-Problem bezieht sich nicht nur auf die mögliche Existenz außerirdischer Zivilisationen, sondern auch auf die Möglichkeit eines direkten Kontakts. Der erste Aspekt bereitet keine großen Schwierigkeiten, da wir heute wissen, dass das Universum überall aus dem gleichen Grundmaterial aufgebaut und den gleichen Naturgesetzen unterworfen ist. Es ist also zu erwarten, dass es schon alleine in unserer Galaxis viele Planetensysteme geben müsste, wo Leben und auch intelligente Wesen durch natürliche Evolution entstanden sind.

Es ist auch nicht auszuschließen, dass dort Zivilisationen, die *viele Millionen Jahre* älter sind als die Unsrige, entstanden sind. Obwohl sie dann technisch fortgeschrittener sein müssten, wird behauptet, sie wären unfähig den interstellaren Raum zu durchqueren. Das ist nicht gerechtfertigt, weil wir die technischen Fähigkeiten außerirdischer Zivilisationen nicht nach unseren eigenen, heutigen Fähigkeiten beurteilen dürfen. Was sie zusätzlich entdeckt haben könnten, ist uns unbekannt! Nach der Häufigkeit der Ufo-Beobachtungen zu urteilen, müssten interstellare Reisen für sie relativ einfach sein.

Wenn außerirdische Zivilisationen tatsächlich die wissenschaftlichen Grundlagen und die notwendigen technischen Mittel gefunden haben, um interstellare Reisen durchzuführen, wäre es auch normal, dass die Erde schon seit langem beobachtet wurde. Der älteste dokumentierte Bericht von wiederholten Ufo-Beobachtungen stammt aus der Zeit des Pharaos *Thutmosis III,* der gegen 1450 v.Chr. regierte.[12] Selbst 4000 Jahre wären natürlich kurz im Verhältnis zu Millionen Jahren des möglichen Vorsprungs außerirdischer Zivilisationen. Ufos haben dazu noch charakteristische Eigenschaften, die dieses Phänomen einzigartig machen. Einfach zu behaupten, Tausende von Zeugen wären solchen sonderbaren Sinnestäuschungen erlegen und alle objektiv feststellbaren Spuren wären gefälscht, ist nicht logisch nachvollziehbar.

Warum wird das doch angenommen? Das folgt aus dem zweiten, schon erwähnten Aspekt. Ein direkter Kontakt mit Außerirdischen würde so vieles verändern, dass es beruhigender ist, zu tun, *als ob* es niemals echte Ufo-Beobachtungen gegeben hätte. Man *verdrängt* den Gedanken, Ufos könnten Zeichen außerirdischer Besucher sein. Man spricht von *kleinen grünen Männchen,* um sich überlegen zu fühlen. Das mag unbewusst geschehen, aber es entspricht der alten, tief eingewurzelten Überzeugung: *Wir sind die Krone der Schöpfung.*

Verdrängen hat jedoch noch nie ein Problem wirklich gelöst. Wäre es nicht besser, den Tatsachen realistisch und ehrlich entgegen zu treten? Es könnte ja auch zu unserem Wohle sein, mehr und sicheres Wissen zu erlangen, oder sind Ängste doch berechtigt? Für außerirdische Zivilisationen, die fähig sind, den interstellaren Raum zu durchqueren, wäre es nicht schwierig die Menschheit zu beherrschen, aber dafür gibt es keine Anzeichen! Wir können uns zwar über ihr Verhalten wundern, weil ihr Erscheinen zugleich provokant und ausweichend ist. Das ist aber erklärbar, wenn sie uns indirekt sagen wollen: *Stellt ihr euch noch immer keine Fragen?* Sie machen sogar Experimente, um genau das zu überprüfen, ohne sich aufzudrängen. Sie warten anscheinend geduldig, bis die Menschheit bereit ist, den großen Schritt zu wagen. Einige wundern sich, dass

---

12 LEONARD, Fire.

kein Kontakt mit dem Weißen Haus, der UNO oder der NASA aufgenommen wird. Warum denn?

Es ist auch zu bedenken, dass technisch weit fortgeschrittene Zivilisationen logischerweise Umgangsformen entwickelt haben müssen, die durchweg *friedlich* sind. Wir wissen nicht, was geschehen kann, aber ein gewisses *Vertrauen* scheint doch berechtigt zu sein. Ein plötzlicher Zugang zu einem viel größeren Wissen könnte auch sehr nützlich sein, weil die Menschheit mit schwerwiegenden Problemen wie dem Klimawandel, einer rapide anwachsenden Bevölkerung und ernsten Energieproblemen konfrontiert ist. Um uns nicht von Vorurteilen leiten zu lassen, wollen wir uns nur den Tatsachen zuwenden.

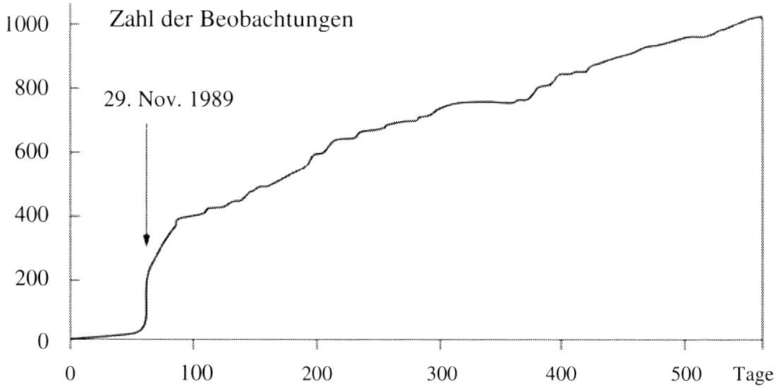

Figur 5: Statistik der Beobachtungen während der belgischen Welle vom 01.09.1989 bis zum 01.05.1991.

Die *„Belgische Welle"* liefert gute Beispiele, denn plötzlich und vollkommen unerwartet, kam es am Abend und während der frühen Nacht des *29. November 1989* zu vielen Beobachtungen. Es wurden allein an diesem Abend 143 unabhängige Beobachtungen registriert. Das ist einmalig in der ganzen Geschichte der Ufologie. Die Zahl der gemeldeten Beobachtungen stieg zuerst ziemlich schnell und dann etwas langsamer, aber immer noch stetig an (Figur 5 für die ersten anderthalb Jahre). Unerwartet und unbeeinflusst von Pressemeldungen wurden an einigen Tagen bis zu 25 Beobachtungen gemacht. Diese Welle war erst nach mehr als vier Jahren beendet. Die nur aus freiwilligen Mitarbeitern bestehende Gruppe SOBEPS berichtete darüber in zwei Büchern.[13] Ungefähr 2000 Fälle wurden gemeldet und davon wurden 650 sorgfältig untersucht.

Es wurden schon Beobachtungen vor dem 29. November gemacht (Figur 5), aber erst später gemeldet. Diese Zeugen hatten zwar unkonventionelle Flugobjekte gesehen, aber wussten nicht, was sie davon denken sollten, weil es keine „fliegenden Untertassen" waren. Damals war man allgemein der Meinung, dass Ufos runde Scheiben sein müssten. Die Zeugen zogen es vor, zu schweigen. Ufo-Wellen entstehen also nicht einfach durch eine Verbreitung falscher Gerüchte, wie sogenannte Skeptiker behaupteten.
Auch die Gendarmen von Montigny und Nicoll dachten nicht an ein Ufo, als sie am 29. November 1989 in der Nähe von Eupen ein eigenartiges Objekt entdeckten (Figur 6). Sie fuhren in Richtung Aachen und sahen zuerst direkt neben der Straße drei große und sehr grelle Lichtbündel. Sie parkten am Straßenrand und beobachteten aufmerksam eine *dreieckige Plattform*, die bewegungslos, etwa 120 m über dem Boden schwebte. Die Basis zwischen den zwei abgeschnittenen Ecken war ungefähr 35 m lang. Sie waren aber nur etwa 150 m von der Mitte des Dreiecks entfernt. Dort blinkte ein rotes Licht. Sie dachten, es müsse eine neuartige Militärmaschine sein und drehten die Scheibe herunter. Zu ihrer Überraschung war jedoch *kein Geräusch* zu hören. Die Lichtbündel hatten scharf abgegrenzte Seiten und das ganze Volumen war hell erleuchtet. Das war für mich sehr bedeutend, denn aus den „Scheinwerfern" kommendes Licht hätte nur den Boden beleuchtet. Die Luft war sauber und trocken. Das Objekt musste also *eine andere Strahlung* produzieren, welche die Luftmolekeln anregt und sie selbst zum Leuchten bringt. Das glich einer Neonröhre.

Dieses Objekt wurde kurz nach Sonnenuntergang, um 5:20 Uhr entdeckt. Plötzlich setzte es sich in Bewegung in Richtung Eynatten und Aachen. Es blieb auf der gleichen Höhe und flog langsam parallel zur Straße. Die Gendarmen folgten mit ihrem Auto, fassten aber den Entschluss vorzufahren, um auf einer Nebenstraße Stellung zu nehmen. Das Objekt würde sie dort überfliegen. Dazu kam es

---

13 SOBEPS, Belgique.

aber nicht, denn es blieb in der Luft stehen, wendete auf der Stelle um 180° und flog in Richtung Eupen, immer noch auf gleicher Höhe und parallel zur Straße.

Figur 6: Die Sichtung der Gendarmen von Montigny und Nicoll am 29.11.1989.

Die Gendarmen beobachteten es weiter, aber von einer höher gelegenen Straße aus. Sie drängten ihren Kollegen Creutz in der Kaserne, mit dem sie in Radioverbindung standen, sich bei der belgischen Luftüberwachung zu erkundigen. Da er ihnen nicht glauben wollte, begaben sie sich schnell zur Kaserne, um ihn zu überzeugen. *Vier* Gendarmen sahen dort von der ersten Etage aus, wie das leuchtende Objekt stetig weiterflog.

Danach kehrten sie sofort zur Hochstraße zurück und sahen, wie das erstaunliche Flugobjekt in Richtung der Gileppe Talsperre flog. Um 6:30 Uhr kamen sie am Ende ihres Reviers an, aber auf einer Höhe, von der aus sie genau sahen, dass das hell leuchtende Objekt über dem hohen Aussichtsturm der Talsperre stehen blieb. Obwohl die Entfernung 4,2 km betrug, war der Turm leicht zu erkennen, weil er beleuchtet war. Das Objekt blieb stationär, aber produzierte ein „Schauspiel" das gleich beschrieben wird. Nach einer Viertelstunde tauchte plötzlich aus dem Tal *eine andere dreieckige Plattform* auf. Sie hatte auf der oberen Seite eine Kuppel, flog aber schnell davon. Das zuerst beobachtete Objekt blieb weiterhin stationär und fuhr mit seinen Lichtspielen fort, bis es wegflog. Das geschah um 7:23 Uhr.

Die beiden Gendarmen haben dieses Objekt also mehr als zwei Stunden lang beobachtet. Außerdem gab es *noch acht Beobachtungen* des gleichen Objekts. Zuerst an der Grenze, wo ein anderer Gendarm gegen 5:00 Uhr ein solches Flugobjekt bemerkte, das nach Belgien flog. Dann wurde es z.B. von einem Krankenwagenfahrer, einem Schuldirektor, einem Förster und einem Vorarbeiter gesehen. Er stand am Fenster der ersten Etage eines Gebäudes und das dreieckige Objekt kam auf ihn zu und überflog das Gebäude auf niedriger Höhe. Danach glitt es lautlos über eine Häuserreihe und über das Eupener Rathaus.

Besonders zu erwähnen ist das „Schauspiel", das die Gendarmen von Montigny und Nicoll sehr aufmerksam beobachtet haben, während das leuchtende Objekt über dem Aussichtsturm stehen blieb. Auf beiden Seiten kamen rote Lichtstrahlen heraus, die sich progressiv und symmetrisch verlängerten. Dann erloschen sie, während zwei feuerrote Kugeln an ihren Enden übrig blieben. Diese Kugeln bewegten sich auf das zentrale Licht zu, umdrehten es und verschwanden. Nach etwa fünf Minuten wiederholte sich genau das gleiche Phänomen, und das dauerte etwa eine Stunde, bis kurz vor dem Abflug. Ich habe die Zeugen lange und mehrmals befragt[14] und auch andere Fälle untersucht, um die Echtheit der Geschehnisse zu überprüfen.

Die Schlussfolgerung war, dass sehr oft Flugobjekte unbekannter Herkunft gesichtet wurden, die verschiedene Formen und Größen haben konnten, aber trotzdem *gemeinsame Eigenschaften* hatten. Es waren Plattformen mit drei oder vier Ecken. Die Seiten und Ecken konnten eventuell abgerundet sein, aber auf der flachen Unterseite waren fast immer auffallend große „Scheinwerfer" zu sehen. Die Größe der Flugkörper war unterschiedlich, zwischen etwa fünf und mindestens 50 Metern. Sie waren fähig, regungslos in der Luft zu schweben, langsam zu fliegen oder sich sehr schnell zu entfernen, *ohne Motorengeräusch.* Da diese Flugobjekte weder Tragflächen, noch Propeller oder Düsenantriebe hatten, musste ihre Funktionsweise auf Prinzipien beruhen, die uns fremd sind.

14 MEESSEN, Étude.

Skeptiker haben behauptet, dass die ganze belgische Welle nur durch Helikopter oder Verwechslungen mit konventionellen Flugkörpern hervorgerufen wurde. Das bezog sich sogar auf einen Fall, wo André Amond, Oberst des Stabs der belgischen Streitkräfte und zwei andere Zeugen eine bedeutende Beobachtung gemacht hatten. Ich habe diesen Fall in allen Einzelheiten untersucht, und der damalige Leiter der belgischen Luftwaffe, General De Brouwer, hat scharf auf die Behauptungen dieser nicht selbstkritischen Skeptiker reagiert[15].

Nachdem ich mich von der Realität der belgischen Welle überzeugt hatte, wollte ich wissen, was auf den Radarschirmen zu sehen war. Während der ersten sechs Monate des Jahres 1990 habe ich eingehend die Radaraufzeichnungen vom Flughafen in Brüssel und den beiden militärischen Bodenstationen untersucht. Genau gesagt, habe ich *mehr als180 Stunden* Radar-Aufzeichnungen kopieren und zu Hause untersuchen können. Sie entsprachen jenen Abenden, wo Ufo-Beobachtungen vom Boden aus gemacht wurden, aber diese Ufos wurden von keinem der Radargeräte erfasst. Das ist auch als eine ihrer besonderen Eigenschaften anzusehen. Es gab jedoch eine bedeutende Ausnahme.

In der Nacht vom 30. auf den 31. März 1990 hat die belgische Luftwaffe zwei F-16-Jets aufsteigen lassen. Mit der Genehmigung des Verteidigungsministers konnte ich alle diesbezüglichen Radaraufzeichnungen untersuchen. Ich fand meteorologische Erscheinungen, die bis dahin in dieser Form nicht bekannt waren. Ich konnte auch letzten Endes beweisen, dass sie die sehr effizienten Doppler-Radargeräte der F-16-Jets in überraschender Weise irregeführt haben.[16] Aber während des Fluges der F-16-Jets erschien plötzlich ein eigenartiges Echo. Es war kein Flugzeug, weil es nicht vom Radargerät des zivilen Lufthafens in Brüssel festgestellt wurde. Nur die beiden anders funktionierenden militärischen Bodenradare haben es entdeckt. Die Spur wurde von ihnen räumlich und zeitlich übereinstimmend aufgezeichnet[17], aber selbst das modernere Gerät konnte das Echo, mit wachsender Schwierigkeit, nur sieben Sekunden lang orten. Während

15 AMOND, ERNAGE.
16 MEESSEN, Radar.
17 MEESSEN, Radaraufzeichnungen.

dieser Zeit stieg es von 900 auf 4000 Meter. Im Vergleich zum Boden, flog es mit einer Geschwindigkeit von 800 bis 1000 km/h.

In der Nacht vom 31. März zum 1. April 1990 sahen in Ramillies drei besonders vertrauenswürdige Zeugen ein dreieckiges Objekt (Figur 7). Es kam langsam näher, auf einer Höhe von etwa 500 m und glitt fast geräuschlos über sie hinweg. Es war eine breite Plattform mit abgerundeten Ecken und Seiten, ohne irgendwelche strukturellen Einzelheiten auf der Unterseite. Einer der Zeugen beobachtete es durch ein starkes Fernglas und die beiden Anderen mit bloßen Augen, aber keiner sah irgendein Anzeichen, dass es sich um ein Flugzeug handelte. Der Foto- und Videospezialist für SOBEPS, Patrick Ferryn, wollte Fotos von Flugzeugen machen, um erhaltene Dokumente durch Vergleiche kritisch beurteilen zu können. Er machte vier Fotos von diesem Objekt: zwei als es noch weit war, eins als er es von vorne, in einem Winkel von ungefähr 45° sah, und noch eins von hinten, ebenfalls auf 45°, als es wegflog. Diese Fotos ergaben aber nur sehr kleine Pünktchen, die nicht der beobachteten Verteilung der Lichter entsprachen. *Das Gesehene wurde nicht fotografiert und das Fotografierte wurde nicht gesehen.* Das scheint absurd, aber ist doch erklärbar.

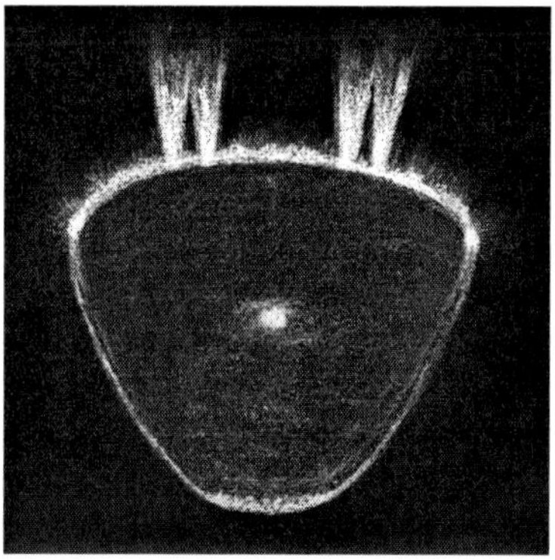

Figur 7: Das Flugobjekt von Ramillies.

Das mit den Augen wahrgenommene Licht hätte ein „latentes Bild" hinterlassen müssen, das durch den Entwicklungsprozess sichtbar gemacht wird. Es kann jedoch von gleichzeitig durch die Linse kommendem *infraroten Licht* ausgelöscht werden. Ich habe das theoretisch und experimentell geprüft.[18] Die dennoch fotografierten Spuren konnten dagegen durch UV-Licht hervorgerufen werden, das die Zeugen nicht sahen. Es entsteht durch Ionisationsprozesse, die zum Antriebssystem gehören. Da UV-Licht stärker auf den Film einwirkt als sichtbares Licht, wurde das latente Bild nicht vollkommen zerstört. Deshalb erschienen doch kleine Lichtflecken. Ufos können zwar überraschend sein, aber sie können nicht zaubern.

Das elektromagnetische Antriebssystem der Ufos

Als ich 1972 von einem meiner Kinder gefragt wurde, ob es wirklich *fliegende Untertassen* gäbe, musste ich antworten: „Das weiß ich nicht." Es gehörte aber zu unseren Spielregeln, dass, wenn man etwas nicht weiß, nach Antworten gesucht wird. Das war in diesem Fall der Anfang eines großen Abenteuers. Glücklicherweise stieß ich auf gute Informationen und es wurde mir bald klar, dass es sehr viele logisch kohärente Zeugenaussagen gab. Das konnten nicht alles Täuschungen sein. Es musste sich wirklich um materielle Objekte handeln, die einer fremden Technologie angehörten. Meine Frage war dann: *Ist es möglich, herauszufinden, wie sie funktionieren?* Ich ging dabei von der Gewissheit aus, dass selbst eine außerirdische Technik, bei aller Fremdheit, doch auch die uns bekannten physikalischen Gesetze anwenden muss. *Wir müssten also wenigstens einiges verstehen können.*

Um dieses Problem einfach und konkret zu formulieren, stellen wir uns ein klassisches Ufo vor, das bewegungslos in der Luft schwebt. Wegen seiner Masse ist es der Schwerkraft ausgesetzt und kann nur im Gleichgewicht bleiben, wenn die Erdanziehungskraft durch eine entgegengesetzte Kraft kompensiert wird. Wie entsteht diese Kraft? Das ist, physikalisch gesehen, der eigentliche Kern des Ufo-Problems, weil diese Kraft zum Antriebssystem gehört. Da man auch Ufos in unsere Ozeane eintauchen und heraus kommen sah, ist dieses Antriebssystem, sowohl im Wasser wie auch in der atmosphärischen Luft anwend-

18 MEESSEN, Ramillies.

bar. Wie könnte das funktionieren? Wenn wir gehen oder fahren, üben wir eine Kraft auf den Boden aus. Wenn wir schwimmen, üben wir auch eine Kraft auf das uns umgebende Wasser aus. Schiffsschrauben und Propeller machen das auch. Jedes System, das sich „aus eigener Kraft" fortbewegen will, übt eine Kraft auf etwas anderes aus, um selbst der *Gegenkraft* unterworfen zu sein. Aktion und Reaktion! Ein Ufo müsste also irgendwie Kräfte auf seine Umgebung ausüben. Wie ist das möglich?

Bekannte Beobachtungen lieferten einen Anhaltspunkt, denn es kam vor, dass Ufos die Luft in ihrer Umgebung leuchtend machten. Die Farbe und Stärke dieses Lichtes veränderten sich, wenn das Ufo schnell wegflog. Das wies auf *eine starke Ionisation der Luft* hin, die mit dem Antrieb in Verbindung stand. Eine Ionisation würde elektrisch geladene Teilchen liefern, auf die das Ufo elektromagnetische Kräfte ausüben könnte. Es würde dann genügen, dass jedes Ufo auch *ein elektromagnetisches Feld* produziert, um auf diese Teilchen die benötigten Kräfte auszuüben. Da das Ufo selbst die Quelle dieser Kräfte ist, wird es der entgegengesetzten Reaktionskraft ausgesetzt. Das war der Grundgedanke, den ich danach ausgearbeitet habe. Ein solches Antriebssystem benötigt keine Tragflächen wie unsere Flugzeuge. Sie wurden den Vogelflügeln nachgebildet. Wegen ihrer Form und der leicht schrägen Stellung zwingen sie die Luft, etwas schneller an der Oberseite als an der Unterseite vorbeizuziehen. Der Luftdruck ist jedoch geringer, wenn die Luft sich schneller bewegt. Die Tragfähigkeit der Luft entsteht also durch den unterschiedlichen Luftdruck, wenn sich ein Flugzeug schnell genug bewegt. Für Schiffe und Unterseebote folgt die Tragfähigkeit des Wassers auch aus Druckunterschieden in verschiedenen Tiefen. Wenn Ufos das anders machen, wirft das natürlich interessante wissenschaftliche Fragen auf.

Konzentrieren wir uns auf das Wesentliche. Nehmen wir an, es würde durch Ionisation plötzlich ein elektrisch geladenes Teilchen im Punkt O erscheinen (Figur 8). Die Geschwindigkeit dieses Teilchens ist dann zuerst praktisch Null. Wenn es positiv geladen ist, wird es in die Richtung des dort herrschenden elektrischen Feldes **E** beschleunigt, aber sobald es sich bewegt, wird es durch das Magnetfeld **B** zur Seite geschoben. Durch die Kombination dieser Kräfte wird die Bewegung des Teilchens immer schneller, es ist aber auch Reibungskräften ausgesetzt. Letzten Endes bewegt es sich mit einer konstanten Geschwindigkeit **V**. Man kann das mit dem Fallen eines Regentropfens vergleichen. Er wird von der Erde angezogen, aber wegen der Luftreibung, bleibt die Geschwindigkeit begrenzt. Für das elektrisch geladene Teilchen ist die Bewegung komplizierter, aber die Richtung und Größe der Endgeschwindigkeit **V** hängt in bestimmter Weise vom elektrischen Feld **E** und magnetischen Feld **B** ab.

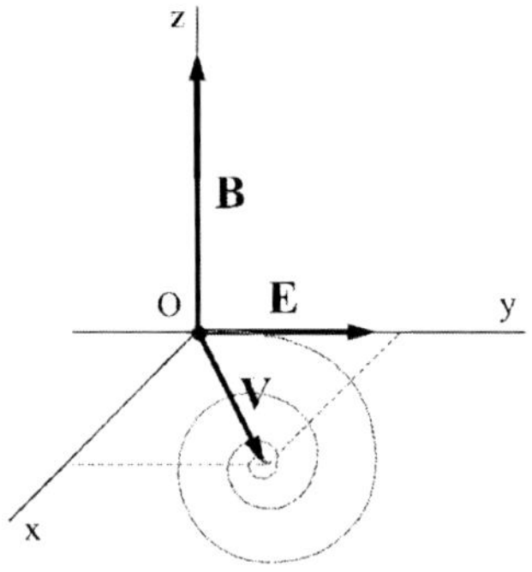

Figur 8: Der Geschwindigkeitsvektor V eines positiv geladenen Teilchens, das plötzlich im Punkt O erscheint.

Die Bewegung des geladenen Teilchens wird in der atmosphärischen Luft sehr schnell stabilisiert. Die Masse m und die elektrische Ladung $q = \pm e$ des Teilchens, sowie die Zeit τ, die es durchschnittlich braucht, um durch Reibungskräfte zum Gleichgewichtszustand zu gelangen, spielen dabei eine wichtige Rolle. Da diese Faktoren gemeinsam wirken, genügt ein einziger Parameter ($\mu = q\tau/m$) um ihren Einfluss zu bestimmen. Das Teilchen bewegt sich praktisch nur mit der konstanten Geschwindigkeit **V**, bis es verschwindet, wenn die elektromagnetischen Felder als örtlich und zeitlich konstant angesehen werden können. Während seiner Lebensdauer übt ein sehr schnelles Teilchen durch Reibung eine gewisse Kraft auf seine Umgebung aus. Die geometrische Summe all dieser Kräfte bestimmt die Kraft, die das Ufo ausübt und deshalb auch die Gegenkraft für seinen Antrieb.

Das Ufo wird durch das Zusammenwirken von vielen Elementarkräften im Gleichgewicht gehalten oder bewegt. Diese Kräfte werden durch den jeweiligen

Vektor V bestimmt. Seine Größe und Richtung hängt von den Feldern **E** und **B** ab, die um das Ufo herum veränderlich sind. An jeder Stelle sind die Komponenten V_x und V_y des Vektors V jedoch genau bestimmt (Figur 9).
Wir sehen zum Beispiel, dass die Komponente V_x (rechtwinklig zu **E** und **B**) für einen gewissen Wert von μB am größten ist. Um Wirkungen, die nie beobachtet wurden, auszuschließen, müssten **E** und **B** *Wechselfelder* sein. Das führt zum Gedanken, dass sie gemeinsam produziert werden. Es würde dann genügen, elektrisch geladene Teilchen nur dann und dort durch eine *pulsierte Ionisation* zu produzieren, wo dies am nützlichsten ist. Die pulsierte Ionisation wird durch pulsierte Mikrowellen ausgelöst und dann durch die lokale Beschleunigung der freien Elektronen verstärkt. So erhalten wir *das Modell eines pulsierten, elektromagnetischen Antriebs (PEMP, für Pulsed EM Propulsion oder Propulsion EM Pulsée).* Werden diese Überlegungen durch wirkliche Beobachtungen bestätigt?

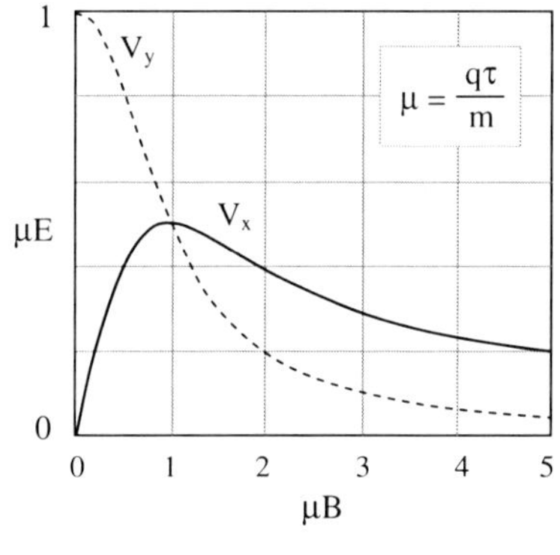

Figur 9: Die Größe der Komponenten der Endgeschwindigkeit V als Funktion des elektrischen und magnetischen Feldes.

Der erste Beweis folgte aus der Tatsache, dass Piloten festgestellt haben, dass sich *die Nadel des magnetischen Kompasses fortwährend drehte,* als ein Ufo neben ihrem Flugzeug flog. Sobald es sich entfernt hatte, zeigte die Nadel wieder stetig nach Norden. Das war nicht nur ein *instrumenteller* Beweis der Realität von Ufos, sondern auch des Magnetfeldes, das produziert wird, aber normalerweise nicht bemerkbar ist. Überraschend war jedoch, dass sich die Kompassnadel fortwährend in der gleichen Richtung drehen konnte, weil das Wechselfeld des Ufos im kleinen Bereich des Kompasses räumlich konstant sein müsste und eine bestimmte Richtung haben sollte. Als ich das experimentell nachprüfte, stellte sich heraus, dass die Nadel auch dann drehen kann, und zwar in einem Frequenzbereich, der sich mit der Stärke des Magnetfeldes erweiterte.[19] Außerhalb dieses Bereiches war das Verhalten chaotisch. Das heißt, die Nadel drehte sich manchmal nach links und manchmal nach rechts, in einer nicht vorhersehbaren Weise. (Wenn die Feldstärke oder die Frequenz nicht allzu niedrig waren.) Das habe ich danach theoretisch erklärt und mit Computersimulationen bestätigt.

Das Magnetfeld der Ufos musste *sehr stark* sein, um bis über 100 m weit wirken zu können. Die Reaktion der Kompassnadeln bewies auch, dass die Frequenz ziemlich niedrig (etwa ein bis fünf Hz) sein kann. Direkte Messungen mit dem Magnetometer haben auch bewiesen, dass ein Ufo die Feldstärke verändern kann.[20] Ein weiterer Beweis folgt aus ringförmigen Bodenspuren. Ein eindeutiges Beispiel (Figur 10) wurde am Morgen des 11. Mai 1969 entdeckt, an der Stelle, wo Leo Paul Chaput während der Nacht ein Ufo gesehen hatte.[21]

Er war durch Hundebellen geweckt worden und begab sich nach draußen, wo er etwa 150 m von seiner Farm entfernt, ein sehr stark leuchtendes Objekt auf dem Boden stehen sah. Es hatte etwa zehn Meter Durchmesser und die Form einer Halbkugel, mit einem breiten, flachen Rand. Das Licht war so stark, dass der Zeuge nach einiger Zeit seine Augen schützen musste. Als er wieder hinsah, war das Objekt nicht mehr da. Bei Tageslicht fand er dort *eine große ringförmige Spur, wo der Boden eingedrückt und vollkommen ausgetrocknet war.* Auch die Polizei hat sie untersucht. Der äußere Durchmesser des Ringes betrug 9,6 m. Innerhalb und außerhalb dieser kreisrunden Spur war das Gras normal, aber man fand im Kreis drei runde Löcher von etwa 20 cm Durchmesser und 8 cm Tiefe. Sie waren symmetrisch verteilt und 4,5 m voneinander entfernt. Sie stammten von den Stelzen, die Ufos bei der Landung benutzen.

---

19 MEESSEN, Rotation.
20 MEESSEN, Signes.
21 BONDARCHUK, Ovnis, 70–73.

Der ausgetrocknete Boden ist folgendermaßen zu verstehen. Das diskusförmige Objekt produzierte ein magnetisches Wechselfeld, das um die vertikale Achse symmetrisch verteilt war. Wenn dieses Magnetfeld sehr stark ist, genügt sogar eine relativ niedrige Frequenz, um ein elektrisches Feld zu induzieren, das im feuchten Boden einen *Kreisstrom* erzeugt. Hier war dieser Strom so stark, dass er den Boden aufheizte, das Wasser verdampfte und die Vegetation in kurzer Zeit verkümmern ließ. Die kreisrunde Form kommt daher, dass die induzierte Stromstärke mit der Größe des eingeschlossenen magnetischen Flusses (Feldstärke mal Fläche) ansteigt, während die Feldstärke selbst mit wachsender Distanz abnimmt.

Figur 10: Bodenspur die durch die magnetische Induktion eines elektrischen Stromes entstand.

Nun musste ich mir die Frage stellen, *wie Ufos ein so starkes Magnetfeld niedriger Frequenz produzieren können,* denn das übersteigt bei Weitem unsere technischen Möglichkeiten. Um das Jahr 2002 entwickelte ich eine Theorie für *eine Kugel, deren Oberfläche supraleitend ist.* Der Spezialfall einer Kugel ist mathematisch leichter zu behandeln und genügt, um zu prüfen, ob die vielen Gleichungen (für die Supraleitung und die EM Felder innerhalb und außerhalb der Kugel, sowie alle Randbedingungen) gleichzeitig erfüllt werden können. Es ist tatsächlich möglich!

Die Grundgedanken waren: B*ei niedrigen Frequenzen genügt die quasi-statische Annäherung und man muss EM „Oberflächenwellen" produzieren.* Sie bleiben mit ihrer Quelle in Verbindung wie stehende Wellen, anstelle sich fortzupflanzen. Das vermeidet unnütze Energieverluste durch Strahlung und Detektionsmöglichkeiten. Ich habe angenommen, dass auf der Oberfläche der Kugel eine *Stromdichte* J *besteht,* die in der Äquator Ebene am stärksten ist und bis zu den Polen progressiv abnimmt (Figur 11). Dann entsteht ein *Magnetfeld* B, das sich verhält wie bei gewöhnlichen Stromspulen (durchgezogene Feldlinien in Figur 11). Für einen Wechselstrom niedriger Frequenz werden Nord und Südpol regelmäßig vertauscht, aber das Magnetfeld verändert sich synchron mit der Stromdichte.

Da die Oberfläche der Kugel *supraleitend* ist, kann das Magnetfeld nur bis zu einer geringen Tiefe eindringen. Das hat den äußerst wichtigen Vorteil, dass alles was sich innerhalb der Kugel befindet, also auch die Insassen, vor dem starken Magnetfeld und seinen Auswirkungen geschützt sind. Wir verstehen nun auch, warum Türen, die bei einer Landung geöffnet wurden, nach ihrem Verschließen keine sichtbaren Spuren hinterließen. Der elektrische Stromkreis muss geschlossen sein, besonders in der Nähe der Äquatorebene, wo er am stärksten sein soll. Nach den allgemeinen Gesetzen der Physik wird das magnetische Wechselfeld automatisch *ein elektrisches Wechselfeld induzieren.* Dessen Feldlinien sind Kreise, deren Zentren auf der Achse liegen (gestrichelte Linien in Figur 11). Das erklärt auch die kreisrunden Spuren (Figur 10). Dazu kommt noch, dass das induzierte elektrische Feld am stärksten auf der Oberfläche der Kugel ist und dort den Strom genau zur richtigen Zeit antreibt, um die Elektronenpaare, die für die Supraleitung erforderlich sind, erneut in Bewegung zu setzen. Das führt zu einer *Rückkopplung,* die notwendig ist, um fortdauernde Schwingungen zu erzeugen. Die Reihenfolge sieht so aus: elektrischer Strom → magnetisches Feld → elektrisches Feld → elektrischer Strom …

So entsteht ein *vollkommen neuartiger Regelkreis.* Die uns vertrauten Regelkreise bestehen aus *zwei* Komponenten: einem Kondensator und einer Spule.

Der Kondensator wird elektrisch geladen und so entsteht in diesem Kondensator ein elektrisches Feld, das einer bestimmten *elektrischen Energie* entspricht. Der Kondensator kann sich jedoch durch die Spule entladen und dadurch entsteht ein Magnetfeld. Die ganze elektrische Energie wird vollkommen in *magnetische Energie* umgewandelt. Der Strom fließt solange, bis der Kondensator erneut aufgeladen ist, aber nun mit umgekehrten (±) Polen. Der gleiche Prozess beginnt von Neuem und wiederholt sich immer wieder. Elektrische Energie wird dabei immer in magnetische Energie umgewandelt und umgekehrt. Das geschieht auch bei einem Pendel. Aus seiner Gleichgewichtslage gebracht, wird er angehoben und erhält so eine gewisse potentielle Energie. Losgelassen strebt er der Gleichgewichtslage zu, aber überschießt dieses Ziel. Hier wird potentielle Energie in Bewegungsenergie umgewandelt und umgekehrt.

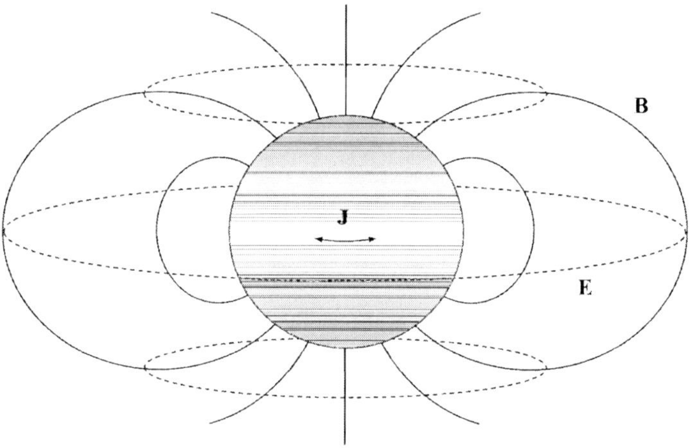

Figur 11: Die Feldlinien des elektromagnetischen Feldes, das durch oszillierenden Strom auf der Oberfläche einer Kugel erzeugt wird.

Diese Oszillatoren haben eine bestimmte Eigenfrequenz, die auch Resonanzfrequenz genannt wird. Das ist für den Ufo-Oszillator ganz anders. Er besteht aus *drei* Elementen, die in einer bestimmten Reihenfolge zusammenwirken. Die oben erwähnte Art der Rückkopplung gilt für alle Frequenzen (solange sie nicht allzu groß oder allzu klein sind). Die Gesamtenergie bleibt erhalten, weil Supraleitung keinen Energieverlust mit sich bringt. Wenn das Ufo die Luft nicht ionisieren würde, gäbe es auch im Außenraum keine Energieverluste. Für den Antrieb muss allerdings Energie aufgebracht werden, aber das machen Ufos auch nicht mit fossilen Treibstoffen. Um das Problem der interstellaren Reisen zu lösen, kam ich auf den Gedanken, dass Ufos *Dunkle Materie* benutzen. Die Theorie der Raum-Zeit-Quantelung[22] zeigt nämlich, dass man daraus Energie gewinnen kann. Diese Teilchen sind zwar elektrisch neutral, aber können doch EM-Eigenschaften haben, die ein Einsammeln ermöglichen.

Eine weitere Eigenschaft dieses Antriebsystems sollte noch erwähnt werden. Das elektrische Feld **E** ist gegenüber dem Magnetfeld **B** zeitlich so versetzt, dass das eine Feld maximal ist, wenn das andere Null ist. Die auf die elektrisch geladenen Teilchen ausgeübten Kräfte hängen aber vom Vektorprodukt der **E** und **B** Felder ab (Figur 8 und 9). Ihr Vorzeichen bleibt das gleiche, wenn beide Felder positiv oder negativ sind. Das erlaubt es, die Ionisation der Luft mit der doppelten Frequenz vorzunehmen, um die Antriebskraft zu verdoppeln. Die Kraft ist jedoch umgekehrt, wenn die Felder verschiedene Vorzeichen haben. Das ist auch vorteilhaft, denn *es genügt, abwechselnd oberhalb und unterhalb der Äquatorebene zu ionisieren,* um elektrisch geladene Teilchen über dem Ufo anzuziehen und darunter abzustoßen. Das verdoppelt noch mal die Antriebskraft.

Das gilt auch vor und hinter einem Ufo, wenn es sich seitlich bewegen soll. Außerdem folgt aus der räumlichen Verteilung der elektrischen und magnetischen Felder (Figur 11), dass man eine bestimmte räumliche Verteilung der Antriebskräfte erhält (Figur 12). Es genügt also die Verteilung der Ionisation zu modifizieren, um sogleich Richtung und Größe der gesamten Antriebskraft zu verändern. Ein solches System ist *äußerst flexibel.* Diese Theorie ist auch leicht zu verallgemeinern, um zu erkennen, dass fliegende Untertassen, zigarrenförmige Ufos und die neuerdings häufiger erscheinenden Plattformen vorteilhafter sind als Kugeln, obwohl diese auch gelegentlich beobachtet wurden.

Man könnte nun den Einspruch erheben, dass die uns bekannte Supraleitung für Ufos nicht praktisch wäre, weil sie sehr niedrige Temperaturen verlangt.

22 MEESSEN, Space-Time.

Dieses Argument können wir umkehren. *Wenn Ufos wirklich so funktionieren, wie hier vorgeschlagen wurde, dann muss Supraleitung bei Normaltemperatur möglich sein!* Das benutzte Modell erlaubt es sogar, einen logisch akzeptablen Vorschlag zu machen, wie das möglich ist. Schon das alleine ist so bedeutend, dass das Ufo-Phänomen dringend untersucht werden müsste.

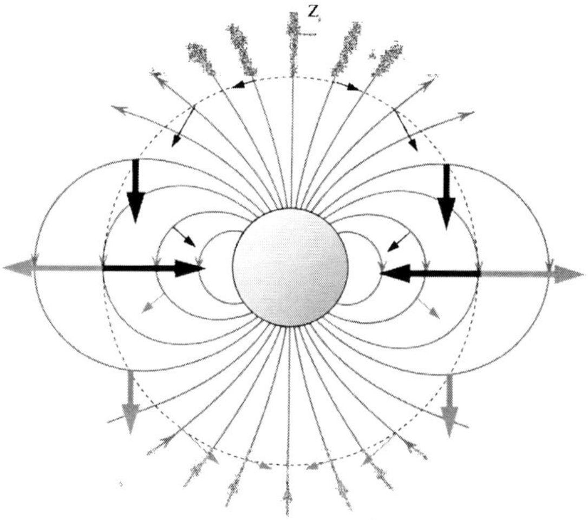

Figur 12: Magnetische Kraftlinien und Beispiele der Kräfte, die auf elektrisch geladene Teilchen ausgeübt werden.

Eine Bestätigung des PEMP Models liefert die Beobachtung, die 1974 in Togo gemacht wurde (Figur 13). Die beiden Zeugen saßen unter Palmen, etwa 50 m vom Strand entfernt, als ein Ufo von weit her näher kam. Es blieb über dem Wasser stehen und löste dort *starke Wellen* aus, die bis zu den Zeugen vordrangen. Das beweist, dass das Antriebssystem niedrige Frequenzen benutzt und *dass Ufos sehr starke Kräfte auf Wasser ausüben können.*

Das kommt daher, dass Wasser auch ionisiert werden kann, aber dort spielen dann Protonen (H^+ Ionen) die gleiche Rolle wie Elektronen in der Luft. Sie können neutrale Wasserteilchen mitreißen, während Elektronen das nicht können. Das erklärt, dass Ufos in der Luft keine großen Wirbel erzeugen (wie Helikopter) und meistens geräuschlos sind, während ihre Wirkung auf Wasser sichtbar ist. Gelegentlich wurden selbst in der Luft auch Ionen in Bewegung versetzt, was dann Geräusche und Wind auslöste. *Die Mulde* die in der Wasseroberfläche unter dem Ufo entstand (Figur 13) zeigt, dass die pulsierende Kraft unter dem Ufo so groß war, dass sie im Durchschnitt eine Vertiefung bildete.

Figur 13: Durch starke periodische Kräfte entstandene Wellen an einem Strand in Togo, am 29.03.1974.

Das ist durch die Kräfteverteilung (Figur 12) zu erklären. Man hat aber auch beobachtet, dass ein von unten kommendes Ufo zuerst einen *Wasserberg* bildete, ehe es selbst aus dem Wasser kam.[23] Nachdem es sich über die Wasseroberfläche erhoben hatte, erschien unterhalb des Ufos *eine Wassersäule,* so als ob Wasser dort kleben geblieben wäre. Der Durchmesser dieser Säule ist geringer als der Durchmesser des Ufos und sie ist axial positioniert. Das erklärt sich durch die Kräfteverteilung (Figur 12) und die Tatsache, dass Wasser nur weggetrieben werden kann, wenn es irgendwo herkommt. Carl Feindt hatte ein kluges Modell erdacht, um verschiedene Tatsachen, die beobachtet wurden, einheitlich zu beschreiben. Er sah sich aber gezwungen anzunehmen, dass Wasser durch das Ufo fließen müsste (gestrichelte Linien in Figur 14). Diese Schwierigkeit

---

23 FEINDT, UFOs.

können wir in vollkommen logischer Weise beheben, weil wir Kräfteverteilungen gerechtfertigt haben, die zwei getrennte Wasserwirbel oberhalb und unterhalb des Ufos hervorrufen.

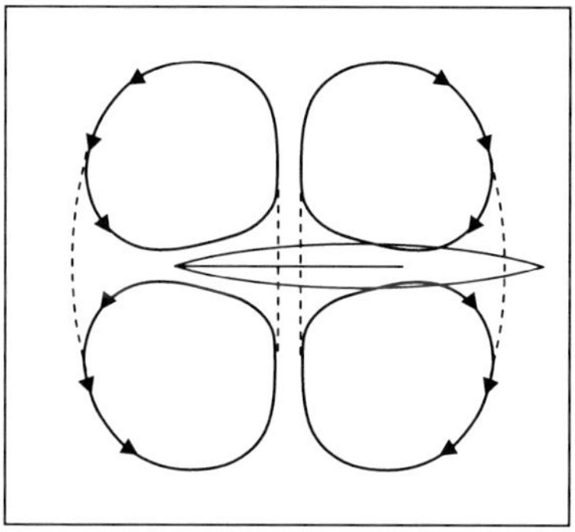

Figur 14 : Entkoppelte Flusslinien oberhalb und unterhalb eines Ufos, im Vergleich mit dem Modell von Carl Feindt (gestichelte Linien).

Schlussbemerkungen

Das Ufo-Phänomen wird zwar meistens als unseriös verpönt, aber das folgt aus mangelnder Kenntnis der beobachteten Tatsachen und aus Vorurteilen, die teilweise auf uneingestandenen Ängsten beruhen. Die eigentliche Aufgabe der *Wissenschaftler* ist dagegen die Suche nach Wahrheit. *Journalisten* müssten richtig informieren, selbst über Ufos. Auch *kulturelle und politische Führer* sollten Verantwortung übernehmen. Anstelle gleich an das Schmieden von Waffen und an die sogenannte nationale Sicherheit zu denken, müsste man sich bewusst sein, dass dieses Phänomen für alle Menschen von Bedeutung ist.

Was bedeutet das für die Frage: *Wie gewiss ist unser Wissen?* Da Wissen nicht statisch ist, sondern fortwährend erweitert und vertieft wird, leben wir eigentlich immer nur *am Rande von Gewissheiten.* Meistens sind uns nur *Annäherungen* bekannt. Sie genügen zwar für einen speziellen Bereich, aber sind nicht allgemeingültig. Neue Beobachtungsmöglichkeiten stellen uns immer wieder vor *neue Un-*

gewissheiten. Wenn man sie durchforscht, kann man jedoch bekanntes Wissen bestätigen oder es erweitern und sogar grundlegend umgestalten, wie das schon mehrmals geschehen ist. Dieser dynamische Prozess ist ein spannendes, geistiges Abenteuer. Wir müssen aber kritisch sein, um uns nicht zu verirren und gleichzeitig offen sein, um nicht noch unbeachtete Tatsachen zu übersehen. Neues Wissen wird in der Tat oft verweigert oder zumindest nicht leicht angenommen, weil das Bekannte zu sehr als das Einzige angesehen wird, das gewiss sein kann.

Das Ufo-Phänomen und die anderen angeführten Beispiele können vielleicht zeigen, dass es noch immer *große geistige Herausforderungen und mögliche Entdeckungsreisen gibt.* Einige davon können unser Weltbild sehr stark verändern. Das würde vor allem durch einen direkten Kontakt mit außerirdischen Zivilisationen geschehen. Sollen wir diese Möglichkeit einfach verdrängen oder näher untersuchen? Was gehört in dieser Hinsicht zur *Würde des Menschen als denkendes Wesen?*

Literatur

AMOND, A. u.a., *ERNAGE*, 1989, The Facts and their Analysis, 2009, Online im Internet unter http://www.cobeps.org/pdf/ernage_report.pdf [Stand 15.05.2012].

BONDARCHUK, Y., *Ovnis*, Montréal, 1979.

BUCAILLE, M., La *Bible*, le Coran et la Science, Paris, 1986.

–, Les momies des *Pharaons* et la Médecine, Paris, 1987.

CSANADY, G.T., *Circulation* in the Coastal Ocean, Dordrecht, 1982.

FEINDT, C.W., *UFOs* and Water, Physical Efffects of UFOs on Water Through Accounts by Eyewitnesses, Bloomington, 2010.

HUMPHREYS, C.J., The miracles of *Exodus*, A scientist's discovery of the extraordinary natural causes of biblical stories, San Francisco, 2003.

LEONARD, C., *Fire* Circles, 2010, Online im Internet unter http://www.atlantisquest.com/Firecircle.html [Stand 15.05.2012].

MEESSEN, A., *Space-Time Quantization,* Elementary Particles and Dark Matter, arXiv, 1108, 4883.

–, *Ball Lightning*: Bubbles of Electronic Plasma Oscillations (Part 1 and 2), International Journal of Unconventional Electromagnetics and Plasmas, 2012.

–, *Étude* approfondie et discussion de certaines observations du 29 novembre 1989, Online im Internet unter http://www.meessen.net/ AMeessen/Gileppe.pdf [Stand 15.05.2012].

¯, Étude approfondie des mystérieux enregistrements *radar* des F-16, 2007, Online im Internet unter http://www.meessen.net/AMeessen/radarF16.pdf [Stand 15.05.2012].

¯, Die *Radaraufzeichnungen*, in: UFO-Welle über Belgien, Frankfurt a. M., 1993, 497–564.

¯, The Belgian wave and the photos of *Ramillies*, 2011, Online im Internet unter http://www.meessen.net/AMeessen/Ramillies.pdf [Stand 15.05.2012].

¯, La *rotation* des aiguilles de boussoles due aux ovnis, 1994/2001, Online im Internet unter http://www.meessen.net/AMeessen/Boussole/pdf [Stand 15.05.2012].

¯, Des signes de civilisations extraterrestres ? Revue des Questions Scientifiques, 156, 1985, 443–81 und 157, 1986, 149–78, Online im Internet unter http://www.meessen.net/ AMeessen/RQSc.pdf [Stand 15.05.2012].

NOF, D./PALDOR, N., Are There Oceanographic *Explanations* for the Israelites' Crossing of the Red Sea? In: Bulletin of the Amer. Meteological Society, 73, 1992, 305–314. Auch online im Internet unter http://www.earth.huji.ac.il/data/ pics/ np_bams (1992).pdf [Stand 15.05.2012].

SMITH, E., The Royal *Mummies*, Cairo, 1912.

SOBEPS, Vague d'OVNI sur la *Belgique*. Un dossier exceptionnel, o.O., 1991.

SOBEPS, Vague d'OVNI sur la *Belgique* 2. Une énigme non résolue, o.O., 1994.

Hans Jörg Fahr

Die Welt der Realitäten – nur ein Spiel der Zahlen?

Warum sich mit der Mathematik unsere Welterkenntnis verändert

Im ersten Anschein will die Welt, wie sie sich uns zeigt, einfach nur farbig, spielerisch freudig, unterhaltsam und formenreich, – aber eben doch ansichseiend und ohne erkennbaren Bezug zu menschlicher Vernunft erscheinen. Wenn man jedoch nur lange genug über dieseWelt, wie sie uns erscheint, nachdenkt, so kommt man doch schließlich zu der Meinung, daß die Realität dieser Welt eventuell nichts anderes als ein Spiel der Zahlen, verborgen in den Proporzen des Erkennbaren sein könnte. Nicht umsonst lautete das tief empfundene Glaubensbekenntnis des Pythagoras, gewonnen aus zahllosen Erkenntnissen der Harmonielehre und der Ästethik: „Alles ist Zahl!". Zu dieser vielleicht etwas überspitzt anmutenden Erkenntnis kommt jedoch nicht, wer die Welt nur einfach naiv als Dasein konstatiert, vielmehr muss zuvor schon etwas an der Welt gemessen werden, damit Gemessenes mit anderem Gemessenen verglichen werden kann. Dann aber entdeckt man plötzlich das herrschende Gesetz der Zahlen in der Realität. Die Prinzipien aller Dinge und Erscheinungen scheinen geradezu mit den Prinzipien der Mathematik identisch zu werden. Die Mathematik steckt eben in allem, was sich überhaupt vom Verstande aus erkennen lässt. Sie ist somit die Grundlage der Realitätserkenntnis, wiewohl sie für den Mathematiker primär reine Erkenntnis ohne Weltbezug darstellt. Doch die Realität, soweit sie überhaupt verstanden werden kann, ist logisch und somit auch, und vielleicht gerade deswegen, mathematisierbar. Erst von einer erweiterten mathematischen Logik der Zukunft ließe sich demnach auch eine durchgreifende Erweiterung der Welterkenntnis in den kommenden Zeiten erhoffen.

Mathematik: Zugleich das Göttliche und das Natürliche

Im Sinne der Pythagoräischen Schule macht die Mathematik die Welt aus. Und indem sie sie ausmacht, verändert sich die Welt auch mit der Veränderung der Mathematik, so wie sie sich in den zurückliegenden Jahrhunderten vollzogen hat und wie sie sich in den vor uns liegenden Jahrhunderten wohl noch vollziehen wird. In sich sind die Wahrheiten der Mathematik sakrosankt und ewig, nicht unterworfen irgendwelchen kommenden oder gehenden Dynastien oder Gesellschaftsordnungen, auch nicht unterworfen irgendwelchen Weltideologien, ethischen Wertvorstellungen, Modetrends oder sonstigen menschlichen Existenzvoraussetzungen. Weder Hungersnöte, Weltkatastrophen, noch der Weltklimawandel können den etablierten mathematischen Wahrheiten etwas anhaben. Diese Wahrheiten haben offenbar einen unkündbaren, ewigen und somit gottgleichen Bestand. Das gerade macht wohl das Göttliche an der Mathematik aus, worüber viele helle Geister unserer Zeit ganze Bücher geschrieben haben, wie beispielsweise Clifford Pickover mit seinem Buch „Die Mathematik und das Göttliche".[1]

Die Mathematik ist aber, wenn überhaupt, nicht nur das Göttliche. Vielmehr steckt sie ja auch tief im Natürlichen verwurzelt und verankert. So ist sie also unter Umständen nicht nur das Göttliche, sie ist vielmehr gerade auch das Natürliche. Die erkannte Welt ist mathematisch konstituiert, und im Ringen um die Erkenntnis dieser Tatsache rührt der menschliche Verstand an das Göttliche in der Natur. Der berühmte Physiker und Mathematiker Hermann Weyl (1925) spricht deshalb davon, dass die mathematische Suche bei der Bemühung um Erkenntnis den Menschen an das Göttliche heranhebt. Clifford Pickover betont, die Mathematik sei der Webstuhl, auf dem Gott den Stoff des Universums webt.[2] Jedenfalls scheint die Mathematik so etwas wie das logische Gerüst oder das rationale Rückgrat der Realität zu sein. Das hat längst zuvor Pythagoras 510 v.Chr. erkannt, indem er formulierte, dass die Realität eher spirituell, und eben

---

1 PICKOVER, Mathematik.
2 Ebd.

nicht rein materiell ist, wie die meisten dies nichtsdestotrotz sehen, – sie ist eben nicht schiere, mechanische Materie.

Nun mag man sich fragen, warum das ganze Universum eine mathematische Strukturgrundlage haben sollte. Eine erste, eher witzige Antwort darauf könnte lauten: Weil sein Schöpfer ein Mathematiker ist! Zumindest aber lässt sich feststellen, dass es eine strukturmäßige Wechselbeziehung zwischen dem Kosmos und der Konstituiertheit der Vernunft gibt, die diesen Kosmos wahrnimmt. Der Kosmos stellt sozusagen einen Spiegel der reinen Vernunft dar, ohne dass er sich dadurch alleine schon zur Immanenz der Vernunft machen würde. Das lässt den Schluss zu, dass es wohl eine Ko-Evolution von Geist und Universum geben sollte. Die Welt, die wir verstehen, ergibt sich aus dem mathematischen Schattenwurf der Realität, so wie Platons Höhlenmenschen die Welt nur aus ihren Schattenwürfen an der hinteren Höhlenwand verstehen können. Universum und Vernunft sind demnach rationale Gesprächspartner füreinander. Sie sprechen die gleiche Sprache.

Auch die berühmten Denker des Mittelalters pflegten sich so auszudrücken. 1623 schreibt Galileo Galilei sein berühmtes Buch „Il Saggiatore“ (Die Goldwaage), in dem er die Vor- und Nachteile des Ptolemäischen und des Kopernikanischen Weltbildes darlegt.[3] In diesem Buch, das mit Erlaubnis des damaligen Papstes Urban VIII gedruckt und verbreitet werden durfte, schreibt er unter anderem, dass das Buch der Natur in der Sprache der Mathematik geschrieben ist. Er sagt, die Mathematik sei zwar nicht die Erklärung der Natur, doch aber sei sie die Sprache, in der sich die Natur uns mitteilt. Auf diese mathematische Sprache muss man folglich hören, wenn man Tieferes über die Natur erfahren will. Für Sir Isaac Newton erscheint die Rolle der Mathematik für das Naturverständnis noch weit größer zu sein. Nach seiner Meinung beschreibt die Mathematik nicht nur die Natur, sie erklärt sie tatsächlich auch. In seinen „Principia Mathematica Philosophiae Naturalis“[4] legt er dar, dass erst die mathematische Beschreibung der Planetenbahnen als Kegelschnittlösungen der Newtonschen Gleichungen die Natur dieser Himmelsobjektbewegungen um die Sonne herum verständlich gemacht haben, nicht aber die davor über Jahrhunderte hinweg angebotene Epizy-

---

3 GALILEI, Saggiatore.
4 NEWTON, Principia.

klentheorie der vorkopernikanischen Zeiten. Für den Zeitgenossen Newtons, den französischen Physiker Pierre Simon Laplace, ist die Bedeutung der Mathematik für die Welterfassung noch eminenter. Die Mathematik ist für ihn geradezu alles. Sie umfasst Vergangenheit und Zukunft der Natur und überlässt in ihren Erklärungen nichts dem Zufall. Wer seine Mathematik nur gut genug beherrscht, wie etwa der nach der Laplaceschen These sogenannte „Laplacesche Dämon", für den liegt das ganze Naturgeschehen wie ein offenes Buch vor.

Die Realitäten der Welt als Spiel der Zahlen

Fragen wir uns hier einmal, wie der fundamentale Weltbezug der Zahlen, den die Pythagoräer überall erkannten, wohl zustande kommt? Und wie stellt er sich im Einzelnen dar? Wir wollen dieser Sache einmal auf folgende Weise nachgehen und zum Beispiel fragen, wie sich folgende Zahlenreihe fortsetzt: 1, 3, 6, 10, 15, 21, 28, ... etc.???

Welch ein innerer Zwang fordert hier die eine Zahl als Nachfolger der vorhergehenden? Welch ein unumgänglich forderndes Gesetz steckt hinter dem Fortgang von einer zur nächsten Zahl dieser Reihe? Warum existiert keine Zahl zwischen zwei aufeinanderfolgenden Zahlen dieser Reihe. Wie bestimmt sich die Zahl, die in dieser Reihe etwa auf die oben angeführte *28* folgt? Lässt sich feststellen, ob zum Beispiel die Zahl *83* zu dieser Reihe gehört? Die Antworten auf all diese Fragen erschließen sich erst, wenn man erfährt, dass die Zahlen dieser Reihe etwas mit streng festgelegten, reellen, geometrischen Gegebenheiten zu tun haben, die nur so und nicht anders gedacht werden können, die Realität dieser Gegebenheiten ist nun eben einmal so – und nicht anders.

Man erkennt dies, sobald man erfährt, dass die obige Zahlenreihe die Reihe der Pythagoräischen Dreieckszahlen ist, wie sie exemplarisch in der Abbildung 1 vorgeführt wird. Zahlen von Punkten also, wie sie zur Darstellung von Dreiecksfiguren nötig sind, die immer wieder auf das gleiche Grundelement, ein gleichseitiges Elementardreieck zurückgreifen. Die einzelnen Dreiecke dieser Reihe ergeben sich, von einem zum nächsten Pythagroräischen Dreieck fortschreitend, indem man Schritt für Schritt die Basis des Dreiecks um einen

Schritt vergrößert, sodass jedoch dabei natürlich immer wieder gleichseitige Dreiecke von größeren und größeren Ausmaßen zustandekommen. Jetzt werden diese Dreieckszahlen als Realitätsmarken abzählbar und zuordnenbar.

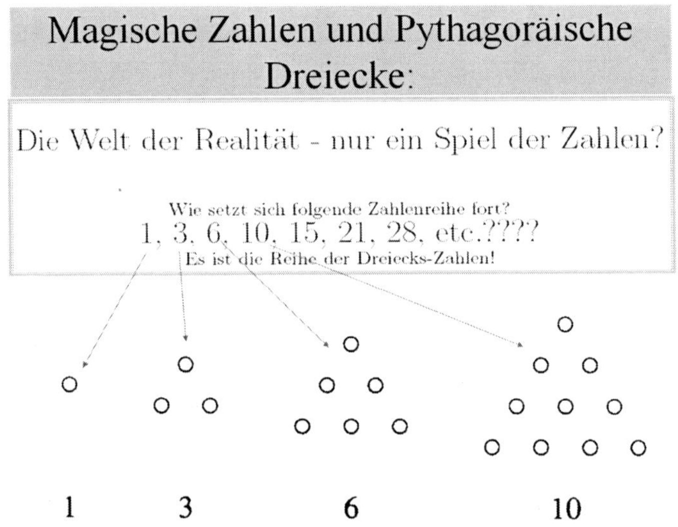

Abbildung 1: Pythagoräische Dreiecke.

So lässt sich auf einmal absehen, dass sich zwei pythagoräische Dreiecke der Ordnung n aus einem Punkterechteck aus n mal $n+1$ Punkten erzeugen lassen. Somit ergibt sich die Dreieckszahl der Ordnung n durch den einfachen Algorithmus:

$$D_n = \frac{1}{2} n \cdot (n+1)$$

Jetzt – nach dieser Erhellung des Hintergrundes, vor dem diese Zahlen sich ergeben, sieht man schnell und einfach ein, dass sich die Pythagoräischen Dreieckszahlen der Reihe und Ordnung nach durch den obigen Algorithmus erzeugen lassen. Auch Dreieckszahlen höherer Ordnung sind nun kein Mysterium mehr. Zum Beispiel die hundertste Dreieckszahl ergibt sich ganz einfach zu: $D_{100} = 5050$, die tausendste zu $D_{1000} = 500500$, und die zehntausendste zu $D_{10000} = 50005000$. Die früher gestellte Frage, ob die Zahl "83" auch zu den Pythagoräischen Dreieckszahlen gehört, läß t sich nun ganz einfach mit *Nein* beantworten, weil es keine ganze Zahl n gibt, für die gilt: $n(n+1) = 2 \cdot 83 = 166$.

Mit den Dreieckszahlen ist noch ein weiterer überraschender Umstand verbunden, nämlich der, daß die Summe zweier aufeinanderfolgender Dreieckszahlen eine Quadratzahl ergibt; also: $D_{n-1} + D_n = Q_n$. Auch das kann man leicht aus dem vorgegebenen Algorithmus erschließen, denn es gilt

$$D_{n-1} + D_n = \frac{1}{2}(n-1) \cdot n + \frac{1}{2} n \cdot (n+1) = n^2 = Q_n.$$

Außerdem ist es überaus interessant zu wissen, dass , wie Roger Nelsen in sehr anschaulicher Weise in seinem Buch „Beweise ohne Worte“ zeigt[5], die Summe der reziproken Dreieckszahlen, also $\sum_1^\infty (1/D_i)$, identisch gleich *2* ist; trotz unendlich vieler Summanden ergibt sich also hier eine endliche Zahl als Summe, wie man sogar überraschenderweise einfach auch aus der Anschauung entnehmen kann.

Und noch etwas anderes erschien den Pythagoräern erstaunlich. Nimmt man zum Beispiel das Dreieck der Ordnung $n = 4$ mit der Dreieckszahl $D_4 = 10$, das die Griechen Tetraktys nannten, so finden sich in ihm als Verhältnis der Punkte auf den einzelnen Dreiecksebenen überraschenderweise die wichtigsten in der Musik bekannten Harmonien. So ergeben sich in ihm als einfache Punktverhältnisse die musikalischen Frequenz-Verhältnisse: $4:3 = Quarte$; $3:2 = Quinte$ und $2:1 = Oktave$. Genau diese Verhältnisse aber lassen beim Anhören durch das menschliche Ohr besondere Harmoniengefühle aufkommen.

Wieso aber sollte Mathematik etwas mit der Harmonienlehre in der Musik zu tun haben? Ist alles Erscheinende denn wirklich nur eine Magie der Zahlen? Diese Erkenntnis brachte dereinst Pythagoras zu der weltbewegenden Behauptung „Alles ist Zahl“. Er und seine Schule leiteten diese Einsicht aus

---

5 NELSON, Proof.

Erkenntnissen der Harmonienlehre und der Ästethik her. Die Kraft der Zahlen und der Mathematik beherrscht aber noch viel mehr. So beherrscht sie offensichtlich auch den Himmel und alle Bewegungen der himmlischen Objekte, wie insbesondere der Planeten und des Mondes. Sie erlaubt den Schattenwurf geometrischer Körper auf bestimmten Flächen auszurechnen, die Höhe des Kölner Domes aus einfacher Triangulation und den Radius der Erde aus dem Verschwinden eines Schiffes am Meereshorizont.

In naiver Ansicht drückt die Welt zunächst keine Zahlen und keine mathematischen Befindlichkeiten aus. Erst wenn mit dem Weltengut in ganz bestimmter, nicht-naiver, nicht nur konstatierender, Weise umgegangen wird, so zeigt sich das Mysterium der Zahlen darin. Es muss eben zuerst im mathematisierten Ebenbild der Natur im menschlichen Verstand zu Zahlenzuordnungen und daraus hervorgehenden Zahlenverhältnissen kommen. Dann erst fällt die mathematische Binnenstruktur der Realität auf. An der Welt muss immer zunächst etwas gemessen werden, so dass das Gemessene mit anderem Gemessenen verglichen werden kann. Erst dann erkennt man das Gesetz der Zahlen in oder hinter der Realität. Dann aber stellt sich auch sehr bald die Erkenntnis ein: Die Prinzipien aller Dinge scheinen geradezu mit den Prinzipien der Mathematik identisch zu sein.Wie aber kommt nun die Zahl ins Spiel?

Das Bestreben, das Weltengut zu ordnen, die Welt in ihren Kommensurabilitäten, Vermeßbarkeiten und Vergleichbarkeiten, zu ertasten, Maße zu finden, und mit ihnen das Gegebene zu vergleichen, das bringt automatisch Zahlenverhältnisse hervor, mit denen man sich dann plötzlich mathematisch auseinandersetzen kann. Erst damit stellt sich heraus, dass eigentlich nur dasjenige an der Welt, das sich logisch einwandfrei denken lässt, auch das Reale dieser Welt zu sein scheint. Das Reale ist eben immer auch logisch widerspruchsfrei denkbar! Das logisch Widersprüchliche dagegen kann nicht real sein! So zum Beispiel: Geraden, die durch einen Punkt gehen, können nicht parallel sein. Ein Dreieck mit einer Binnenwinkelsumme von 280 Grad existiert nicht! Zumindest nicht in unserer euklidischen Welt, derjenigen Geometrie, in der wir unsere unmittelbare Welt verstehen! Einen Kreis mit vier Ecken gibt es nicht! Ein rundes Viereck gibt es ebenso wenig, etc. etc.

In menschlichem Reden kommt es immer wieder zu Meinungen, Aussagen, Behauptungen, Widerrufungen, Für- und Wider-Abwägungen, ganz selten aber zu Gewissheiten. In diesem Sinne waren mathematische Lehrsätze aus dem alten Griechenland eine völlige Novität, etwas das zuvor unter menschlichem Gerede nie vorgekommen war. Die berühmten Lehrsätze der Mathematik, sowie etwa der Satz des Pythagoras (510 v.Chr.) oder der Satz des Thales (624 bis 546 v.Chr.), sie und alle anderen mathematischen Lehrsätze können „bewiesen" werden und unterliegen danach, also nachdem der Beweis erbracht ist, keinem weiteren Zweifel mehr. Bei den in diesen Lehrsätzen gemachten Aussagen handelt es sich also nicht um Meinungen oder Dafürhalten, es handelt sich um Wahrheiten, für die es Beweise gibt, die sich vor dem menschlichen Verstand hieb- und stichfest erbringen lassen. Die Beweisbarkeit von Aussagen stellte zu Zeiten des Thales oder des Pythagoras eine absolute Novität dar. Hieraus leitete sich eine Wahrheit her, die sich nicht auf ein Dekret einer etablierten Staatsmacht oder irgendwelcher bevorzugten Oligarchen stützen musste. Alle nichtmathematischen Aussagen lassen immer auch den Zweifel an der oder die Umdeutung der Aussage zu. Anders bei mathematischen Lehrsätzen. Der für sie einmal erbrachte Beweis lässt danach nie mehr einen Zweifel zu! Weder jetzt, noch dereinst! Und obendrein ist noch überaus interessant zu wissen, dass die Gültigkeit des Pythagoräischen Lehrsatzes von der Flächengleichheit des Hypothenusenquadrates und der Summe der Kathetenquadrate im rechtwinkligen Dreieck ($c^2=a^2+b^2$) nicht nur mathematisch, sondern unglaublicherweise sogar auch praktisch, also anhand vorfindbarer, nachweisbarer Realitätsverhältnisse in der Natur nachgewiesen werden kann.

Das zeigt zum Beispiel ein drehbares Gerät, das ein in die dritte Dimension erstrecktes, rechtwinkliges Dreieck mit angeflanschtem Hypothenusenquadrat und Kathetenquadraten auf sich montiert trägt. Die entsprechenden Körper sind über Öffnungen miteinander verbunden, durch die Flüssigkeit von einem zum anderen Körper überfließen kann und dies unter Schwerewirkung tatsächlich auch tut (siehe Abbildung 2). Es ergibt sich somit ein System kommunizierender

Körper, mit dem dann gezeigt werden kann, dass die Flüssigkeitsmenge aus den beiden Kathetenkörpern genau in den Hypothenusenkörper hineinpasst.[6] Die Realität kann also auch, und zwar zunächst unabhängig von der Mathematik, die Richtigkeit des Lehrsatzes von Pythagoras beweisen, allerdings darf man nicht vergessen, dass man ohne den Lehrsatz des Pythagoras niemals auf eine solche Körperanordnung gekommen wäre, mit dem die Pythagoräische Sachverhalt nachzuweisen ist. Es steckt somit bereits sehr viel Mathematik auch im Zugang auf und Umgang mit der Natur impliziert.

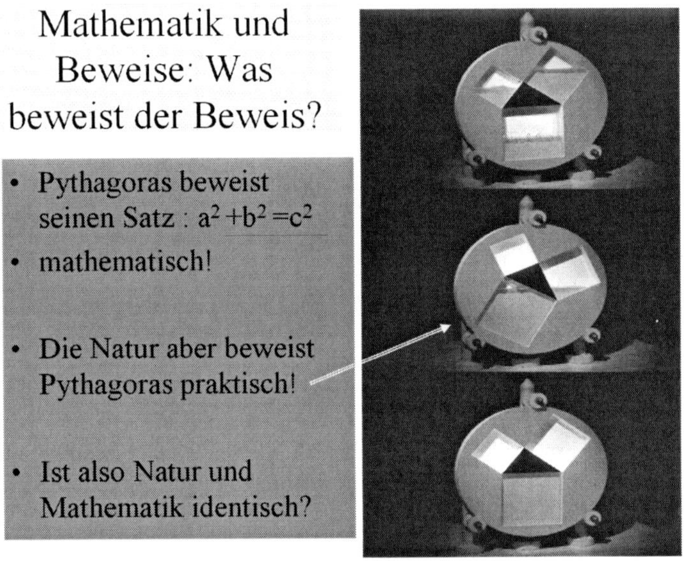

Abbildung 2: Die Pythagoräische Mühle.[7]

Hierbei besteht ein solcher Beweis in der systematischen Rückführung der jeweiligen Satz-Aussage mit den Mitteln der Logik auf die elementarste Basis einfachster und elementar evidenter Grundtatsachen, wie etwa den mathematischen

---

6 BEHRENDS, Beweise.
7 Ebd.

Axiomen oder den Grundtatsachen der Logik. Es geschieht hierbei also eine Deduktion durch Reduktion auf das Einfachere, bis hin schließlich zum Einfachsten – dem elementar Einsehbaren. In solchen Deduktionen geht es immer wieder um die Feststellung von Vernetzungen logischer Fakten, um Verankerungen, um Wechselbezüge und Zusammenhänge, die letzten Endes die Struktur der Realität erkennbar machen und wohl auch ausmachen. Das Netz der mathematischen Logik – aufgebaut auf ihrer Axiomatik – liefert also dabei gleichzeitig die Struktur der Realität. Die Realität stützt sich seltsamerweise auf mathematische Wahrheiten ab. Zwar existiert nicht alles Denkbare schon deswegen auch gleich, weil es logisch denkbar ist, aber alles Existierende ist jedenfalls logisch widerspruchsfrei angelegt. In etwa so wie in Platons Höhlengleichnis, an dem sich zeigen soll, dass die erscheinende Realität nichts anderes als das Spiel der mathematisierten Schatten der Wirklichkeit ist, ein Spiel allerdings eben, das immer auch in sich logisch geführt ist.

Mathematik steckt also letztlich in allem, was sich überhaupt erkennen lässt. Das mögen die Steine von Stonehenge sein, die ägyptischen Pyramiden, die geographische Landvermessung, die Höhenvermessung von Bergen und Gebäuden ..., in all dem herrscht die Wahrheit der Trigonometrie! Lichtprojektionen von Gegenständen auf Flächen, Winkelsummen in Dreiecken, Kreisumfänge und Durchmesser, ganz gleich; die Mathematik liefert jeweils die Fundamente der Realität! Und diese Mathematik ist dabei nach allgemeiner Ansicht unabhängig auch vom Wesen des Menschen und seiner Gehirnstruktur. Auch Marsmenschen wären den mathematischen Wahrheiten unterworfen. Sie ist ewig existent nach platonischen und heutigen Vorstellungen. Mit der reinen Vernunft erschaut der Mensch die mathematischen Zusammenhänge. Mathematische Sätze werden nicht *erfunden*, sie werden in einem ideellen Reich immer gültiger Zusammenhänge und Wahrheiten *gefunden*, als Folge einer gezielten Suche aufgrund einer manifesten Frage – so wie verborgene Schätze in einer Welt idealisierter Objekte.

Wie Kempermann in seinem Buch „Kostproben aus der Zahlentheorie“[8] an vielen Einzelbeispielen zeigt, greifen viele mathematische Beweise mit der durch sie gemachten Aussage direkt auf eine dahintergestellte Wirklichkeit zu.

8 KEMPERMANN, Kostproben.

Sie verfügen geradezu in besonderer Weise über die Wahrheit der Wirklichkeit. So hat Carl Friedrich Gauss in seinem Fundamentalsatz der Algebra gezeigt, dass ein Polynom *n–ten* Grades, also ein Ausdruck der Form $\sum_{i=0}^{n} A_i x^i = 0$, n komplexe Lösungen hat.[9] Dies scheint zunächst einmal eine rein mathematische Wahrheit zu formulieren. Jedoch wenn man weiß, dass viele physikalische Gleichungen, mit denen das Naturverhalten in irgendeinem Realitätsbereich beschrieben werden soll, auf solche Polynome irgendeines Grades n hinauslaufen, dann bekommt der Gausssche Fundamentalsatz sogleich den zusätzlichen Anstrich, eine Aussage über die Natur zu machen. Für einen Naturvorgang, der durch ein solches Polynom des Grades n beschrieben wird, muss es also auch n Lösungen geben. Mit einer einzigen Lösung allein kann man sich also unter diesen Umständen nicht zufriedengeben, sondern muss gewärtig sein, dass die Natur auch noch weitere Lösungen realisiert. Lösungen physikalisch-mathematischer Gleichungen stehen also im Range von Wurzeln der Realität! Warum nur? Es stellt sich hier die Frage: Warum kann Mathematik Naturbeschreibung liefern? Ist die Natur vielleicht selbst mathematisch?

An dieser Stelle regt sich der Verdacht, Mathematik könne tatsächlich die naturgegebene Ausdrucksweise der Natur und des Universums im Ganzen sein. Letzteres hat der Menschheit über ihre transzendentale Qualität erst die Mathematik nahegelegt, suggeriert oder geliefert. Vielleicht wird Mathematik aus der Naturanschauung erlauscht oder entlehnt, ist also eine Erscheinung der Anpassung der menschlichen Vernunft an die Realwelt.

Trotz Galileis, Newtons, Fouriers oder Maxwells Erfolgen, die Natur mathematisch zu beschreiben, scheinen sich dennoch immer wieder einige Widerstände bei solchen Beschreibungsversuchen zu ergeben. Einige Dinge aus mathematischen Kontexten scheinen sich auf der Basis der vorhandenen Zahlenmathematik eher nicht zur Naturbeschreibung eignen zu wollen. So ließen sich die Pythagoräer, die nur die ganzen Zahlen und die rationalen Zahlen, also Verhältnisse aus ganzen Zahlen, kannten, zutiefst im Mark erschüttern, weil bestimmte Wirklichkeiten mit diesen Zahlenkörpern nicht ausdrückbar zu sein schienen. So etwa die Diagonale eines realen Quadrates! Diese hat sicherlich

---

9 DAVIS/HERSH, Mathematik.

und evidenterweise eine echte Länge, wie man unumwunden glauben mag, wenn man sich in einem in natura vorliegenden Rechteck diese Diagonallinie aufmalt. Und dennoch wird diese Linie mathematisch durch eine Irrationalzahl repräsentiert, deren Maß man nicht in einer endlichen Dezimalzahl als Verhältnis zweier ganzer Zahlen angeben kann. Das brachte seinerzeit das griechische Weltbild total ins Wanken, gemäß dem alle Gegebenheiten der Welt durch ganze Zahlen oder Verhältnisse solcher Zahlen ausdrückbar sein sollten. Eine sogenannte „Irrationalzahl" zuzulassen, damit man die Länge der Diagonalen ausdrücken kann, schien damals die Reinheit der Mathematik infrage zu stellen.

Primzahlen dagegen passen in die griechische Idealwelt vollkommen reibungslos hinein, denn es sind ja ganze Zahlen lediglich mit der Zusatzeigenschaft, dass sie nur durch *1* und durch sich selbst, bei Erhalt der Ganzzahligkeit, teilbar sind. Wiewohl also besondere Zahlen, so sind es doch aber im griechischen Sinne unanstößige „anständige" Zahlen. Allerdings will es bis heute so scheinen, dass diesen Primzahlen in der Realwelt offenbar, zumindest bisher, keine Bedeutung zukommt. Vielleicht aber wird eine Physik der Zukunft feststellen können, dass sich auf der Basis der Primzahlen wichtige physikalisch relevante Projektionsalgorithmen aufbauen lassen. Das wäre aber erst noch abzuwarten.

Auch andere Phänomene weisen darauf hin, dass die moderne Mathematik viel mehr kann, als sich zum heutigen Zeitpunkt zur sinnvollen Erfassung der Welt verwenden und nutzen lässt. So zum Beispiel sind Beziehungen in höher als dreidimensionalen Räumen mathematisch gut beschreibbar aber für die Naturbeschreibung scheinen sich bisher nur dreidimensionale Welten, maximal vielleicht vierdimensionale Darstellungen zu eignen. Warum der Vorzug der räumlich dreidimensionalen Darstellung? Warum nutzt die Natur nicht alles, was die Mathematik behandeln kann? Ergibt sich dies alles nur wegen überkommener Denk- und Darstellungskonventionen? Was ist, wenn wir diese Konventionen ändern? Ändert sich dann unsere Welt, oder verstehen wir sie dann lediglich in erweiterten Maßen? Vielleicht erweisen sich ja die Primzahlen in naher Zukunft als der geeignete Projektionsalgorithmus in der nichtlinearen Physik der Zukunft, die freilich erst noch geschaffen werden muss?

Der Erfolg der griechischen Mathematik gründete sich ausschließlich auf das Reich der natürlichen oder der ganzen Zahlen, unter Ausschluss der negativen. Die Primzahlen waren hierbei eingeschlossen und stellten im Grunde vom Zahlentypus her nichts besonderes dar. Mithilfe der natürlichen oder ganzen Zahlen ließen sich auch beliebige Zahlenverhältnisse herstellen, die dann den Körper der rationalen oder gebrochenen Zahlen aufbauten. Alle rationalen Zahlen lassen sich auch als Dezimalzahlen mit endlicher Ziffernfolge nach dem Komma darstellen. Alle zusammen machen dann den Körper der algebraischen Zahlen aus.

Wie schon angesprochen, müssen daneben aber irrationale Zahlen zugelassen werden, damit bestimmte geometrische Gegebenheiten der Natur angemessen ausgedrückt werden können. Hierbei geht es nicht nur um Diagonalen von Quadraten oder Rechtecken, von Kuben oder Quadern, vielmehr sind auch bestimmte aus der Ästhetik stammende Anforderungen ohne Irrationalzahlen nicht zu erfüllen. So zum Beispiel die Forderung des „Goldenen Schnittes“: Man teile eine Strecke so in zwei Teile, dass die kürzere zur längeren Strecke im selben Verhältnis steht wie die längere Strecke zur Gesamtstrecke! Wählt man hier die kürzere Strecke zu einer Länge *1*, so ergibt sich die längere Strecke zu einer Länge *x* zu

$$x = \frac{1}{2}(1+\sqrt{5}) = 1.6180............$$

Man sieht also, dass sich hier eine Irrationalzahl ergibt. Ohne Irrationalzahlen ist demnach das oben geforderte Kriterium der Ästhetik, nämlich die Forderung des Goldenen Schnittes, nicht zu erfüllen.

So hängt es, ganz allgemein gesprochen, insgesamt auch immer an solchen Forderungen im Umgang mit der Umwelt, also bei Bemessung oder Einrichtung bestimmter Gegebenheiten, ob man diese Forderungen im Rahmen der vorhandenen Zahlen erfüllen kann oder nicht. Wenn nicht, so stellt sich an dieser Stelle der Bedarf nach einer neuen Art von Zahlen heraus, die man braucht und einführen muss, um solchen Forderungen gerecht werden zu können. Über eine solche Forderung nämlich, die den Umfang eines Kreises mit dem Radius *1* auszumessen, stellt sich auch heraus, dass man zu den algebraischen Zahlen noch weitere Zahlen, nämlich die nicht-algebraischen, transzendenten Zahlen hinzunehmen muss. Die in diesem Zusammenhang wichtigste Transzendentalzahl ist die Zahl $Pi = \pi = 3.14156...$ mit der man den geforderten Kreisumfang dann zu $U=2\pi$, ausrechnen und angeben kann.

Eine weitere, wichtige Transzendentalzahl ist die Eulersche Zahl e, die die Zahl des natürlichen Proportionalwachstums ist, also die Zahl mit der allein man eine Gleichung der folgenden Form lösen kann:

$$\frac{d\mu}{dt} = a \cdot \mu$$

wenn μ eine bestimmte mathematische oder physikalische Größe gegeben zur Zeit t ist, deren Veränderung in der Zeit t, also $d\mu/dt$, proportional zu dieser Größe selbst ist. Dann findet man nur eine Lösung dieser Gleichung mit der transzendenten Eulerschen Zahl $e = 2.718...$ gegeben durch

$$\mu(t)=\mu_0 \cdot e^{a \cdot t}$$

Bestimmte neue Zahlen, wie zum Beispiel die oben erwähnten transzendenten Zahlen, erweisen sich demnach oft als unausweichlich notwendig, weil bestimmte mathematische, oder dahinterstehende physikalische Forderungen, formuliert in bestimmten Formen mathematischer Gleichungen, ansonsten überhaupt nicht gelöst werden könnten. Und wer wollte schon gerne mit einer Natur leben, deren Geschehen wohl zwar mathematisch formuliert werden kann, ohne dass allerdings für eine solche Formulierung eine Lösung angegeben werden könnte? Das wäre ja dann förmlich wie die Gleichung, die den Flug eines Objektes im Erdschwerefeld angeblich richtig beschreibt, ohne dass man, schon allein aus prinzipiellen Gründen, eine Lösung dieser Gleichung angeben kann.

Nun sollte man ja meinen, dass der Aufbau des mathematischen Zahlenkörpers aus sehr unterschiedlichen Zahlentypen den Zerfall der Mathematik in verschiedene, voneinander getrennte, nicht miteinander kommunizierende Disziplinen bedingt. Dem ist jedoch nicht so. Die verschiedenen Zahlentypen lassen vielmehr eine amalgamhafte Verschmelzung miteinander zu. Algebraische und transzendente Zahlen treten zum Beispiel gemeinsam in einem mathematischen Ausdruck auf, der eine Gausssche Fehlerverteilung beschreibt. Diese auf Carl Friedrich Gauss zurückgehende Entdeckung der statistischen Fehlerverteilung bei aufeinanderfolgenden, voneinander unabhängigen Messungen einer physikalischen Messgröße μ, dargestellt durch die Gausssche Glockenkurve, sieht folgendermaßen aus:

$$W(x) = \frac{1}{\sigma\sqrt{2\pi}} e^{-\frac{(x-\mu)^2}{2\sigma^2}}$$

und zeigt eine Verschmelzung algebraischer Zahlen mit den transzendenten Zahlen π und e. Durch die verschiedenen Zahlentypen werden in der Mathematik folglich keine voneinander hoffnungslos getrennten, isolierten Inseln definiert, sondern es ergeben sich durchaus Brücken und Verbindungen zwischen ihnen.

Bedenkt man, dass es zusätzlich zu den schon erwähnten Zahlentypen auch noch, wie es scheinen will, qualitativ völlig andere Zahlentypen gibt, die man im Unterschied zu den bisher genannten „reellen Zahlen" „imaginäre" Zahlen nennt, dann lässt dies eine Vereinheitlichung solcher qualitativ so verschiedener Zahlentypen durch gemeinsame mathematische Algorithmen zunächst einmal kaum möglich erscheinen – und dennoch gibt es sie!

Bestimmte Lösungen von Polynomen führen zum Beispiel auf Quadratwurzeln aus negativen Zahlen, die im Rahmen der reellen Zahlen nicht vorkommen. Die Quadratwurzel aus x, also $y=\sqrt{x}$, sollte ja per definitionem die Zahl y sein, deren Quadrat gleich x ist, also $y^2=x$. Wenn man jedoch eine reelle Zahl mit sich selbst multipliziert, dann kommt, ganz gleich, ob diese Zahl positiv oder negativ ist, dabei immer eine positive Zahl heraus. Wenn die Zahl x jedoch negativ ist, also etwa $x=-|a|$, so gibt es keine reelle Lösung der Gleichung $y^2=-|a|$. Diese Gleichung hat nur dann eine Lösung, wenn man sogenannte „imaginäre" Zahlen einführt und verfügt, dass $i=\sqrt{-1}$ ist. Damit ist nun ein ganz neuer Typus von Zahlen eingeführt worden, der mit den reellen Zahlen zusammen den Zahlenkörper der „komplexen" Zahlen aufbaut. Deshalb heißt es auch im Fundamentalsatz der Algebra, dass ein Polynom n-ten Grades $\sum_{i=0}^{n} A_i x^i = 0$ im allgemeinen n voneinander verschiedene, allerdings komplexe Lösungen hat. Hierbei versteht man die komplexe Zahl Ψ als eine Summe einer reellen und einer imaginären Zahl, also $\Psi = Re(\Psi) + iIm(\Psi)$.

So sehr dies nun aber klar zeigt, wie qualitätsfremd reelle und imaginäre Zahlen sind, so sehr kann einen dann auch wieder wundern, dass es zwischen allen diesen Zahlen viele wunderbare Vereinigungen gibt. Die wunderbarste dieser Vereinigungen trifft man so zum Beispiel in dem Ausdruck

$$0 = 1 + e^{i \cdot \pi}$$

an. Hierin findet man algebraische, transzendente, reelle und imaginäre Zahlen miteinander vereinigt in einem einzigen mathematischen Algorithmus.

Der Vollständigkeit halber wird der Außenstehende spätestens jetzt dann aber fragen wollen: Gibt es denn vielleicht noch andere Zahlen, solche, die hier bisher noch nicht erwähnt wurden? Und benötigt man sie unbedingt? Letztere Frage lässt sich nach vorliegenden mathematischen Erfahrungen immerhin schon einmal formal beantworten. Weitere neue Zahlentypen würde man dann benötigen, wenn sich herausstellt, dass es Formen mathematischer Gleichungen gibt, die man ansonsten ohne solche neuen Zahlentypen nicht lösen könnte. Gibt es aber solche Gleichungen, die im Rahmen des bisherigen Zahlenkörpers keine Lösungen haben? Soweit wir heute wissen, ist dies glücklicherweise, – aber auch überraschenderweise –, nicht der Fall! Das sieht fast nach einer Abgeschlossenheit der heutigen Mathematik, und damit nach einer Abgeschlossenheit der überhaupt möglichen Welterkenntnis aus! Die Zukunft der Mathematik wird jedoch erst zeigen, ob wir in diesem Punkte vielleicht doch noch einmal umlernen müssen. Begeben wir uns deswegen schon einmal zusammen mit kommenden Generationen denkender Menschheit „auf die Suche nach der vergessenen Zahl“.

Mathematische Modellbildung und die Simulation der Wirklichkeit

Eine geradezu frappierend starke Verbindung zwischen Mathematik und Wirklichkeit zeigt sich an der heute mithilfe leistungsfähiger Großrechner gegebenen Möglichkeit, die naturwissenschaftlichen Facetten des verborgenen Lebens abgeschlossener, physikalischer Systeme zu simulieren, also die Natur im Rechner nachzubilden. Die ganze Komplexität konzertiert ablaufender, ineinander verwobener physikalischer Prozesse, die weder mit der Verstandeskraft eines einzelnen Menschen vorstellbar sind, noch sich durch Messungen oder Dokumentationen erfassen lassen, lassen sich in geeignet angelegten physikalischen Simulationen dem wachen geistigen Auge des Beschauers oder Interpreten regelrecht vorführen und auf alle sich ergebenden physikalischen Eigenschaften hin hinterfragen und analysieren. In solchen Simulationen sieht man förmlich ein Bild der naturwissenschaftlich, also nach rationalen Maximen funktionierenden Wirklichkeit, die ansonsten auf keine andere Weise einer synoptischen Betrachtung zugänglich wäre.

Das heißt aber schlicht, dass mathematische Modelle die Natur begreifen helfen können, indem sie uns die undurchschaubaren Zusammenspiele physikalischer Gesetze im Ergebnis vorstellen. Wieso aber sollten uns mathematische Modelle die verborgene Natur der Welt begreifen lassen? Offenbar lässt sich eine essentielle Kognition durch mathematische Repräsentation gewinnen. Wir beziehen also unsere Welterkenntnis über die Sprache der Mathematik in Form von repräsentativen Symbolen, Variablen, Gleichungen bis hin zur mathematischen Modellbildung. Das ist in sich so faszinierend, dass man sich diesen Zusammenhang doch einmal genauer ansehen sollte. Es geht also hierbei stets darum, die Realität durch ein mathematisches Modell abzubilden, über dessen intern mathematische Prozess-Abläufe, gegeben durch rechnergenerierte, graphisch darstellbare Lösungen, die eigenmächtige Dynamik der physikalischen Realität verstanden werden kann. Hier zeigen die letzten Jahrzehnte moderner computer-gestützter Naturwissenschaft eine zunehmende Mathematisierung der Naturbeschreibung auf, und es lässt sich mit Sicherheit erwarten, dass mit den in naher Zukunft sich noch erheblich erweiternden, mathematischen Möglichkeiten und Algorithmen kommende Rechnergenerationen immer weitere neue Naturerkenntnisse liefern können. Damit in diesem Punkte nicht alles nur reine Theorie bleibt, wollen wir uns nachfolgend zwei essentiell unterschiedliche Beispiele zu großrechnergestützten Simulationen aus der physikalischen Praxis ansehen. Zum einen das Modell der Heliosphäre, zum anderen das Modell der modernen Urknallkosmologie.

Die Physik und Mathematik direkt hinter der Natur

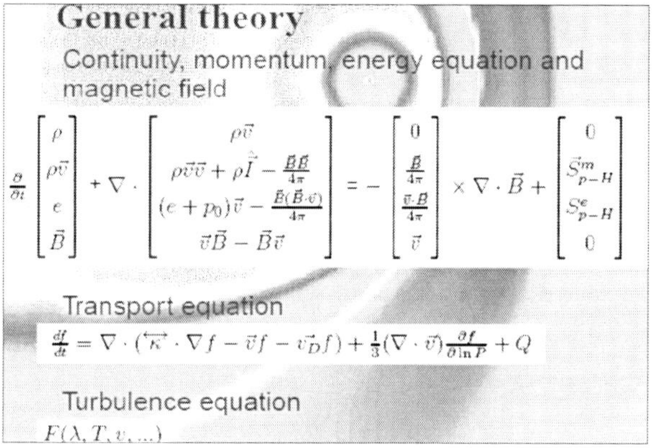

Abbildung 3: Das System simultan zu lösender Erhaltungsgleichungen für die Heliosphäre.[10]

Das Simulationsmodell der Heliosphäre liefert eine Antwort auf die ungelöste Frage, wie sich ein gasspeiendes stellares Zentralobjekt wie unsere Sonne mit ihrem aus der Sonnenkorona entspringenden Sonnenwind bei seiner Bewegung durch das umgebende, interstellare Medium strömungsmäßig arrangiert. Die mit dieser Frage umfassten Weiten physikalischen Niemandslandes werden niemals mit Hilfe von Messsonden in toto diagnostiziert werden können. Weiter kann hier also nur die Besinnung darauf führen, wie sich die Physik der miteinander ringenden Wechselwirkungen in diesem physikalischen System zwischen einem Innen und einem Außen arrangiert. Interessanterweise hat sich in den letzten Jahrzehnten ergeben, dass sich das Verhalten der gegeneinanderlaufenden Materieströmungen in diesem System wie das Aufeinandertreffen zweier Flüssigkeiten behandeln lässt. Da aber die gesamte Physik von Flüssigkeiten umfassend durch die Hydrodynamik beschrieben werden kann, so wendet man in der Simulation der Heliosphäre einfach die bekannten Erhaltungsgleichungen der Hydro-

10 FAHR, Sun.

dynamik an, gibt entsprechend glaubwürdige Randbedingungen auf dem Innenrand und dem Außenrand des Systems an und integriert auf einem räumlichen Maschennetz die benutzten Differentialgleichungen in der Computerzeit, bis sich ein stationärer Zustand einstellt. Abbildung 3 zeigt, welche Gleichungen hierbei auf einem freien Maschennetz, einem sog. diskreten Gitter, integriert werden müssen.

Das grundsätzliche Bild der physikalisch bedingten Wechselwirkungsformationen ergibt sich gemäß der schematischen Darstellung in Abbildung 4. Hierin zeigt sich, dass es zur Ausbildung verschiedener typischer Wechselwirkungsflächen kommt, von denen die Sonne umgeben sein sollte. Der überschallschnelle Sonnenwind muss zunächst durch eine innere Schockfläche, den „Termination Shock", hindurchtreten, an der er in eine Unterschallströmung verwandelt wird. Diese trifft danach auf eine Trennfläche, die Heliopause, an der solare und interstellare Strömungen voneinander getrennt in eine Schweifregion der Heliosphäre abgeleitet werden. Vor der Heliopause wird ein weiterer interstellarer Schock erwartet, an dem das überschallschnell anströmende, interstellare Gas auf Unterschall abgebremst wird. Damit entsteht dann insgesamt das in Abbildung 4 wiedergegebene schematische Bild der heliosphärischen Wechselwirkungsformation.

Was die Wirklichkeitsnähe solcher aus hydrodynamischen Simulationen hervorgehender Repräsentationen angeht, so erhebt sich natürlich die Frage nach dem tatsächlichen Vorliegen zum Beispiel solcher Wechselwirkungsflächen in der realen Natur der heliosphärischen Sonnenumgebung, wie sie auf Abbildung 4 auftreten. Also etwa die Frage: Gibt es die Heliopause, gibt es den „Termination Shock" irgendwo dort draußen in Form einer lokal realisierten physikalischen Struktur? Niemand hatte, bevor die erwähnten Simulationen solche Strukturen lieferten, jemals solche physikalischen Erscheinungsformen gesehen oder hatte irgendwelche Messbefunde, die die Existenz solcher Strukturen wenigstens suggeriert hätten. Alles kommt aus der magischen Wundertüte des Computers hervor, und man muss sich in soweit natürlich fragen, ob dieses Computerprodukt nicht einfach ein, wie auch immer, vielleicht interessantes, dennoch aber rein intellektuelles Artefakt ist. Wahrscheinlich nicht! Schon seit Längerem ging man fest davon aus, ohne etwas tatsächlich überprüfen zu können, dass die Natur einfach nicht anders kann, als diese hydrodynamischen Forderungen irgendwie zu erfüllen, auch wenn ihr nicht eigentlich unterstellt werden kann, dass sie physikalische Termini wie „Schockfront“ oder „Heliopause“ gar nicht kennt. Wichtig ist aber, dass die Natur dort draußen sich so verhält, als gäbe es diese Strukturen!

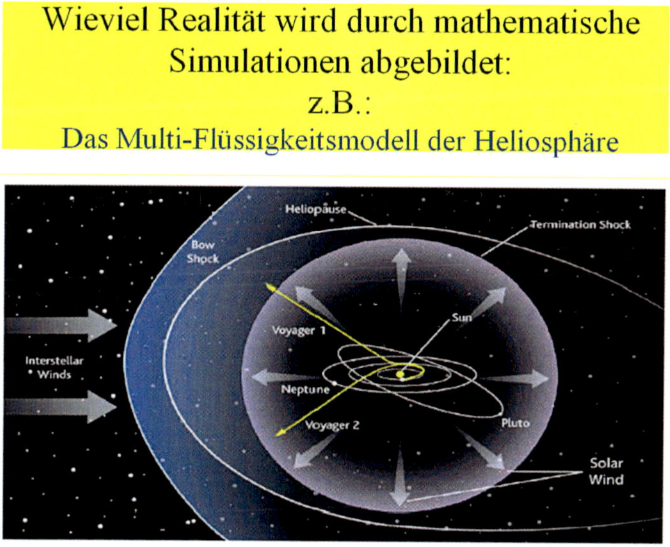

Abbildung 4: Schematische Darstellung der Wechselwirkungsformation zwischen Sonnensystem und dem interstellaren Umgebungsmedium.

Und genau letzteres ist nun seit einigen Jahren zur größten Verwunderung derjenigen, die nicht an die Verbindung zwischen Mathematik und Natur glauben konnten, bestens durch die Messungen der inzwischen bei hundertfachem Erdabstand von der Sonne fliegenden NASA Raumsonden Voyager-1 und Voyager-2 bestätigt worden. Diese Sonden haben durch ihre Messinstrumente in den letzten Jahren zeigen können, dass genau gemäß Vorhersage die Sonnenwindströmung sich zu größeren Sonnenabständen hin systematisch verdünnt, dass sie sich bei 80-fachem Erdabstand allmählich zu verlangsamen beginnt und dann tatsächlich bei etwa 90-fachem Erdabstand ziemlich schlagartig auf kleine Geschwindigkeiten abfällt, die somit tatsächlich den nunmehr nach Vorhersage eingetretenen Unterschallcharakter der Strömung aufzeigen.[11] Hier stellt sich also die wunderbare Welt der unbekannten Realität genau so ein, wie sie mathematisch vorhergedacht war.

Das bringt insgesamt den erstaunlichen Umstand zum Vorschein, dass sich offensichtlich in der Mathematik richtig formulierter physikalischer Gleichungen eine geradezu unfassbar große Menge an Naturrealität niederschlägt. Womit mag das zusammenhängen? Die Abbildung 5 soll uns dieses Phänomen etwas deutlicher beleuchten. Auf ihr zeigt sich zunächst als Beispiel eine rein mathematische Gleichung für eine lineare Abhängigkeit zwischen einer unabhängigen Variablen x und einer abhängigen Variablen y, wobei die Größen A, B, x und y alle qualitativ gleichwertig und dimensionslos, nämlich reine Zahlen sind. Eine Gleichung des gleichen Typus sieht jedoch in der Physik für einen linearen Zusammenhang physikalischer Größen geschrieben, – nicht formal, aber qualitativ – ganz anders aus. Abhängige und unabhängige Variablen, wie in diesem Fall v = Geschwindigkeit und t = verstreichende Zeit, sind nunmehr qualitätsfremde Größen und die hier zugrunde liegende Gleichung vergleicht sozusagen Äpfel mit Birnen. Während in der Gleichung der Mathematik durchaus $x = y$ eine Lösung sein kann, kann in der gleichartigen Gleichung der Physik niemals $v = t$ eine Lösung sein.

Nehmen wir weiterhin nun als Beispiel die in Abbildung 5 für einen etwas komplizierteren physikalischen Zusammenhang geschriebene mathematische Gleichung, die die Bewegung eines Objektes im Schwerefeld der Erde unter Wirkung von Zentrifugalkraft und atmosphärischer Reibung darstellt, so finden wir auf rechter und linker Seite lauter qualitätsfremde Größen, und dennoch können wir eindeutige Lösungen dieser mathematischen Gleichung für die an bestimmten Orten zu bestimmten Zeiten realisierte Geschwindigkeit des fliegenden Objektes suchen und angeben. Es zeigt sich sogar, dass wir ein freies Spiel der möglichen Lösungen betreiben können, indem wir die hier eingehenden Randbedingungen und Parameterbedingungen in beliebiger Vielfalt durch-

11 STONE, Shock.

spielen. Wir können das beschriebene Objekt von unterschiedlichen Orten mit unterschiedlichen Geschwindigkeiten losfliegen lassen, wir können das Erdschwerefeld *g* verstärken oder die Zähigkeit <η der Atmosphäre variieren, und immer sagt uns die Mathematik der zugrunde liegenden Gleichung genau, welche Objektbewegung unter den vorgegebenen Umständen resultieren wird. Wir brauchen überhaupt keine entsprechenden Versuche oder Flugexperimente zu machen, denn die gesamte Vielfalt der Möglichkeiten steckt bereits vollkommen in der Mathematik dieser Gleichung niedergeschlagen. Das heißt aber, dass wir die Vielfalt der Erscheinungsformen der Natur an der Mathematik solcher Gleichungen ausprobieren können.

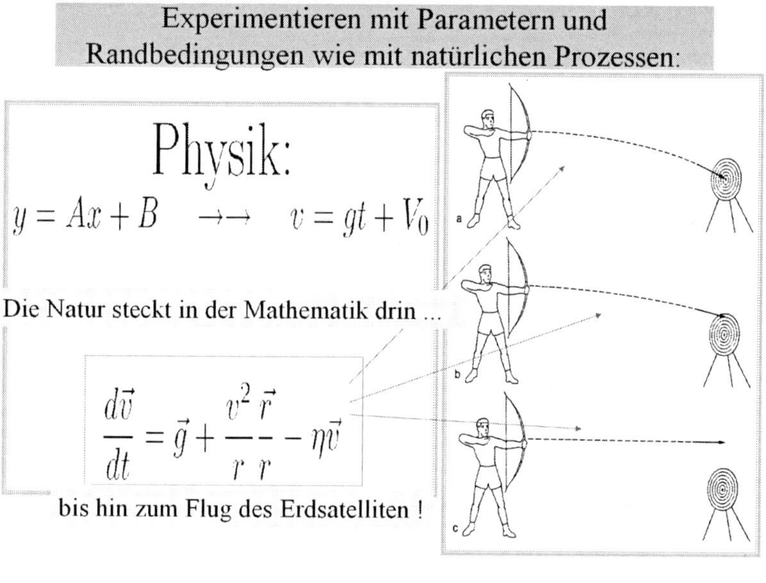

Abbildung 5: Gleichungen der Mathematik und der Physik.

Anders stellt sich dies im Falle der sogenannten „Millennium Simulation“[12] dar, die wir hier als zweites Beispiel für mathematische Simulationen vorstellen wol-

12 SPRINGEL, Simulations.

len. In dieser Simulation geht es um das Nachvollziehen von kosmologischer Strukturbildung im Rahmen unterschiedlicher kosmischer Evolutionsmodelle. Hieran waren insbesondere die Professoren Simon White und Volker Springel vom Max Planck Institut für Astrophysik in Garching beteiligt. In ihrer Simulation gehen sie davon aus, dass in einem Universum, das von Dunkler Materie beherrscht wird, sich Großstrukturen von Megaparsec Dimensionen erzeugen lassen und zu einer Form der Galaxienverteilung führen, die in großen Zügen derjenigen ähnelt, die beobachtet wird. Das neue Großprojekt „Millennium Simulation", wird in Garching in Zusammenarbeit mit einer großen internationalen Wissenschaftlerbeteiligung, dem sog. Virgo Consortium, durchgeführt. Diese Simulation folgt der Bildung von mehr als 2.000.000 Galaxien in einem kosmischen Würfel von mehr als 2 Milliarden Lichtjahren Kantenlänge.

Der Zustand der Welt, wie er sich am Bilde der kosmischen Hintergrundstrahlung zeigt, soll dynamisch durch die nachfolgenden Epochen der kosmischen Expansion seit Bestehen des Hintergrundes weiterverfolgt werden. Man unterstellt ein geometrisch und materiell auszeichnungsloses Universum, in das eingesät es nur geringste, anfänglich vernachlässigbare Auszeichnungen in Form von minimalen Dichtefluktuationen im kosmischen Hintergrund gibt. Dann schleppt man diese Fluktuationen durch die Epochen der Expansion des Weltalls bis zum heutigen Zeitpunkt und lässt diese Fluktuationen dabei selbstgravitativ anwachsen, so ähnlich wie es auf der Abbildung 6 angedeutet ist. Die Kunst besteht nun darin, sich als Hintergrund für die ablaufende Strukturbildung ein durch die kosmischen Epochen tragendes Hubblefluidum, also ein geeignetes Vehikel für die Weltexpansion als Modell auszusuchen, das es am besten schafft, die früheren Hintergrundfluktuationen in die heutigen Himmelsstrukturen in Form von heute gesehenen Galaxien und Galaxienhaufen zu überführen. Man unterstellt dabei die Expansion eines homogenen Universums, um schließlich ein inhomogenes Universum der heutigen Zeit daraus hervorgehen zu lassen. Die ersten Ergebnisse aus dieser Simulation wurden vor einiger Zeit in der Zeitschrift NATURE vorgestellt.[13]

Während aber im Falle der Heliosphärensimulation kontemporäre Randbe-

13 Ebd.

dingungen im Rahmen eines stationären Systemzustandes verwendet werden, müssen im Falle der Millennium-Simulation uneigentliche, zeitfremde und artfremde Randbedingungen verwendet werden, kurz gesagt, die Expansion des homogenen Kosmos passt nicht zu der inhomogenen Struktur, die man aus dieser Expansion hervorgehen lassen will. Die Randbedingungen sind zudem zeitfremd und die Zeitzuordnung zu dem Zustand des gesehenen kosmischen Hintergrundes ist völlig unsicher und abhängig vom Expansionsmodell. An einer solchen Millennium-Simulation ist demnach viel schwieriger zu ersehen oder zu beurteilen, ob die hier simulierte Mathematik etwas mit der Realität der Natur gemein haben könnte, zumal sich jede Bestätigung der gemachten Vorhersagen nur aus der Zufälligkeit von Inhomogenitäten in unserer unmittelbaren Weltumgebung ergeben könnte, die eigentlich in der hier simulierten Welt aber gar nicht vorkommen sollte. Das heißt aber von vornherein, dass aus dieser Millennium-Simulation der erwartete Realitätsbezug einfach nicht herauskommen kann.

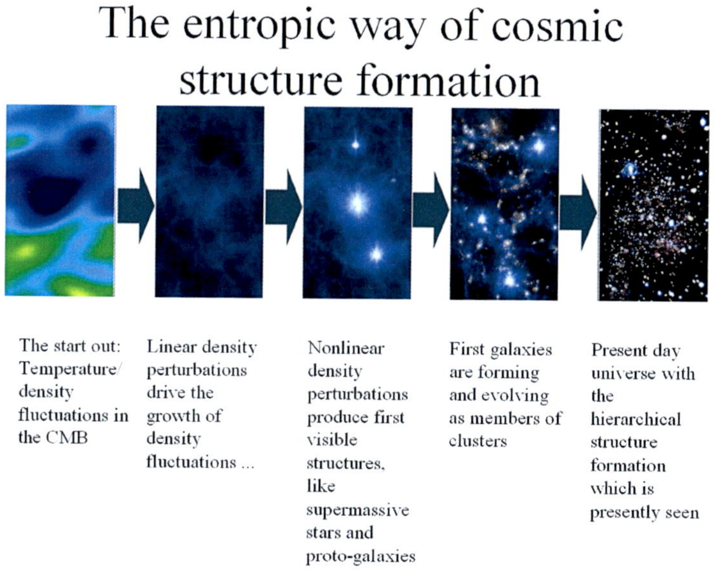

Abbildung 6: Simulation von kosmischem Strukturwachstum im expandierenden Universum.

Abschließend können wir aber feststellen, dass mathematische Bemühungen um die Realitätserkenntnis sich bisher in unglaublich vielen Fällen als erfolgreich erwiesen haben und dass in kommenden Zeiten in aller Voraussicht solche Bemühungen nicht minder erfolgsbelohnt sein werden. Die Realität ist eben mathematisch zugänglich, wie wir hoffen, gezeigt zu haben.

Und damit bleibt die Frage: Wie gewiss ist die bei diesem Zugang verwendete Mathematik? Eine Antwort kann hier zumindest in der Form gegeben werden, dass man sagen können wird, alles mathematische Wissen sei im Rahmen des derzeitigen Wissens gewiss. Was allerdings passieren wird, wenn dieser Rahmen des heutigen Wissens dereinst durch neue Fakten oder neue Zahlen gesprengt werden wird, weiß man nicht, – zumindest aber würde damit unser derzeitiges Wissen ungewiss.

Literatur

BEHRENDS, E., Strenge *Beweise*, in: Spektrum der Wissenschaft Special. mathema – Ist Mathematik die Sprache der Natur?, Heft 2, 2008, 74–75.

–, Ist Mathematik die Sprache der Natur?, Spektrum der Wissenschaft Special. mathema – Ist Mathematik die Sprache der Natur?, Heft 2, 2008, 81–82.

–, Natürliche und andere Zahlen, Spektrum der Wissenschaft Special. mathema – Ist Mathematik die Sprache der Natur?, Heft 2, 2008, 11–14.

DAVIS, P. J./HERSH, R., Erfahrung: *Mathematik*, Basel, 1986.

FAHR, H.J. u.a., Variable terrestrial particle environments during galactic orbits of the *Sun,* in: Frisch, P.C. (Hg.), The Solar Journey, Chickago, 2006, 259–279.

–, Formation of the heliospheric boundaries and the induced dynamics of the Solar System, in: Scherer, K. u.a. (Hg.), The Outer Heliosphere: Beyond the Planets, Katlenburg-Lindau, 2000, 67–90.

GALILEI, G., Il *saggiatore*, Rome, 1623.

HAWKINS G., Stonehenge – A neolithic computer, NATURE, 1258–1261, 1964, 202.

KEMPERMANN, T., Zahlentheoretische *Kostproben*, Frankfurt am Main, 1995.

MCLEISCH, J., The story of numbers, New York, 1991.

NELSEN, R., *Proof* without words. Exercises in visual thinking, New York, 1993.

NEWTON, I., *Principia* Mathematica Philosophia Naturalis, Cambridge, 1687.

PICKOVER, C.A., Die *Mathematik* und das Göttliche, Heidelberg, 1999.

SPRINGEL, V. u.a., *Simulations* of the formation, evolution and clustering of galaxies and quasars, in: NATURE, 435(7042), 2005, 629–36.

STONE E.C. u.a., VOYAGER-1 explores the termination *shock* and the heliosheath beyond, in: SCIENCE, 309 (5743), 2005, 2017–2020.

Walter Greiner

War es ein Gott, der diese Zeichen schrieb?

Über Symmetrien in den Naturgesetzen, insbesondere in der Quantentheorie[1]

Mit diesem Goethe-Wort beschreibe ich meine Bewunderung der Naturgesetze, hinter denen ich Gott erkenne. In der Tat, je tiefer ich in die physikalisch-gesetzlichen Abläufe blicke, um so erstaunter, den Atem anhaltend, stehe ich vor dem Wunderwerk unserer Welt. So komplex die Naturerscheinungen auch sein mögen, dahinter stecken einfache, äußerst harmonische und mathematisch prägnant formulierbare Gesetze, aus denen heraus sich die beobachtete Vielfalt – mehr oder weniger aufwendig – erklären lässt. Verstehen wir uns richtig, wir kennen bei weitem (noch) nicht alle grundlegenden Naturgesetze – wahrscheinlich nur einen kleinen Teil – doch ganz allmählich enträtseln wir eines nach dem anderen, vereinigen diese und finden allgemeinere Fassungen mit viel weiteren Gültigkeitsbereichen. Das will ich kurz an markanten Beispielen erläutern. Erinnern wir uns an die (aus heutiger Sicht sehr einfachen) Newton'schen Gesetze:

$$\frac{d\vec{p}_i}{dt} = \sum_j \vec{F}_{ij} \qquad (1)$$

$$\vec{F}_{ij} = -\vec{F}_{ji}$$

Aus diesen Gleichungen lassen sich die Bewegung der Himmelskörper (und alle anderen Gravitationserscheinungen auf der Erde) in unveränderlicher, durch

1 Eine erweiterte Fassung meiner früheren Vorträge in: JUNG-KAISER, Laudato; SCHRENK, Ornament.

kein Parlament der Welt abzuändernder Weise vorhersagen und verstehen. Einstein hat diese Gesetze eingebettet in ein allgemeineres Schema, die allgemeine Relativitätstheorie, die dann feinere Details der Planetenbewegung wie z.B. kleine Abweichungen von der klassischen Periheldrehung und ganz Neues wie die Ablenkung des Lichtes durch Gravitation vorhergesagt hat, die alsbald experimentell bestätigt wurden. Die Einsteinischen Gleichungen lauten:

$$R_{\mu\nu} - \Lambda g_{\mu\nu} = \frac{8\pi}{c^2} G T_{\mu\nu} \qquad (2)$$

Links steht der sogenannte Ricci-Tensor, der die Krümmung der vierdimensionalen Raum-Zeit charakterisiert, rechts der Energie-Impulstensor, der die Energie- und Impulsverteilung des betrachteten Systems beschreibt. Der Term proportional zu Λ ist das sogenannte kosmologische Glied, auf das ich weiter unten noch einmal zu sprechen komme. Diese Gesetze sind Tensorgesetze, was bedeutet, dass sie in allen möglichen Bezugssystemen – ob hier auf der Erde oder auf anderen Planeten oder auf einem anderen Stern draußen im Weltall – immer wieder formal die gleiche Gestalt haben (gleich aussehen). Eine universelle Symmetrie wird hier deutlich.

Die allgemeine Relativitätstheorie gibt aber vor allem die Grundlage für unsere Vorstellung vom Kosmos: Wir leben in einer expandierenden Welt. Die Physiker nennen das genauer die vierdimensionale Raum-Zeit. Die weit entfernten Objekte (Galaxien, Galaxienhaufen etc.) entfernen sich von uns mit immer größerer Geschwindigkeit, wie es scheint. Verfolgen wir diese Bewegung rückwärts, wird ein gemeinsamer „Anfangspunkt" vor ca. 15×10^9 Jahren erkennbar. Die Urknalltheorie von der Entstehung unserer Welt hat hier ihren Ursprung. In allerjüngster Zeit – durch immer genauere und neue Messungen (weitgehende Isotropie, d.h. Richtungsunabhängigkeit der 3 Grad Kelvin kosmischen Hintergrundstrahlung, etc.) – sind wir gezwungen, nicht bloß an eine simple Urexplosion, sondern an einen gewaltigen Anfang, überlagert von Phasen besonders schnell mit immenser Überlichtgeschwindigkeit ablaufender Ausdehnung der Weltkugel, zu denken. Man spricht von „Inflation". Diese wird in faszinierender

Weise angetrieben durch grundlegende Gesetze der Quantentheorie. Die Verbindung mit den elementaren Feldern der Teilchenphysik wird hier geradezu aufgezwungen. Wohin das führt, bleibt abzuwarten. Das kosmologische Glied in Gleichung (2) – von Einstein zunächst erfunden, dann wieder als „größte Dummheit seines Lebens" verbannt – scheint durch neuste Beobachtungen von sich zu schnell voneinander entfernenden Galaxien doch eine Rolle zu spielen und im Großen zu abstoßender Gravitation (Antigravitation) zu führen, die man bisher nicht kannte.

Die Einsteinsche Allgemeine Relativitätstheorie sagt auch Schwarze Löcher voraus. Damit ist folgendes gemeint: Wirft man einen Stein z.B. von der Erde nach oben, so kehrt er wieder zurück. Wird er aber mit genügend großer Anfangsgeschwindigkeit hochgeschleudert so entfernt er sich. Diese spezielle Anfangsgeschwindigkeit nennt man Fluchtgeschwindigkeit. Das alles gilt solange das Newtonsche Gravitationsgesetz die Kräfte zwischen Stein und Erde bestimmt. In der allgemeinen Relativitätstheorie von Einstein hat Karl Schwarzschild (in Frankfurt geboren, später Direktor der Sternwarte in Potsdam) die Gravitationskraft einer Masse (eines Sterns) berechnet und für sehr große, hoch konzentrierte Massen bei kleinen Abständen vom Zentrum gewaltige Abänderung (Verstärkung) der Gravitationskraft gegenüber dem Newton'schen Gravitationsgesetz gefunden. Danach ist es unmöglich, dass eine Masse vom Stern weggeschleudert werden kann; die Anziehungskraft ist so groß, daß jeder Körper wieder zurückkommt; auch wenn er mit riesiger Energie hoch geworfen wird. Licht – ein Schwarm von Energiequanten, die man Photonen nennt – kann dann auch nicht entweichen, denn Energie ist Masse gemäß der Einsteinschen Beziehung $E = mc^2$ (E=Energie, c=Lichtgeschwindigkeit, m=Masse). Wenn kein Licht entweichen kann, ist der Stern dunkel: ein Schwarzes Loch.

Schwarze Löcher haben in letzter Zeit großes öffentliches Interesse erfahren. Zeitungen schreiben darüber als würden sie (die Schwarzen Löcher) existieren. Einige meiner Kollegen propagieren sogar Mikro-Schwarze-Löcher; sogar Physiker der CERN spekulieren, ob solche Mikro-Schwarzen-Löcher im CERN-Beschleuniger möglicherweise produziert werden könnten.

Meine philosophische Antwort darauf ist: Solche Singularitäten wird es nicht geben. Als Gott die Welt erschuf, hat er sie bestimmt nicht so gemacht, daß er sich selbst aus gewissen Bereichen (eben um das Zentrum eines Schwarzen Lochs herum) ausschließt. Also muß in der Einsteinschen Allgemeinen Relativitätstheorie etwas nicht stimmen!

Zusammen mit meinen früheren Schüler Peter Hess (jetzt Professor an der Universidad Autonoma de Mexico in Mexico City) habe ich die Pseudokomplexe Allgemeine Relativitätstheorie entwickelt. Anstelle der üblichen Zahlen basiert die Theorie auf pseudokomplexen Zahlen der Form $Z = X + IY$ wobei $I^2 = 1$ ist. I kann z.B. eine der PauliMatrizen $\hat{\sigma}_i$ sein für die $\hat{\sigma}_i^2 = 1$ gilt.

Die Erweiterung der Einsteinschen Theorie führt nun auf eine Änderung der Gravitationskraft. Es gibt keine beliebig starke Anziehung mehr. Bei kleinen Abständen einer hochkonzentrierten Masse wird die Gravitation sogar abstoßend. Wir sprechen von Antigravitation. Es gibt dann keine Schwarzen Löcher mehr: Die Singularität ist beseitigt. Auch lauten die Bewegungsgleichungen anders als bei Newton. Dies Änderungen können als „Dunkle Energie“ verstanden werden. Mit anderen Worten: Dunkle Energie, die man bei Einstein braucht, um Phänomene im Kosmos zu verstehen, ist im Grunde eine Abänderung des Naturgesetzes.

Als ein zweites Beispiel für meine Bewunderung der Naturgesetze sei die Elektrodynamik erwähnt. Die ungeheure Vielfalt der elektrischen und magnetischen Erscheinungen (von denen man erst annahm, dass sie unabhängig voneinander sind) wurde in wenigen einfachen, äußerst ästhetischen Gleichungen, den Maxwell-Gleichungen, im Jahr 1873 zusammengefasst. Sie lauten in gewöhnlicher Form:

$$\begin{aligned}
&rot\,\vec{B} - \frac{1}{c}\frac{\partial}{\partial t}\vec{E} = \frac{4\pi}{c}\vec{j}, \qquad rot\,\vec{E} + \frac{1}{c}\frac{\partial}{\partial t}\vec{E} = 0 \\
&div\,\vec{B} = 0, \qquad div\,\vec{E} = 4\pi\rho \qquad\qquad (3) \\
&\vec{f} = \rho\vec{E} + \frac{\vec{j}}{c} \times \vec{B}
\end{aligned}$$

Hier sind $\vec{E}$ und $\vec{B}$ die elektrischen bzw. magnetischen Felder, $\vec{j}$ ist die Strom-, ρ die Ladungs- und $\vec{f}$ die Kraftdichte. Beeindruckend ist die Symmetrie dieser Gleichungen, die noch deutlicher in relativistisch kovarianter Form hervortritt:

$$\begin{aligned} &\frac{\partial F^{\mu\nu}}{\partial x^{\nu}} = \frac{4\pi}{c} j^{\mu} \\ &\frac{\partial F^{\mu\nu}}{\partial x^{\lambda}} + \frac{\partial F^{\nu\lambda}}{\partial x^{\mu}} + \frac{\partial F^{\lambda\mu}}{\partial x^{\nu}} = 0 \\ &f_{\mu} = F_{\mu\nu} j^{\nu} \end{aligned} \tag{4}$$

dabei sind

$$F^{\mu\nu} = \frac{\partial A^{\mu}}{\partial x_{\nu}} - \frac{\partial A^{\nu}}{\partial x_{\mu}} \tag{5}$$

die Feldstärken und A die Potentiale, welche durch die Gleichungen

$$\begin{aligned} &\partial^{\mu}\partial_{\mu}A^{\nu} = \left(\frac{\partial^2}{\partial x_1^2} + \frac{\partial^2}{\partial x_2^2} + \frac{\partial^2}{\partial x_3^2} + \frac{\partial^2}{\partial x_4^2}\right) A^{\nu} = \frac{4\pi}{c} j^{\nu} \\ &\frac{\partial}{\partial x^{\nu}} A^{\nu} = 0 \quad \text{(Eichgleichung)} \end{aligned} \tag{6}$$

aus den Viererstromdichten j^{ν} berechenbar sind. Plötzlich, nach der Entdeckung der Maxwell-Gleichungen war alles, was man kannte, erklärbar, leichter verständlich als vorher und Neues (elektromagnetisches Wellen-Radio, Fernsehen, Telefon, usw.) vorhersagbar und machbar. Blickt man auf diese Maxwell-Gleichungen – vor allem in ihrer relativistisch kovarianten Form (4,5,6) – so ist man von ihrer Einfachheit und Schönheit überwältigt. „War es ein Gott, der diese Zeichen schuf?“ Mit diesem Goethewort überschrieb der große österreichische Physiker Ludwig Boltzmann vor über 100 Jahren seine Vorlesungen zur Maxwellschen Elektrodynamik. Die Tensor-Struktur dieser Gesetze und damit ihre universelle Gültigkeit kommt hier wieder deutlich zum Ausdruck.

Vor 35 Jahren wurden diese elektromagnetischen Kräfte noch einmal erweitert. Sie wurden vereinigt mit den sogenannten schwachen Kräften (Glashow, Salam, Weinberg), und die Suche geht weiter. Eine Vereinigung aller bislang bekannten fundamentalen Kräfte in der Natur – Gravitation, elektromagnetisch-schwache und starke Wechselwirkung – wird angestrebt. Man will sie einheitlich fassen, falls das möglich ist. Die Zeit wird kommen und das Staunen groß sein.
Als letztes Beispiel soll die Dirac-Gleichung:

$$\left(\gamma^\mu\left(\frac{\partial}{\partial x^\mu}-\frac{e}{c}A^\mu\right)-mc\right)\Psi=0 \tag{7}$$

besprochen werden. Ψ ist die Wellenfunktion. $\Psi\Psi^*(x)$ gibt die Wahrscheinlichkeitsdichte für die Teilchen (Elektronen) an. $\Psi(x)=(\Psi_1(x), \Psi_2(x), \Psi_3(x), \Psi_4(x))^T$ ist vierkomponentig. Die γ^μ Matrizen sind entsprechend 4×4 Matrizen. Erwin Schrödinger hatte zunächst die nicht relativistische Form – die Schrödinger Gleichung – für die Elektronen entdeckt, in die der Spin, der Eigendrehimpuls der Elektronen durch Wolfgang Pauli noch eingeführt werden musste. Die Dirac-Gleichung enthält diesen und noch viel mehr. Sie ist – neben den Feldgleichungen für die elektromagnetischen Potentiale A^ν (6) – der Ausgangspunkt der Quantenelektrodynamik und beschreibt die gesamte Atomphysik: das Licht, das von Atomen emittiert bzw. absorbiert wird, die diskreten (quantisierten) Elektronenzustände in Atomen, die in letzter Zeit sehr modern gewordenen Laser, praktisch die gesamte Festkörperphysik und vieles mehr. Am fundamentalsten aber ist das Modell für das Vakuum, das in dieser Gleichung enthalten ist. Das Energiespektrum der Dirac-Gleichung zeigt nämlich nicht nur positive Energien, sondern gemäß der relativistischen Energie (E)-Beziehung

$$\begin{aligned} E^2 &= (m_0c^2)^2 + c^2p^2 \\ E &= \pm\sqrt{(m_0c^2)^2 + c^2p^2} \end{aligned} \tag{8}$$

sowohl positive als auch negative Energien. In der klassischen Mechanik konnte man negative Energien einfach negieren, weil sie klassisch keinen Sinn machten. In der Quantentheorie sind sie jedoch unabdingbar, weil nur positive und negative Energiezustände zusammen einen mathematisch vollständigen Hilbert-Raum aufspannen. Das Spektrum ist in Figur 1 dargestellt.

Sobald ein attraktives Potential, also z.B. das Potential eines die Elektronen anziehenden Atomkerns, eingeschaltet wird, tauchen diskrete Zustände aus dem oberen Kontinuum positiver Energie in die Energielücke zwischen $+m_0c^2$ und $-m_0c^2$ ein. Sie beschreiben genau die bekannten Elektronenniveaus des Wasserstoffs (und entsprechend aller anderen Atome). Hier ist m_0 die Ruh-Masse des Elektrons und m_0c^2 ~500 Elektronenvolt entsprechend seine Ruh-Energie.

Was aber bedeuten die Zustände negativer Energie? Ein Elektron in einem Atom könnte durch Emission von Licht in diese Zustände hinunter fallen, immer tiefer, immer tiefer. Die Atome – und damit die ganze Welt – wären instabil.

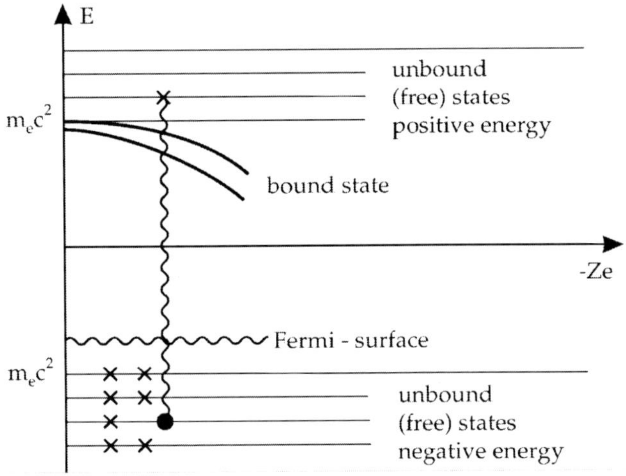

Figur 1. Zustände positiver und negativer Energie der Dirac-Gleichung sind durch eine Energielücke von $2m_0c^2$ getrennt. Innerhalb dieser Energielücke liegen die gebundenen Zustände. Das untere Energiekontinuum ist mit Elektron besetzt. Löcher in diesem „Dirac-See" sind die Antiteilchen der Elektronen (Positronen). Die mit Elektronen besetzten Zustände repräsentieren das Vakuum.

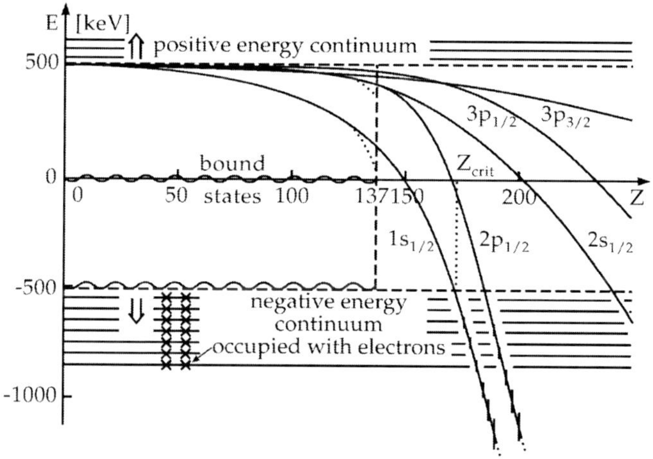

Figur 2. Werden die elektrischen Felder, charakterisiert durch die Ladung Z des Atomkerns, sehr stark – das passiert bei einer kritischen Ladung des Atomkerns Z_{krit} ~173 – tauchen die gebundenen Zustände in den „Dirac-See" ein. Spontane Elektron-Positron-Paarerzeugung entsteht, wobei das Elektron gebunden und das Positron abgestoßen wird. Das überkritische Vakuum ist dann geladen.

Das hat die Natur (Gott) verhindert, und zwar dadurch, dass die Zustände negativer Energien alle mit Elektronen besetzt sind. Das Pauli-Prinzip, wonach jeder Zustand nur mit einem Elektron besetzt sein kann, macht dann solche Übergänge unmöglich und die Welt stabil. Dieser „Dirac-See" gibt es immer, auch im feldfreien Raum. Sie charakterisiert den leeren Raum. Wir stoßen also hier automatisch auf ein physikalisches Modell des Vakuums. Das Vakuum ist demnach ein physikalisches Objekt. Es ist neutral, aber in Feldern polarisierbar, in sehr starken Feldern kann es sogar geladen werden (Figur 2). Mehr noch: Wird durch ein heranfliegendes Photon (ein Lichtquantum) ein Elektron aus dem See negativer Zustände nach oben gehoben, so entsteht ein Elektron-Elektron-Loch-Paar. Das Elektronen-Loch kann mit einem Elektron auch wieder zu Strahlung vernichten. Löcher in dem Dirac-See sind nichts anderes als Antiteilchen. Sie haben dieselbe Masse, aber entgegengesetzte Ladung wie die Teilchen. Die Antiteilchen der

Elektronen nennt man Positronen. Phantastisch: Die elegante Dirac-Gleichung (7) führt also nicht nur auf die Erklärung der gesamten Atomphysik einschließlich ihrer Derivate (Festkörperphysik, Laserphysik, ...) und auf ein Modell für den leeren Raum (das Vakuum), sondern auch auf die Existenz von Antimaterie!

Die Ideen vom Übergang des neutralen Vakuums in ein geladenes Vakuum in starken elektrischen Feldern (Figur 2) stammen aus dem Frankfurter Institut für Theoretische Physik. Experimentalphysiker haben 20 Jahre lang nach der dabei auftretenden spontanen Positronenemission (Positronen sind die Antiteilchen des Elektrons) gesucht, glaubten zunächst Evidenzen dafür gefunden zu haben, verwarfen aber dann ihre Ergebnisse. Die Suche nach diesem fundamentalen Vorgang geht weiter. Er ist deshalb so wichtig, weil er auch in der kosmischen Physik, bei Schwarzen Löchern, ein Analogon findet: die Hawkingsche Strahlung von Teilchen-Antiteilchenpaaren aufgrund der starken Gravitationsfelder um Schwarze Löcher ist eine Art Vakuumzerfall. Interessant ist dabei auch die Kernphysik, denn um überkritische Felder zu erzeugen, braucht man Riesen-Atomkerne mit einer Ladung $Z>173$. Diese können durch „Zusammenkleben" großer Kerne. z.B. von Uran und Curium zum Riesenatomkern $Z=194$ erzeugt werden. Der Grund für das Zusammenkleben liegt im wechselseitigen Austausch vieler Nukleonen (Protonen und Neutronen), wie kürzlich der russische Theoretische Physiker Valery Zagrebaev zusammen mit mir herausgefunden hat.

Nun aber zurück zu den Naturgesetzen. Durch all diese ziehen sich Symmetrien, etwa die Invarianz unter Verschiebungen in Raum und Zeit, Spiegelungen (rechts, links), Kovarianz unter Lorentztransformationen (in jedem gleichförmig bewegten System sehen die Gleichungen immer wieder gleich aus) usw. Einige dieser Symmetrien gelten exakt; andere wie z.B. die Parität (Rechts-Links-Drehungen, Raumspiegelungen) sind z.B. für die schwache Wechselwirkung total gebrochen. Warum gibt es nur „sich linkshändig drehende" Neutrinos? Rechtsdrehende Neutrinos wurden nie beobachtet. Es scheint sie nicht zu geben. Das haben wir noch nicht verstanden. Vielleicht, meine ich, hat der liebe Gott damit viel höhere, für unsere Welt grundlegendere Symmetrie oder einen wichtigen Mechanismus erst möglich gemacht? Auch das wissen wir (noch) nicht. Die in letzter Zeit häufig diskutierte Dunkelmaterie, die es im Kosmos geben muss, um die Gültigkeit der Keplerschen Gesetze für ausgedehnte, rotierende Galaxien sicherzustellen, könnte aus solchen rechtshändigen Neutrinos bestehen. Im Urknall wären gleichviele rechts- und linkshändige Neutrinos entstanden. Die linkshändigen sind in der schwachen Wechselwirkung wirksam, die rechtshändigen nur im Rahmen der Gravitation, denn sie besitzen Energie und Energie (=Masse) gravitiert.

Die Symmetrieinvarianz der Naturgesetze zieht automatisch Erhaltungsgesätze nach sich. So bedingt:

Translationsinvarianz	$\leftrightarrow$	Impulserhaltung
Zeitinvarianz	$\leftrightarrow$	Energieerhaltung
Rotationsinvarianz	$\leftrightarrow$	Drehimpulserhaltung

.... usw.

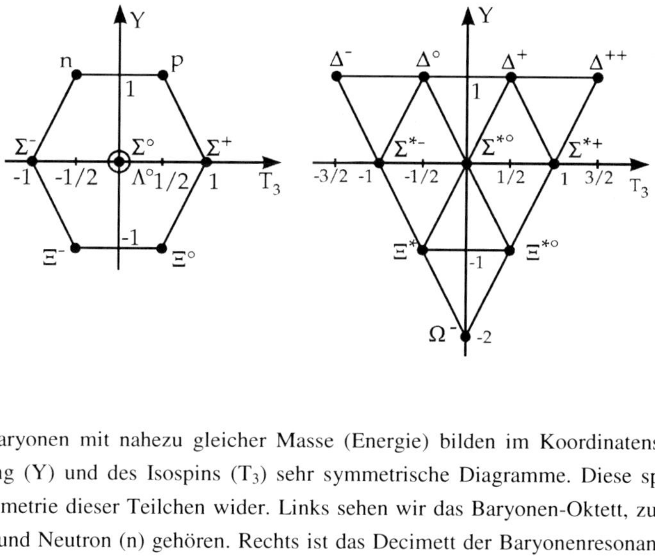

Figur 3. Baryonen mit nahezu gleicher Masse (Energie) bilden im Koordinatensystem der Hyperladung (Y) und des Isospins (T_3) sehr symmetrische Diagramme. Diese spiegeln die SU(3)-Symmetrie dieser Teilchen wider. Links sehen wir das Baryonen-Oktett, zu dem auch Proton (p) und Neutron (n) gehören. Rechts ist das Decimett der Baryonenresonanzen (angeregte Zustände der Baryonen) gezeigt.

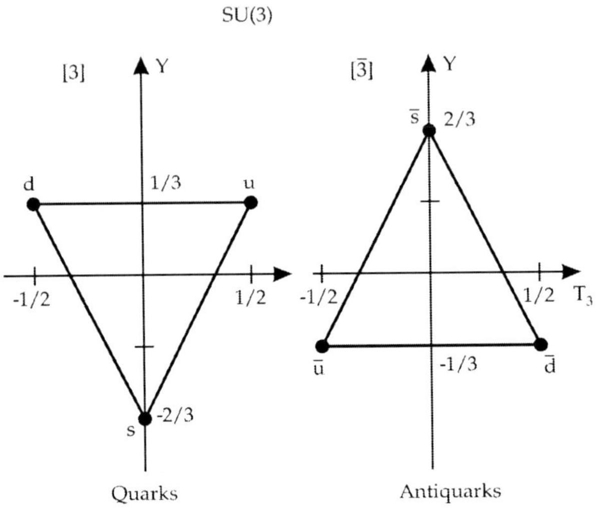

Figur 4. Die elementaren Darstellungen der SU(3)-Symmetrie-Gruppe sind diese Dreiecke. Sie repräsentieren die Quarks: u steht für up-Quark, d für down-Quark und s für strange Quark. Diese Namen haben sich eingebürgert.

Aber auch Symmetrien ganz anderer Art wurden gefunden. Baryonen und Baryonenresonanzen mit gleichem Spin und gleicher Parität lassen sich in merkwürdige Schemata (Figur 3) im Koordinatensystem aus Hyperladung, Y, und Isospin, T_3, einordnen. Diese Teilchen haben nahezu dieselbe Masse (Energie). Mit gruppentheoretisch geschultem Auge erkennt man darin die Multiplettstruktur der SU(3)-Symmetrie. Die elementaren Multipletts, d.h. die kleinsten nichttrivialen Multipletts der SU(3) haben die in Figur 4 gezeigte Dreieckstruktur. Die zugehörigen neuen (bis dahin unbekannten) Teilchen sind die u-, d- und s- Quarks mit drittelzahliger Ladung. Studiert man die nächsthöhere SU(4)-Gruppe als neue Symmetrie, werden aus den Dreiecken kleine Pyramiden (Figur 5) und ein viertes Quark, das Charm-Quark (c-Quark) kommt zum Vorschein. Aus diesen elementaren Quarks lassen sich komplexe Mesonen und Baryonen vielfältig zusammensetzen, die aber immer die zugrundeliegende Symmetrie reflektieren (Figur 6).

Es gibt auch noch ein t (top) und b (bottom) Quark. Das auszuführen führt hier in ein zu weites Feld. Die Prinzipien der Symmetrieerscheinungen sind schon jetzt deutlich geworden.

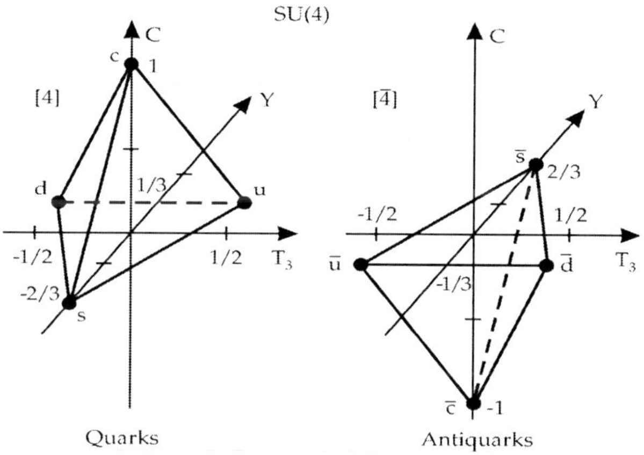

Figur 5. Wird die SU(3) auf die SU(4) erweitert, stößt man auf diese Pyramiden als elementare Darstellungen. Das neue c-Quark (charm) taucht dann auf.

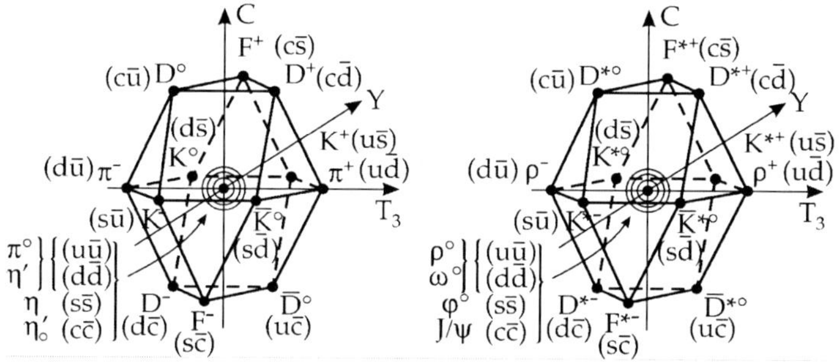

Figur 6. Aus diesen Quarks lassen sich diese komplexen Teilchen aufbauen. Auch sie spiegeln die sogenannte „Flavour"-SU(4)-Gruppe wider.

Symmetrien können spontan gebrochen werden. Ein bekanntes Beispiel dafür sind etwa die Weißschen Bezirke der Ferromagneten (Figur 7), innerhalb derer die Rotationssymmetrie gebrochen ist. Im Großen aber, d.h. im Ferromagneten, der aus sehr vielen Weißschen Zellen aufgebaut ist, liegen diese ungeordnet, und damit ist die Rotationssymmetrie im Großen wiederhergestellt. Durch äußere Magnetfelder können die Weißschen Elementarmagnete ausgerichtet werden. Es entsteht dann ein makroskopischer Magnet, der gewissermaßen makroskopische Brechung der Rotationssymmetrie repräsentiert.

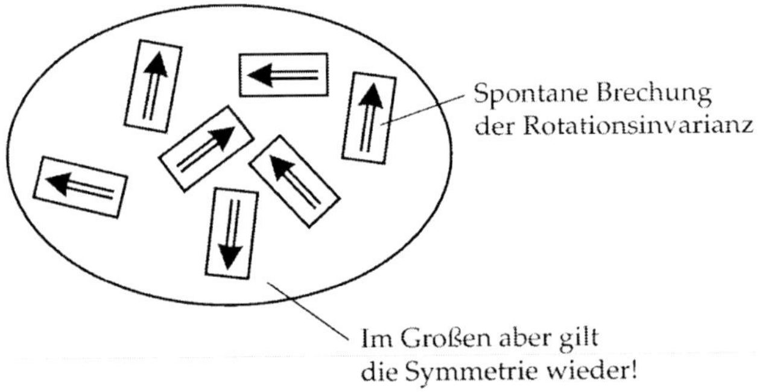

Figur 7. Im Ferromagneten existieren die Weißschen Zellen, durch => gekennzeichnet. Sie liegen im Allgemeinen auf alle Richtungen verteilt vor. Innerhalb eines Weißschen Bezirks gibt es permanente Magnetisierung. Hier ist die Rotationssymmetrie spontan gebrochen.

Eine solche spontane Symmetriebrechung kann auch im Vakuum auftreten. Das hat weitgehende Folgen für die Erklärung der Massen der Teilchen. Hier möchte ich diese Gedanken nicht weiter verfolgen, sondern nur darauf hinweisen, dass eine solche spontane Symmetriebrechung aufgrund sogenannter Higgs-Felder wahrscheinlich am Anfang der Welt eine fundamentale Rolle gespielt hat (Figur 8). Das Abrutschen aus einem symmetrischen Zustand mit verschwindender Energie in einen energetisch tiefer gelegenen Zustand mit spontaner Symmetriebrechung könnte die Urexplosion („Big Bang“) eingeleitet haben. Die Weltentstehung haben wir quantenmechanischen Nullpunktschwankungen zu verdanken (Figur 8). Die Gesetze, die diese Abläufe regeln, müssen aber dagewesen sein.

Hier muss ich bemerken, dass im Rahmen der pseudokomplexen Relativitätstheorie eine Urexplosion nicht nötig zu sein scheint: Die Antigravitation treibt die Welt (die Massen) auseinander. Es scheint sogar so zu sein, dass im Laufe der Ausdehnung es immer wieder Phasen der schnelleren und dann wieder langsamen Ausdehnung gibt. Die Welt kann sich auch wieder zusammenziehen und in einer großen Verschmelzung enden (big crunch) um dann wieder von vorne zu beginnen. Es gilt also kein Anfang und kein Ende; nur ein perihelisches Hin und Her.

Es sei noch kurz auf eine faszinierende Erscheinung im Kosmos hingewiesen: Unser Planetensystem liegt in einem Spiralarm (dem Orion-Nebel) unserer Galaxis, der Milchstraße. Es gibt eine Reihe von Nachbargalaxien (Magellansche Wolken, Andromeda, ...), die lokale Gruppe genannt wird. Jede dieser Galaxien besteht aus vielen Milliarden „Sonnen", die mit Sicherheit auch wieder von Planeten umkreist werden. Die Sterne an unserem Nachthimmel sind solche Galaxien; deren detaillierte Struktur, bestehend aus „Sonnen", wir aufgrund ihrer großen Entfernung von uns nicht erkennen können. Nun kommt die Überraschung: Die vielen Milliarden von Galaxien scheinen sich wie ein riesiges kosmisches Netzwerk, ähnlich wie die Axonen und Dentriden in einem Gehirn anzuordnen. Die Galaxien selbst bilden die Synapsen. Haben wir es mit einem ungeheuer großen, kosmischen Gehirn zu tun? Dieser Gedanke drängt sich auf. Doch bedarf es noch weiterer Forschungen, um weiter zu kommen. Auch das Funktionieren riesiger Netzwerke an sich, also die Mechanik eines Gehirns ist noch weitgehend unverstanden. Es wird spannend!

Im Angesicht all dieser Erscheinungen, der exakten Naturgesetze, ihrer formalen Schönheit und Einfachheit, ihrer Symmetrien, ist es für mich klar: Hier war der Schöpfer am Werk, hier zeigt er sich unverwechselbar und deutlich. Er versteckt sich nicht, wir müssen nur genau hinsehen. Wir dürfen nicht schlafen und müssen seine Zeichen begreifen. Mit uns forschenden Menschen hält er Zwiesprache: Wir denken uns etwas aus, ein Modell, eine Theorie, und arbeiten ihre beobachtbaren Konsequenzen aus. Sodann fragen wir Ihn, indem wir reproduzierbare Experimente durchführen, um die Konsequenzen unserer Vorstellungen von der Natur, vom Schöpfer, zu überprüfen. Oft sehen wir nicht das, was wir erwarten, und müssen die Theorie, das Modell abändern oder gar verwerfen. Das ist das Frage-Antwortspiel, das wir treiben. Es ist unsere Zwiesprache mit Gott.

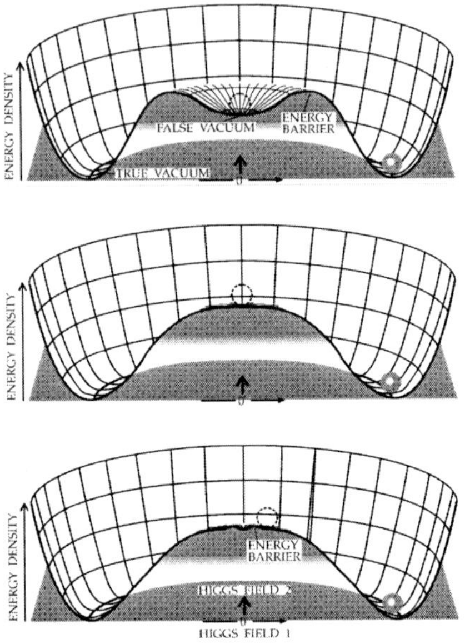

Figur 8. Modell der Entstehung der Welt: Der Zustand mit der Energie Null (er liegt in der Mitte bei ¤) rutscht spontan (durch Quantenfluktuationen) ab in einen tieferen Zustand. Das Abrutschen ist in der unteren Figur angedeutet. Das schnelle Abrutschen nennt man „Inflation der Welt“. Wir befinden uns in diesem energetisch tieferen Zustand.

Wir Menschen, die Natur, unsere Erde, die Sonne mit ihren Planeten, die vielen Sonnensysteme in unserer Galaxis (der Milchstraße), die unendlich vielen Galaxien und Galaxien-Haufen, die wir in Form von „Sternen“ am Himmel sehen; diese gewaltige, riesengroße Welt mit ihrer Ordnung und Bewegung, mit ihren Gesetzen, mit ihrem Leben und ihrem Sterben: Das ist Gott, Gott ist die Natur, die Welt, die Welt als Ganzes, das Leben in ihr eingeschlossen. Er ist alles, Er ist universell.

Ist da Platz für Jesus Christus oder Allah oder …? Natürlich; die Menschen spürten seit Urzeiten, dass es einen Schöpfer gibt, und sie erfuhren ihn im täglichen Leben und durch die Erfahrung und Unterscheidung von Gutem und Bösem, von Vergebung, Gnade und Rache. Doch in seinen gewaltigen Ausmaßen, wie ich sie skizziert habe, konnten sie ihn nicht (und viele können ihn auch heute nicht) erkennen. Sie selbst, die Menschen, sind ja Teil der Natur, des Ganzen, des Schöpfers. Deshalb mussten sie sich Modelle von Gott machen. Diese sind begreiflicher und für den täglichen Gebrauch, etwa das Beten, auch praktischer. Das tut dem Schöpfer keinen Abbruch und hilft den Menschen, vor allem in schlimmen Zeiten. Er kann sehr wohl ein persönlicher Gott sein, einer der vom Einzelnen ansprechbar ist und der sich auch um den Einzelnen kümmert. Angesichts seiner Größe halte ich das sogar für wahrscheinlich.

War es nun ein Gott, der diese Zeichen schrieb? Sicherlich nicht! Menschen haben sie geschrieben. Aber die Gesetze und Symmetrien, die diese Zeichen so prägnant ausdrücken, die hat Gott geschaffen: Sie sind Gott!

Noch eine Bemerkung zum Schluss: Natürlich kann man einwenden, dass die Schönheit und Gesetzmäßigkeit der Natur, die wir nach und nach entdecken, vielleicht von uns deshalb so empfunden werden, weil wir dazugehören, weil wir ein Teil des Ganzen sind. Die Strukturen unserer Welt sind gewissermaßen in unsere Gehirne eingeprägt, und deshalb empfinden wir sie so schön. Das ist wahrscheinlich auch so, ändert aber nichts daran, dass es diese Gesetze in dieser Welt gibt, und in diesen Gesetzen manifestiert sich Gott. Ich wünschte nur, ich könnte Ihn noch besser verstehen.

Literatur

JUNG-KAISER, Ute (Hg.), *Laudato* si, mi Signore, per sora nostra matre terra. Zur Ästhetik und Spiritualität des „Sonnengesangs“ in Musik, Kunst, Religion, Naturwissenschaft, Literatur, Film und Fotografie (= II. Interdisziplinäres Symposion der Hochschule für Musik und Darstellende Kunst Frankfurt am Main, 2001), Bern, 2002.

SCHRENK, G. (Hg.), *Ornament.* Spiegel subatomarer Welten? Ornament – Spiegel subatomarer Welten? Dokumentation des Pattern Project, Ausstellung und Symposium in Mannheim, Mannheim, 2007.

Herausgeber

HELMUT A. MÜLLER, geboren 1949; Studium der Theologie in Tübingen und Mainz, daneben Studien der Philosophie, Psychologie und Soziologie. Pfarrer und Leiter des Evangelischen Bildungszentrums Hospitalhof Stuttgart. Seit 1978 Ausstellungsmacher. Gründungspräsident der Gesellschaft für Gegenwartskunst und Kirche Artheon. Seit 1993 Mitglied im Beirat des Vereins für Kirche und Kunst in der Evangelischen Landeskirche in Württemberg.

Autoren

JEAN-CHRISTOPHE AMMANN, geboren 1939; bis 2002 Direktor des Museums für Moderne Kunst in Frankfurt am Main; zuvor Leiter des Kunstmuseums Luzern und der Kunsthalle Basel. 1971 Schweizer Kommissar für die Biennale in Paris, 1995 Kommissar für den deutschen Pavillon in Venedig. 1972 Mitorganisator der documenta 5 in Kassel. Seit 1999 Professor an der Universität Frankfurt am Main. Vielfältige kuratorische Tätigkeiten.

REINHARD BRANDT, geboren 1937; Prof. Dr. phil.; Studium Latein, Griechisch und Philosophie (Staatsexamen) in Marburg, München und Paris. 1972 bis 2002 Professor für Philosophie in Marburg. Leiter der Marburger Arbeitsstelle der Weiterführung der Akademie-Ausgabe von Kants Gesammelten Schriften. Mitglied der Wissenschaftlichen Gesellschaft der Universität Frankfurt und der Akademie zu Göttingen.

HANS JÖRG FAHR, geboren 1939; Prof. Dr. rer. nat.; Studierte Physik, Mathematik und Philosophie an der Rheinischen Friedrich Wilhelm Universität Bonn, promovierte 1966 am Bonner Institut für Theoretische Physik, ist seit 1978 Universitätsprofessor am Institut für Astrophysik der Universität Bonn und bekam 2003 das Bundesverdienstkreuz verliehen.

WALTER GREINER, geboren 1935; Prof. Dr. Dr. h.c. mult.; Studierte in Frankfurt, Darmstadt und Freiburg. Seit 1965 Professor an der Goethe-Universität und langjähriger Direktor des Instituts für Theoretische Physik. Seit 2003 Gründungsdirektor des Frankfurt Institute for Advanced Studies. Forschungsschwerpunkte: Struktur der Elementaren Materie, Schwerionenphysik, Kernstrukturphysik, superschwere Elemente, Quantenelektrodynamik.

CHRISTIAN HESSE, geboren 1960, Prof. Dr. rer. nat; promovierte 1987 an der Harvard University (USA) bei Herman Chernoff. Von 1987 bis 1991 Lehrtätigkeit an der University of California in Berkeley. 1991 berief der damalige Ministerpräsident Erwin Teufel den seinerzeit 30-jährigen als bundesweit jüngsten Professor. Er trat seine Professur im Dezember 1991 im Fachbereich Mathematik der Universität Stuttgart an. Forschungsschwerpunkte liegen im Bereich der Stochastik.

BERNULF KANITSCHEIDER, geboren 1939; Prof. Dr. phil.; Studium der Philosophie, Physik und Mathematik in Innsbruck, 1970 Habilitation über das Thema „Geometrie und Wirklichkeit“. 1974 Berufung auf den Lehrstuhl für Philosophie der Naturwissenschaft an der Universität Gießen, FB Physik und Zentrum für Philosophie. Arbeitsgebiete Kosmologie, Theorien der Raumzeit, Interpretation der Quantenmechanik, Naturalismusproblematik mit Einschluss der Ethik.

CHRISTOPH KLEIN, geboren 1964; Dr. med, Dr. sci. nat.; Direktor der Kinderklinik am Dr. von Haunerschen Kinderspital der LMU. Koordinator des Deutschen Netzwerkes Primäre Immundefekte, Koordinator des europäischen E-RARE Netzwerkes NEUTRONET, Stifter und Präsident der Care-for-Rare Foundation, Sprecher der BMBF geförderten Netzwerke “Seltene Erkrankungen”, Beauftragter der Bundesregierung im Nationalen Aktionsbündnis für Menschen mit Seltenen Erkrankungen (NAMSE).

WILHELM KLEY, geboren 1958; Prof. Dr rer. nat.; Studium der Physik- und Astrophysik in Bochum, Sussex und München. Mehrjähriger Forschungsaufenthalt an der University of California in Santa Cruz und am Queen Mary College in London. Seit 2000 Professor für Computational Physics am Institut für Astronomie und Astrophysik der Universität Tübingen. Forschungsschwerpunkte sind die Stern- und Planetenentstehung als auch die Physik von Akkretionsscheiben.

ULRICH LÜKE, geboren 1951; Prof. Dr. theol. habil.; Studium der Philosophie, Theologie und Biologie in Münster und Regensburg. Priesterweihe 1980. Studienrat/Oberstudienrat für Biologie und Theologie 1980-1992 in Recklinghausen. Promotion 1990 mit einer Arbeit über "Evolutionäre Erkenntnistheorie und Theologie". Habilitation 1996 zum Thema "Bio-Theologie – Zeit, Evolution und Hominisation". Seit 2001 Lehrstuhl für Systematische Theologie an der RWTH Aachen.

AUGUSTE MEESSEN, geboren 1932; Prof. Dr. Sc.; Studierte Physik an der Katholischen Universität Löwen. Ab 1962 lehrbeauftragt und dann ordentlicher Professor an der Université Catholique de Louvain. Forschungsschwerpunkte: Theoretische Physik, Raum-Zeit-Quantelung, gesellschaftliche Probleme, ein besseres Verständnis der Bibel, UFO-Forschung, im Sinne einer rationalen Erklärung dieses Fortbewegungs-Systems.

HANS PETER NILLES, geboren 1950; Prof. Dr. rer. nat.; Studium der Physik an der Universität Bonn. Wissenschaftler an der Stanford University, CERN und Professor an der TU München. Grundlegende Arbeiten zur Supersymmetrie und Supergravitation im Hinblick auf die Vereinheitlichung fundamentaler Wechselwirkungen. Seit 1997 Professor an der Universität Bonn und seit 2008 Direktor des Bethe-Zentrums für Theoretische Physik.

ARMIN G. WILDFEUER, geboren 1960; Prof. Dr. phil.; Studium der Philosophie an der Pontificia Universitá Gregoriana/Rom, Weiterstudium der Katholischen Theologie und der Musikwissenschaft an der Universität Bonn. Seit 1997 Professor für Philosophie an der Katholischen Hochschule Nordrhein-Westfalen.

Forschungsschwerpunkte: Ideengeschichte und Grundlegungsfragen der Ethik, Sozialethik und der medizinischen Ethik/Bioethik.

KURT WUCHTERL, geboren 1931; Prof. Dr. phil; Studium der Mathematik, Philosophie, Physik; Staatsexamen; Promotion bei H.-G. Gadamer und D. Henrich. Nach Unterricht an Gymnasien 1975 Habilitation an der Universität Stuttgart. Ab 1981 dort Professor für Philosophie. Forschungsschwerpunkte: Analytische Philosophie, Religionsphilosophie und Phänomenologie. Publikationen u.a. zu Wittgenstein und zur Philosophie des 20. Jahrhunderts.